国家出版基金项目
NATIONAL PUBLICATION FOUNDATION

"十三五"国家重点图书出版规划项目

流域生态安全研究丛书　　主编　杨志峰

珠三角城市群生态系统健康诊断与调控

苏美蓉　谢　涛　岳文淙　等　著

中国环境出版集团・北京

图书在版编目（CIP）数据

珠三角城市群生态系统健康诊断与调控/苏美蓉等著. —北京：中国环境出版集团，2022.12
（流域生态安全研究丛书/杨志峰主编）
“十三五”国家重点图书出版规划项目　国家出版基金项目
ISBN 978-7-5111-4860-5

Ⅰ. ①珠…　Ⅱ. ①苏…　Ⅲ. ①珠江三角洲—城市群—生态环境—环境管理—研究　Ⅳ. ①X321.26

中国版本图书馆 CIP 数据核字（2021）第 268336 号

审图号：粤 S（2022）363 号

出 版 人　武德凯
责任编辑　宋慧敏　周　煜
封面设计　艺友品牌

出版发行　中国环境出版集团
（100062　北京市东城区广渠门内大街 16 号）
网　　址：http://www.cesp.com.cn
电子邮箱：bjgl@cesp.com.cn
联系电话：010-67112765（编辑管理部）
发行热线：010-67125803，010-67113405（传真）
印　　刷　北京中科印刷有限公司
经　　销　各地新华书店
版　　次　2022 年 12 月第 1 版
印　　次　2022 年 12 月第 1 次印刷
开　　本　787×1092　1/16
印　　张　22.25　彩插 28
字　　数　446 千字
定　　价　128.00 元

“流域生态安全研究丛书”

编著委员会

主　　编：杨志峰

执行主编：徐琳瑜　蔡宴朋

成　　员（按汉语拼音排序）：

崔保山　刘耕源　刘静玲　苏美蓉

尹心安　曾维华　赵彦伟

总　序

近年来，高强度人类活动及气候变化已经对流域水文过程产生了深远影响。诸多与水相关的生态环境要素、过程和功能不断发生变化，流域生态系统健康和生态完整性受损，并在多个空间和时间尺度上产生非适应性响应，引发水资源短缺、水环境恶化、生境破碎化和生物多样性下降等问题，导致洪涝、干旱等极端气候事件的频率和强度增加，直接或间接给人类生命和财产带来了巨大损失，维护流域或区域生态安全已成为迫在眉睫的重大问题。

党中央、国务院历来高度重视国家生态安全。2016 年 11 月，国务院印发《“十三五”生态环境保护规划》，明确提出“维护国家生态安全”，并在第七章第一节详细阐述。2017 年 10 月，党的十九大报告提出“实施重要生态系统保护和修复重大工程，优化生态安全屏障体系，构建生态廊道和生物多样性保护网络，提升生态系统质量和稳定性。”2019 年 10 月，《中共中央关于坚持和完善中国特色社会主义制度　推进国家治理体系和治理能力现代化若干重大问题的决定》明确提出“筑牢生态安全屏障”。一系列国家重大规划和战略的出台与实施，有效遏制了流域或区域的生态退化问题，保障了国家的生态安全，促进了经济社会的可持续发展。

长期聚焦于高强度人类活动与气候变化双重作用对流域生态系统的影响和响应这一关键科学问题，我的团队开展了系列流域或区域生态安全研究，承担了多个国家级重大（点）项目、国际合作项目、部委和地方协作项目，取得了系列论文、专利、咨询报告等成果，希望这些成果能够推动生态安全学科体系建设和科技发展，为保障流域生态安全和社会可持续发展提供重要支撑。

“流域生态安全研究丛书”是近年来在流域生态安全研究领域相关成果的重要体现，集中展现了在流域水电开发生态安全、流域生态健康、城市水生态安全、水环境承载力、河湖水系网络、城市群生态系统健康、流域生态弹性、湿地生态水文等多个领域的理论研究、技术研发和应用示范。希冀丛书的出版可以推动我国流域生态安全研究的深入和持续开展，使理论体系更加完善、技术研发更加深入、应用示范更加广泛。

由于流域生态安全的研究涉及多个学科领域，且受作者水平所限，书中难免存在不足之处，恳请读者批评指正。

杨志峰

2020 年 6 月 5 日

前　言

城市如同语言，是人类伟大的艺术品之一。然而，城市的形成也带来了各种生态环境问题，如资源过度开发、能源危机、土地退化、空气污染和水污染等。城市群是城市化发展的必然趋势，也是实现城市协同发展的重要载体。党的十八大以来，中共中央、国务院对我国新型城镇化进程进行了深入的思考和战略部署，确定城市群是我国新型城镇化的主体形态，是支撑全国经济增长、促进区域协调发展、参与国际竞争合作的重要平台。对城市群的健康状况如何、如何维持和提升城市健康水平等问题的认知是推动空气、水、能源统筹管理和实现城市群可持续发展的重要前提。城市群生态系统健康诊断与调控将有机整合城市群内各要素，深入剖析城市群生态系统健康特征，识别限制城市群健康发展的瓶颈因子并针对性地提出调控措施，为从全局角度实施城市群生态系统综合管理、提高城市群生态系统健康水平提供科学指导。

依托粤港澳大湾区，珠三角城市群是我国极具活力和国际竞争力的世界级城市群之一，空间高度连绵、产业高度聚集、自然-社会-经济要素高度耦合、城市层次与结构丰富。作为我国典型且独特的城市群，珠三角城市群是观察全球城市群尺度生态系统的重要视点，对丰富和深化全球城市群生态系统健康诊断与调控理论和技术方法具有重要的学术意义和实践价值。

本书围绕珠三角城市群生态系统健康诊断与调控，首先，第 1 章梳理了城市群生态系统健康诊断、调控与管理的研究进展；其次，第 2～3 章、第 4～7 章、第 8 章分别从健康诊断、调控管理、典型案例三方面，较全面地介绍了城市群生态系统健康诊断与调控的研究方法和应用案例；最后，第 9 章总结了城市群生态系统健康研究和应用的发展趋势。

本书的主要内容是在教学和科研中取得的成果，是集体努力的结晶，并受到了“城市群生态安全调控技术集成及协同监管平台构建与示范”（No.2016YFC0502800）、“面向生态系统健康的珠三角城市群生态管理”（No. 2017A030306032）、“基于代谢过程的城市生态系统健康诊断与管理”（No. 72122004）等项目资助。苏美蓉对全书进行了统筹设计，并负责每章的框架搭建、研究实施和内容审核；第 1 章由岳文淙、廖乐乐完成；第 2 章由廖乐乐、张昊完成；第 3 章由曹秀娟完成；第 4 章由岳文淙、谢涛完成；第 5 章由谢涛完成；第 6 章由岳文淙、谢涛、刘中奇完成；第 7 章由刘宇菲完成；第 8 章由陈琼红、廖乐乐完成；第 9 章由苏美蓉、张昊完成。全书由张艳和李诗诗统稿，她们为书稿的整理完善做了大量工作。本书也参考了有关图书、论文和科研报告，在此向这些文献的作者一并表示感谢。

总之，本书总结了多年的系列研究成果，涵盖了理论基础、技术方法与案例研究，是一本相对系统和全面的研究论著，可为相关管理者、研究者提供一定的借鉴。由于工作时间紧迫、研究人员经验和水平有限，某些研究构思难以全面实施，或有待将来继续完善；书中疏漏之处也在所难免，敬请读者批评指正。

苏美蓉

2022 年 3 月

目　录

第1章　绪　论

1.1　研究背景与意义

城市群是在地域上以大城市为中心，以区域网络化组织为纽带，由若干不同等级城市及其腹地通过空间相互作用而形成的多核心、多层次城市集群（张庆民等，2011）。近年来，城市化进程伴随人口、产业向城市的集聚，推动了社会的进步，创造了巨大的经济效益。再者，城市生态系统是一个复杂的巨系统，涉及社会、经济、资源、环境等多个子系统，且每个子系统均包含多个随时间不断演进变化的层次与组分，具有显著的不确定性、多功能性、多目标性和动态性。城市群包含数个不同城市，不同城市在发展过程中相互影响、相互作用，导致原有的城市系统复杂性在城市群多层式网络结构中被高度放大，由此产生了更多、更显著且更复杂的区域性生态问题，如黑臭水体泛滥、自然生态空间减少和破碎化、生态系统功能破坏严重、区域生物多样性急剧下降、资源配置矛盾突出、感潮河段生态问题凸显以及城市自然景观退化等。这些复杂性常表现为城市生态系统单元及其相互之间不同层次、不同组分间大量错综复杂的矛盾组合关系，如线性与非线性、平衡与非平衡、连续与离散、无序与有序等（胡志仁等，2018）。如此诸多的系统复杂性给城市群生态系统健康诊断与调控带来了极大挑战（黄国和等，2016）。以能源消耗为例，城市能源消耗占全球最终能源消耗的 67%～76%，带来的温室气体排放量占全球温室气体排放总量的 71%～76%。预计到 2050 年，全球城市人口将增加 25 亿人，城市也将随之扩大，因此预计城市的能源使用量和温室气体排放量在全球的份额也将增加。然而，对城市的能源使用来说，重要的不仅是城市化的速度或规模，未来城市发展的空间格局将会是影响城市能源消耗的主要因素（Güneralp et al.，2017；Park et al.，2019）。

鉴于城市群对资源能源消耗和环境保护的重要作用，党的十六届五中全会把推动城市群发展作为提升我国国际竞争力、统筹区域发展和优化城市空间结构的有效途径；《中华人民共和国国民经济和社会发展第十一个五年规划纲要》《中华人民共和国国民经济和社会发展第十二个五年规划纲要》《中华人民共和国国民经济和社会发展第十三个五年规划纲要》均明确规定城市群为推进城镇化进程的主体形态。正因如此，针对城市群生态系统健康问题展开研究，探索城市群可持续发展的方法和途径，选用有效措施来防止各类城市问题发生，促进城市群生态系统的健康发展已经成为当前一项非常紧迫和重要的任务。截至 2019 年年底，我国已形成长江三角洲城市群、珠江三角洲城市群、京津冀城市群、中原城市群等十余个国家级城市群。其中，长三角城市群、京津冀城市群与珠三角城市群在经济发展规模和人口数量上都处于领先水平，未来仍将是中国经济发展的领头羊。长三角城市群内部差距较小，京津冀城市群城市间梯度差异较大，而珠三角城市群城市发展最为均衡。珠三角城市群是以广州、深圳为核心，包括珠海、佛山、惠州、东莞、中山、江门、肇庆在内的特大集群。该城市群毗邻香港和澳门，“泛珠三角”的大区地缘优势明显，城市群相对成熟，形成了城市群应有的城市层次与结构。2020 年，珠三角城市群中面积仅占全国 0.6%的 9 个城市创造了全国 8.8%的 GDP，生产总值达 89 523.93 亿元。城市群生态系统健康问题已成为珠三角地区率先全面建成小康社会的重大制约“瓶颈”，对该地区经济社会的可持续发展构成了严重的威胁。

以往的生态系统健康研究主要集中在流域生态系统、湿地生态系统、海洋生态系统、耕地生态系统和森林生态系统（邓晓军等，2014；郝利霞等，2014），在城市群中开展生态系统健康诊断的研究较少。本书以城市群整体为核心，同时关注作为其组成部分的下级单元——城市和区县，从多层级对城市群进行全面健康把脉。珠三角城市群是我国极具经济实力和影响力的城市群之一，该区域日益受到气候变化和社会经济发展的影响，在城市群生态系统健康评价研究中具有典型性和代表性，可进一步为其他城市群生态系统健康诊断与调控提供参考。通过对珠三角城市群生态系统健康状况的研究，发现城市群建设中存在的问题，提出相应的优化措施，为科学管理城市群献策，对指导城市群规划、生态文明建设具有一定的现实意义。因此，本书围绕珠三角城市群生态系统，梳理健康诊断和综合调控相关研究方向的进展，结合系列技术方法进行城市群生态系统健康诊断与优化调控，以维持城市群生态系统的合理结构，有效发挥城市群生态系统的功能，从而实现珠江三角洲的全面可持续发展。

1.2 城市群生态系统健康诊断发展历程

1.2.1 城市群生态系统健康的概念及其发展

1.2.1.1 城市群的概念及其发展

20 世纪中期，在城市化的进程中出现了一种新的城市空间分布形态——城市群。有关城市群的研究可以追溯到 19 世纪末期的英国学者霍华德。霍华德为了解决大城市过度膨胀问题，提出了“田园城市”的概念，旨在通过城市群体的协调发展来解决大城市问题（朱德海，2005）。20 世纪初，英国的格迪斯用“集合城市”（conurbation）这一新的表述表达了人口组群发展的新形态（帕特里克·格迪斯，2012）。之后，恩文将其发展为“卫星城”理论（戴维丽等，2015；林先扬等，2003）。沙里宁强调城市是有机的生命体（伊里尔·沙里宁，1986）。20 世纪 30 年代，德国的地理学者克里斯·泰勒首次将区域内的城市群体系统化，构建了六边形的城市群体组织结构模式（林先扬等，2003）。1957 年，法国学者戈特曼探讨了城市群的空间生长模式，提出了全新的城市群体概念——大都市带（Gottmann，1957）。戈特曼认为这是一个独特的具有“核心区域构成要素的高密集型和整体区域的星云状结构”地理区域。大都市带关注的是一个城市化区域。20 世纪 90 年代，加拿大地理学者麦吉针对沿大城市核心间的交通走廊延伸的农业活动与非农业活动高度混合的地域现象，提出“城乡融合区”的概念（McGee，1991）。进入新的世纪，面对日益加快的城市化进程，霍尔等于 2006 年提出了巨型城市区域的概念，巨型城市区域是一个以全球城市或世界城市为中心，由多达 30～40 个城市以及周边的小城镇所形成的结构复杂的庞大网络状城市复合体（Hall et al.，2006）。之后，联合国人类聚落中心也开始使用城市群作为衡量大城市规模的标准，城市群是指一群密集、连续的城镇所形成的人口居住区。

20 世纪 80 年代，城市群的理念传入中国。周一星（1991）将这一类城市群体的巨大地域组织命名为都市连绵区。最早使用“城市群”术语的是宋家泰，他在研究城市-区域关系时，把多中心的城市区域称为“城市群”（宋家泰，1980）。戴宾认为，从地理学角度来看，在一个有限的空间地域内，城市的分布达到较高的密度时即可称为“城市群”（戴宾，2004）。肖枫等（1990）首先提出了城市群体的概念，用来表示通过若干个经济实体的有机结合，形成的社会、经济、技术一体化的具有“亲和力”的有机网络。

学界引用最多的是姚士谋等（2001）的定义，即从地域结构、等级关系、空间联系和网络型等多方面来看，城市群是在特定的地域范围内具有相当数量的，不同性质、不同类型和等级规模的城市，并依托一定的自然环境条件，以一个或两个特大城市或大城市作为地区经济的核心，借助现代化的交通工具和综合运输网的通达性以及高度发达的信息网络，发生与发展着城市个体之间的内在联系，进而形成一个相对完整的城市集合体。1998 年，建设部发布的《城市规划基本术语标准》中对城市群的界定为“一定地域内城市分布较为密集的地区”。江曼琦（2013）将城市群定义为城市密集区内以多核心组团模式所形成的城市区域空间组合形式。

1.2.1.2 城市群生态系统健康的概念及其发展

有关生态系统健康的研究最早可追溯到 1788 年苏格兰生态学家提出“自然健康”的概念。随着城市生态系统对自然环境的影响日益显著，全球生态环境日趋恶化，“城市健康”逐渐受到关注（周游，2010）。其中，世界卫生组织（World Health Organization，WHO）将健康的城市定义为一个持续发掘自然与社会环境并拓宽社会资源，使人类能够在相互帮助中享受生命、充分发挥自身潜能的城市（赵强，2012）。伴随着城镇化和工业化的持续快速发展，城市之间的联系日趋紧密，城市逐渐跳出个体框架的束缚，向区域协同方向发展，由此引起对“城市群健康”的关注。

James Hutton 最早提及“自然健康”概念（肖风劲等，2002）。Leopold（1941）提出了“土地健康”的概念，他指出“土地有机体健康”是土地内部具备的自我更新能力。Karr 等（1984）提出所谓生态系统健康是在状态上具有稳定性，受到干扰时仍然具备自我修复能力，且所需的管理投入较少。Callow（1995）指出当一个生态系统具有的内在潜力可以维持自身的稳定，能够对外界干扰进行自我修复，同时能够借助最少的外界支持来维持自身的管理，这便是一个健康的生态系统。O’Laughlin（1996）认为健康的生态系统要能够在给人类提供需求的同时，还可以保持自身复杂性特征。Rapport 等（1999）提出如果生态系统在满足人类社会日益增长的需求的同时，还可以维持自身组织结构的稳定、实现自我调节及对胁迫具有恢复能力，则此生态系统健康。Costanza（1992）依据生态系统自身的特点，认为健康的生态系统应当具备新陈代谢的能力，确保内部结构长期稳定，对外界压力具备恢复力。

20 世纪 90 年代，生态系统健康开始引起我国学者的关注，国内一些学者系统地阐述了生态系统健康的相关理论。曾德慧等（1999）较为详尽地解释了生态系统健康的概念、内涵与研究内容，并提出生态系统健康研究给人类社会可持续及健康发展提供新的愿景。任海等（2000）对生态系统健康与生态系统稳定性、外界干扰、生态系统管理、生态恢复力及生态系统可持续性之间的相互关系进行讨论，提出在时空格局基础上对生态系统健康开展研究、评价的等级概念。崔保山等（2001）对湿地生态系统健康的相关理论进行了梳理，详细介绍了湿地生态系统健康的概念、相关研究现状与发展趋势。苏美蓉等（2014）归纳出生态系统健康强调的是生态系统这个主体相对于健康这个目标、标准所应具有的功能、结构等一系列状态、能力等特征。

城市生态系统健康概念发端于生态系统健康，但城市生态系统更为复杂，是一个由自然、社会、经济组成的复合系统，因此，城市生态系统健康不是城市与生态系统健康的简单相加。世界卫生组织将健康的城市定义为一个持续发掘自然与社会环境并拓宽社会资源，使人类能够在相互帮助中享受生命、充分发挥自身潜能的城市（赵强，2012）。城市生态系统健康不仅表示由自然环境与人工环境构成的生态系统的完整、健康，还应包括社会环境健康及城市人群的健康（张程菲，2013）。Hancock（2000）结合自然、经济和社会之间的相互关系，概括出健康的城市生态系统所具有的 6 个要素：①城市的自然环境质量，即城市内部土壤、水、空气等要素的状况，要能够满足人类及其他生物的生存需求；②适宜的人居环境，即城市的道路交通、居住条件、供水供电、娱乐设施等要安全舒适，适宜人类的居住；③城市居民的健康状况，还包括人群健康状况在城市内部不同区域的分布情况；④城市中其他生物的健康情况；⑤广义自然生态系统受城市生态系统影响的情况；⑥城市社会状况，主要包括社会福利状况、社会公平正义、政府有效管理。

国内关于城市生态系统健康的研究起步较晚，马世骏等在 1984 年提出城市是以人为中心的“社会-经济-自然复合生态系统”，城市生态系统分为自然生态系统、经济生态系统及社会生态系统等相互联系、相互制约的三个子系统（马世骏等，1984），为城市生态系统健康研究打下了牢固的理论基础。郭秀锐认为健康的城市生态系统应具备两个特征：一是从生态学角度，作为“自然-经济-社会复合生态系统”具有稳定性及可持续性，可以抵抗外界干扰；二是从社会经济的角度，具备为城市人群不断提供全面的生态服务功能的能力（郭秀锐等，2002）。通过总结前人研究，秦趣等（2014）认为健康的城市生态系统是一个社会、经济、自然组成的复合生态系统，其自身生产生活与周边环境间的能量流动、物质循环没有被破坏，核心生态组分及有机组织无疾病并且保存完好，对各种干扰能够保持稳定性和恢复性，其理想的发展状态为生态整合性。

与城市生态系统健康研究相比，城市群生态系统研究起步较晚。国内外研究城市群生态系统健康时，首先选用城市生态系统健康评价体系。例如，Su 等（2019）运用城市生态系统健康的概念，在城市生态系统健康评价基础上，建立了城市群生态系统健康评价指标，建立基于“结构-功能-过程-发展”的评价框架的城市群生态系统健康评价指标体系，结合城市生态系统健康状况的模糊物元模型，评估“一带一路”沿线城市生态系统健康状况。此外，针对城市群系统的复杂性，很多学者将多种评价方法纳入城市群健康评价模型中。例如，Xiong 等（2009）研究长株潭城市群生态系统健康，针对健康评价标准值未知的问题，建立了基于属性理论的综合健康评价指标体系和评价模型，进而发现长株潭城市群的健康水平属于中等水平。Yang 等（2016）运用熵权理论和可拓理论对长江中游城市群生态系统健康状况进行了研究，发现人力资本和教育、经济发展水平以及城市基础设施对城市群的健康状况有显著影响。

1.2.2 城市群生态系统健康诊断方法

城市群生态系统健康诊断方法主要包括六大类（Su et al.，2019）。

（1）物质代谢分析法

物质代谢分析法以能值分析和物质流分析为主。能值理论（Emergy Theory）是由美国著名系统生态学家 Odum H. T.和 Lan S. F.等在综合系统生态、能量生态和生态经济原理的基础上提出的一种理论，其核心思想是“一种流动或贮存的能量所包含的另一种类别能量的数量”的能量换算，研究方法是以太阳能为参照标准，定量研究自然生态系统和社会经济系统中的各种能量流、信息流和物流。在城市生态系统中，能量是联系城市自然生态系统和社会经济系统的介质，可以通过系统的结构与功能的能量纽带作用来研究其健康状况。例如，苏美蓉等（2009）通过综合分析城市生命体特征和能量代谢现状，建立了城市能值-生命力指数综合评价模型，融合集对分析的理论与方法，比较了北京、武汉、上海等 16 个城市的生态系统健康状况，认为青岛、厦门、上海、杭州、北京的健康水平较高，而哈尔滨、乌鲁木齐、成都的健康水平较低，其余城市为中等水平。李恒等（2011）利用这种思路，采用活力、组织结构、服务功能维持和恢复力 4 个要素，建立了能值指标，并对合肥市生态系统的健康进行了评价，结果表明 2004—2008 年合肥市的健康水平呈下降趋势。

（2）属性综合模型

属性综合模型是指在属性集和属性测度分析的基础上对事物或自然现象属性的定性描述进行定量研究的一种评价模型，它由单指标属性测度分析、多指标综合属性测度分析和属性识别分析及评分准则三部分组成，可以有效识别城市生态系统问题。该评价方法是否可行的关键是建立的指标体系能否完整反映研究事物（或现象）的属性，即属性函数以及评价指标权重。例如，颜文涛（2007）提出基于属性理论的城市生态系统健康综合评价模型，并对重庆北部新区城市生态系统健康进行了研究，得出重庆北部新区城市生态系统健康属性处于一般等级，同时通过评价结果识别出健康限制因素。刘丽丽等（2010）运用属性层次-识别模型构建了城市生态系统健康评价指标体系，对重庆南岸区生态系统健康进行了评价，得出南岸区的生态系统属于亚健康等级的结论，表明南岸区的城市生态系统正处于过渡阶段。

（3）灰色系统理论法

该方法以控制理论为基础，适用于数据较少、信息不畅的城市生态系统健康评估。用灰色系统的方法对城市生态系统健康进行评价是目前研究的重点方向。学者们认为，由于在城市生态系统健康评价中所获得的数据总是在有限的时空范围内得到，所获取的信息不全面或不精确，所以说城市生态系统是一个灰色系统，即部分信息明确、部分信息不明确或不确知，因此可以用灰色系统理论模型的方法来进行评价。例如，官冬杰等（2007）采用灰色关联法对重庆主城城市生态系统健康进行了评价，结果表明重庆都市圈城市生态系统健康的优劣程度排序为渝北区、南岸区、江北区、沙坪坝区、九龙坡区、大渡口区、北碚区、巴南区、渝中区。李建国等（2010）在灰色系统理论的基础上，把信息论中 Jaynes 最大信息熵原理融入城市生态系统健康评价中，对三峡库区（重庆段）22 个区县的城市生态系统健康进行了评价，结果表明其城市生态系统处于剧烈变化的过渡阶段，生态系统的生产、服务和调节功能分异显著，但总体上东段的城市生态系统健康好于西段，东段内部空间分异明显、结构复杂。郭锐利等（2012）通过构建灰色预测模型，对重庆市城市生态系统健康进行了动态预测，结果显示 2005—2009 年重庆的城市生态系统健康总体水平较好，2010—2015 年重庆的城市生态系统健康综合评价值将以 0.126 8 的速度保持增长。

（4）城市复合生态系统健康模型评价方法

城市复合生态系统健康模型评价方法中，把系统的协调指数和距离指数作为判别依据，运用加权连乘法求出城市生态系统的健康指数。该模型从城市复合系统的角度来研究城市生态系统健康，能清晰地分析各子系统之间的健康状况，并可对各子系统的发展水平和协调程度进行比较。例如，胡廷兰等（2005）从复合生态系统角度，辨析和评价了城市生态问题，应用协调指数和距离指数来反映城市生态系统的发展水平和协调情况，并通过建立协调指数和距离指数的城市生态系统健康模型，对宁波市生态系统健康进行了分析评价，结果表明宁波城市生态系统处于亚健康状态，综合健康指数为 0.768；其中，经济系统处于健康状态，健康指数为 0.809；自然系统处于亚健康状态，健康指数为 0.789；社会系统健康状况最差，健康指数为 0.692，是宁波当时生态建设的重点。桑燕鸿等（2006）从状态空间的角度，依据复合生态系统，建立了城市生态系统健康综合评价模型，对佛山市生态系统健康进行评价，结果显示在 1997—2003 年，佛山市城市生态系统健康水平不断上升，各年协调指数均在 0.85 以上，表明各子系统之间协调性较好。

（5）多目标决策分析法

该方法主要是通过评估理想的解决方案的相似性来进行主成分分析和顺序优选。这种方法可以衡量评价城市生态系统健康的最优解与次优解之间的距离。神经网络法通过将神经心理学、认知科学和数学方法结合起来，在城市生态系统诊断和预警中得到了广泛的应用。在城市生态系统健康评价研究领域，加拿大国际发展研究中心在“人类健康的生态系统研究方法”项目中对城市生态系统健康进行了较深入的研究，包括城市生态系统健康的概念、评价标准、指标体系以及城市生态系统建设应采取的管理方针和政策等。Rapport（1989）构建了包括组织结构、恢复力、服务功能、活力及人类健康等层面的评价指标体系。根据“驱动力-压力-状态-暴露-影响-响应模型”来选取评价指标，对评价环境健康的方法展开了探讨。Jørgensen 等（1995）结合统计热力学及能值分析法提出评价原则，构建评价指标体系。Khan（2015）从环境质量、健康服务水平、经济水平、社会保障等方面入手，评估城市公共健康状况。Xiao 和 Yu 等（2019）采用隐藏马尔科夫模型，通过建立内部生态健康水平与外部观测组合状态之间的关系，模拟生态系统状态的内外部相关性。

（6）采用模糊数学等不确定分析方法

侧重于解决不确定性问题。模糊数学评价方法是根据很多个模糊的、较难量化的因素，对评价对象隶属上的亦此亦彼性进行评判，对所属成分进行定量刻画和描述，这有利于对各种不确定性问题的解决。其基本思路是依据获取的数据建立各因子对划分标准的隶属度集，形成隶属度矩阵，再把各因子的权重与隶属度矩阵相乘，求得模糊集，获取一个综合评判集，表明各评价因子对各级标准的隶属程度，反映了健康级别的模糊性。例如，曾勇等（2005）采用因子分析法求出各指标权重，并运用模糊优选评价模型，从时间纵向上判断上海城市生态系统的健康走势，结果显示 1996—2002 年上海的城市生态系统健康水平由 0.37 上升至 0.46，说明上海自然生态环境与经济、社会发展的协调度在逐渐加强，但健康改善程度并不明显。陈克龙等（2010）采用均方差法计算出各评价指标的权重，运用模糊数学评价方法对西宁市 2000—2008 年城市生态系统健康状况进行了评价，发现西宁市城市生态系统健康为病态水平，但朝着健康方向发展，其中城市人口密度、人均 GDP、生活污水处理率、人均绿地面积是西宁市城市生态健康的胁迫因子。张俊华等（2010）采用模糊聚类方法求出最优模糊聚类模式矩阵和最优模糊划分矩阵，再运用级别特征值向量的方法，求得郑州市各年的城市生态系统健康归属级别，结果显示郑州的城市生态系统在 2004 年属于不健康等级，在 2005—2007 年属于较健康等级，在 2008 年属于健康等级。

1.3 城市群生态系统调控与管理的发展历程

1.3.1 城市要素与环境互动关系

随着时间的推移，城市化程度越来越高，目前全球城市人口比重逐年增高。由于城市是全球经济价值活动的主要组成要素，因此城市在许多关键的社会问题上发挥着重要作用。城市从社会、经济动态、人口和土地利用等多个方面影响着环境变化，是人与环境相互作用的主要环节。基于时空尺度分析，城市与环境的互动关系体现在方方面面，如水文循环影响着淡水质量和可用性，大气动态变化造成极端天气和沿海区域洪水频发，病态的生态过程带来了生物多样性和栖息地的破坏，能源使用和温室气体排放量增多导致了全球变暖，空气污染、病菌传播使人类健康受到严重伤害（Gao and O'Neill，2020）。

然而，过去许多关于城市化对环境的影响研究往往忽略了指标之间可能的相互作用。通过耦合人口、人口密度与二氧化碳排放量，探究城市指标之间的变化，即与人口或人口密度成比例变化相关的排放量变化不仅取决于这些变化的幅度，还取决于这些数量的初始值（Ribeiro et al.，2019）。同时发现，城市越大，其人口或人口密度变化对排放量的影响就越大，但人口变化对排放量的影响总是大于人口密度变化的影响。

1.3.2 城市群生态系统调控与管理的目的

随着社会经济的发展，各种环境问题层出不穷，环境污染和生态破坏已严重危及人类自身的生存与发展。城市生态系统是人类社会、经济和文化发展的产物，同时也是生态系统中最为复杂的类型，具有开放性、依赖性、脆弱性、复合性等特点，极易受到人为的和自然环境条件变动的干扰。在一些重点城市，城市问题日益严重，更多的不良病症日益显现，极大地限制了城市的发展和人们的生活。我国城市化处于加速阶段；在城市化水平较高的东部地区，京津冀城市群、长三角城市群、珠三角城市群等已经形成；中西部地区的城市群也正在形成之中。目前世界很多国家的城市群发展伴随着资源的大量消耗，给生态系统带来了巨大的压力。城市群生态系统调控与管理的目的便是通过一系列政策措施保障城市群健康发展，并为实现城市群经济、社会可持续发展提供保障。

具体来说，城市群生态系统调控与管理的发展经历了以下几个阶段。

（1）从资源环境影响的角度开展城市群系统调控与管理

一般针对某一类或某几类资源环境要素，通过优化资源环境配置，进一步降低城市群环境影响。王晓婵（2008）指出城市生态管理是指在某一特定的城市内，通过对各种元素的统筹安排，使人类的经济活动达到对环境有益的状态，从而实现城市的可持续发展。

（2）从系统角度全面分析城市群协同发展

针对城市群各组成要素的复杂性，需要运用系统工程学的方法来识别城市群及其内部复杂子系统间的互动影响。周干峙（1997）认为城市群协调发展是一个系统概念，系统内各子系统或各元素之间相互衔接、相互协调、相互促进，从而形成一种良性循环态势。冷志明（2005）针对中国省区交界地域的经济发展问题，提出利用密切的区域空间关系，打破行政区划限制，走协同发展的道路，实现区域间优势互补，发挥整体优势是发展的必然选择。陈玉和等（2006）认为区域经济可持续发展应基于城市间的资源禀赋，实施差异互补，追求协同发展。彭荣胜（2007）提出经济先发区域和后发区域协同发展有利于经济的可持续发展。赵坤（2008）认为城市群空间结构的有序发展是城市群协调发展的重要标志，城市群空间结构理论与城市群内不同城市政府之间的协调具有相同的协调内容和协调目标，并针对广佛都市圈提出应建立"双层两级监察性的政府协调机制"。程玉鸿等（2013）认为城市群协调发展是指在区域城市化过程中，在政府与市场两种力量的交互影响下，城市群内部各单体城市之间在经济、社会、基础设施、生态环境等诸方面，通过竞争博弈与协作互动，推动城市群实现一体化目标的发展过程。

（3）通过解构城市群各子系统，分析城市群环境影响效应的形成机制

薛东前等（2000）指出，内聚力、辐射力和内部功能联系是城市群形成的支撑体系。刘静玉等（2004）认为，产业集聚的驱动、产业扩散的驱动、区域网络化组织发展的驱动、企业区位选择行为的驱动、政府宏观调控行为的驱动、城市功能集聚与扩散的驱动等 6 个因素是城市群形成发展的主要动力机制。叶玉瑶（2006）将城市群演进的动力归结为三类，即自然生长力、市场驱动力以及政府调控力。陈群元（2009）将城市群系统划分为空间结构子系统、规模结构子系统、职能结构子系统、产业结构子系统、生态环境子系统、基础设施子系统、行政管理子系统等特殊地域空间子系统。姚翠友等（2020）将影响城市生态系统建设的宏观因素分为 5 个主要子系统——经济子系统、人口子系统、环境子系统、资源子系统和能源子系统，并发现在城市快速建设过程中尤其要防止人口增长失控，需要兼顾经济发展目标和社会管理目标，调控人口增长。

1.4 本书总体框架

围绕珠三角城市群生态系统健康诊断与调控，本书共包括总论、健康诊断、调控管理、典型案例、展望 5 个模块（如图 1-1 所示）。总论模块对应第 1 章，主要介绍城市群生态系统健康诊断、调控与管理的研究进展；健康诊断模块包括第 2 章、第 3 章，其中第 2 章重点叙述城市群生态系统特征辨识等相关理论、技术和方法，第 3 章重点从基于空间解析的多层级健康诊断、基于过程模拟的关键要素代谢健康诊断视角论述城市群生态系统健康诊断；调控管理模块包括第 4 章～第 7 章，其中第 4 章侧重从生态系统整体论述城市群生态系统调控与管理，第 5 章、第 6 章、第 7 章分别从水环境、大气、能-水耦合等关键要素角度论述珠三角城市群生态系统调控与管理；典型案例模块对应第 8 章，从典型城市切入，介绍多方面的珠三角城市群调控与管理实践；展望模块对应第 9 章，总结城市群生态系统健康研究和应用的发展趋势。

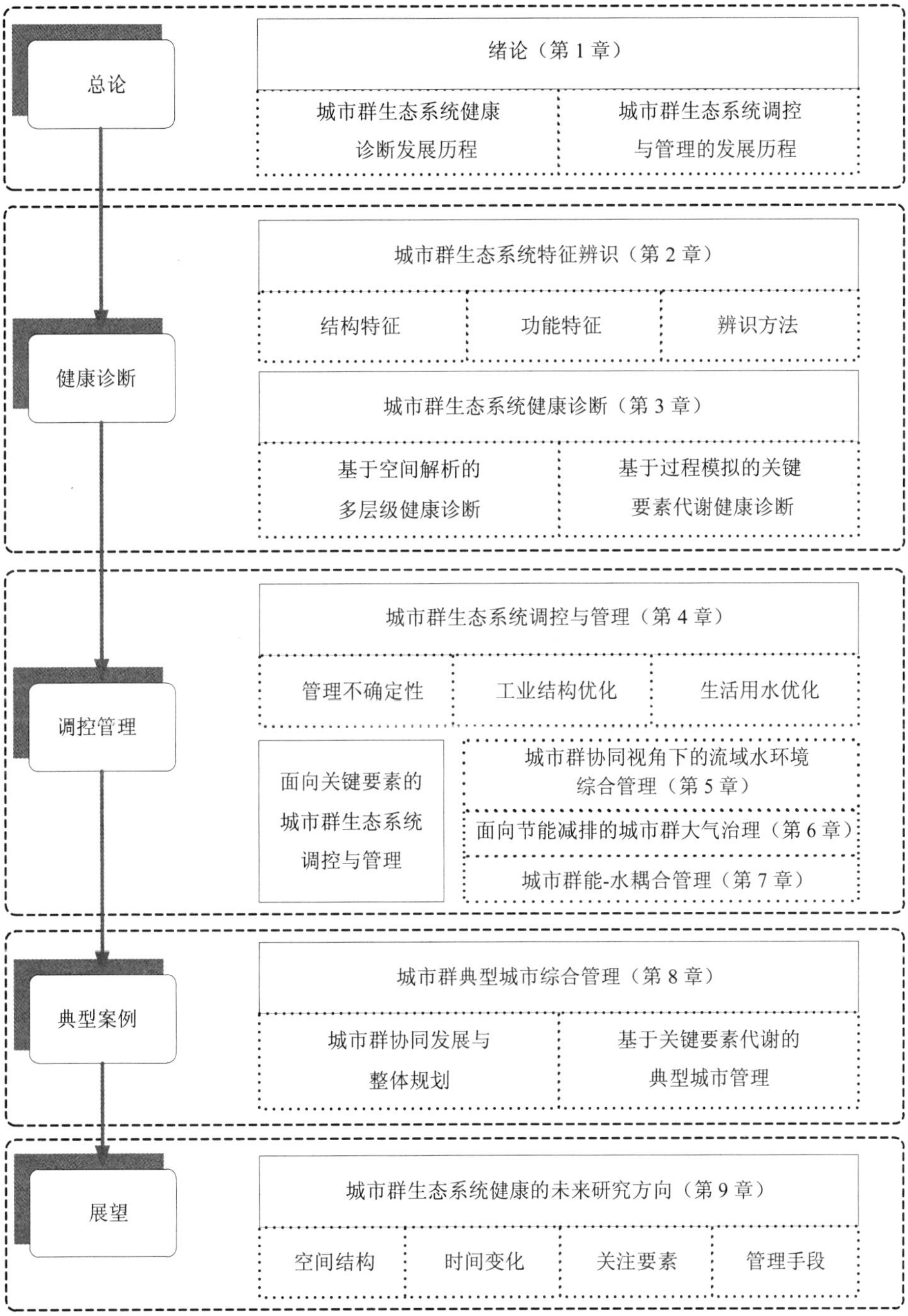
总论
绪论（第 1 章）
城市群生态系统健康诊断发展历程
城市群生态系统调控与管理的发展历程
健康诊断
城市群生态系统特征辨识（第 2 章）
结构特征
功能特征
辨识方法
城市群生态系统健康诊断（第 3 章）
基于空间解析的多层级健康诊断
基于过程模拟的关键要素代谢健康诊断
调控管理
城市群生态系统调控与管理（第 4 章）
管理不确定性
工业结构优化
生活用水优化
面向关键要素的城市群生态系统调控与管理
城市群协同视角下的流域水环境综合管理（第 5 章）
面向节能减排的城市群大气治理（第 6 章）
城市群能-水耦合管理（第 7 章）
典型案例
城市群典型城市综合管理（第 8 章）
城市群协同发展与整体规划
基于关键要素代谢的典型城市管理
展望
城市群生态系统健康的未来研究方向（第 9 章）
空间结构
时间变化
关注要素
管理手段

图 1-1　本书章节安排

第 2 章　城市群生态系统特征辨识

为完整理解一个城市生态系统，需要从生态系统结构、功能、特征出发全方面开展研究，生态系统具有逐级关联关系（Endlicher et al.，2011）。因此，城市群复合生态系统也遵循这个规律，因为其结构、功能和特征不是孤立存在的，而是互相关联的。生态系统的结构决定功能，功能决定其特征，生态系统具有逐级关联关系和先后依赖关系，即级联效应（Luederitz et al.，2015）。级联效应能够很好地反映城市群生态系统的形成机制和内在联系，进而指导城市规划管理者制定生态系统服务提升措施和对策，但相应的实例研究目前还很少。本研究将遵循这个规律，选取城市群复合生态系统最为关键的结构、功能和特征，在下文中展开介绍。

2.1　城市群生态系统结构

城市群是在地域上以大城市为中心，以区域网络化组织为纽带，由若干不同等级城市及其腹地通过空间相互作用而形成的多核心、多层次城市集群。城市生态系统首先被认为是一个复杂的巨系统，涉及社会、经济、资源、环境等多个子系统，且每个子系统均包含多个随时间不断演进变化的层次与组分，具有显著的不确定性、多功能性、多目标性和动态性。珠三角城市群内部的各城市在发展过程中相互影响、相互作用，导致原有的城市系统复杂性在城市群多层式网络结构中被高度放大，由之产生了内部互动更复杂、空间组织更紧凑、经济关联更密切的城市群复合生态系统（黄国和等，2016）。

城市群复合生态系统的结构可定义为在一定空间上，资源子系统、环境子系统、经济子系统、人口子系统等多个子系统之间相互关联、相互作用后形成的结构稳定的大系统。其中，每个子系统又由起不同作用的若干个要素组成，共同构成一个整体，为城市中人们的生存和发展提供了必不可少的生活环境、生产条件和发展空间（王效科等，2020）。

2.1.1 资源子系统

城市群的资源子系统是城市群的地域特征，是城市群复合生态系统形成发展的自然物质基础和空间载体。自然资源不仅具有经济价值，还具有生态价值和社会价值。作为城市群系统的组分，一方面，资源子系统在其特有的自组织机制作用下，为城市群的发展提供物质、能量和空间的支撑；另一方面，资源子系统也由于系统自身的客观条件，规定或限定了城市群发展的形态及其规模。人类只有可持续地利用和维护资源系统的良性循环，不超越资源生态系统的阈值，才能保障系统整体的良性循环及人类社会的可持续发展（袁莉，2014）。

2.1.2 环境子系统

环境作为城市群生态系统的空间支撑，其质量水平对城市群可持续发展具有重要意义。环境子系统不仅包括人类活动形成的环境要素，也包括人工形成的物质和精神产品，以及人类活动中所形成的人与人之间的关系等。自然环境支撑、调节着人工环境，是人类生存和发展的基础。同时，人类是自然的改造者和利用者。人类通过生产劳动等社会性的活动改造和利用环境，形成特定的人工环境，以使环境更适合人类生存和发展的需要。

其中，城市群生态系统发展与环境承载力之间也存在着冲突与协调两种关系：环境承载力的上升取决于环保投资的增加和环境改造技术水平的提升，从这方面来看，经济发展可以为环境改善和治理提供必要的资金和技术，两者是协调的；另一方面，经济增长和消费水平提高会增加污染的排放，导致环境承载力下降，两者又是矛盾的。

2.1.3 经济子系统

经济子系统以其物质再生产功能为其他子系统的完善提供了物质和资金的支持，尤其对于中国这样的发展中国家而言，经济发展始终是发展的核心问题。只有在经济发展到一定程度时，才能有更多的资金投入到技术改造和环境保护中去，才能发展文化教育事业、提高生活水平、改善生活条件、促进社会进步。其次，作为系统组分的经济子系统既从自然系统输入资源，又向其输出废弃物，形成资源、生产、消费、再生资源的循环路径，与其他子系统之间存在着复杂关系。

2.1.4 人口子系统

人既是生产者，又是消费者，人力资源是生产中最为关键的要素，社会生产的动力来源于人的消费，而且人类的技术进步和发明创造更是各子系统向前发展的内在动因（曾嵘等，2000）。

人口子系统提供的一定数量和质量的人口（劳动力）是经济发展不可缺少的条件，人类所掌握的科学技术是可持续发展的根本动力，科学技术的发展有利于促进经济质量的提升、提高资源利用效率、改变产生污染的生产和生活方式。但是，人口的过快增长会占用大量的再生产资金，给经济系统带来就业和消费压力，制约经济的发展；同时，资源相对数量的减少、生活废弃物的增加给资源子系统和环境子系统带来了巨大的压力。

综上所述，城市群生态系统的资源子系统、环境子系统、人口子系统和经济子系统等各子系统遵循自身的运动规律，但并非简单的并置或叠加，而是在一定地理边界约束下，互为开放、互为相干地进行着物质、能量和信息的交换，相互依存、适应、协调，共同进化（董佳，2015）。只有将经济子系统的输入、输出控制在资源子系统和环境子系统的承载能力范围内，减轻人类活动对资源子系统和环境子系统的消极影响，使经济子系统中物质循环利用的社会行为与资源子系统和环境子系统中自然循环的自然行为互为补充，才有可能实现人与自然、经济与自然、人与经济的和谐共生及可持续发展。

2.2 城市群生态系统功能

2.2.1 功能及类型

Daily（1997）将生态系统服务功能定义为生态系统形成并维持人类赖以生存和发展的环境条件和效用。它提供给人类食品、医药、能源和水等生产生活原料，还创造与维持了地球生命支持系统，并满足人类的精神生活需求，是人类生存与发展的基础。这些关系到人类生计和福祉的生态系统服务已经成为联合国 2030 年要实现的 17 个可持续发展目标的重要组成部分（United Nations，2015）。

城市是一个高度复合的人工化生态系统（白瑜等，2011），而城市群复合生态系统由于其结构的复杂性，因此具备了更为复杂多样的功能。城市群复合生态系统功能可定义为城市群复合生态系统与内外环境进行物质、能量、信息交换所表现出来的作用和效能，集中表现为生态系统对人类社会的服务功能。

根据 Daily 等学者和联合国新千年生态系统服务功能评估的研究成果，可以将城市群生态系统服务功能分为支持功能、供给功能、调节功能和文化功能四大类（如图 2-1 所示）。各类生态系统服务功能不是独立存在的，而是在其间存在着复杂的相互作用（于德永等，2020）。供给功能主要指生产产品和提供服务，如食物生产、原材料生产、基因资源供给等。调节功能主要指调节人类生态环境的功能，如气体调节、水文调节、废弃物处理等。文化功能是指人们从生态系统中获得的非物质利益，如休闲旅游、文化教育、礼仪美学及精神需求等。支持功能是保证其他所有生态系统服务功能提供所必需的基础功能，如保持土壤、维持生物多样性等（史慧慧等，2019；Gómez-Baggethun et al.，2013）。

此外，城市群复合生态系统的功能可分为熵增型和熵减型两种类型。其中，系统的熵流是指社会经济子系统与自然生态子系统之间的互动作用，可表示系统的协调。熵产生是指社会经济子系统内部环境污染产生与生态环境净化的互动作用，反映了系统在代谢过程中的还原再生能力，可表示系统的活力。熵变是指城市生态系统总体的发展状况，可表示系统的有序和健康（张妍等，2005）。当城市群经济活动处于停滞或衰退状态时，生态系统内能量流动受阻、物质循环中断，生态环境处于恶化过程中，使城市群复合生态系统处于熵增过程。而当经济活动处于增值发展过程中，生态环境处于良性化状态，经济与环境协调发展，生态系统处于良性循环状态，则使城市群复合生态系统呈熵减过程（李婧昕等，2018）。

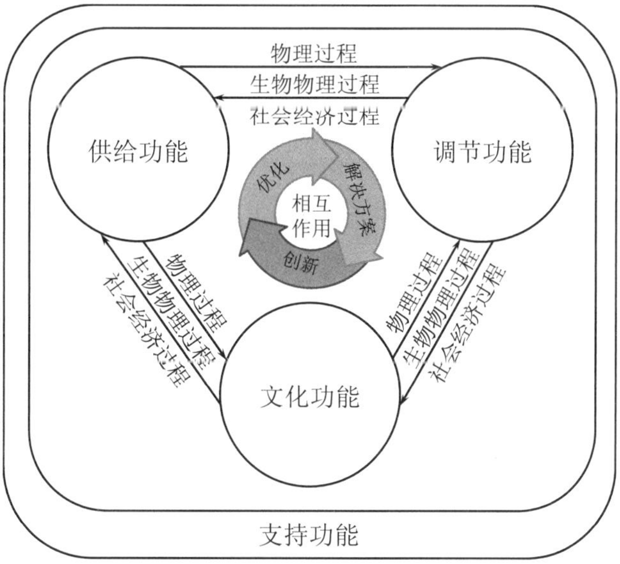

图 2-1　城市群生态系统服务功能

2.2.2　功能实现的过程

城市群复合生态系统是开放系统，通过物质流、能量流、信息流和人口流的流动与转化，把系统的各成分、各因子连结为一个有机的网络结构（如图 2-2 所示）。同时，通过生产和再生产过程中物质流、能量流、人口流、信息流的组合、交换、融合和运转，实现系统的物质循环、能量流动、信息传递和价值增值功能。“流”的运动实现功能的表达，“流”的运动水平体现功能实现的程度（邓锦山等，2020）。

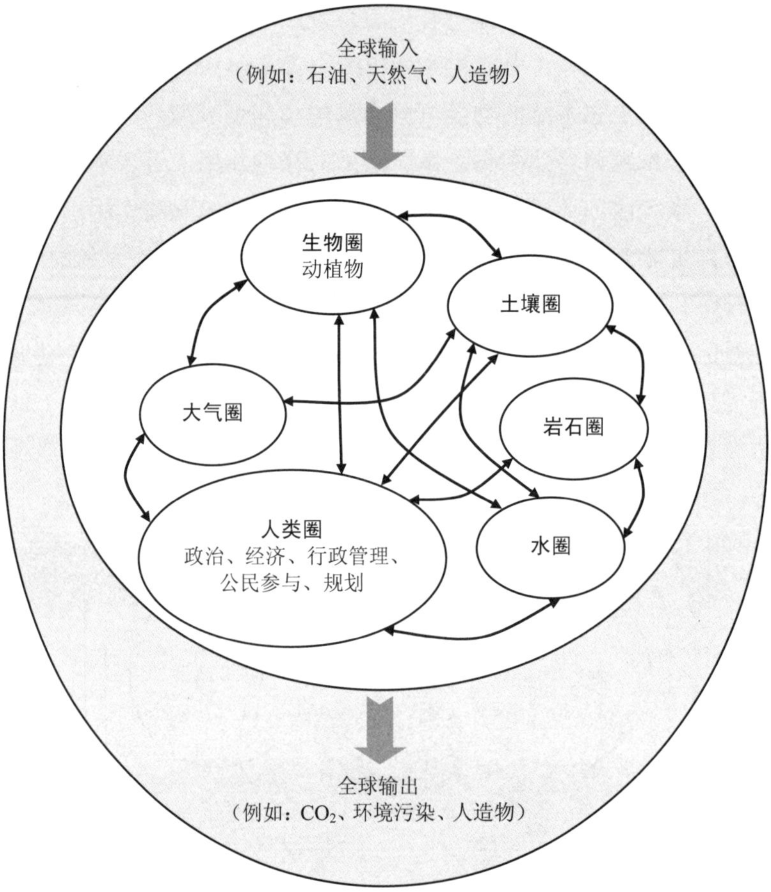

图 2-2　城市群生态系统有机网络

2.2.3　功能实现的形式

人口流、物质流、能量流、信息流是构成城市群复合生态系统的结构、功能的物质内容，这些要素发生组合、分解、融合或运转，并通过多种形式、多种渠道的物质循环及能量转化，形成人口流、物质流、能量流、货币流、信息流等相互依存的网络系统（袁莉，2014）。

2.2.3.1　人口流

城市群生态系统是以人为主体的系统，而人口流是其最为重要的流之一。“城市人”

是一个整体，城市群生态系统的发展不能忽视“人群在城市中的需要是否得到满足”这一基本主题。高密度的城市人口和高强度的人口流动是城市群生态系统的一个重要特点，这也是城市群生态系统和自然生态系统最大的区别（王发曾，2006）。城市群人口流可分为常住人口流和流动人口流。人口流为系统提供了大量的劳动力和技术，同时满足了城市居民就业、医疗、教育和生活环境等需求。这种人口流决定了城市群生态系统复合承载力与传统资源承载力（对人口的承载力）在表现形式上的差异（刘佳琦，2015）。

在 2014 年户籍制度改革之前，我国大量农业转移人口只能实现职业转变和就业地域转移，而身份并没有改变，不能与城市人口享受同等的基础设施和基本公共服务，由此产生了城乡人口周期性逆向流动等现象。

2.2.3.2 物质流

人类的发展总是伴随着物质的流动，同时受发展水平和阶段差异的影响，物质流动的形态和方式也存在显著差异。人类活动强度的增大不仅使物质流运动的规模扩大、速度提升，而且随着技术的进步，物质流运动的途径也产生了显著的变化。其中，城市群生态系统的产业分工、产业链等反映了物质输入、物质内部流动以及物质输出的物质流一般作用形式，而产业结构的合理性、产业布局的科学性、产业发展的高端化等则反映了物质流作用形式的强弱及其结果。

城市群生态系统的物质流可分为两大类：自然物流与经济物流。自然物流与经济物流不是孤立存在的，自然物流是经济物流的前提和基础，而且参与经济循环的物质都是直接或间接来源于生态系统。生态系统运行的基础是食物链、食物网，而城市群生态系统的运行在此基础上增加了产业链、消费链和产业群、消费群（薛阳等，2020）。由此，城市群生态系统的物质循环具有如下特征：一是物质循环的驱动力多样化；其物质循环的动力除了太阳能外，还有人类利用和开发的矿物能源与其他形式的能量。二是物质循环速度加快；科学技术改变了人类行为方式，加速了资源消耗的规模、速度，乃至造成物质循环的中断或阻碍。三是物质循环时空尺度的扩大化；伴随着人类活动空间范围的扩大，物质循环不断突破原有的尺度，在更大的尺度下聚集。四是物质循环的输入端与输出端严重不对称；复合生态系统的循环需要大量的物质输入，与此同时，产生远远超过本地自然生态系统分解能力的废弃物量，阻碍系统的物质循环。

2.2.3.3 能量流

能量流是物质流的有机组成部分，分为自然能流和经济能流，自然能流包括太阳能流、生物能流、矿化能流和潜在能流。其中，潜在能流是指尚未以能量形式存在，但经过人类进行“技术开发”后可能转化为能量的能流，如青藏高原的势能、风能等。经济能流指凡是被开发投入到经济系统中，正在消耗的或储备的自然能流。把自然能流变为经济能流的生产部门即是能源生产部门，如农业、石油开采、煤炭业等，其他经济部门只消耗能源，不生产能源。

自然能流是经济能流的重要物质基础。能量在流动过程中，随着热量释放而参与物质循环。经济能流在被消耗过程中会排出大量污染物等。城市群生态系统能量流的流动形式多样，更加复杂，主要有以下几种形式：一是依托物质循环实现能量循环；二是依托生物质的更新实现能量循环；三是依托微生物的分解实现能量循环；四是利用能量的储存与释放实现能量循环；五是利用废弃物处理存储和释放能量。

2.2.3.4 信息流

信息流的主体是信息。信息是物质的特殊属性，是物质存在和运动的一种形式，是物质客体之间相互联系、相互作用的一种特殊表现形式。任何物质系统都存在信息，信息和信息过程不仅存在于有机界，而且存在于无机界，不仅存在于人类社会，还存在于自然界。其中，货币是一种特殊的信息流，它凝聚了各生产部门间、生产部门和消费部门间的物质和能量流动的大量信息，反映了产品的价值和需求程度。货币是城市生产和生活中最活跃的一个因子。

随着经济社会信息化程度日益提高，信息传递越来越重要，任何一项经济活动都离不开能量流、物质流、信息流。信息流在复合生态经济系统中起支配作用，它调节着物质流、能量流的数量、方向、速度、目标，开发利用信息资源可有效减少经济社会各部门和各领域中的物质与能量消耗，不仅使资源配置和社会经济运行更为有效，还使各子系统的联结和运行更加紧密。而各种各样的信息流正是人们对城市群生态系统实施科学调控与有效管理的依据（孙舒榆等，2019）。

综上所述，城市群生态系统是一定地域的资源子系统、经济子系统、环境子系统与人口子系统等相互制约、共同约束其发展的复杂系统。尽管人类活动是现代自然生态系统服务功能的主要驱动力，但根本的刚性约束来自自然系统。尤其是当前，人类的福祉及经济社会的发展更加依赖于生态系统服务功能。同时，由于人类的参与，城市群复合生态系统中的物质循环不仅包括自然物质，还包括自然物质与人工物质结合、分解、融合运转而构成的城市群系统的人口流、物质流、能量流和信息流；其系统的循环不仅包括物质的直接输入和输出，还要经过生产、交换、分配、消费以及废弃物排放等环节和过程，在此，人既是生产者、消费者，也是分解者。

2.3 城市群生态系统特征

城市群生态系统包含了基本的构成要素以及一定的层次结构和整体功能，系统各组分之间通过物理的、化学的、生物的以及人类活动的扰动过程，在时间、空间上紧密地联系在一起。城市群生态系统整体的性质不但与其组成元素或“部分”有关，更与这些元素或“部分”之间的“关联”形式有关。城市群生态系统是一个非加和系统，对城市群生态系统整体认识的关键不是系统的基本物质组成，而是系统整体的涌现特性。城市群生态系统整体涌现特性的形成方式是多种多样的，有突变式涌现，也有渐进式涌现，甚或某个变量的微变均有可能导致整个城市群生态系统的剧变，产生“蝴蝶效应”（伊·普里戈金，1986）。

总之，城市群生态系统是多个城市组成的，各城市间紧密联系，同时还交织着多要素、多部门间的关系，具有一定的系统性和复杂性（刘春成，2017）。城市群生态系统整体涌现的发生是各种相关力量反复互动后达成的系统均衡态的表现形式，是具体的、历史的。城市群生态系统的空间结构在一次又一次的涌现中趋向复杂化、多元化，直至今天在世界各地不断涌现巨型城市乃至城市群。城市间协作是城市群最重要的特征，也是建设城市群生态系统的出发点。城市群生态系统具有开放性、整体性、耗散结构性、主体适应性、动态性等一系列重要特性。

2.3.1 开放性

城市群系统是高度开放的系统，即在开放的条件下通过引入负熵流抵御正熵流，推动系统由无序状态向有序状态转化（钱学森等，1990）。其一，城市群系统的活动范围并非以其自然地理、行政管辖范围为界线，而是随着经济活动联系方式的延伸不断扩展的，并不断地从系统外引入人口、物质、能量、信息以及资金等负熵流，其边界处于一个不断发展变化的过程中。其二，在系统内部，由于城市群生态系统种群结构及各城市空间区位、城市规模、用地属性、人口密度等的非平衡性决定了城市群生态系统内部各子系统之间相互开放，并凭借发达的城际交通、信息网络，城际、城乡彼此间互相开放，且通过系统内部相互之间和与外界环境不断地进行物质、能量、信息的交换和传输，形成动态有序的开放系统。

2.3.2 整体性

城市群生态系统不仅是城市系统，更是一定地域的城市系统与乡村系统的耦合。城市群生态系统并非城市和乡村的简单加和，包括从城市系统、乡村系统有条件的存在，到它们相互依存的各种组合可能的稳态。

城市和乡村作为人类聚集、生存的两种地域空间形态，其生命力的最大展现以“生态自我实现”为最高准则。自我实现的过程就是从“本我”到社会的“自我”再到生态“自我”的过程，而生态“自我”实现的前提条件是对城市和乡村所处的生态系统整体及其中一切存在物的尊重和平等对待（戴维·佩珀，2012）。“以生态为中心”是城市群有条件的存在，它是城市系统和乡村系统生存、发展的根本，这就是城市群系统的整体性。

2.3.3 耗散结构特性

“耗散结构”是在远离平衡态条件下，开放系统通过负熵流的增大形成的有序结构（西蒙·莱文，2006）。城市群生态系统是远离平衡态的开放系统，且在城市群生态系统的内部各要素之间以及系统与外部环境间存在非线性机制。对作为开放系统的城市群生态系统而言，不仅其内部各要素之间是相互联系、相互作用的，与外部环境不断交换能量、信息和物质，而且在城市群生态系统内，由于城市规模、区位条件的不平衡，形成了城市间、城乡间的物质流、能量流、信息流等“流”，形成了城市间的优势互补。在城市群生态系统中，非线性机制普遍存在，某个变量的微变有可能导致整个系统的剧变；当外界控制参量达到一定的阈值时，通过涨落，系统便会产生非平衡相变，系统各组分之间会形成自组织和自适应关系，系统整体由原来的无序混乱状态转变为在时间、空间及功能上有序的新状态，即耗散结构。

2.3.4 主体的适应性

城市群生态系统中各个体均具有智能性、主动性、适应性等特征。在城市群生态系统中，不仅自然系统要素能够对环境变化做出行为或遗传上的响应，更有作为系统组分的人能够通过合作、竞争、协同的形式与其他主体及生物体相联系（范建双等，2018）。在一个共同的大环境中，各自根据其周围的环境，并行地、独立地进行着适应性学习和演化。在城市聚集的过程中，这些个体与环境以及与其他个体间的相互作用不断改变着个体的功能、属性和行为，同时也改变着系统的结构、功能和环境。如此反复，个体和环境就处于一种永不停止的相互作用、相互影响、共同进化过程之中。无论是空间还是形态的变化，始终是在有意识的人为规划和无意识的自然生长这两者的交替作用中形成的。

2.3.5 自组织性

从聚落到城市再到城市群的演进过程中，城市群特定的自然、社会、经济复合结构的形成并非来自城市群系统外的特定干预，而是在作为城市群系统组分的、具有适应性的主体——人的参与下，在位置选择、建设规模、使用功能等方面与其生存的环境不断地自我调适和相互适应过程中产生的（毛齐正等，2015）。随着城市经济的发展，城市空间相应地扩张，在物质流、人口流、信息流和能量流的交互作用中，产生空间的自组织集聚效应。而空间的集聚又会带来大量要素间的接触和交流，催生新的城市功能，并通过空间复制、组合，促进空间的集聚增长。正是人口、物质、能量、信息在城际、城乡间的流动，在各城市、乡村的不均衡发展，乃至突变的自创生过程等，构成了城市群生态系统远离平衡态、具有开放性及其内部涨落等自组织要素和条件，从而限制或激发系统的演化与发展。因此，在宏观上，城市群生态系统表现为自组织演化。自组织规律不仅是生命个体的基本规律，是生态系统的基本规律，也是复合生态系统演化的基本规律。

2.3.6 自相似性

"自相似性"意味着跨尺度的对称和相似，意味着复杂系统行为的递归，以及复杂系统具有简单重复的特征，事物整体具有与其一部分相似的结构。自然界自相似性是一种作用力的自相似性。自相似性构造了宇宙和分子之间沟通信息的通道。城市群由城市聚集而成，从组成城市群的更小单元的简单变化中可看出城市群区域的整体行为。在城市群复合生态系统的演化进程中，充满了支离破碎、无规则的空间现象以及非线性过程。这些过程在空间上、时间上常常表现出自相似性。不论城市群形成的基础如何，每个城市群总是由本体（空间主要部分）、中心（为周围服务的部分）、网络（人、物、信息互相流通的部分）和特殊区（与周围功能不同的特殊用地）4 个主要部分组成，具有自相似性。

2.3.7 动态性

城市群复合生态系统在动态演化过程中形成耗散结构，并且不断地由低级向高级演进。在时间轴上，城市群生态系统的演进表现为一个由量变积累到质变飞跃的过程，当某些条件产生突变，会打破原有平衡，并在系统的协同作用下，逐渐达到新的协调状态，这样循环往复，在动态演化过程中推动系统向更高层次发展。

2.4 城市群生态系统特征辨识方法

2.4.1 调查方法

2.4.1.1 实地调研

在进行与地域有关的研究时，实地调研是必不可少的工作方法（徐晓霞，2005）。在进行生态系统特征分析时，除依据现有的数据资料外，还应进行实地调研，这样才对研究区域的生态环境问题有更全面、更深入的了解，也更易于找到生态环境问题的根本原因。实地调研的形式或途径常常包括但不限于实地观察、部门座谈、问卷调查等。

（1）实地观察

调查者在实地通过观察获得直接的、生动的感性认识和真实可靠的第一手资料。但因通过该法所观察到的往往是事物的表面现象或外部联系，带有一定的偶然性，且受调查者主观因素影响较大，因此不能进行大样本观察，需结合其他调查方法共同使用。通常适用于在不能、不需要或不愿意进行语言交流的情况下的调查。

（2）部门座谈

通过邀请若干调查对象（如政府单位工作人员、专家、教授、企业代表等相关人员），以座谈会形式来收集资料、分析和研究社会问题。部门座谈最突出的优点是工作效率高，可以较快地了解到比较详细、可靠的社会信息，节省人力和时间。但由于这种做法往往受时间条件的限制，很难进行深入细致的交谈，调查的结论和质量在很大程度上受调查者自身因素的影响，难以全面反映真实的客观情况。

为了更加全面反映城市群生态系统特征，本研究的调查主要从以下 3 个方面展开：物理环境调查、生物调查和社会产业调查。其中涉及的政府部门包括但不限于环保局、统计局、水利局、水土资源局和交通局等。

物理环境调查主要包括：①矿产地质调查、水文地质和工程地质调查、环境地质灾害调查等地质环境调查。②坡地、河流、熔岩、冰川、冻土、荒漠、黄土地貌、火山灰熔岩地貌等地方特色自然地貌，以及人类活动形成的地貌等的地形地貌调查。③河流水情要素、湖泊和沼泽、地下水的调查等水文调查。④降水、风情、气温的调查等气候要素调查。⑤土壤类型、土壤资源等土壤调查。⑥给人类生存带来危害或损害人类生活环境的自然现象。

生物调查主要包括：①种数、单个物种规模、生活习性、空间分布、种内关系、多样性、丰富度、相对多度、乡土物种、入侵种、均匀度、濒危状况、灭绝速率及原因、濒危物种保护措施、物种的地理分布及分布区生境、优势物种和劣势物种等物种与生态群落特征调查。②能量流、物质流、信息传递、结构状况等生态系统调查。

社会产业调查主要包括：①人口调查。②建筑风格、城乡结构等聚落调查。③饮食、服饰、传统特色等文化调查。④产业的总体发展规模、结构、效益状况等产业调查。⑤政府综合经济管理工作、社会政策等政策调查。⑥空气、水、土壤等的污染状况，植物中污染物的含量，以及生物指标等环境污染调查。⑦灾情具体信息、损失情况等人文灾害调查。

（3）问卷调查

这是一种间接的书面访问，该法的最大优点是能突破时空的限制。通过该法，可以在广阔的范围内，对众多的调查对象同时进行调查，适用于对现时问题、较大样本、较短时期、相对简单的调查，被调查对象应有一定的文字理解能力和表达能力。由于通过问卷调查法只能获得书面的社会信息，而不能了解到生动的、具体的社会情况，因此该法不能代替实地考察，特别是在对那些新事物、新情况、新问题进行研究时，应配合其他调查方法共同完成。本研究根据当地的环境问题，综合其他调查方法所得结论或问题，设计有针对性地识别城市群生态系统特征的问卷。将通过网络问卷、现场问答等形式，将该问卷发放到珠三角城市群中的9个城市，所选的问卷地点将根据实际需求进一步确定。

2.4.1.2 在线监测

（1）遥感监测

数据的获取和管理是城市群生态系统研究中所面临的一大困难，借助周期性的航空、航天遥感摄影进行定时跟踪和监测，即利用遥感技术可以较好地解决数据收集的困难（喻光明，1991）。遥感技术在城市环境污染调查领域有着广泛的应用，如土壤污染、大气污染源及排放强度、河流等水体的水质变化差异都可以通过遥感图像来反映；通过长期定域遥感，还可以找出污染物排放及转化规律（易秀，2000）。除了将遥感技术用于城市环境监测外，利用不同空间分辨率的遥感资料还可以得出有关植被分布、城市空间格局及其历史变化、城市土地利用格局等的信息（王效科等，2014）。遥感技术为城市群生态系统的分析研究提供了科学而有效的方法，使人们能够对更大范围的生态系统进行科学研究。

（2）监测站监测

对一些城市生态系统的功能和结构指标，如水质、土壤墒情、生物多样性等，可在不同的功能区布设监测点，定期采集环境样品并进行实验室分析。对气象、空气质量、径流过程等生态要素和生态过程的监测，需要安装连续监测仪器，就有必要建立长期的定位观测站。由于城市不同区域存在高度的差异性，应尽可能地多设置一些定位站。设置定位站时应当考虑城区和郊区的差别、城市主导风向、主导河流流向、人类活动强度的区域差异等因素（王效科等，2014）。

2.4.1.3 生态监测

生态环境是人类社会、经济发展的基础，及时了解区域生态环境现状与变化对改善区域的生态环境具有促进作用，而生态监测是了解现状与变化的主要支撑和依据（贾良清等，2004）。生态监测是指通过物理、化学、生态学等各种技术手段，对生态环境中的各要素、生物与环境之间的相互关系、生态系统结构和功能进行监测（罗泽娇等，2003）。生态监测为生态环境的保护、自然资源的合理利用提供了科学的依据。

（1）生态监测的指标体系

生态监测是一项复杂的工作，不同地区往往根据自身监测水平和生态特征提出相应的生态监测指标体系（王效科等，2014；王兆群等，2005；梅卓华等，2004；高松等，2003），主要的生态指标可分为以下几类。

①气象条件：太阳辐射、气温、气压、风速、风向、降水量及其分布、空气湿度、大气干湿沉降等。

②水文条件：水位、地表径流量、径流系数、水流速、流向、水温、含沙量、水质等。

③地质条件：地质构造、地震活动、地层、地面沉降量等。

④环境质量：大气环境方面，有 $PM_{2.5}$ 浓度、PM_{10} 浓度、总悬浮颗粒物浓度、NO_x 浓度、SO_x 浓度、CO 浓度、碳氢化合物浓度、臭氧浓度等。水环境方面，有 BOD_5 浓度、COD 浓度、TN 浓度、TP 浓度、氨氮浓度、溶解氧、透明度、电导率、pH 值、大肠杆菌数、重金属浓度等。土壤环境方面，有有机质含量、土壤水分含量、重金属含量等。声环境方面，有交通噪声、施工噪声等。

⑤生态系统结构和功能：生态系统的生物种类、生物数量、种群结构、物质流、能流等。

⑥人类活动：包括人口总数、人口密度、性别比例、出生率、死亡率、能源结构、资源利用率、污水处理率、固体废物处置率等。

（2）生态监测的技术手段

生态监测中通常包括许多大范围生态系统的宏观监测，许多传统的监测技术并不适用于大区域的生态监测（罗泽娇等，2003），因此，需要借助一些现代的高新技术对大区域的生态环境进行监测。通过遥感（RS）技术、全球定位系统（GPS）技术和地理信息系统（GIS）技术（即“3S”技术），可以对大范围的环境进行有效的动态综合监测。这些技术具有高效、实时、监测范围广等特点，因而在城市环境管理中也具有极其广泛的应用。

例如薛岩松等（2010）利用遥感技术结合地面实测数据，对杭州市2004—2007年的遥感图像特征进行了小波分析，建立了相应的回归模型，对不同空气质量条件下的遥感图形特征的差异和特征进行了比较分析；郭斌等（2010）利用西安市1988年、2000年两期遥感影像，分析了西安市1988—2000年土地利用时空演变过程，研究了西安市十余年间土地利用与生态安全间的内在关系，为城市的发展提出了相应的土地资源优化配置方案与生态安全调控措施。将“3S”技术应用于城市及城市群的生态监测，对于城市及城市群的环境保护与管理具有重要意义。

2.4.2 数据采集

2.4.2.1 统计数据

本研究的统计数据主要来源于珠江三角洲各城市的城市统计年鉴、社会建设统计年鉴、农村统计年鉴、社会经济统计年鉴、卫生统计年鉴、工业统计年鉴、经济普查年鉴及国民经济和社会发展统计公报等政府统计资料或地方环境保护部门公布的年度环境状况公报等资料。

部分统计数据来源于《长江和珠江三角洲及港澳特别行政区统计年鉴》与《珠江三角洲城市群年鉴》，如中山市、佛山市和江门市的人均粮食产量、工业废水排放量及年末常用耕地面积数据。还有部分统计数据来源于统计信息年鉴，如深圳市和东莞市的一般工业固体废物综合利用率以及医院床位数。在研究中还采用了物质流分析方法、投入产出分析方法以及生态网络分析方法等，说明如下。

（1）物质流分析方法

主要选取2006—2016年广州、深圳和东莞这3个典型城市关于生物质、化石燃料及矿物质等的数据展开研究，其中数据主要来源于2006—2016年的《广州统计年鉴》、《深圳统计年鉴》和《东莞统计年鉴》等。

（2）投入产出分析方法

可获得的相关投入产出表资料有2012年42部门广东省价值型投入产出表、2015年42部门广东省价值型投入产出延长表以及2012年深圳市价值型投入产出表。由于广州和东莞都未编制投入产出表，因此对地区的投入产出表，需借助相应年份广东省投入产出表的直接消耗系数，将其近似于地区的直接消耗系数，在此基础上进行核算。为更好地核算城市碳排放以及减少核算误差，对广州、深圳和东莞，均借助相应年份广东省投入产出表的直接消耗系数进行碳排放核算，并进一步使用RAS修正系数等方法对2012年深圳市碳排放进行研究分析。

考虑到不同城市投入产出表中部门划分、各细分行业能源消费数据以及碳排放强度数据的行业分类有所差异，综合考虑数据的可获得性以及所研究目标城市的部门特色等，选用 2012 年 42 部门广东省价值型投入产出表以及 2015 年 42 部门广东省价值型投入产出延长表，并将这两年广东省投入产出表统一合并为 12 个部门。广东省投入产出表从 42 个部门划分为 12 个部门的分类如表 2-1 所示。

表 2-1 2012 年和 2015 年广东省价值型投入产出表的 12 个部门分类

<table>
<tr><th>编码</th><th>行业名称</th><th>部门划分</th><th>编码</th><th>行业名称</th><th>部门划分</th></tr>
<tr><td>01</td><td>农林牧渔产品和服务业</td><td>农业</td><td>25</td><td>电力、热力的生产和供应业</td><td>电力、热力</td></tr>
<tr><td>02</td><td>煤炭采选业</td><td rowspan="4">采矿业</td><td>26</td><td>燃气生产和供应业</td><td>燃气</td></tr>
<tr><td>03</td><td>石油和天然气开采业</td><td>27</td><td>水的生产和供应业</td><td>水</td></tr>
<tr><td>04</td><td>金属矿采选业</td><td>28</td><td>建筑业</td><td>建筑业</td></tr>
<tr><td>05</td><td>非金属矿和其他矿采选业</td><td>30</td><td>交通运输、仓储和邮政业</td><td>交通运输业</td></tr>
<tr><td>10</td><td>造纸印刷和文教体育用品制造业</td><td>造纸业</td><td rowspan="18">29
31
32
33
34
35
36
37
38
39
40
41
42</td><td rowspan="18">批发和零售业
住宿和餐饮业
信息传输、软件和信息技术服务业
金融业
房地产业
租赁和商务服务业
科学研究和技术服务业
水利、环境和公共设施管理业
居民服务、修理和其他服务业
教育业
卫生和社会福利业
文化、体育和娱乐业
公共管理、社会保障和社会组织业</td><td rowspan="18">服务业</td></tr>
<tr><td>13</td><td>非金属矿物制品业</td><td>非金属矿业</td></tr>
<tr><td>20</td><td>通用设备、计算机和其他电子设备制造业</td><td>电子设备业</td></tr>
<tr><td>06</td><td>食品制造及烟草加工业</td><td rowspan="15">其他制造业</td></tr>
<tr><td>07</td><td>纺织业</td></tr>
<tr><td>08</td><td>纺织服装鞋帽皮革羽绒及其制品业</td></tr>
<tr><td>09</td><td>木材加工品和家具制造业</td></tr>
<tr><td>11</td><td>石油、炼焦产品和核燃料加工业</td></tr>
<tr><td>12</td><td>化学产品制造业</td></tr>
<tr><td>14</td><td>金属冶炼和压延加工业</td></tr>
<tr><td>15</td><td>金属制品业</td></tr>
<tr><td>16</td><td>通用设备制造业</td></tr>
<tr><td>17</td><td>专用设备制造业</td></tr>
<tr><td>18</td><td>交通运输设备制造业</td></tr>
<tr><td>19</td><td>电气机械和器材制造业</td></tr>
<tr><td>21</td><td>仪器仪表制造业</td></tr>
<tr><td>22</td><td>其他制造业</td></tr>
<tr><td>23</td><td>废品废料综合利用业</td></tr>
<tr><td>24</td><td>金属制品、机械和设备修理服务业</td></tr>
</table>

所使用的化石能源数据源于广东省、广州市、深圳市、东莞市相应年份统计年鉴中的综合能源平衡表以及分行业能源消费总量表。综合能源平衡表分类列出能源，较为系统地反映了城市能源消费及能源生产的宏观情况。但该表只是按照产业门类粗线条分类，

虽然呈现了终端消费量，但未能统计产业内部，尤其是工业行业的能源消费。分行业能源消费总量表则较为详细地描述了所有工业行业内部的综合能源消费量。因而本研究以综合能源平衡表为基础，并利用分行业能源消费总量表，将其中的第二产业细分至各工业行业，从而获得了全行业的能源生产和消费情况。

（3）生态网络分析方法

生态网络分析的关键在于确定网络节点和路径，其中节点一般也以部门来区分，路径通过部门间的连通来确定。本研究的数据和资料主要来源于 2012 年 42 部门广东省价值型投入产出表和《东莞统计年鉴 2012》。《东莞统计年鉴 2012》中分行业的能源数据和总产值等数据不全，因此为了保证数据的准确性和统一性，本研究根据一定的功能和规律，将东莞 40 多个行业划分为 7 个部门（节点），具体划分情况如表 2-2 所示。

表 2-2 部门划分情况

代码	行业名称	部门划分
01	农林牧渔产业	农业
02	煤炭采选业	采矿业
03	石油和天然气开采业	
04	金属矿采选业	
05	非金属矿和其他矿采选业	
06	食品制造及烟草加工业	制造业
07	纺织业	
08	纺织服装鞋帽皮革羽绒及其制品业	
09	木材加工品和家具制造业	
10	造纸印刷和文教体育用品制造业	
11	石油、炼焦产品和核燃料加工业	
12	化学工业	
13	非金属矿物制品业	
14	金属冶炼和压延加工业	
15	金属制品业	
16	通用设备制造业	
17	专用设备制造业	
18	交通运输设备制造业	
19	电气机械和器材制造业	
20	通信设备、计算机和其他电子设备制造业	
21	仪器仪表制造业	
22	其他制造业	
23	废品废料	
24	金属制品、机械和设备修理服务	
28	建筑业	建筑业
25	电力、热力的生产和供应业	电气水
26	燃气生产和供应业	
27	水的生产和供应业	
30	交通运输、仓储和邮政业	交通运输业
29	批发和零售业	服务业
31	住宿和餐饮业	
32	信息传输、软件和信息技术服务业	
33	金融业	
34	房地产业	
35	租赁和商务服务业	
36	科学研究和技术服务业	
37	水利、环境和公共设施管理业	
38	居民服务、修理和其他服务业	
39	教育	
40	卫生和社会工作事业	
41	文化、体育和娱乐业	
42	公共管理、社会保障和社会组织	

2.4.2.2 实测数据

对一些无法通过政府统计资料获取的相关数据，可通过研究区域的定位观测站、遥感监测等采集相关的监测数据，若有必要，亦可对某些区域进行实地调查采样并进行实验室分析。

2.5 珠三角城市群特征

2.5.1 自然环境概况

2.5.1.1 地理环境

珠江三角洲的地理位置是在北回归线以南，在北纬 21°30′～23°40′之间。珠江三角洲位于中国南部的广东省境内，总面积约为 5.4 万 km^2，是我国南部最大的冲积平原。珠三角城市群包括广州、深圳、珠海、佛山、东莞、中山、江门、肇庆、惠州等 9 个城市，有“南海明珠”之称，面积约为 1.1 万 km^2。珠江三角洲包括由北江、西江一起冲积形成的大三角洲及东江冲积形成的小三角洲，属于放射形汊道三角洲复合体。呈现为倒置的三角形，西起三水市、东到石龙为止的一线为底边，崖门湾为顶点。冲积层较薄，厚度一般在 20～30 m。地面起伏比较大，中部为平原，周围是山地、丘陵及岛屿。珠江水系的年均输沙量可达到 8.0×10^8 t。作为我国重点围垦区之一，河口附近的三角洲依然在向南海伸展，河口区域每年可延伸 10～120 m。

珠江三角洲属亚热带气候类型，全年温暖湿润。年平均气温为 21～23℃，1 月平均温度为 13～15℃，7 月平均温度高于 28℃。在 6—10 月，天气最为炎热，常常受到台风影响，降雨较为集中，年平均降水量达到 1 500 mm 以上。雨热同期，河网密集，土壤肥沃，有利于农业发展。水稻单位面积产量较高，在国内名列前茅。已形成蔗基鱼塘、果基鱼塘和桑基鱼塘等立体农业结构模式，是我国生态农业典范。《广东省新型城镇化规划（2014—2020 年）》扩容韶关、清远、云浮、河源、汕尾 5 个城市，共 14 个城市形成珠三角城市群。大珠江三角洲地区加上香港特别行政区、澳门特别行政区，即为粤港澳大湾区，是国家级三大城市群之一。

2.5.1.2 环境污染状况

据《2016 年广东省环境状况公报》，2016 年珠三角地区空气质量达标天数比例为

84.4%～96.7%，平均为 89.5%，超标天数比例为 10.6%，其中轻度污染占 9.0%，中度污染占 1.4%，重度污染占 0.2%，无严重污染；$PM_{2.5}$区域平均质量浓度为 32 μg/m^3，各市平均质量浓度范围为 26～38 μg/m^3；PM_{10}区域平均质量浓度为 49 μg/m^3，各市平均质量浓度范围为 42～56 μg/m^3。珠三角地区主要空气污染物为臭氧，其作为首要污染物的比例为 43.1%，NO_2、$PM_{2.5}$和PM_{10}作为首要污染物的比例分别为 25.2%、24.0%和 7.7%。

珠三角地区均属于酸雨控制区。2016 年，除江门、东莞、惠州、中山 4 市外，其余 5 市均受酸雨污染。

自 2011 年起，珠三角地区集中式饮用水水源地水源达标率保持在 100%；主要干流水道水质优良，部分河流受到污染，主要污染指标为氨氮、总磷和耗氧有机物；区域内 4 个省控水库中，枫树坝水库、流溪河水库水质为Ⅰ类水，杨寮水库、白盆珠水库水质为Ⅱ类水，其他水库均出现轻微富营养污染；肇庆星湖、惠州西湖 2 个省控湖泊水质为Ⅳ类，属轻度污染；深圳河口水质劣于Ⅴ类，主要污染指标为化学需氧量、氨氮和总磷；近海岸水域水环境功能区中珠江口海域为重度污染，主要污染指标为无机氮和活性磷酸盐、pH 值，近海岸功能区水质为轻度富营养。

据《2020 年广东省生态环境状况公报》，2020 年珠三角地区空气质量状况良好，环境空气质量达标天数比例（AQI 达标率）为 88.0%～97.8%，平均为 92.9%。首要污染物为O_3（占首要污染物比例为 66.8%），其次是NO_2（占 14.2%）和 $PM_{2.5}$（占 9.7%）。降水 pH 值均值升高 0.03 个 pH 单位，酸雨频率下降 4.2 个百分点，江门、珠海、佛山、深圳、肇庆仍然受酸雨污染。

珠三角功能区噪声昼间达标率和夜间达标率分别为 91.5%和 71.4%。珠三角范围内，珠海、惠州两个城市的噪声昼夜达标率均为 100%。除肇庆以外，其他 8 个城市道路交通噪声均达到一级标准或二级标准。

2.5.2 社会经济概况

2.5.2.1 经济主体

珠三角城市群经济最突出的特点为外向型，且外向型经济总体水平较高。珠三角城市群凭借地域上紧邻香港、澳门和遍布世界各地的侨胞等优势，依托国内市场，紧跟国际市场，实现外向型经济的快速度、高水平发展，使珠三角城市群成为全球最具活力的经济区之一。珠三角城市群发展外向型经济的基本方法是将国外的资金、设备、技术及管理引入国内。同时凭借邻近香港、澳门，面向东南亚，侨乡众多，具备优良海港和劳动力资源丰富等优势，还有各种量身定做的优惠政策支持，珠三角成为吸引国际投资及外企落户的风水宝地。

珠三角是国家前期策略的主体区域。2019 年，珠三角城市群常住人口数约为 7 683.95 万人，人均 GDP 为 13.6 万元，以广东省 56.0%的人口创造了全省 80.7%的 GDP。世界银行发布的报告显示，珠三角城市群超越日本东京大都市圈，成为世界人口和面积最大的城市群（李淼等，2020）。珠三角城市群有具全球影响力的先进制造业基地和现代服务业基地，是南方地区对外开放的门户，中国参与经济全球化的主体区域，全国科技创新与技术研发基地，全国经济发展的重要引擎，辐射带动华南、华中和西南发展的龙头，同时是我国人口集聚最多、创新能力最强、综合实力最强的三大区域之一（另外两个是长三角地区、京津冀地区），有“南海明珠”之称。珠三角地区是全国经济发展最迅速的地区之一。随着经济的快速发展，该地区的社会发展呈现出农村工业化程度高、城乡一体化进程快等特点。

2.5.2.2 产业创新

珠三角地区产业结构较为合理。珠三角地区的产业结构已经大体完成了从传统农业到工业化，最后到产业多元化发展的转变。珠三角的产业格局基于各类生产要素的集聚，形成了向外辐射的发展圈层，多元化的产业合作发展平台将助力构建协同发展、开放、创新的产业体系。

2015 年 9 月 29 日，珠三角国家自主创新示范区获国务院批复同意，目标是把珠三角建设成为中国开放创新先行区、转型升级引领区、协同创新示范区、创新创业生态区，打造成为国际一流的创新创业中心。2016 年，珠三角 9 个城市共吸纳 37.33 万高校毕业生就业，其中到广州市的最多，有 16.32 万人；其次是深圳市，有 7.51 万人。广州居民人均可支配收入为 50 940.7 元，居全省第一，其次为深圳（48 695 元）。2019 年 12 月，《中国城市营销发展报告（2019）》在北京发布，珠三角城市群位列 2018—2019 年度城市群品牌前 5 强（第 4 位）。

2.5.3 现存问题与建议

珠三角城市群社会经济发展快、人口增长迅速、城市化扩张迅速，不合理的土地开发加速了对自然生态系统的干扰，自然生态系统质量和服务功能问题突出，进一步激化了珠三角城市群的生态问题（如表 2-3 所示），以致威胁区域生态健康（卢曼，2018）。珠三角城市群包含 9 个城市。这些城市在发展过程中相互影响、相互作用，导致原有的城市系统复杂性在城市群多层式网络结构中被高度放大，由此产生了更多、更显著且更复杂的区域性生态问题，如黑臭水体泛滥、自然生态空间减少和破碎化、生态系统功能破坏严重、区域生物多样性急剧下降、资源配置矛盾突出、感潮河段生态问题凸显以及城市自然景观退化等。这些复杂性常表现为城市生态系统单元及其相互之间不同层次、不同组分间大量错综复杂的矛盾组合关系，如线性与非线性、平衡与非平衡、连续与离散、无序与有序等（胡志仁等，2018）。

表 2-3　珠三角城市群主要生态问题

问题点	具体问题
生态空间被侵占	珠三角城市群城镇集聚、人口密集，建设用地规模扩张迅速，城市边界不断向外无序扩展，侵占城市间自然生态空间，使得珠三角地区自然生态空间面积急剧缩减、岛屿化和破碎化
生态网络断裂	珠三角城市群城市建设侵占自然山水格局，建设用地和密集的地表设施打断了生态廊道的连通，致使珠三角自然生态网络断裂，生态空间联系性差，基本生态功能在空间上出现断裂，影响生态系统的功能发挥
生态用地分布失衡	珠三角区域植被分布不平衡，森林生态系统集中分布在肇庆、惠州和江门，而广州、东莞、中山、佛山和珠海由于城市化与工业化的快速发展，导致森林、灌丛、草地等生态用地被大量占用，森林面积少，绿化覆盖率低
生态系统服务功能和承载力下降	生态用地和空间的缩减导致两个城市组团之间缺乏生态系统的整体性和过程的连续，自然生态系统服务功能和承载力下降，生态效益降低
生态结构不稳定	珠三角地区人工植被比例过大，城市植被物种单一，生态系统的自我调节能力较差。大量天然林被人工林取代，致使植被群落结构不合理，动物生境质量低，物种多样性降低，生态系统结构不稳定，最终导致区域自然生态体系破碎化严重
土壤侵蚀严重	珠三角地区在土壤保持方面先天不足。区域内土壤以红壤为主，疏松多砂，土层较薄，容易被侵蚀。另外，现有植被以人工林为主，树种单一，水土保持能力较低。城市地区建设开发频繁，易使山坡土体受破坏、地表裸露，加之水土保持工程措施不完善，容易发生水土流失
湿地生态功能退化	城市盲目开发导致河滩沼泽地、红树林等被建设用地蚕食、围垦改作他用，湿地面积持续减少，湿地斑块零散；工农业及生活污水严重污染湿地水质，威胁白鹭等鸟类的生存，破坏生态平衡，大大影响了珠三角湿地作为东亚候鸟停歇地和越冬地的功能
江河水体环境污染，连通性减弱	珠三角地区水环境形势严峻，江河水质受到破坏，33%的省控断面处于III类水以下，广州、深圳、东莞水污染情况较为严重。珠三角城市群建设发展干扰自然水系的天然格局，河道硬化、渠化，河流支流和小河道消失，水系网络结构简单，水系循环变差，区域水环境亟须治理
城市热岛效应明显	珠三角地区城市化进程速度持续加快、城市化水平不断提高，城市热岛效应也越来越突出。珠三角各市建成区硬底化严重，缺乏大型绿地，均为高温斑块，随着城市边界间的建设用地交错连接，城市间原本具有降温效应的生态用地消失，区域热岛效应增强。珠三角地区已形成强大的热岛，且西岸的热岛效应强于东岸

如此的诸多系统复杂性给珠三角城市群生态系统健康带来了极大挑战。然而，我国大多数与城市群生态系统相关的研究仍处于对国外理论的引进和消化阶段，研究工作大多局限于对单个城市生态系统的定量分析或对城市群生态系统的定性分析。

例如，段国兵（2011）以生态系统健康理论为研究基础和指导思想，借鉴自然生态学中的“V-O-R”评价模型，结合珠海市、中山市和江门市的现状，选取 19 个评价指标，构建了包括活力、组织力、恢复力、系统服务功能和人群健康等 5 个要素在内的指标体系。针对珠海市、中山市和江门市这 3 个评价对象，采用层次分析法和多因子综合评价模型，对珠中江城市群生态系统健康进行了综合评价。结果表明，3 个城市中，生态系统健康状况最好的是珠海市，其次是中山市，再次是江门市。利用多因子综合评价模型计算得出准则层 5 个要素的健康指数得分，珠海、中山和江门三市分别为 0.834 8、0.777 9 和 0.757 4。其健康等级均处于健康水平，这说明珠中江城市群生态系统总体上处于健康状态。区域生态系统健康水平的高低是社会服务功能、经济发展水平、居民幸福程度、能源综合利用率、产业结构以及环境保护等多种因素综合作用的结果。珠中江城市群生态系统健康状况的有利因素是人群健康、系统服务功能和恢复力，不利因素是活力和组织力。这说明珠中江城市群居民的幸福指数相对较高，社会及自然的服务功能比较完善，能源的循环利用效率高，环境保护效果比较好。但该区域的产业结构有待进一步调整和升级。

蒋甜（2016）从城市生态系统的概念出发，构建了珠三角城市生态系统健康评价指标体系，结合遥感影像和统计年鉴收集指标数据，结合层次分析法与模糊评价模型，发现 1996—2013 年，珠三角城市生态系统健康呈现增长的趋势。从自然生态系统、经济生态系统、社会生态系统 3 个层面来看，珠三角 9 市自然生态系统在 1996—2013 年表现得比较稳定，变化幅度不大；经济生态系统呈现出明显的上升趋势；社会生态系统方面，深圳、东莞出现大幅下降，肇庆、江门小幅提升，其他城市较为稳定。

2.6 小结

本章分析了城市群维度下生态系统的复合结构以及子系统之间的交互关系，进而分析了城市群生态系统对人类社会的服务功能及其实现过程与形式；通过实地调研与生态环境监测的调查研究方法，辨识城市群生态系统特征，并以珠三角城市群为例，概述了其自然环境与社会经济情况，总结了珠三角城市群目前的主要生态问题。

城市群生态系统是复杂的巨系统。城市群是一定地域范围内城市之间要素流动与相互影响的城市集群，城市群生态系统涉及社会、经济、资源和环境等子系统，各子系统之间不断进行物质、能量与信息的交换与传输，建立了紧密的联系，从而形成了突破空间限制的整体，系统多层次、多组分之间的关联决定了城市群生态系统的复杂化与多元化。

城市群生态系统是动态变化的。城市群经历了城市之间联系逐渐紧密的过程，从前期多为生产分工、产业转移等经济联系到形成社会、环境和人口等全方位相关的联系。这决定了城市群生态系统也处于动态演化的过程中，城市群内部城市之间通过能量流、物质流和信息流的交互而形成耗散结构，在不断向协调状态演进的过程中，实现从低级状态向高级状态的发展。

因此，需要对城市群复合生态系统开展多方位定量识别与综合调控研究，并从全方位的角度对复杂的城市群生态系统健康问题进行多层次的辨识、评价、模拟、优化和协同监管研究，并由此建立科学的决策支持体系，从而推动我国城市群生态系统健康建设。

第 3 章　城市群生态系统健康诊断

3.1　城市群生态系统健康概念

3.1.1　城市生态系统健康定义

城市生态系统健康与生态系统健康的关系类似于分支与主干的关系，因此，城市生态系统健康定义的发展和演变源于对生态系统健康的理解。

3.1.1.1　生态系统健康定义

自 1788 年 Hutton 提出的“自然健康”（Hutton，1788），到 1941 年 Leopold 提出的“土地健康”（Leopold，1941），再到 20 世纪 60 年代 Leopold 提出的“景观健康”（Rapport，1998），随后经 Odum（1979）、Woodwell（1970）、Barrett（1976）、Rapport 等（1979，1985）学者的努力，生态系统健康概念得以持续发展起来。对于生态系统健康的定义，依据出发点和侧重点的不同，可将其发展历程大致划分为以下 3 个阶段：①生态系统自身特点；②生态系统为人类提供服务；③生态系统特点和提供服务。

（1）从生态系统自身特点出发的定义

Costanza 是从生态系统自身出发定义生态系统健康的典型代表人物（Norton，1992），他提出生态系统健康应包括如下特征：①健康是生态内稳定现象；②健康是没有疾病；③健康是多样性或复杂性；④健康是稳定性或可恢复性；⑤健康是有活力或增长的空间；⑥健康是系统要素间的平衡。他认为生态系统健康定义应综合考虑以上 6 个方面（Costanza，1992）。从该概念可以看出，一个健康的生态系统必须保持良好的代谢活力，保持内部结构和组织，对外界的压力必须有恢复力（Costanza，1998）。

（2）从生态系统为人类提供服务出发的定义

随着生态系统健康研究的发展，人们逐渐认识到定义生态系统健康时应充分考虑其为人类提供的服务功能。Mageau 等学者认为一个健康的生态系统应包括以下特征：生长能力、恢复能力和结构，能为人类社区提供生态系统服务支持（Mageau et al.，1995）。Valbeasley 等提出一个健康的生态系统能不断地提供现有利益，也能维持未来的需要，即面对压力时必须能维持系统结构和功能（World Resources Institute，1995）。

（3）综合考虑生态系统自身特点和其为人类提供服务的定义

事实上，生态系统的自我维持能力与其为人类提供服务之间具有密切联系，学者们也逐渐意识到应将生态系统自身特点与其为人类提供服务结合起来考虑。其实，在上述学者给出的生态系统健康定义中，就已显现出将两者结合考虑的思想。

O'Laughlin（1996）认为“健康是一种状态。在此状态中，生态系统为人类提供需求的同时，维持着系统本身的复杂性特征”。Rapport 等（1999）将生态系统健康的概念总结为“以符合适宜的目标为标准来定义的一个生态系统的状态、条件或表现”，并指出生态系统健康应该包含两方面内涵，即满足人类社会合理要求的能力和生态系统本身自我维持与更新的能力。发展至今，生态系统健康概念已不单纯是一个生态学的定义，而是一个将生态、社会经济、人类健康等 3 个领域整合在一起的综合性定义。

综上可以发现，无论是从哪个角度出发的定义，生态系统健康强调的都是生态系统这个主体相对于健康这个目标或者标准所具有及所应具有的结构、功能等一系列能力、表现、状态等特征。而健康的目标既包括为了实现自我发展而必需的内在目标，也包括为了给人类提供服务而设立的外在目标（苏美蓉，2008）。

3.1.1.2 城市生态系统健康相关定义

现有的城市生态系统健康相关定义多是从健康的城市生态系统应包括的因素给出的一种总结性描述。世界卫生组织将健康的城市定义为一个不断开发、发展自然和社会环境并扩大社会资源，使人民能够在享受生命和充分发挥潜能方面相互帮助的城市（Hancock et al.，1988；Takano，1998）。即城市不仅仅是片面追求经济增长效率的经济实体，而且是能够改善人类健康的理想环境，是由健康的人群、健康的环境和健康的社会有机结合发展的一个整体。Colin（1997）的定义与此类似，他认为城市生态系统的健康不仅意味着由自然环境和人工环境组成的生态系统的健康和完整，也包括城市居住者的健康和社会健康。

Hancock（2000）定义的健康城市概念框架是基于经济、环境和社会之间的相互关系提出的，这和可持续性的三维要素（经济、环境和社会）相近。他还进一步归纳出健康的城市生态系统应涉及的 6 个要素：①城市人群的健康状况（包括生理健康和心理健康）以及居民健康状况在城市内不同居住区的分布；②城市区域内的社会福利状况、政府管理的有效性、社会公平；③人居环境质量，包括居住条件、交通便利状况、自来水供应及下水道状况、道路及公共交通条件、公园和娱乐设施条件等；④城市自然环境状况，包括空气质量、水质量、土壤质量和噪声污染等；⑤城市内其他生物物种的健康状况，包括栖息地环境质量、遗传及物种多样性；⑥城市生态系统对广义的自然生态系统的影响。

苏美蓉等（2010）在认为城市生态系统应具备满足人类合理需求的能力和生态系统自我维持与更新能力的基础上，总结了健康的城市生态系统应包含的诸多要素（如图 3-1 所示）。

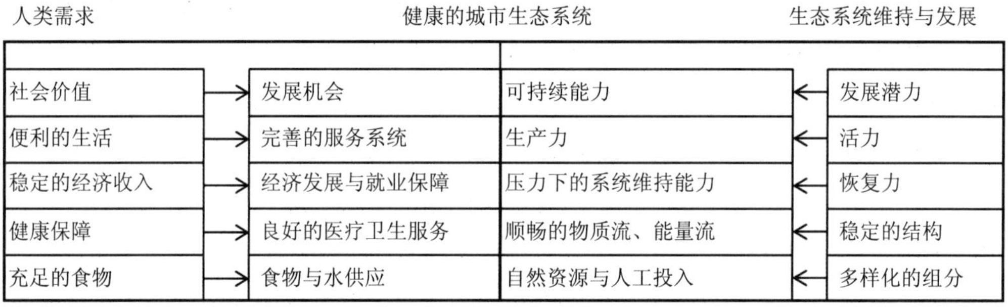

图 3-1 健康的城市生态系统所包含要素

郭秀锐（2003）在总结前人研究和分析城市生态系统特征的基础上，认为健康的城市生态系统应该具备两方面特征：从生态学角度，其作为自然-经济-社会复合生态系统，是稳定的和可持续的，对外界不利因素具有抵抗力；从社会经济角度，具备为城市居民持续提供完善生态服务功能的能力。

《全国健康城市评价指标体系（2018 版）》紧扣我国健康城市建设的目标和任务，旨在引导各城市改进自然环境、社会环境和健康服务，全面普及健康生活方式，满足居民健康需求，实现城市建设与人的健康协调发展。指标体系共包括 5 个一级指标、20 个二级指标、42 个三级指标。一级指标对应“健康环境”“健康社会”“健康服务”“健康人群”“健康文化”等 5 个建设领域。指标体系要求健康城市必须致力于使人们拥有清新的空气、洁净的用水、安全丰富的食物供应、整洁的卫生环境、充足的绿地、足量的健身活动设施、有利于身心健康的工作学习和生活环境，使群众能够享受高效的社会保障、全方位的健康服务和温馨的养老服务，营造健康文化氛围，努力提升人们的健康意识和健康素养，促使人们养成健康的生活方式和行为。

尽管定义城市生态系统健康时要考虑的因素更多、更加复杂，但与生态系统健康一样，其关注点也可以被概括为城市生态系统主体相对于健康目标（标准）所具有及所应具有的结构、功能等一系列能力、表现、状态等特征。其中，要强调城市生态系统这个主体的整体性、系统性，健康这个目标既包括城市生态系统自身发展的内在目标，也包括满足人类需求的外在目标。

3.1.2 城市群生态系统健康定义

城市群由多个城市聚集而成，各城市的生态子系统既相互独立，同时又充分交融，相互之间具有活跃的物质流、能量流、经济流和信息流，形成复杂的多层、多维的巨系统。城市生态系统是一个复杂的巨系统，涉及社会、经济、资源、环境等多个子系统，且每个子系统均包含多个随时间不断演进变化的层次与组分，具有不确定性、多功能性、多目标性和动态性的特征（黄国和等，2016）。城市群内部各城市在发展过程中相互影响、相互作用，使得原有的城市系统的复杂性在城市群多层式网络结构中被放大。因此，城市群生态系统健康的定义不仅涵盖了城市生态系统健康的全部内涵，而且也强调了在其多层式复杂结构下各组分的协作共生能力。

综上所述，归纳出健康的城市群生态系统应包括以下特征：①保持良好的新陈代谢活动能力；②保持内部结构和组织；③对外界的压力必须有恢复力；④系统组分间的平衡互动及协作共生。不难发现，城市群生态系统健康不仅关注“群”系统的组成个体的健康发展，而且强调组成个体间的协同共生发展，即强调“1+1＞2”的整体健康可持续发展模式，是生态、社会、经济领域整合在一起的综合性概念。

3.2 城市群生态系统健康诊断的流程

3.2.1 城市群生态系统健康诊断基本程序

鉴于城市群是现代城市发展的必然趋势，以及城市群对区域和国家社会经济的重要带动作用，以整个城市群生态系统为研究对象，探索城市群生态系统健康状况。一方面，对城市群内部组分的进一步研究为区域协同管理和宏观调控策略的制定提供了一定的科学依据；另一方面，由于各城市本身存在于城市群中，不可避免与城市群环境发生基础设施共享、产业集群互惠、资源和市场竞争等各种关系（Cai et al.，2009），对城市群尺度的研究也有助于各城市在把握宏观环境、了解自身与外界作用关系的基础上，更好地制定发展方案。

将整个城市群生态系统作为研究对象，以其内部城市作为基本研究系统单元，以各城市内部组分作为基本研究单位，从空间上比较了各城市的相对健康状况，研究意义在于使各城市在相互比较中认识自身优势与劣势，竞相追逐，形成城市群生态系统健康水平整体提升的良好局面。城市群生态系统健康诊断的基本流程如下：

①选取被评价的城市群，确定研究边界，收集所需数据；

②构建城市群生态要素代谢网络模型；

③提出表征城市群生态系统健康特征的诊断框架，构建健康诊断指标体系；

④分析城市群整体健康状况，从城市群、城市、部门等多尺度提出相应的生态调控与管理建议。

3.2.2 基于关键要素代谢的城市群生态系统健康诊断流程

由于人口和经济活动的高度密集，珠三角地区面临着许多环境问题，水资源的配置不均是其迫在眉睫的问题之一，主要是局部地区人口密度大、地势较高而导致的缺水问题。作为珠江流域三大水系之一，东江是广州东部、深圳、河源、惠州、东莞及香港特别行政区等地近 4 000 万人的主要生产生活水源，东江水以占全省 18%的水资源总量，支撑着 28%的人口的用水和 48%的 GDP。2018 年，东江的水资源开发利用率高达 38.3%，逼近国际公认的警戒线（40%）；而西江水量约为东江的 10 倍，水资源开发利用程度仅为 1.3%左右。

鉴于珠三角城市群水资源分配问题的紧迫性，此处以水资源为例介绍城市群生态系统健康诊断流程，并引入一种代谢的观点，将城市群的经济、自然与社会要素有机联系起来。由于一般型城市群的区域间数据和资料收集难度较大，本研究以水代谢网络模型来统一核算和综合分析城市群社会-经济-自然复合系统中的“水流”，将多个城市放到一个统一的研究平台上进行比较。城市群水代谢系统健康诊断的基本流程如图 3-2 所示。

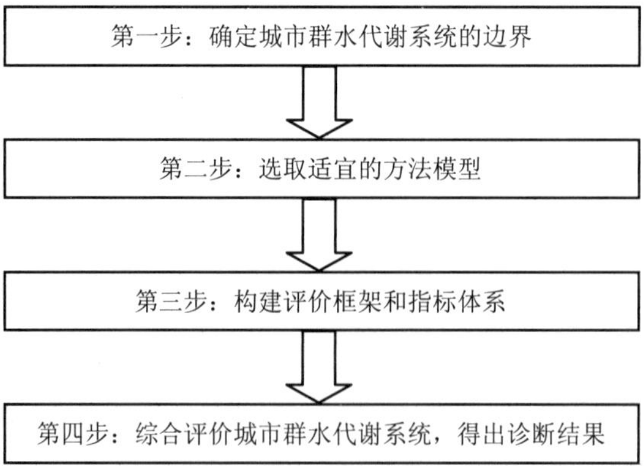

图 3-2 城市群水代谢系统健康诊断基本流程

3.3 城市群生态系统健康诊断方法

3.3.1 城市群生态系统健康常见诊断方式

常见的生态系统健康诊断方式包括以下两种：①基于传统的统计数据，在不同空间尺度上分别进行空间上的逐层解析。②基于互动过程的城市群模拟。通过提出健康诊断框架，构建非传统、动态的，基于生态网络分析的指标体系，结合多区域投入产出表和生态网络分析建立网络模型，进而实现对具有互动过程特性的城市群的多维度评价和多尺度不健康因素的诊断。

3.3.2 基于空间解析的城市群生态系统健康诊断方法

本研究在城市群层面，基于压力（pressure）-状态（state）-响应（response）理论模型框架（以下简称“PSR 模型”），构建了涵盖经济发展、生态环境、社会发展三维度的珠三角城市群生态安全评价指标体系，结合综合指数法得出珠三角城市群生态安全综合指数，并依据健康标准划分珠三角城市群生态安全等级；在城市层面，通过构建新的“结构-功能-过程-系统”城市生态系统健康评价框架，并基于模糊物元法，对珠三角城市的城市生态健康水平进行等级评估；在区县层面，基于新提出的“发展水平-服务功能-抵御干扰-自我维育”四维度区县生态系统健康评价框架，建立相应的多层级指标体系，并构建了区县生态系统健康评价模型，以分析区县生态系统健康变化过程、空间分异特征以及识别区县生态系统健康的主要贡献因子。

3.3.2.1 城市群生态安全诊断

（1）生态安全评价指标体系的构建

根据 PSR 模型，参考国内外专家学者构建的生态安全评价指标体系，按照生态安全评价指标的选择原则，结合当前珠三角城市群的实际状况以及数据的可操作性，以经济发展、生态环境、社会发展相互作用的过程为核心，从目标层、准则层、要素层和指标层 4 个层次来构建珠三角城市群生态安全评价指标体系，该体系包括 3 个准则、9 个要素，共 33 个指标（如表 3-1 所示）。

表 3-1 珠三角城市群生态安全评价指标体系

目标层（A）	准则层（B）	要素层（C）	指标层（D）	属性
城市群生态安全	生态系统压力（B1）	经济发展压力（C1）	人均 GDP（D1）/元	+
			能源消费总量（D2）/万 t 标准煤	−
			电力消费总量（D3）/（亿 kW·h）	−
		生态环境压力（C2）	废水中 COD 排放量（D4）/万 t	−
			废水中氨氮排放量（D5）/万 t	−
			大气中 SO_2 排放总量（D6）/万 t	−
			大气中 NO_x 排放总量（D7）/万 t	−
			工业烟（粉）尘排放总量（D8）/万 t	−
			工业固体废物产生量（D9）/万 t	−
		社会发展压力（C3）	人口密度（D10）/（人/km^2）	−
			城镇人口占常住人口比例（D11）/%	−
	生态系统状态（B2）	经济发展状态（C4）	能源消费弹性系数（D12）	−
			电力消费弹性系数（D13）	−
		生态环境状态（C5）	SO_2 年平均质量浓度（D14）/（μg/m^3）	−
			NO_2 年平均质量浓度（D15）/（μg/m^3）	−
			PM_{10} 年平均质量浓度（D16）/（μg/m^3）	−
			$PM_{2.5}$ 年平均质量浓度（D17）/（μg/m^3）	−
			森林覆盖率（D18）/%	+
			建成区绿化覆盖率（D19）/%	+
			城市人均公园绿地面积（D20）/m^2	+
		社会发展状态（C6）	年末城镇登记失业人数（D21）/人	−
			城市公共交通车辆标准运营数（D22）/标台	+
	生态系统响应（B3）	经济发展响应（C7）	排污费收入总额（D23）/万元	−
			环保投资占 GDP 比例（D24）/%	+
			第三产业占 GDP 比例（D25）/%	+
		生态环境响应（C8）	城市污水处理率（D26）/%	+
			年平均空气质量达标天数比例（D27）/%	+
			城市生活垃圾无害化处理率（D28）/%	+
			工业固体废物综合利用率（D29）/%	+
		社会发展响应（C9）	城镇居民人均可支配收入（D30）/元	+
			每万人有普通高校在校生数（D31）/人	+
			每万人有卫生技术人员数（D32）/人	+
			医院床位数（D33）/张	+

注："+" 代表效益型指标；"−" 代表成本型指标。城市公共交通车辆标准运营数为不含轨道交通数。

某些原始数据可直接被采用，例如人均 GDP（D1）、能源消费总量（D2）等；某些原始数据则需进行处理，例如能源消费弹性系数（D12）是一个反映能源消费增长速度与国民经济增长速度之间比例关系的指标，计算公式为：能源消费弹性系数=能源消费增长速度/国民经济增长速度。对于缺失的部分原始数据，运用插值法将其补齐。

总体而言，压力是指对城市生态系统可能产生影响的刺激，例如城镇人口占常住人口比例（D11）是一个反映区域人口的城镇化水平的重要指标。状态是指受到压力后的表现，例如森林覆盖率（D18）是一个反映区域内森林资源丰富程度和生态平衡状况的重要指标。响应是指政府针对状态采取的积极措施，例如第三产业占 GDP 比例（D25）是一个反映区域高科技、低污染产业的发展程度的重要指标。

（2）指标权重的确定

在对评价指标的研究中，为了准确得知各指标的重要程度，需要对各指标赋予相应的权重。目前，国内外关于确定指标权重的方法较多，主要分为主观赋权法、客观赋权法和组合赋权法三大类。根据信息论基本原理，信息是衡量系统有序程度的一个量，熵是衡量系统无序程度的一个量。一个指标的信息熵越大，其能提供的信息量越大，其权重也就相对越高。指标的信息熵决定了指标的重要程度，从而客观地赋予其相应的权重。因此，本研究采用客观熵权赋权法计算各指标的权重，步骤如下。

①指标标准化。

在评价指标体系中，由于各指标的计量单位不一致，在进行赋权前要先对各指标进行标准化处理，即把各指标的绝对值转化为相对值。

设有 n 个样本、m 个指标，则 x_{ij} 为第 i 年样本的第 j 个指标的数值（$i=1$，2，…，n；$j=1$，2，…，m）。

指标通常大致分为效益型和成本型两大类。其中，效益型指标是指属性值越大越好的指标，成本型指标是指属性值越小越好的指标（吕文利，2014）。利用极差法对效益型指标和成本型指标进行标准化处理，由于两类指标所代表的含义不同，则效益型指标和成本型指标见式（3-1）和式（3-2）。

对效益型指标，有：

$$X_{ij}=\frac{x_{ij}-\min\left\{x_{1j},\cdots,x_{nj}\right\}}{\max\left\{x_{1j},\cdots,x_{nj}\right\}-\min\left\{x_{1j},\cdots,x_{nj}\right\}} \tag{3-1}$$

对成本型指标，有：

$$X_{ij}=\frac{\max\left\{x_{1j},\cdots,x_{nj}\right\}-x_{ij}}{\max\left\{x_{1j},\cdots,x_{nj}\right\}-\min\left\{x_{1j},\cdots,x_{nj}\right\}} \tag{3-2}$$

式中：X_{ij} —— x_{ij} 的标准值。

②确定指标权重。

设第 j 个指标下第 i 年样本值占该指标的比重为 p_{ij}，则：

$$p_{ij}=\frac{X_{ij}}{\sum_{i=1}^{n}X_{ij}} \tag{3-3}$$

设第 j 个指标的信息熵为 e_j，则：

$$e_j=-k\sum_{i=1}^{n}p_{ij}\ln p_{ij} \tag{3-4}$$

式中：$k>0$，$e_j\geqslant 0$。当 $p_{ij}=0$ 时，令 $p_{ij}\ln p_{ij}=0$。

设第 j 个指标的冗余度为 d_j，则：

$$d_j=1-e_j \tag{3-5}$$

设第 j 个指标的权重为 W_j，则：

$$W_j=\frac{d_j}{\sum_{j=1}^{m}d_j} \tag{3-6}$$

式中：$0\leqslant W_j\leqslant 1$，$\sum_{j=1}^{m}W_j=1$。

利用式（3-3）～式（3-6），对珠三角城市群2010—2018年的指标数据进行处理，可计算得出各指标的权重（如表3-2所示）。

表3-2 珠三角城市群生态安全评价指标权重

准则层（B）	权重	要素层（C）	权重	指标层（D）	权重
生态系统压力（B1）	0.303 5	经济发展压力（C1）	0.072 4	人均GDP（D1）	0.024 3
				能源消费总量（D2）	0.025 1
				电力消费总量（D3）	0.023 0
		生态环境压力（C2）	0.187 2	废水中COD排放量（D4）	0.034 8
				废水中氨氮排放量（D5）	0.034 0
				大气中SO_2排放总量（D6）	0.026 9
				大气中NO_x排放总量（D7）	0.022 5
				工业烟（粉）尘排放总量（D8）	0.026 1
				工业固体废物产生量（D9）	0.042 9
		社会发展压力（C3）	0.043 9	人口密度（D10）	0.022 3
				城镇人口占常住人口比例（D11）	0.021 6

准则层（B）	权重	要素层（C）	权重	指标层（D）	权重
生态系统状态（B2）	0.299 9	经济发展状态（C4）	0.049 2	能源消费弹性系数（D12）	0.018 1
				电力消费弹性系数（D13）	0.031 1
		生态环境状态（C5）	0.220 5	SO_2 年平均质量浓度（D14）	0.028 4
				NO_2 年平均质量浓度（D15）	0.025 3
				PM_{10} 年平均质量浓度（D16）	0.027 2
				$PM_{2.5}$ 年平均质量浓度（D17）	0.028 0
				森林覆盖率（D18）	0.023 2
				建成区绿化覆盖率（D19）	0.068 3
				城市人均公园绿地面积（D20）	0.020 1
		社会发展状态（C6）	0.030 2	年末城镇登记失业人数（D21）	0.017 0
				城市公共交通车辆标准运营数（D22）	0.013 2
生态系统响应（B3）	0.396 6	经济发展响应（C7）	0.174 7	排污费收入总额（D23）	0.030 0
				环保投资占 GDP 比例（D24）	0.114 5
				第三产业占 GDP 比例（D25）	0.030 2
		生态环境响应（C8）	0.090 9	城市污水处理率（D26）	0.016 2
				年平均空气质量达标天数比例（D27）	0.035 5
				城市生活垃圾无害化处理率（D28）	0.015 2
				工业固体废物综合利用率（D29）	0.024 0
		社会发展响应（C9）	0.131 0	城镇居民人均可支配收入（D30）	0.047 9
				每万人有普通高校在校生数（D31）	0.029 8
				每万人有卫生技术人员数（D32）	0.027 7
				医院床位数（D33）	0.025 6

由表 3-2 可知，珠三角城市群生态系统压力、状态和响应 3 个准则层的赋权结果分别为 0.303 5、0.299 9 和 0.396 6。对珠三角城市群生态安全评价指标的赋权结果而言，压力和状态的权重数值相差甚小，说明压力和状态这两个准则层的重要性相近；响应的权重数值最高，说明响应准则层的重要性最大。

在珠三角城市群 33 个生态安全评价指标中，权重排名前三的分别是环保投资占 GDP 比例（D24）、建成区绿化覆盖率（D19）和城镇居民人均可支配收入（D30），其赋权结果分别为 0.114 5、0.068 3 和 0.047 9，说明这些指标在珠三角城市群生态安全评价中具有重要地位。一般来说，环保投资占 GDP 比例增大，生产与生活中产生的各种污染物的排放量减少，则城市群生态系统压力得以缓解；建成区绿化覆盖率和城镇居民人均可支配收入增大，人类生活水平和质量得以改善。

其次是工业固体废物产生量（D9）、年平均空气质量达标天数比例（D27）、废水中

COD 排放量（D4）和废水中氨氮排放量（D5），其赋权结果分别为 0.042 9、0.035 5、0.034 8 和 0.034 0，说明这些指标也是影响珠三角城市群生态安全的重要因素。例如，工业固体废物产生量（D9）影响珠三角地区的城市市容和环境卫生；年平均空气质量达标天数比例影响城市居民身体健康，关乎人类生存质量。

权重较小的指标是城市公共交通车辆标准运营数（D22）、城市生活垃圾无害化处理率（D28）和城市污水处理率（D26），其赋权结果分别为 0.013 2、0.015 2 和 0.016 2，说明这些指标对珠三角城市群生态安全的影响相对较小。在“十三五”时期，广东省持续打好蓝天保卫战，全面深化碧水攻坚战；全面落实国家《大气污染防治行动计划》《水污染防治行动计划》；全面深入实施《广东省大气污染防治行动方案（2014—2017 年）》《广东省水污染防治行动计划实施方案》；积极推动与珠三角城市群相关的生态环境保护合作，推出《珠江三角洲地区改革发展规划纲要（2008—2020 年）》等文件推进生态环境保护规划。同时，广东省积极推广电动型新能源公交车及其他新能源汽车的使用。2018 年，已在全省新增纯电动型新能源公交车 17 456 辆。大力支持和推动城市生活垃圾和废弃物无害化处理重点项目的建设、城市污水处理配套设施项目的建设。2018 年，全省累计新增焚烧、填埋等生活垃圾无害化处置能力 6 万 t，新增城市生活污水处理能力 159.20 万 t，新建成城市生活垃圾无害化处理设施 15 座、污水处理设施 20 座，珠三角城市群在 2020 年实现生活垃圾 100%无害化处理。因此，基于熵权法确定的城市公共交通车辆标准运营数、城市生活垃圾无害化处理率和城市污水处理率指标的权重相对较小，对珠三角城市群生态安全的影响也相对较小。

（3）综合指数评价方法的应用

综合指数法的最大优点是不仅可以反映复杂的现象及其总体的变动发展方向和程度，而且可以准确地、定量地说明复杂的现象及其变动所可能产生的实际影响和效果，因此在生态安全评价中得到较为广泛的运用（郭嵘等，2015）。

运用综合指数法，依据式（3-7）可计算得出生态安全综合指数（Ecological Security Integrated Index，ESII）：

$$\mathrm{ESII}=\sum_{j=1}^{m}W_jX_{ij} \tag{3-7}$$

式中：0≤ESII≤1。ESII 体现了区域生态安全程度，ESII 值越大，城市群生态安全的程度越高，生态风险越小。反之，ESII 值越小，城市群生态安全的程度越低，生态风险越大。

利用式（3-7），用生态系统压力、状态和响应 3 个准则层各指标标准值与指标权重的乘积之和，得到准则层的生态安全综合指数；再用 3 个准则层生态安全综合指数相加，最终得到目标层的生态安全综合指数（如表 3-3 所示）。

表 3-3　珠三角城市群生态安全综合指数

年份	生态系统压力指数	生态系统状态指数	生态系统响应指数	城市群生态安全综合指数
2010	0.154 3	0.021 0	0.156 3	0.331 7
2011	0.139 6	0.055 3	0.056 6	0.251 4
2012	0.109 7	0.106 9	0.084 7	0.301 4
2013	0.108 7	0.091 3	0.094 3	0.294 4
2014	0.120 8	0.109 2	0.126 5	0.356 5
2015	0.159 2	0.199 5	0.199 6	0.558 3
2016	0.205 0	0.206 0	0.210 8	0.621 7
2017	0.173 3	0.233 4	0.215 6	0.622 3
2018	0.191 2	0.254 1	0.275 7	0.721 0

（4）评价等级的划分

参考国内外专家学者划分的生态安全评价等级，再根据熵权法所得到的指标权重，结合本研究计算结果，将城市群生态安全评价结果分为 5 个评价等级，包括安全、较安全、临界安全、较不安全和不安全（如表 3-4 所示）。

表 3-4　珠三角城市群生态安全分级评价标准

等级	城市群生态安全综合指数	生态安全水平	生态安全状态特征
I	[0.75，1]	安全	生态环境优良，生态系统基本没有被破坏，恢复和再生能力强，生态风险小，人类健康生活的保障程度高
II	（0.55，0.75）	较安全	生态环境较好，生态系统较少被破坏，可以抵御干扰，生态问题简单，基本不会危害人类健康生活
III	[0.45，0.55]	临界安全	生态环境一般，生态系统被破坏，但仍维持着基本功能，人类健康生活的保障程度一般
Ⅳ	（0.25，0.45）	较不安全	生态环境较差，生态系统较多被破坏，难以抵御干扰，生态问题复杂，极大程度危害人类健康生活
V	[0，0.25]	不安全	生态环境低劣，生态系统极大程度被破坏，恢复再生能力差，生态风险大，人类健康生活的保障程度低

注：当 ESII=1 时，城市群生态安全水平为理想安全。

3.3.2.2 城市生态系统健康诊断

（1）生态健康评价指标体系的构建

通过总结现有的城市生态系统健康评价框架，基于“结构-功能-系统水平”理论，建立新的“结构-功能-过程-系统”城市生态系统健康评价框架，以更全面地反映整个城市生态系统的特征，更准确地评估城市生态系统健康水平。

结构合理：健康的城市生态系统应像自然生态系统一样，在各种构成要素之间有合理的比例，实现协调共生。但城市生态系统是一个自然-经济-社会复合生态系统，其结构更加复杂，主要分为自然结构、社会结构、经济结构 3 个方面。

功能完善：健康的城市生态系统应具备维持自身结构和格局的能力以及向人们提供持续的、完善的服务的功能。其中，生态功能可反映城市生态系统维持自身结构和格局的能力，生产功能和生活功能则在一定程度上反映了向人们提供持续的、完善的服务的功能。

过程顺畅：过程顺畅是指城市生态系统与外部环境以及内部子系统之间的高效互动，主要表现为高效的环境管理和较高的系统协调性两方面。环境管理和系统之间的协调主要受人类行为的影响。而协调是城市生态系统中各子系统或要素间在系统演变过程中一致性与和谐性的体现，追求整体的最优。

系统可持续：系统的可持续发展是城市生态系统健康的最终目的。城市在发展社会经济的同时需要兼顾生态环境压力，才能实现系统可持续发展。

建立城市生态系统健康评价指标体系时，应遵循科学性、整体性、可比性、可操作性、完备性及动态性等原则，也考虑城市生态系统自身的特征、人类对生态系统的影响和城市生态系统的内涵。本研究综合各方面的参考因素，建立了包括结构、功能、过程、系统 4 个要素层面，共 26 个指标的指标体系（如表 3-5 所示）。

表 3-5 城市生态系统健康评价指标

目标层	准则层（A）	要素层（B）	指标层（C）	属性
城市生态系统健康	结构	自然结构	森林覆盖率/%	+
		社会结构	城镇登记失业率/%	−
			万人在校大学生数/人	+
			第三产业从业人员比例/%	+
			农村人均可支配收入与城市人均可支配收入比值	−

目标层	准则层（A）	要素层（B）	指标层（C）	属性
城市生态系统健康	结构	经济结构	第三产业产值占 GDP 比重/%	+
			出口总额占 GDP 的比重/%	−
			固定资产投资总额占 GDP 的比重/%	+
			外商投资占 GDP 比例/%	+
	功能	生态环境	人均公园绿地面积/m^2	−
			环境空气质量优良率/%	+
			区域环境噪声平均值/dB	−
		生产供给	人均工业总产值/元	+
			人均 GDP/元	+
		生活水平	万人拥有医生数/人	+
			教育支出占 GDP 比例/%	+
			城市人均住房面积/m^2	−
			城镇居民恩格尔系数	+
	过程	环境管理	生活污水处理率/%	+
			生活垃圾无害化处理率/%	+
		系统协调	万元 GDP 能耗/（t 标准煤/万元）	+
			人口密度/（人/km^2）	+
			全社会固定资产投资增长率/%	+
	系统	可持续	人均 GDP 增长率/%	+
			工业产值增长率/%	+
			第三产业产值增长率/%	+

（2）模糊物元模型的应用

①构造模糊物元。

物元分析模型中的对象 T 及特征 C（评价指标）和特征量值 v（评价指标现值）三者共同构成城市生态系统健康物元 $R=(T, C, v)$。如果 v 具有模糊性，则称其为模糊物元，相应的物元矩阵见式（3-8）。

$$\boldsymbol{R}_{mn}=\begin{bmatrix} & T_1 & T_2 & \cdots & T_m \\ C_1 & v_{1,1} & v_{2,1} & \cdots & v_{m,1} \\ C_2 & v_{1,2} & v_{2,2} & \cdots & v_{m,2} \\ \vdots & \vdots & \vdots & \cdots & \vdots \\ C_n & v_{1,n} & v_{2,n} & \cdots & v_{m,n} \end{bmatrix} \tag{3-8}$$

式中：m、n—— 对象 T 的序号以及其特征的序号（物元维数）。

②确定经典域、节域与待判物元矩阵以及确定的等级及标准。

城市生态系统健康的经典域物元矩阵见式（3-9）。

$$R_{oij}=\left(T_{oj},C_i,V_{oij}\right) \tag{3-9}$$

式中：R_{oij} —— 经典域物元；

T_{oj} —— 所划分的城市生态系统健康第 j 个评价等级；

C_i —— 特征（$i=1$，2，…，n）；

V_{oij} —— 第 i 特征相应的等级 j 的量值范围（a_{oij}，b_{oij}），即经典域。

经典域复合物元矩阵见式（3-10）。

$$\boldsymbol{R}_{oij}=\begin{bmatrix} & T_{o1} & T_{o2} & \cdots & T_{oj} \\ C_1 & (a_{o11},b_{o11}) & (a_{o21},b_{o21}) & \cdots & (a_{oj1},b_{oj1}) \\ C_2 & (a_{o12},b_{o12}) & (a_{o22},b_{o22}) & \cdots & (a_{oj2},b_{oj2}) \\ \vdots & \vdots & \vdots & & \vdots \\ C_i & (a_{o1i},b_{o1i}) & (a_{o2i},b_{o2i}) & \cdots & (a_{oji},b_{oji}) \end{bmatrix} \tag{3-10}$$

城市生态系统健康的节域物元矩阵见式（3-11）。

$$R_p=\left(T_p,C_i,V_{pi}\right),\boldsymbol{R}_p=\begin{bmatrix} & T_p \\ C_1 & (a_{p1},b_{p1}) \\ C_2 & (a_{p2},b_{p2}) \\ \vdots & \vdots \\ C_n & (a_{pn},b_{pn}) \end{bmatrix} \tag{3-11}$$

式中：R_p —— 节域物元；

V_{pi} —— 节域物元第 i 个特征 C_i 的量值范围（a_{pi}，b_{pi}）。

③确定关联函数及关联度。

$$K_{(C_i)j}=\begin{cases}\dfrac{-\rho_{ij}\left(v_i,V_{oij}\right)}{V_{oij}},V_i\in V_m \\ \dfrac{\rho_{ij}\left(v_i,V_{oij}\right)}{\rho_{pi}\left(v_i,V_{pi}\right)-\rho_{ij}\left(v_i,V_{oij}\right)},V_i\notin V_m\end{cases} \tag{3-12}$$

式中：$K_{(C_i)j}$ —— 第 i 个指标对第 j 等级的关联度。

$$\rho_{ij}(v_i,V_{oij})=\left|V_i-\frac{1}{2}(a_{oij}+b_{oij})\right|-\frac{1}{2}(b_{oij}-a_{oij}) \tag{3-13}$$

$$\rho_{pi}(v_i,V_{pi})=\left|V_i-\frac{1}{2}(a_{pi}+b_{pi})\right|-\frac{1}{2}(b_{pi}-a_{pi}) \tag{3-14}$$

$$\left|V_{oij}\right| = \left|b_{oij} - a_{oij}\right| \tag{3-15}$$

$$V_{pi} = \left[a_{pi}, b_{pi}\right] \tag{3-16}$$

式中：ρ_{ij}（v_i，V_{oij}）—— 点 v_i 与 V_{oij} 的距离；

ρ_{pi}（v_i，V_{pi}）—— 点 v_i 与 V_{pi} 的距离；

v_i —— 城市生态系统健康待评物元的量值；

V_{oij} —— 经典域物元的量值范围；

V_{pi} —— 节域物元的量值范围。

④等级评价标准确定。

参考已有的相关研究，根据城市生态系统健康的可拓性和研究区实际状况，将城市生态系统健康评价等级划分为 5 个等级，定性描述为病态、不健康、亚健康、健康、很健康，分别用 I 级、II 级、III级、IV级、V 级来表示。在确定经典域和节域之前，需要确定各指标的健康标准。具体的经典域及节域标准如表 3-6 所示。

表 3-6 城市生态系统健康评价指标等级标准

目标层	指标层	很健康	健康	亚健康	不健康	病态	节域
城市生态系统健康	森林覆盖率/%	(47，60]	(34，47]	(25，34]	(10，25]	[0，10]	[0，60]
	城镇登记失业率/%	[0，1.2]	(1.2，2.2]	(2.2，3.2]	(3.2，4.2]	(4.2，5.2]	[0，5.2]
	万人在校大学生数/人	(660，1 000]	(450，660]	(250，450]	(100，250]	[0，100]	[0，1 000]
	第三产业从业人员比例/%	(50，70]	(30，50]	(20，30]	(18，20]	[0，18]	[0，70]
	农村人均可支配收入与城市人均可支配收入比值	[0，0.87]	(0.87，1.57]	(1.57，2.27]	(2.27，2.97]	(2.97，4.00]	[0，4.00]
	第三产业产值占GDP 比重/%	(60，80]	(50，60]	(40，50]	(30，40]	[0，30]	[0，80]
	出口总额占GDP的比重/%	(80，120]	(60，80]	(40，60]	(20，40]	[0，20]	[0，120]
	固定资产投资总额占 GDP 的比重/%	(70，75]	(40，70]	(25，40]	(18，25]	[0，18]	[0，75]
	外商投资占GDP比例/%	(2.9，5.2]	(2.0，2.9]	(1.6，2.0]	(1.1，1.6]	[0，1.1]	[0，5.2]

目标层	指标层	很健康	健康	亚健康	不健康	病态	节域
城市生态系统健康	人均公园绿地面积/m^2	(15，18]	(12，15]	(9，12]	(6，9]	[0，6]	[0，18]
	环境空气质量优良率/%	(80，100]	(60，80]	(40，60]	(20，40]	[0，20]	[0，100]
	区域环境噪声平均值/dB	[47，50]	(50，53]	(53，56]	(56，59]	(59，62]	[47，62]
	人均工业总产值/元	(100 000，250 000]	(50 000，100 000]	(30 000，50 000]	(14 000，30 000]	[8 000，14 000]	[8 000，250 000]
	人均 GDP/元	(160 000，200 000]	(110 000，160 000]	(60 000，110 000]	(30 000，60 000]	[1 000，30 000]	[1 000，200 000]
	万人拥有医生数/人	(30，49]	(20，30]	(10，20]	(2.5，10]	[0，2.5]	[0，49]
	教育支出占 GDP 比例/%	(3.2，4.0]	(2.4，3.2]	(1.4，2.4]	(0.8，1.4]	[0，0.8]	[0，4.0]
	城市人均住房面积/m^2	(35，43]	(28，35]	(22，28]	(17，22]	[10，17]	[10，43]
	城镇居民恩格尔系数	[5，20]	(20，35]	(35，45]	(45，54.5]	(54.5，59]	[5，59]
	生活污水处理率/%	(82.77，100]	(74.83，82.77]	(49.59，74.83]	(39.67，49.59]	[20，39.67]	[20，100]
	生活垃圾无害化处理率/%	(95，100]	(85，95]	(75，85]	(70，75]	(20，70]	[20，100]
	万元 GDP 能耗/(t 标准煤/万元)	[0，0.6]	(0.6，1.4]	(1.4，1.6]	(1.6，1.8]	(1.8，4.0]	[0，4.0]
	人口密度/(人/km^2)	[50，500]	(500，750]	(750，1 500]	(1 500，2 700]	(2 700，3 500]	[50，3 500]
	全社会固定资产投资增长率/%	(40，50]	(30，40]	(20，30]	(10，20]	[0，10]	[0，50]
	人均 GDP 增长率/%	(24，30]	(18，24]	(12，18]	(6，12]	[0，6]	[0，30]
	工业产值增长率/%	(24，40]	(18，24]	(12，18]	(6，12]	[−10，6]	[−10，40]
	第三产业产值增长率/%	(20，30]	(15，20]	(10，15]	(5，10]	[−8，5]	[−8，30]

⑤计算综合关联度并确定等级。

待评对象 T_x（x=1，2，…，m）关于等级 j 的综合关联度 $K_{j(T_x)}$见式（3-17）。

$$K_{j(T_x)}=\sum_{i=1}^{n}w_iK_{(C_i)j} \tag{3-17}$$

式中：w_i —— 评价指标的权重。

若 $K_{ij}=\max\left[K_{(C_i)j}\right]$，则待评价对象相关的第 i 个指标属于城市生态系统健康第 j 等级；若 $K_{jx}=\max\left[K_{j(T_x)}\right]$，则待评价对象 T_x 属于城市生态系统健康标准第 j 等级。

采用熵权法计算各指标的权重，能够避免人为的主观性，其原理是：当某些准则值在各被评价方案之间差异较大时，其分辨能力较强，包含的信息量多，信息量权重也较大；反之，权重较小。根据各指标的变异程度，可以客观地计算出各指标的权重，为多指标综合评价提供依据。

a. 数据标准化。

为消除各评价指标单位、数量级、数量性质等量纲存在的差异，需要对数据进行标准化处理，具体见式（3-18）、式（3-19）。

对于正指标：

$$q_{ij}=\frac{x_{ij}-x_{ij\min}}{x_{ij\max}-x_{ij\min}} \tag{3-18}$$

对于负指标：

$$q_{ij}=\frac{x_{ij\max}-x_{ij}}{x_{ij\max}-x_{ij\min}} \tag{3-19}$$

式中：x_{ij} —— i 年 j 指标的原始数值；

$x_{ij\max}$ —— 某年该指标的最大值；

$x_{ij\min}$ —— 某年该指标的最小值；

q_{ij} —— 标准化后的数值。

b. 权重确定。

对于一个不确定的系统，若用随机变量 X 表示其状态特征，对于离散型随机变量，设 x 的取值为 $X=\{x_1，x_2，\cdots，x_n\}$（$n\geqslant 2$），每一取值对应的概率为 $P=\{p_1，p_2，\cdots，p_n\}$（$0\leqslant p_i\leqslant 1$，$i=1，2，\cdots，n$），且有 $\sum p_i=1$，则该系统的信息熵为 $S=\sum p_i\ln p_i$ 。

m 个评价对象 n 个评价指标的熵见式（3-20）、式（3-21）。

$$E_j=-\frac{1}{\ln m}\sum_{i=1}^{m}\left(\frac{q_{ij}}{q_j}\ln\frac{q_{ij}}{q_j}\right) \tag{3-20}$$

$$q_j=\sum_{i=1}^{m}q_{ij} \tag{3-21}$$

式中：m —— 城市。

信息熵的指标权重 w_i 见式（3-22）、式（3-23）。

$$w_i = \frac{1-E_i}{n-e_e} \text{ 且满足} \sum_{i=1}^{n} w_i = 1, \quad 0 \leqslant w_i \leqslant 1 \tag{3-22}$$

$$e_e = \sum E_i \tag{3-23}$$

评价指标的熵权 $\boldsymbol{W}$ 和权重 w_i 见式（3-24）。

$$\boldsymbol{W} = \left(w_i\right)_{n\times 1} \tag{3-24}$$

3.3.2.3 区县生态系统健康诊断

（1）生态系统健康评价指标体系的构建

现有研究通常将城市系统分为自然、社会与经济 3 个子系统，认为各子系统相互影响，共同决定系统健康（马世骏等，1984）。鉴于人类主导的社会经济系统与自然系统早已密不可分（Cui et al.，2019；Hu et al.，2019），自然环境已被人类活动深度干扰和渗透，因此本研究将城市系统划分为人工子系统与非人工子系统，主要区别在于人与自然相互作用过程中的主导作用不同。在非人工子系统中，人与自然的相互作用以自然为主，但不排除人为作用。在这种划分模式下，人工子系统与非人工子系统能够充分反映城市系统中人与自然的相互作用。区县生态系统中人工子系统与非人工子系统的相互作用可以通过图 3-3 中的 4 个要素来表现。

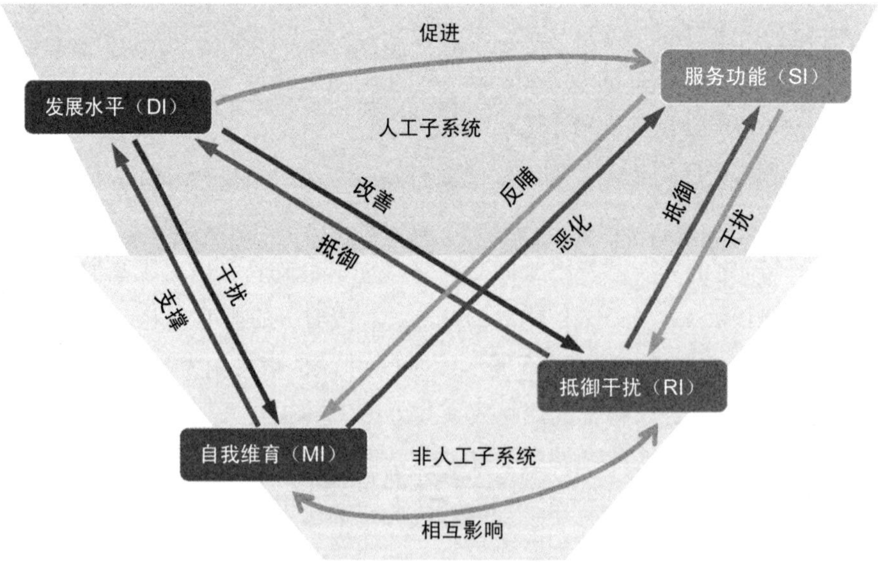

图 3-3 区县生态系统健康评价框架

城市演化通常遵循这样一条路径：在非人工子系统的支撑下，城市发展水平不断提高，系统为人类提供服务的能力也不断增强。人工子系统不断壮大会对非人工子系统造成干扰。非人工子系统受到干扰后，能够通过自我调节来抵御干扰，保证城市生态系统的稳定。值得指出的是，人工子系统发展到一定程度，也会维护并改善非人工子系统。演化过程中，如果非人工子系统的受干扰程度大于其抵御干扰及自我维育能力，就将导致城市系统的恶化甚至崩溃（Su et al.，2013）。

土地作为减少城市脆弱性的重要资源，是城市发展的自然基础，对生态系统具有重要支撑作用（Morosini et al.，2019；Dallimer et al.，2015）；土地的交易与占用会促使土地类型和利用方式快速变化（Morosini et al.，2019；王航等，2017），对城市生态系统服务及健康产生深远影响（Liu and Rong et al.，2019；Hu et al.，2019；Liu and Hao，2017）。而区县是土地利用规划和管理的最佳尺度（Liu and Rong et al.，2019；Liu and Hao，2017），区县生态系统健康研究应重点关注土地利用变化及其引起的系列反应。为全面评价区县生态系统健康状态，本研究以土地利用信息为重心，建立了一个更适宜于区县生态系统的四维健康评价框架，以更好地理解区县特点，全面反映区县生态系统健康状态。

目前，区县生态系统健康评价仅依赖于历年土地利用状况的变化，很少涉及经济、人口及城市功能等方面（Xiao and Liu et al.，2019；Liu and Hao，2017），在评估健康状况方面缺乏全面系统的理解。针对这一问题，本研究基于“发展水平-服务功能-抵御干扰-自我维育”（Development level-Service function-Resistance of disturbance- Maintainence，DSRM）框架，对多层级区县生态系统健康评价指标体系（如表3-7所示）进行了优化。这套指标体系考虑了指标选择的基本原则（如科学性、全面性、动态性、数据可得性等），包括目标层（健康综合指数）、要素层（发展水平、服务功能、抵御干扰及自我维育）及指标层（涉及城市发展、土地利用与系统服务等）。

表3-7　区县生态系统健康评价指标

目标层	要素层	指标层	指标意义	属性
生态系统健康指数（Ecosystem Health Index，EHI）	发展水平（DI）主要从经济水平及结构、人口规模及增长角度衡量城市的发展水平	GDP（A1）/万元	表征区县经济水平	+
		第一产业占比（A2）/%	表征区县经济结构	+
		第二产业占比（A3）/%		−
		人口自然增长率（A4）/%	表征区县人口规模及其自然增长水平	+
		总人口数（A5）/人		+
	服务功能（SI）主要包括人类的服务需求、城市基础服务能力与整体服务水平	服务网点数（A6）/个	表示区县的基础服务能力	+
		每千人拥有病床数（A7）/张		+
		人口密度（A8）/（人/km^2）	表示人类对系统服务的需求	−
		单位GDP耗电量（A9）/（kW·h/万元）		−
		第三产业占比（A10）/%	反映区县的整体服务水平	+

<table>
<tr><th>目标层</th><th>要素层</th><th>指标层</th><th>指标意义</th><th>属性</th></tr>
<tr><td rowspan="10">生态系统健康指数（Ecosystem Health Index，EHI）</td><td rowspan="5">抵御干扰（RI）包括人类对生态系统的干扰及生态系统自身状态</td><td>农药施用量（A11）/t</td><td rowspan="3">衡量人类对生态系统的干扰，间接反映系统可用环境容量</td><td>−</td></tr>
<tr><td>化肥施用量（A12）/t</td><td>−</td></tr>
<tr><td>人口干扰度①（A13）/%</td><td>−</td></tr>
<tr><td>土地垦殖率②（A14）/%</td><td rowspan="2">衡量土地利用情况及生态现状，侧面反映系统环境容量</td><td>−</td></tr>
<tr><td>均匀度指数③（A15）</td><td>+</td></tr>
<tr><td rowspan="5">自我维育（MI）主要包括城市生态系统的结构及自我调节能力</td><td>碳密度④（A16）/（kg/km²）</td><td rowspan="2">表征系统自我调节与恢复能力</td><td>+</td></tr>
<tr><td>生态弹性度⑤（A17）</td><td>+</td></tr>
<tr><td>森林覆盖率（A18）/%</td><td rowspan="3">表征城市生态系统的结构</td><td>+</td></tr>
<tr><td>水域覆盖率（A19）/%</td><td>+</td></tr>
<tr><td>多样化指数⑥（A20）</td><td>+</td></tr>
</table>

注：①人口干扰度是建设用地与土地总面积的比值；②土地垦殖率为耕地与土地总面积的比值；③均匀度指数是多样性指数与其最大值的比值；④碳密度为各类型土地所占比例与其碳密度乘积的总和，各类型土地碳密度如表 3-8 所示；⑤生态弹性度为各类型土地所占比例与其弹性度分值乘积的总和，各类型土地弹性度分值如表 3-8 所示；⑥多样化指数是各类型土地所占比例与其自然对数乘积的总和的负数。

表 3-8　不同类型土地的碳密度及弹性度分值

土地类型	碳密度/（kg/km²）	弹性度分值
耕地	11.35	0.55
林地	15.58	0.90
绿地	8.88	0.70
水域	12.23	0.65
建设用地	1.20	0.33
未利用地	15.44	0.20

（2）生态系统健康评价模型

①熵权法。

不同指标包含的信息量不同，对评价对象的分辨作用也有所区别（Rényi，1961）。熵权法是基于不同指标的变异，通过计算信息熵，对指标进行赋权的方法。通常，指标信息熵越大，包含信息越多，权重也就越大（Zhao et al.，2016）。在开始计算前，采用极差法进行标准化处理，以消除不同量纲的影响。利用熵权法确定指标权重的具体计算过程见式（3-25）～式（3-28）。

a．指标同度化并计算信息熵 e_j。

$$p_{ij}=\frac{q_{ij}}{\sum_{i=1}^{n}q_{ij}}\quad (i=1,2,3,\cdots,n;j=1,2,3,\cdots,m) \tag{3-25}$$

$$e_j = -\frac{1}{\ln n}\sum_{i=1}^{n} p_{ij} \ln p_{ij} \tag{3-26}$$

式中：q_{ij} —— 第 i 个区县第 j 个指标的标准化值；

n —— 区县的数量；

m —— 评价指标的数量；

p_{ij} —— 第 i 个区县第 j 个指标所占比重。

b．计算第 j 个指标的差异系数 g_j 及权重 w_j。

$$g_j = 1 - e_j \tag{3-27}$$

$$w_j = \frac{g_j}{\sum_{j=1}^{m} g_j} \quad (j = 1, 2, 3, \cdots, m) \tag{3-28}$$

通过比较各指标权重大小，可以确定其贡献度，找出影响区县生态系统健康的主要因素。

②线性加权评价。

许多数学模型在生态系统健康评价中被使用，包括模糊可拓物元评价（Su et al.，2019）、集对分析（Su et al.，2011）及物质流评价（Shi et al.，2014）等。相较于其他数学模型，线性加权法操作简明、含义明确，可求得各要素水平指数和系统综合指数，结果客观合理，满足时空上的可比性（Zou et al.，2006）。评价模型见式（3-29）：

$$\text{EHI} = \sum_{j=1}^{m}\sum_{i=1}^{n} w_j q_{ij} \tag{3-29}$$

式中：EHI —— 生态系统健康指数，代表生态系统的健康水平；

w_j —— 第 j 个指标的权重；

q_{ij} —— 第 i 个区县第 j 个指标的标准化值。

参考有关研究（Xiao and Liu et al.，2019），结合研究区域情况，确定生态系统健康评价标准（如表 3-9 所示）。

表 3-9 生态系统健康状态分级

健康状态	生态系统特征	得分范围
病态	系统结构极不合理，人工子系统对非人工子系统干扰严重，系统抵御及维育能力极差，经济发展不可持续，多出现在系统演化中期	[0.00～0.15]
不健康	系统结构存在缺陷，人工子系统对非人工子系统干扰较强，抵御及维育能力较差，发展可持续性较差，多出现于演化前中期	(0.15～0.30]

健康状态	生态系统特征	得分范围
一般	系统结构比较合理，整体稳定，健康状态接近阈值，易恶化，发展可持续性不强，多出现于演化前期及中后期	(0.30～0.50]
健康	系统结构比较合理，人工子系统对非人工子系统干扰整体可控，抵御能力较强，发展可持续性良好，多出现在演化前期及中后期	(0.50～0.75]
很健康	系统结构十分合理，人工子系统对非人工子系统干扰完全可控，系统抵御及维育能力较强，经济发展可持续，多出现于演化后期	(0.75～1.00]

3.3.3 基于过程模拟的城市群生态系统健康诊断方法

作为一次初步尝试性研究，本研究以城市群水代谢系统健康研究为例探讨城市群生态系统健康状况。本研究中，城市群水代谢系统健康评价是基于多区域投入产出表和生态网络分析结合构建的水代谢网络模型来进行分析的，其评价方法的基本流程如图 3-4 所示。

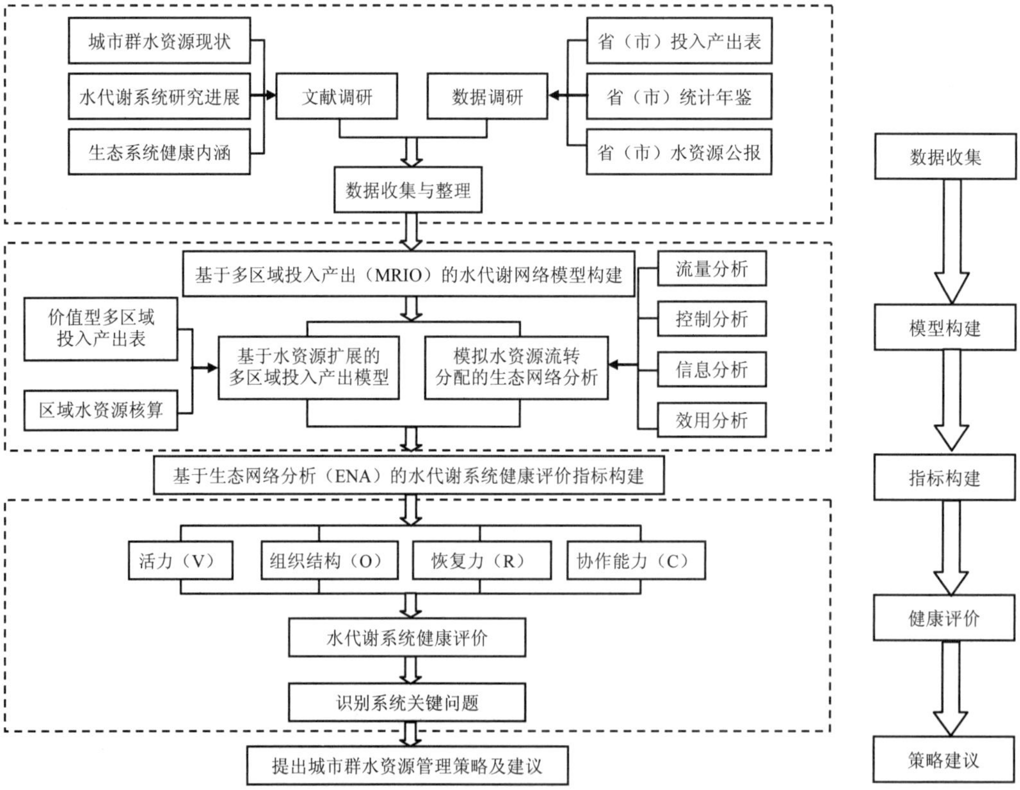

图 3-4 城市群水代谢系统健康评价方法基本流程

3.3.3.1 编制基于水资源扩展的多区域投入产出表

投入产出分析是美国著名经济学家瓦西里·里昂惕夫（Wassily Leontief）在20世纪30年代所提出的一类经济数量分析方法（Leontief，1936），主要通过编制投入产出表及建立相应的数学模型来反映经济系统各部门（产业）之间的相互关联。在20世纪70年代及之后，投入产出法被用于计算流经系统的隐含资源，如水（Hite et al.，1971）、能源（Herendeen，1978；Wright，1974）、废弃物（Liang et al.，2011）和其他自然资源（Xu，2010；Wright，1975）。近年来，水资源投入产出模型以其结构化数据和独特的关联分析优势，得到了广泛运用。水资源投入产出表反映的是水资源与经济结构的关系。本研究将水资源作为产业部门添加到投入产出表中，形成水资源投入产出表，借助耗水产出系数（直接耗水系数以及完全耗水系数）研究用水效益，将各行业产值与耗水量联系起来，用于反映各行业对水的占用情况。基于水资源扩展的投入产出模型在解决结构问题方面具有独特优势，擅长解决水资源产业结构、水资源分配结构以及水资源消耗结构等各类结构问题。由于珠三角地区有8市均未编制城市级投入产出表（深圳市除外），因此本研究在广东省投入产出表的基础上，采用区域间贸易系数（结合区位商和引力模型计算得出）得出珠三角城市群多区域投入产出表。

首先，根据省级（广东省）投入产出表的部门特征，将传统的42个部门合并到价值型多区域投入产出表中的8个部门。基于水资源扩展的多区域投入产出表被分成10个部门，其中由于农业部门和制造业部门具有耗水量大的特点，因此都被细分为两部分（如表3-10所示）。其次，对广东省的投入产出表进行预处理，将广东省竞争型投入产出表转化为非竞争型投入产出表（即从中间投入-使用矩阵和最终使用矩阵中剔除省外的流入量）。对数据进行预处理后，根据广东省的非竞争型投入产出表，参照已有研究方法，得出多区域贸易系数（Liu and Hu et al.，2020），编制珠三角城市群价值型多区域投入产出表（如图3-5所示）。由于价值型多区域投入产出表和基于水资源扩展的多区域投入产出表中对部门的分类不同，因此将价值型多区域投入产出表中的农业部门和制造业部门细分。最后，将价值型多区域投入产出表从72×72个部门扩展到90×90个部门，通过引入耗水强度系数，将价值型多区域投入产出表（90×90）转换为基于水资源扩展的多区域投入产出表（90×90）。

表 3-10 基于传统投入产出表部门特点的分类

价值型多区域投入产出表		基于水资源扩展的多区域投入产出表		42 个传统部门
序号	8 部门	序号	10 部门	
1	农业	1	种植业（Agr）	种植业
		2	林业、畜牧业、渔业（FAF）	林业、畜牧业、渔业
2	采矿业	3	采矿业（Mi）	煤炭采选、石油和天然气开采、金属矿采选、非金属矿和其他矿采选业
3	制造业	4	基础制造业（PM）	食品和烟草、纺织品、纺织服装鞋帽皮革羽绒及其制品、木材加工品和家具、造纸印刷和文教体育用品
		5	先进制造业（AM）	石油、炼焦产品和核燃料加工，化学产品，非金属矿物，金属冶炼和压延加工，金属制品，通用设备，专用设备，交通运输设备，电气机械和器材，通信设备、计算机和其他电子设备，仪器仪表，其他制造产品，废品废料回收加工，金属制品、机械和设备修理服务
4	电、气、水供应业	6	电、气、水供应业（EGW）	电力、热力的生产和供应，燃气生产和供应，水的生产和供应
5	建筑业	7	建筑业（Co）	建筑
6	交通业	8	交通业（Tr）	交通运输、仓储和邮政
7	零售餐饮业	9	零售餐饮业（WRC）	批发和零售，住宿和餐饮
8	其他服务业	10	其他服务业（OSE）	信息传输、软件和信息技术服务，金融，房地产，租赁和商务服务，科学研究和技术服务，水利、环境和公共设施管理，居民服务、修理和其他服务，教育，卫生和社会工作，文化、体育和娱乐，公共管理、社会保障和社会组织

<table>
<tr><td colspan="3" rowspan="3"></td><td colspan="16">中间使用</td><td colspan="4" rowspan="2">最终使用</td><td rowspan="3">出口及省外流出</td><td rowspan="3">总产出</td></tr>
<tr><td colspan="4">城市 1</td><td colspan="4">城市 2</td><td colspan="4">…</td><td colspan="4">城市 s</td></tr>
<tr><td>部门 1</td><td>部门 2</td><td>…</td><td>部门 n</td><td>部门 1</td><td>部门 2</td><td>…</td><td>部门 n</td><td>部门 1</td><td>部门 2</td><td>…</td><td>部门 n</td><td>部门 1</td><td>部门 2</td><td>…</td><td>部门 n</td><td>城市 1</td><td>城市 2</td><td>…</td><td>城市 s</td></tr>
<tr><td rowspan="16">中间投入</td><td rowspan="4">城市 1</td><td>部门 1</td><td colspan="16" rowspan="16">Z_{ij}^{rs}</td><td colspan="4" rowspan="16">F_i^{rs}</td><td rowspan="16">EX_i^r</td><td rowspan="16">X_i^r</td></tr>
<tr><td>部门 2</td></tr>
<tr><td>…</td></tr>
<tr><td>部门 n</td></tr>
<tr><td rowspan="4">城市 2</td><td>部门 1</td></tr>
<tr><td>部门 2</td></tr>
<tr><td>…</td></tr>
<tr><td>部门 n</td></tr>
<tr><td rowspan="4">…</td><td>部门 1</td></tr>
<tr><td>部门 2</td></tr>
<tr><td>…</td></tr>
<tr><td>部门 n</td></tr>
<tr><td rowspan="4">城市 s</td><td>部门 1</td></tr>
<tr><td>部门 2</td></tr>
<tr><td>…</td></tr>
<tr><td>部门 n</td></tr>
<tr><td colspan="3">进口及省外流入</td><td colspan="21">ZM_j^s</td><td></td></tr>
<tr><td colspan="3">总投入</td><td colspan="16">$\overline{X}_j^r$</td><td colspan="6"></td></tr>
</table>

图 3-5 珠三角城市群价值型多区域投入产出表基本形式

3.3.3.2 构建城市群水代谢网络模型

可将珠三角城市群的水代谢系统视作由各自独立但又相互作用的多个部门构成的一个复杂的社会-经济-生态复合系统。为了分析部门间的水流量，根据系统各部门的划分和实物型多区域投入产出表中各部门之间的关系，构建了一个水代谢网络模型（如图 3-6 所示）。在此模型中，将 90 个部门（9 个城市各 10 个部门）视作“节点”，两两节点之间的有向线段视作“路径”。每对节点中的部门用 i 和 j 表示，f_{ij} 表示从 j 部门到 i 部门的水流量；水代谢网络是在中间投入-使用矩阵的基础上建立的，不仅反映了部门之间水流的直接交换，而且反映了社会经济系统中隐含在生产交易中的水贸易（Fang et al.，2015）。基于生态网络分析的两个假设：①假设系统可以表示为一个网络，那么可将区域内的各部门表示为节点，将部门两两之间的有向线段表示为路径（Fath，2004）；②假设网络模型是一个稳态系统，那么给定节点的总输入等于总输出（Ulanowicz，2011；Fath et al.，1999），见式（3-30）。

$$\sum_{i=1}^{n} f_{ij} + y_j = \sum_{i=1}^{n} f_{ji} + z_j \tag{3-30}$$

式中：f_{ij}——j 部门到 i 部门的水流量，包含部门间从生产侧（矩阵列）到消费侧（矩阵行）的直接水流；

z_j 和 y_j——边界投入和产出。

3.3.3.3 评价水代谢系统健康

健康的生态系统可被认为是可持续的，能够长期保持其稳定的组织结构并且在面对外界压力时具有一定的恢复力（Rapport，1989；Mageau et al.，1995）。这些特质可以用活力、组织结构和恢复力来评估。参照经典的健康评价框架及其特殊的结构特征，强调一个健康的、代谢良好的城市群应该具有协作共生的特点。因此，可以从 4 个维度提出健康评价框架，即活力-组织结构-恢复力-协作能力，以评估城市群中水代谢系统的健康状况。其中，活力可以由初级生产力和隐含水的循环率来体现［见式（3-31）～式（3-34）］。组织结构可以通过评估两两部门之间以及各部门对整个系统的控制或依赖强度来体现［见式（3-35）～式（3-37）］。恢复力是以系统维持秩序的能力和系统在面临内外部变化中的鲁棒性（system robustness，SR）来衡量的［见式（3-38）～式（3-41）］。最后，可参照系统中两两部门之间的协作共生关系来研究系统的协作能力［见式（3-42）～式（3-46）］。

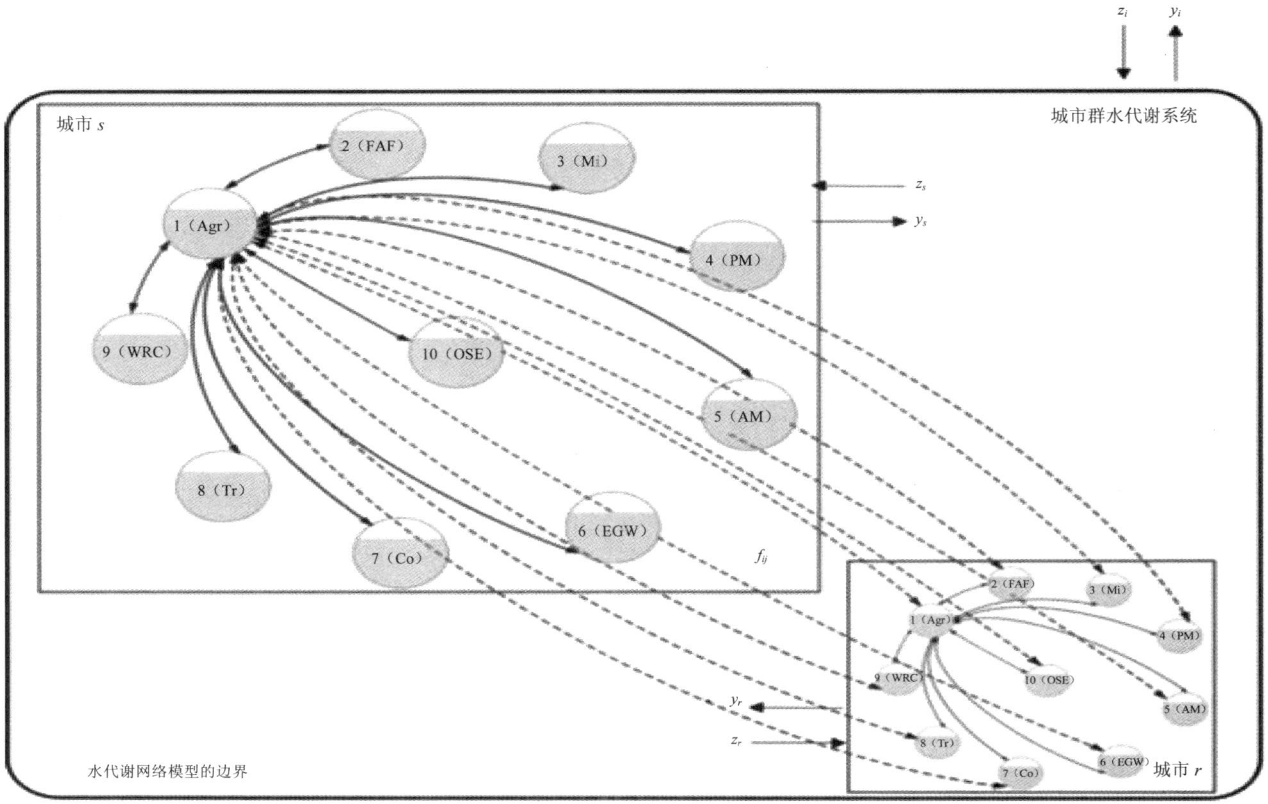

图 3-6　城市群水代谢网络模型（以两个城市及一个部门为例）

（1）活力：基于网络通量分析

$$\mathrm{EWP}_i=\frac{X_i/\sum_{i=1}^{n}X_i}{\sum_{i=1}^{n}f_{ij}/\sum_{i=1}^{n}\sum_{j=1}^{n}f_{ij}} \tag{3-31}$$

$$\boldsymbol{N}=\left[\eta_{ij}\right]=\left(\boldsymbol{I}-\boldsymbol{G}\right)^{-1} \tag{3-32}$$

$$\boldsymbol{N}'=\left[\eta'_{ij}\right]=\left(\boldsymbol{I}-\boldsymbol{G}'\right)^{-1} \tag{3-33}$$

$$\mathrm{FCI}=\sum_{i=1}^{n}\left(\frac{\eta_{ij}-1}{\eta_{ij}}T_i\right)/\mathrm{TST} \tag{3-34}$$

式中：X_i—— 部门 i 的产值；

$\boldsymbol{G}$—— 水流的直接无量纲矩阵；

$\boldsymbol{N}$—— 水流的综合无量纲矩阵；

T_i—— 部门 i 的通量流（包括通量入流和出流）；

$\boldsymbol{G}=\left[g_{ij}\right]$，$g_{ij}=f_{ij}/T_i^{\mathrm{out}}$，$\boldsymbol{G}'=\left[g'_{ij}\right]$，$g'_{ij}=f_{ij}/T_i^{\mathrm{in}}$；

系统总投入/总产出 $\mathrm{TST}=\sum_{i=1}^{n}T_i$。

（2）组织结构：基于网络控制分析

$$\mathbf{CD}=\left[\mathrm{cd}_{ij}\right],\ \mathrm{cd}_{ij}=\eta_{ij}-\eta_{ji} \tag{3-35}$$

$$\mathbf{CR}=\left[\mathrm{cr}_{ij}\right],\ \mathrm{cr}_{ij}=\begin{cases}\dfrac{\eta_{ij}-\eta_{ji}}{\max\left(\eta_{ij},\eta_{ji}\right)}, & \eta_{ij}-\eta_{ji}>0\\ 0, & \eta_{ij}-\eta_{ji}\leqslant 0\end{cases} \tag{3-36}$$

$$\mathbf{SC}=\left[\mathrm{sc}_j\right],\ \mathrm{sc}_j=\sum_{k=1}^{n}\mathrm{cd}_{kj} \tag{3-37}$$

若 $\mathrm{cd}_{ij}>0$，表示为控制强度，否则为依赖强度；**CR** 是无量纲矩阵，cr_{ij} 是（0，1）的无量纲数值，cr_{ij} 值越接近 1，表明两两部门之间的关系具有特定的方向，否则彼此关系较弱；**SC** 为系统控制差异矩阵，若 $\mathrm{sc}_j>0$，表示部门 j 对系统为控制作用。

（3）恢复力：基于网络信息分析

$$A=\mathrm{TST}^2\sum_{i,j}\frac{f_{ij}}{\mathrm{TST}}\ln\frac{f_{ij}\mathrm{TST}}{T_i^{\mathrm{in}}T_i^{\mathrm{out}}} \tag{3-38}$$

$$C = -\mathrm{TST}^2 \sum_{i,j}^{n} \frac{f_{ij}}{\mathrm{TST}} \ln \frac{f_{ij}}{\mathrm{TST}} \tag{3-39}$$

$$\alpha = \frac{A}{C} \tag{3-40}$$

$$\mathrm{SR} = -\alpha \ln \alpha \tag{3-41}$$

（4）协作能力：基于网络效用分析

$$\boldsymbol{D} = \left[d_{ij} \right] = \left[\frac{f_{ij} - f_{ji}}{T_i} \right] \tag{3-42}$$

$$\boldsymbol{U} = \left[u_{ij} \right] = \left(\boldsymbol{I} - \boldsymbol{D} \right)^{-1} \tag{3-43}$$

$$\begin{cases} \mathrm{Sign}\boldsymbol{U}(+) = \sum_{j=1}^{n} \sum_{i=1}^{n} \max\left[\mathrm{sgn}\left(u_{ij}, 0 \right) \right] \\ \mathrm{Sign}\boldsymbol{U}(-) = \sum_{j=1}^{n} \sum_{i=1}^{n} \left\{ -\max\left[\mathrm{sgn}\left(u_{ij}, 0 \right) \right] \right\} \end{cases} \tag{3-44}$$

$$\mathrm{NM} = J(\boldsymbol{U}) = \mathrm{Sign}\boldsymbol{U}(+) / \mathrm{Sign}\boldsymbol{U}(-) \tag{3-45}$$

$$\mathrm{SI} = \sum_{j=1}^{n} \sum_{i=1}^{n} u_{ij} \tag{3-46}$$

式中：$\boldsymbol{D}$—— 直接效用矩阵；

$\boldsymbol{U}$—— 综合效用矩阵；

Sign$\boldsymbol{U}$—— $\boldsymbol{U}$ 的符号矩阵，可用于解释部门之间的关系。

3.4 珠三角城市群生态系统健康诊断

3.4.1 城市群生态系统健康综合诊断

3.4.1.1 城市群层面

（1）城市群生态安全变化

根据综合指数法计算得出珠三角城市群生态安全综合评价结果（如表 3-11 所示），分析珠三角城市群 2010—2018 年的生态安全状况。

表 3-11　珠三角城市群生态安全综合评价结果

年份	生态系统压力指数	生态系统状态指数	生态系统响应指数	城市群生态安全综合指数	城市群生态安全等级	城市群生态安全水平
2010	0.154 3	0.021 0	0.156 3	0.331 7	Ⅳ	较不安全
2011	0.139 6	0.055 3	0.056 6	0.251 4	Ⅳ	较不安全
2012	0.109 7	0.106 9	0.084 7	0.301 4	Ⅳ	较不安全
2013	0.108 7	0.091 3	0.094 3	0.294 4	Ⅳ	较不安全
2014	0.120 8	0.109 2	0.126 5	0.356 5	Ⅳ	较不安全
2015	0.159 2	0.199 5	0.199 6	0.558 3	Ⅱ	较安全
2016	0.205 0	0.206 0	0.210 8	0.621 7	Ⅱ	较安全
2017	0.173 3	0.233 4	0.215 6	0.622 3	Ⅱ	较安全
2018	0.191 2	0.254 1	0.275 7	0.721 0	Ⅱ	较安全

2010—2018 年，珠三角城市群生态安全状况总体呈现波动好转的趋势（如图 3-7 所示）。2010—2014 年，珠三角城市群生态安全状况均在较不安全水平的等级内上下波动；2014 年为波峰，其生态安全综合指数为 0.331 7；2011 年为波谷，其生态安全综合指数为 0.251 4。主要原因是年平均空气质量达标天数比例（D27）从 2011 年的 76.60%升至 2014 年的 81.00%；工业固体废物产生量（D9）从 2011 年的 2 639.29 万 t 降至 2014 年的 2 523.19 万 t。从而使珠三角城市群生态环境压力减小，生态安全状况变好。

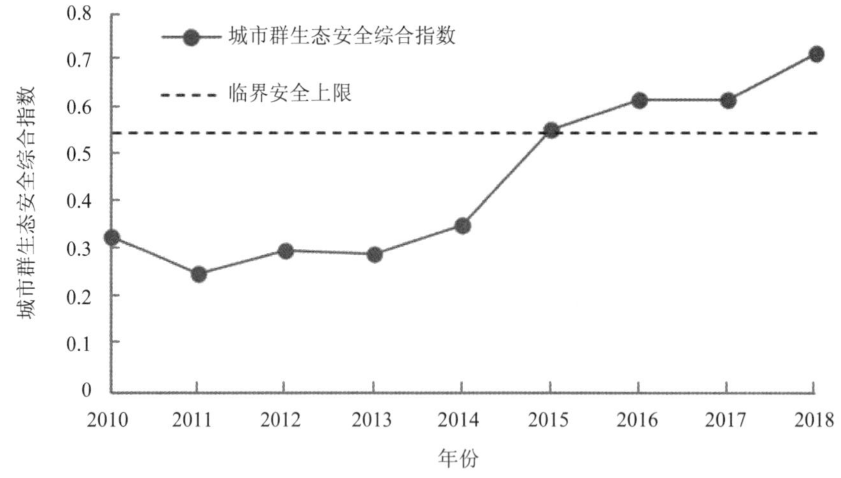

图 3-7　珠三角城市群生态安全综合指数变化趋势

2015年为重大转折点，珠三角城市群生态安全状况有了质的飞跃。2014—2015年，从较不安全水平上升到较安全水平；2015—2016年，从较安全水平进一步上升。主要原因是2015年为“十二五”规划的收官之年；在“十二五”时期，既基本实现了经济保持中高速增长、迈向中高端水平的双中高目标，又基本实现了生态环境保护的明显成效，高度重视环境综合治理工作，强力推进和支持污染减排。建成区绿化覆盖率（D19）、年平均空气质量达标天数比例（D27）大幅度上升，人类生活水平和质量得以进一步改善。因此，珠三角城市群生态安全状况变好。

2016—2018年，珠三角城市群生态安全状况均在较安全水平的等级内波动好转。主要原因是在“十三五”期间，国家加大了对环境污染和生态破坏的综合整治力度；2018年，习近平总书记出席全国生态环境保护大会并发表重要讲话，作出一系列关于加强生态环境保护、建设美丽中国的重大战略决策部署。党的十九大报告明确指出，我国已经从追求高速度发展进入到重视高质量发展的新时代，不再以破坏和牺牲环境、浪费资源等极为昂贵的代价换取一时的经济快速增长。在三大国家重点经济发展区域中，珠三角城市群率先实现$PM_{2.5}$浓度连续3年达标，以优异成绩完成了《大气污染防治行动计划》下达的城市空气质量改善目标和任务。在珠三角城市群，持续深入做好生态环境综合保护体系建设工作，把进一步加强生态环境保护与调结构、促改革、惠民生结合起来，环境质量发展总体趋稳向好，生态安全处于较安全水平，生态系统较少被污染和破坏，可以有效抵御一般干扰，不危害人类健康生活。

（2）城市群不同准则层生态安全变化

根据综合指数法计算生态系统压力、状态和响应3个准则层的城市群生态安全综合指数（如表3 11所示），分析不同准则层对珠二角城市群2010—2018年的生态安全的影响。

2010—2018年，珠三角城市群生态系统压力指数（该指数是逆向指数，即其数值越小，生态系统压力越大，对城市群生态安全的贡献度越小）整体呈波动上升趋势，说明该区域的人类社会经济活动对生态系统造成的破坏和影响在减小，各种污染物排放量减少，如工业固体废物产生量（D9）、废水中COD排放量（D4）和废水中氨氮排放量（D5）整体呈减少趋势。其线性回归方程为$y = 0.008\,2x-16.29$。

2010—2018年，珠三角城市群生态系统状态指数（该指数是正向指数，即其数值越大，生态系统状态越好，对城市群生态安全的贡献度越大）整体呈波动上升趋势。生态系统状态指数的增长速度最快，从2010年的0.021 0增长到2018年的0.254 1，说明珠三角城市群生态系统状态改善较大，主要得益于建成区绿化覆盖率（D19）、森林覆盖率（D18）分别从41.30%、57.00%上升到43.32%、59.53%，SO_2年平均质量浓度（D14）、$PM_{2.5}$年平均质量浓度（D17）分别从25 μg/m^3、53 μg/m^{3}下降到9 μg/m^3、32 μg/m^3。其

线性回归方程为 $y = 0.029\,6x - 59.375$（通过显著性检验，$R^2 = 0.946\,5$）。

2010—2018 年，珠三角城市群生态系统响应指数（该指标是正向指数，即其数值越大，生态系统响应越好，对城市群生态安全的贡献度越大）整体呈波动上升趋势，指数的变化幅度相对较大。在珠三角城市群，对生态环境的保护工作具有较强的意识和资金保障水平，积极建设各种污染物的处理处置基础设施，不断提高各种污染物的无害化处理率，如城市生活垃圾无害化处理率（D28）和城市污水处理率（D26）不断攀升，均接近 100%。这说明该区域采取的积极措施在增多，生态系统响应有持续变好的势头（如图 3-8 所示）。其线性回归方程为 $y = 0.021\,9x-43.885$（通过显著性检验，$R^2 = 0.676\,8$）。

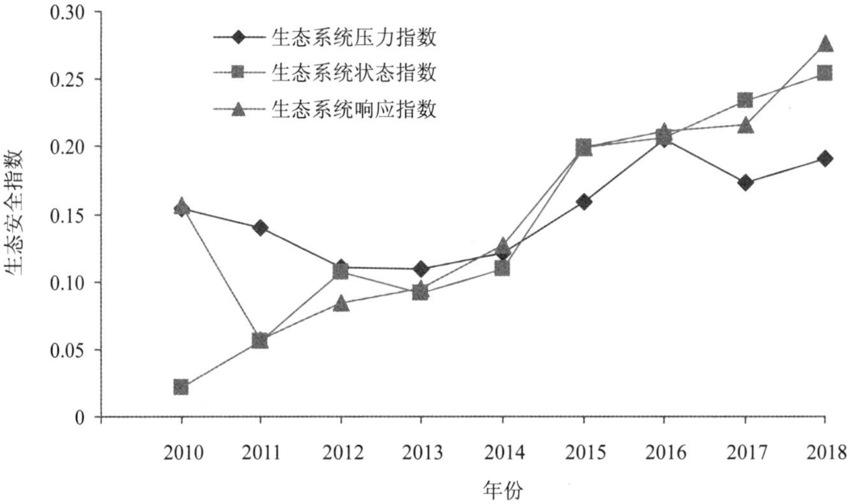

图 3-8　珠三角城市群各准则层生态安全指数变化趋势

在珠三角城市群生态安全指数的构成中，生态系统压力指数的贡献率从 2010 年的 46.52%上升到 2011 年的 55.53%后，大幅度震荡下降到 2018 年的 26.52%；生态系统状态指数的贡献率从 2010 年的 6.33%大幅度上升到 2012 年的 35.47%后，在 30%～40%内上下波动；生态系统响应指数的贡献率从 2010 年的 47.12%大幅度下降到 2011 年的 22.51%后，逐年稳定上升到 2018 年的 38.24%（如图 3-9 所示）。

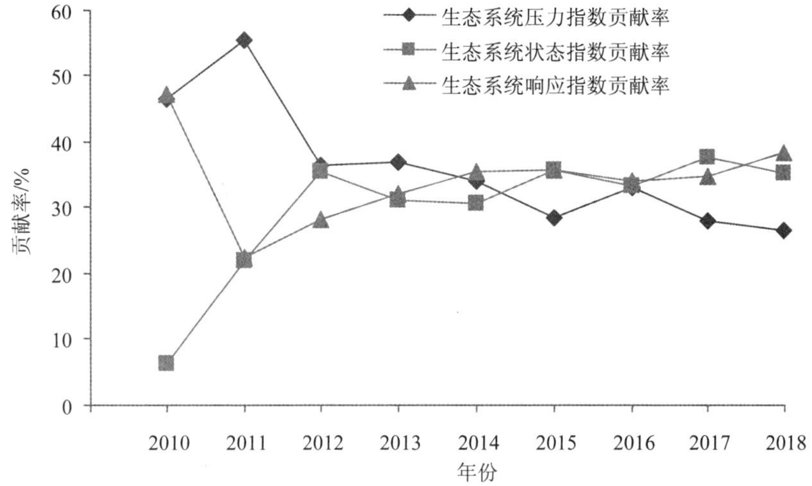

图 3-9　珠三角城市群各准则层生态安全指数贡献程度

这也说明2010—2018年珠三角城市群生态安全水平的提高主要依赖于对生态环境的改善与可持续有效治理，珠三角城市群较大程度上还是处于末端治理型阶段，不是长久之计。治理污染要从源头抓起，才能从根本上改善区域生态环境质量，提高珠三角城市群生态安全水平。如2016年珠三角城市群基本淘汰了高污染燃料禁燃区的高污染燃料锅炉；积极推动绿色发展，引导产业合理布局；加快建立完善先进的、联防联治机制的环境监控与监管体系。

因此，应进一步综合优化珠三角城市群生态系统压力准则层中的各指标，即有效控制城市人口增长速度和城市化进程（D10～D11）、减少各种污染物的排放量（D4～D9）、节约资源和利用清洁能源（D2～D3），推进珠三角城市群高效利用清洁能源和发展绿色循环经济、实现污染物减量化和资源化，从根本上有效降低珠三角地区的生态环境压力，才能保证珠三角城市群生态安全迈向更高水平。

3.4.1.2　城市层面

（1）总体结果分析

通过比较珠三角城市群9个城市2006—2017年的城市生态系统健康等级状态，发现城市生态系统健康状况较好的城市为深圳、珠海、广州和惠州，健康状况较差的城市为中山、佛山和肇庆，而东莞和江门的健康状况为良好。其中，东莞和肇庆的健康等级起伏较大，佛山的健康等级最为平稳（如图3-10所示）。

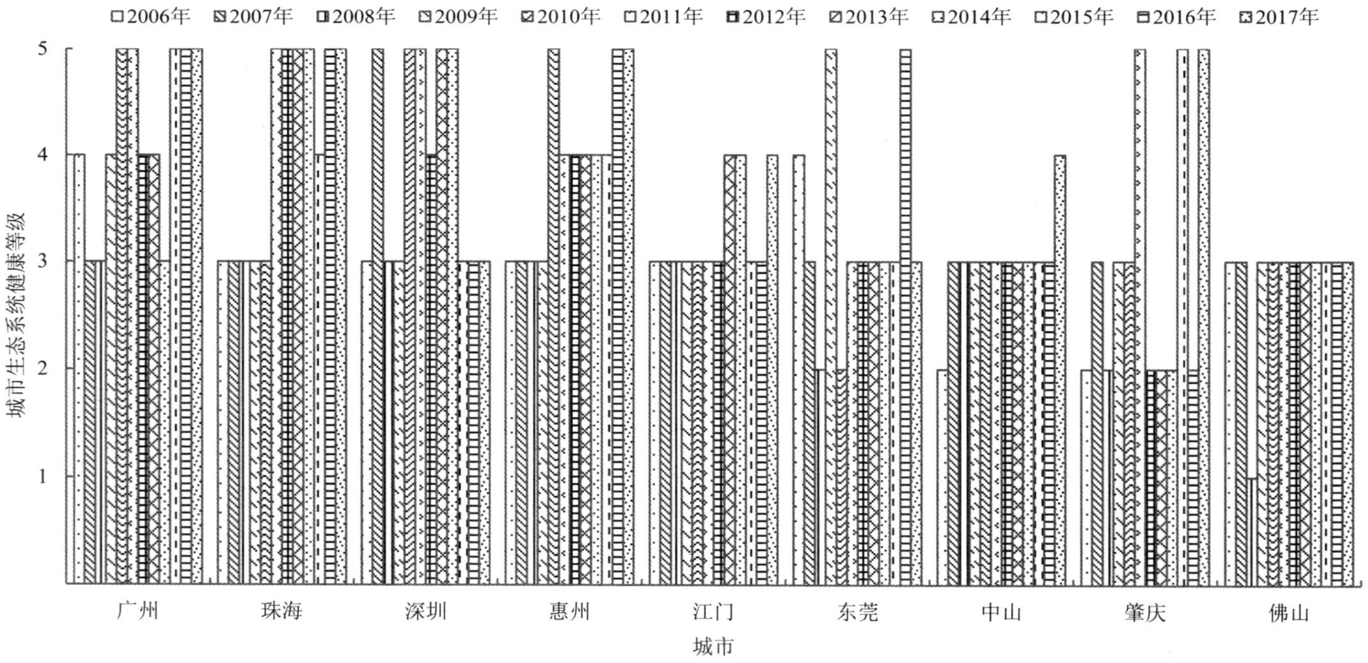

图 3-10　2006—2017 年珠三角城市群城市生态系统健康等级

注：图中数字 1～5 分别代表健康等级中的病态、不健康、亚健康、健康、很健康。

（2）动态结果分析

随着时间的推移，各城市的生态系统健康状况越来越好，总体上可以将 2006—2017 年分成 3 个阶段。第一阶段为 2006—2009 年，各城市的生态系统健康状况较差；第二阶段为 2010—2013 年，各城市的生态系统健康状况有所改善；第三阶段为 2014—2017 年，各城市的生态系统健康状况较好，个别城市的生态系统健康状况有所下降。总体而言，健康状况逐渐变好的城市有珠海、惠州、江门，健康状况起伏较大的城市为广州、东莞和肇庆，健康状况较稳定的城市有中山和佛山。而深圳的健康状况出现回落，尤其是 2015—2017 年的健康状况较之前年份的健康状况有所下降（如图 3-11 所示）。

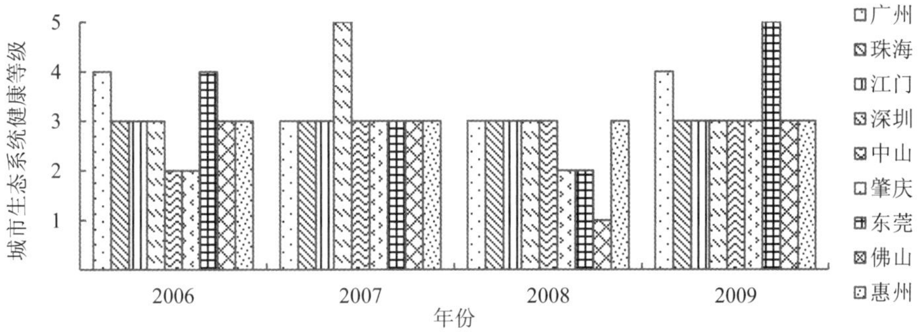

（a）第一阶段

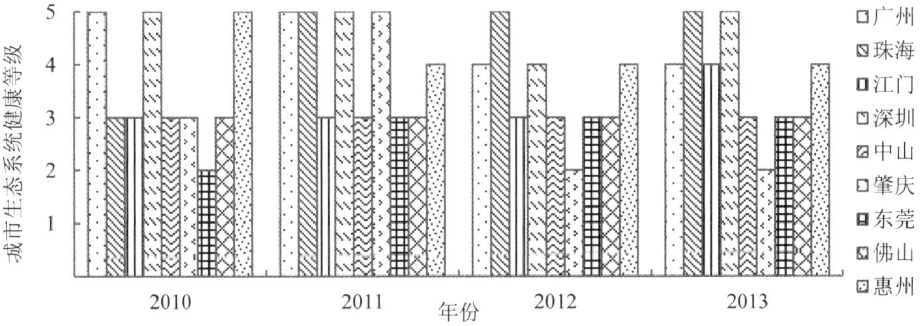

（b）第二阶段

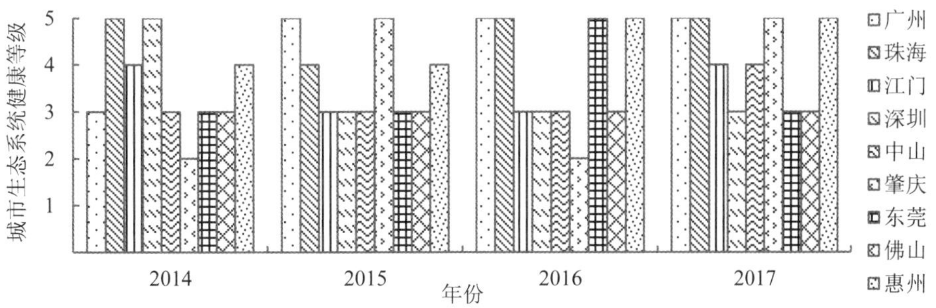

（c）第三阶段

图 3-11　不同阶段珠三角城市群城市生态系统健康等级

注：图中数字 1～5 分别代表健康等级中的病态、不健康、亚健康、健康、很健康。

选取 3 个阶段的典型年份进行分析，结果如图 3-12 所示。总体从 4 个维度来看，过程维度的健康状况最理想，功能维度次之，结构维度较差，而系统维度的健康状况最不理想。

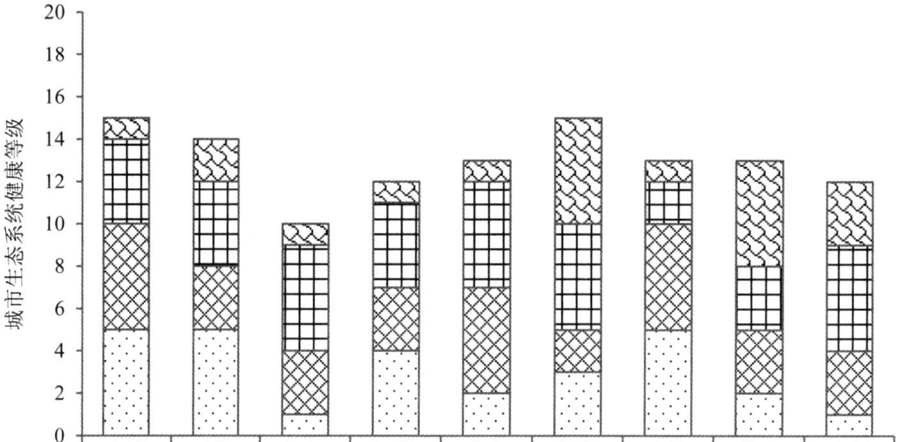

	广州	珠海	江门	深圳	中山	肇庆	东莞	佛山	惠州
系统	1	2	1	1	1	5	1	5	3
过程	4	4	5	4	5	5	2	3	5
功能	5	3	3	3	5	2	5	3	3
结构	5	5	1	4	2	3	5	2	1

（a）2009 年

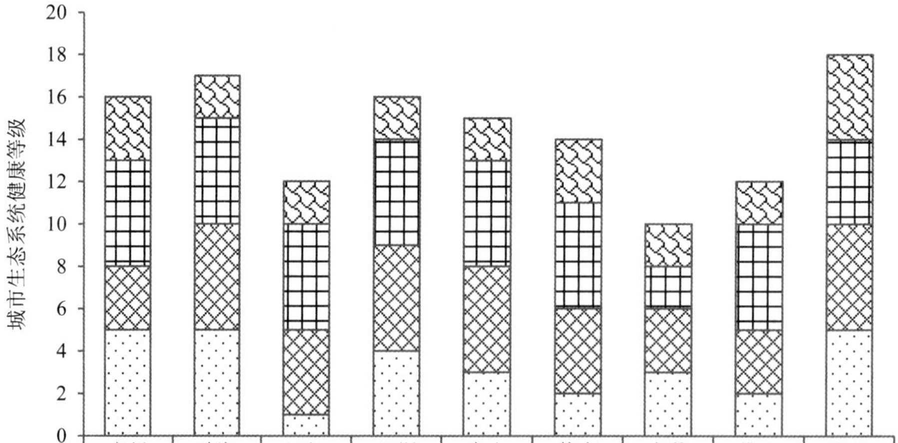

	广州	珠海	江门	深圳	中山	肇庆	东莞	佛山	惠州
系统	3	2	2	2	2	3	2	2	4
过程	5	5	5	5	5	5	2	5	4
功能	3	5	4	5	5	4	3	3	5
结构	5	5	1	4	3	2	3	2	5

（b）2013 年

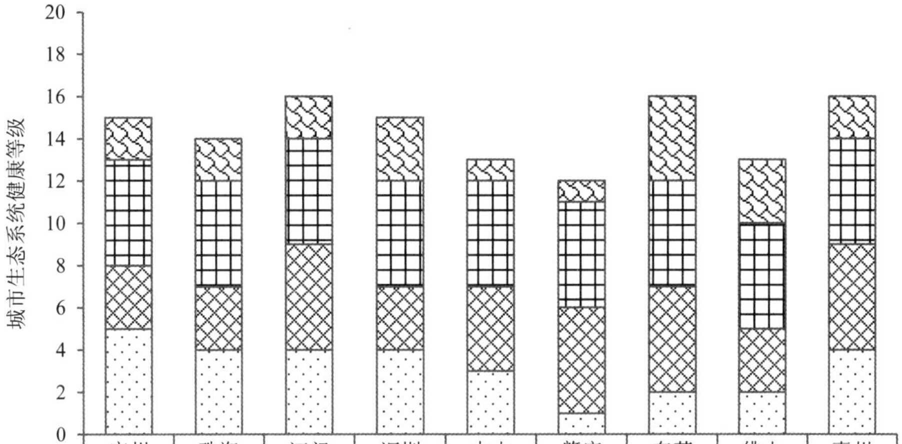

	广州	珠海	江门	深圳	中山	肇庆	东莞	佛山	惠州
系统	2	2	2	3	1	1	4	3	2
过程	5	5	5	5	5	5	5	5	5
功能	3	3	5	3	4	5	5	3	5
结构	5	4	4	4	3	1	2	2	4

（c）2017 年

图 3-12　2009 年、2013 年及 2017 年珠三角城市群城市各维度健康等级

注：图中数字 1～5 分别代表健康等级中的病态、不健康、亚健康、健康、很健康。

在结构维度中，主要的限制性瓶颈因子是万人在校大学生数和外商投资占 GDP 比例，其中万人在校大学生数尤其突出，除了广州，其余城市都不理想。反映的主要问题是珠三角城市人口过多而教育水平不足，特别是高校数量不足。以深圳为例，作为一线城市，其高校数量远远落后于同级别的北京和上海，不及西安、成都、武汉等城市。

在功能维度中，除个别年份、个别城市外，无特别突出的限制性瓶颈因子。这显示了珠三角城市群各城市的公共功能是比较完善的，如生态功能、生产功能和生活功能。但个别城市仍然需要继续提高功能维度的健康等级，继续加强绿化建设，减少交通噪声的污染，建设更宜居的生活环境。

在过程维度中，多数城市的限制性瓶颈因子是人口密度以及全社会固定资产投资增长率。尤其是深圳和东莞，这两个城市的人口密度特别大，原因是这两个城市经济发展好，有更好、更多的就业机会，吸引了大量的外来人员前去发展就业，但是由于城市面积较小，所以人口特别密集。因此，政府应适当将部分产业转移到周边城市，合理地进行产业转型升级，引导大家到其他城市发展。其他指标因子近年的表现越来越理想，特别是在环境管理层面，珠三角城市群各城市投入的力度越来越大。

在系统维度中，多数城市的健康状况均不理想且起伏较大。特别是在第一阶段，由于金融危机的影响，大多数城市的系统维度的健康状况都是病态。到了第二阶段，系统维度的健康状况有所好转，但也不是很理想，多数都处于不健康或者亚健康状态。而第三阶段相对于第二阶段，个别城市的系统维度的健康状况有所回落，但总体上趋于稳定。因为珠三角城市的经济较为发达，其经济饱和度较高，使其发展持续性下降，其中经济发展相对缓慢的城市则起伏比较大，如肇庆、惠州。

（3）城市生态系统健康特征分析

对 2017 年珠三角城市群城市生态系统健康评价结果（如图 3-13 所示）进行分析。2017 年，城市的健康状况整体上较前些年改善较大。其中有 4 个城市达到很健康等级，分别是广州、肇庆、惠州和珠海；其余城市为亚健康和健康；没有一个城市的健康等级为不健康以及病态。以下从 4 个维度进行具体分析（如图 3-14 所示）。

从结构维度分析，仅有广州的健康等级是很健康，而肇庆的健康等级为病态。主要的影响要素是社会结构，除广州、珠海和佛山以外，其余城市的社会结构表现均不理想，深圳以及惠州的社会结构健康等级为病态。进一步分析发现，其主要的瓶颈因子为万人在校大学生数，同时部分城市的农村人均可支配收入与城市人均可支配收入比值也不是很理想。这反映出以下问题：①教育水平不高；②资源分配不均，城乡收入差异大。这说明多年来城市与城市之间、城乡之间的资源分配不均问题仍没有得到很好的解决。

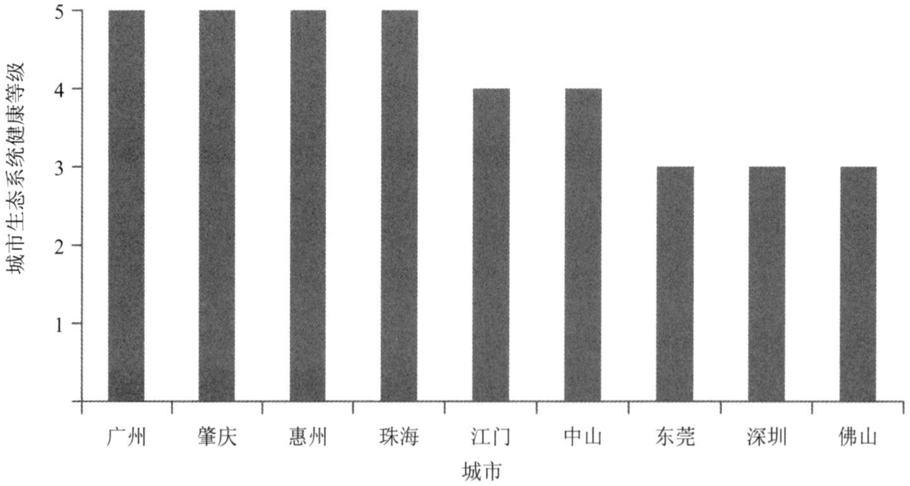

图 3-13　2017 年珠三角城市群城市生态系统健康等级

注：图中数字 1～5 分别代表健康等级中的病态、不健康、亚健康、健康、很健康。

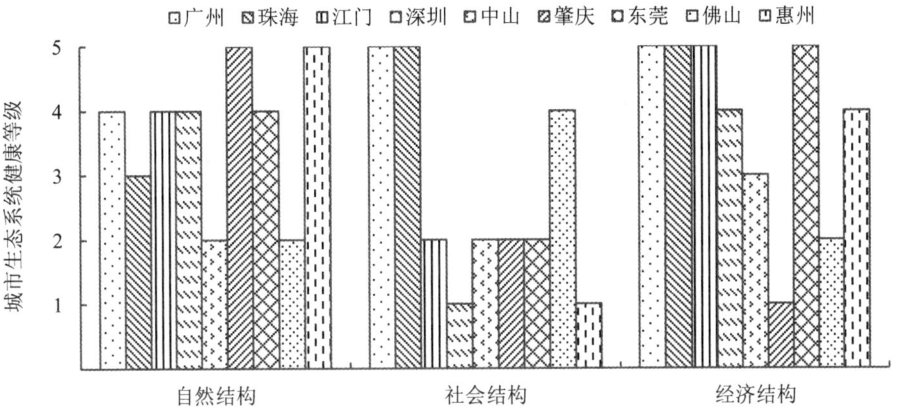

（a）结构维度

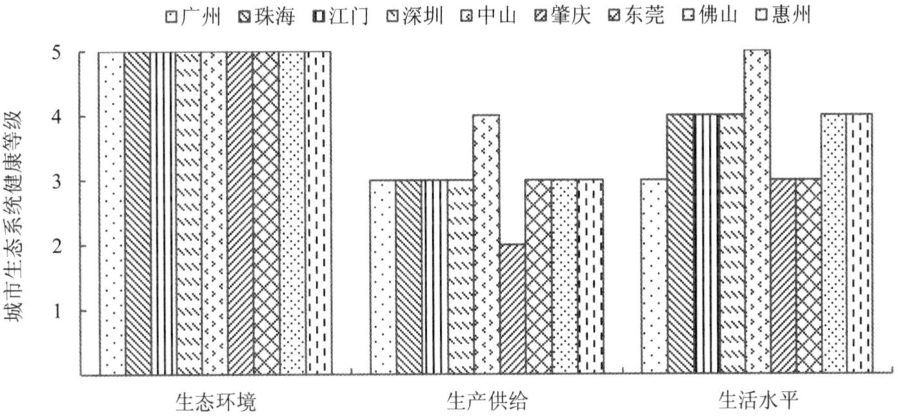

（b）功能维度

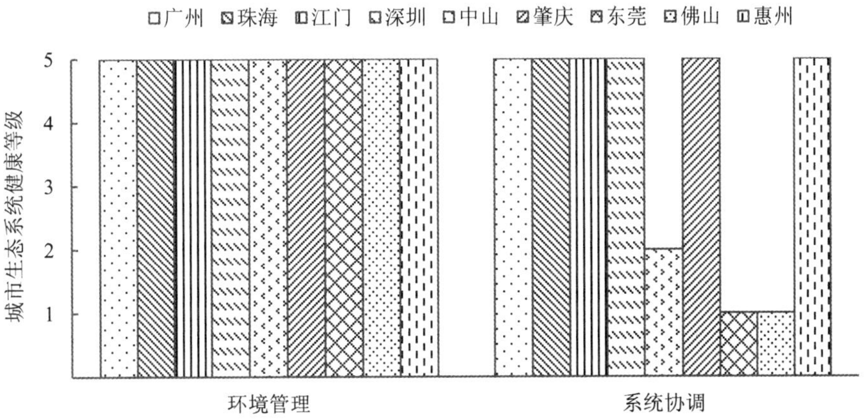

（c）过程维度

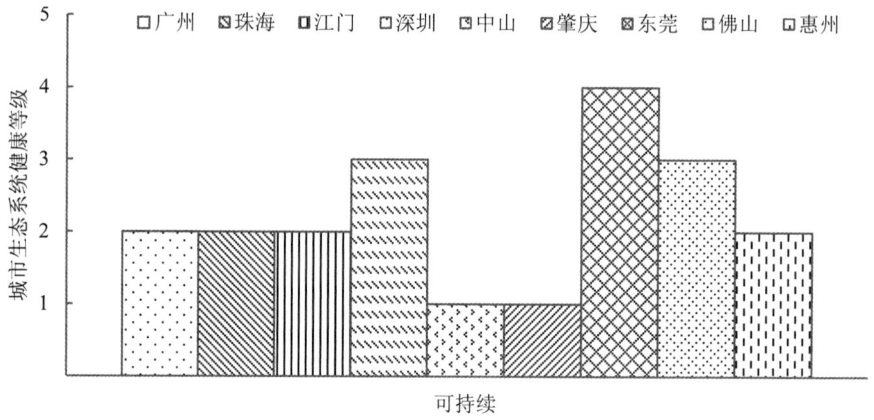

（d）系统维度

图 3-14　2017 年珠三角城市群城市各维度健康等级

注：图中数字 1～5 分别代表健康等级中的病态、不健康、亚健康、健康、很健康。

从功能维度分析，到 2017 年，全部城市的健康状况都是良好。其中生态环境都是很健康，生活水平多处于健康水平，生产供给稍差。总体而言，情况较结构维度好很多，没有特别明显的瓶颈因子。前些年存在的交通、卫生、医疗等公共服务功能不完善以及住房压力大等问题得到了很好的解决。这反映了居民的生活质量得到了很大的改善，生活水平有所提高，并且政府对公共服务事业的支持也明显加强。

从过程维度分析，2017 年，所有城市的过程维度健康等级均是很健康。其中，所有城市的环境管理均是很健康；部分城市的系统协调健康等级较低，如东莞、佛山和中山，主要是由于全社会固定资产投资增长率过低。其主要瓶颈因子是全社会固定资产投资增长率以及人口密度。主要反映在城市人口密度过大，其中深圳和东莞尤其突出。从系统维度分析，2017 年，所有城市的健康等级在很健康以下。这表明珠三角城市的经济经历了几十年的高速发展，目前已有所放缓，导致其经济可持续性降低。

3.4.1.3　区县层面

（1）区县生态系统健康的动态变化特征

①基于目标层的区县生态系统健康动态变化。

如图 3-15 所示，在 1995—2015 年，东莞各镇区（东莞市的下级行政单元是区和镇，本书统称为“镇区”）的生态系统健康指数整体呈下降趋势，且趋势逐渐减缓，大致从

0.50～0.75（1995 年）降至 0.25～0.50（2015 年），健康状态从健康（1995 年）降至一般（2015 年）。

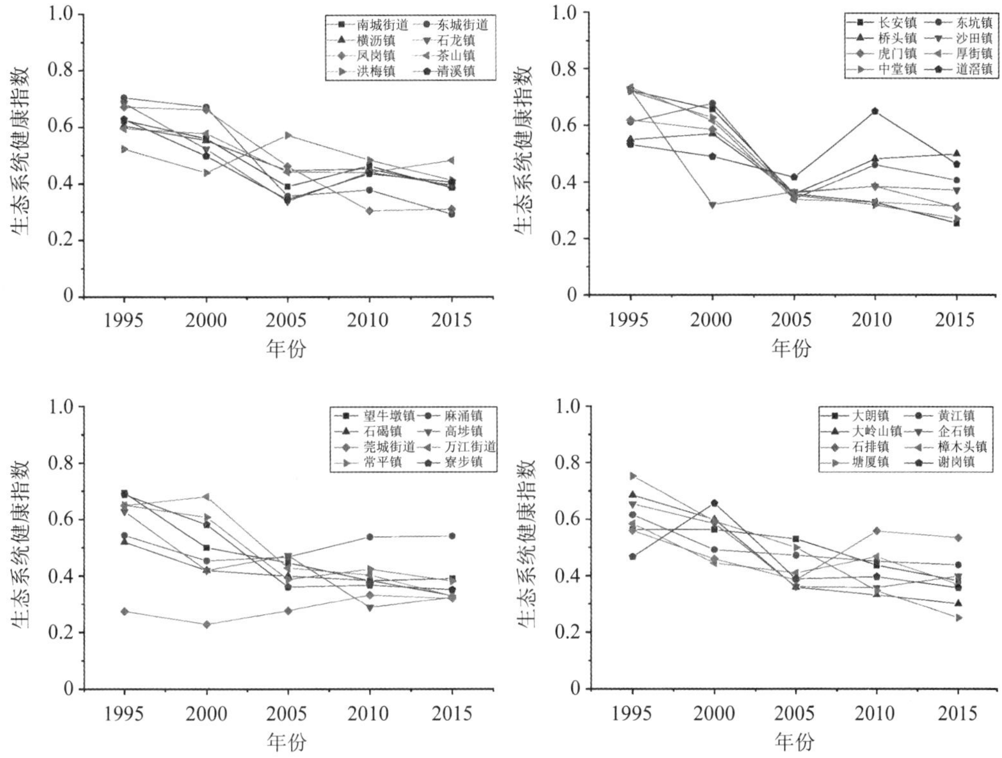

图 3-15　1995—2015 年镇区生态系统健康指数的变化

各镇区生态系统健康变化总体可分为 1995—2005 年与 2005—2015 年这两个阶段。第一阶段为 1995—2005 年，各镇区经济及人口基数较低，镇区生态系统能够满足人们的大部分需求，为人类提供服务的能力较强，产业结构不够合理，经济快速发展导致生态系统健康的恶化；第二阶段为 2005—2015 年，基础建设逐渐完善，镇区生态系统服务能力增强、产业转型，人们的环保意识觉醒，降低了人类活动对生态系统的干扰，系统耐受能力增强，减缓了生态系统健康的恶化。但生态系统健康的恶化未得到根本扭转，仍需持续关注镇区生态系统健康。

镇区发展程度不一致直接导致了镇区生态系统健康变化趋势及程度的不同。具体而言，东莞各镇区健康指数变化主要表现出 4 种趋势：a. 上升（如莞城街道，从不健康到一般）；b. 下降（如高埗镇，从健康到一般）；c. 先降后升（如石排镇，从健康到一般再到健康）；d. 先升后降（如谢岗镇，从一般到健康再到一般）。

②基于要素层的镇区生态系统健康动态变化。

如图 3-16 所示，各镇区生态系统健康各要素的变化可分为两个阶段：第一阶段是 1995—2005 年，该阶段自我维育要素较好，服务功能要素次之，发展水平及抵御干扰要素较差；第二阶段是 2005—2015 年，按健康得分从高到低，各要素分别是抵御干扰要素、服务功能要素、发展水平要素和自我维育要素。

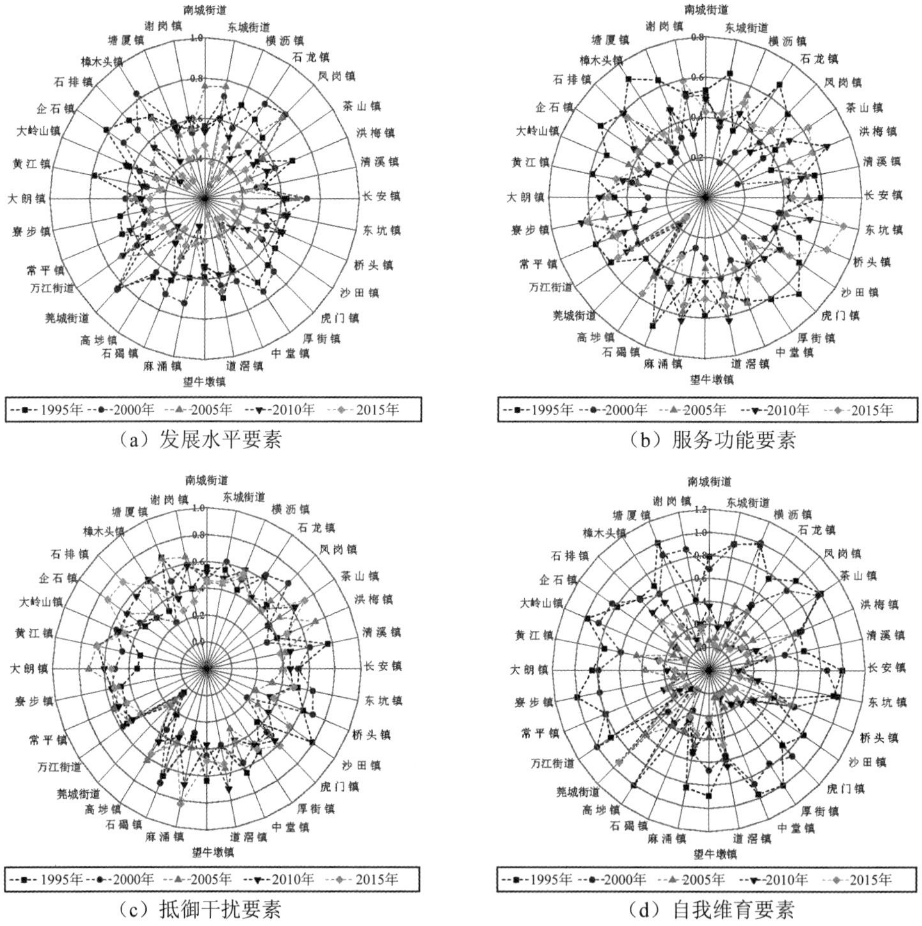

（a）发展水平要素

（b）服务功能要素

（c）抵御干扰要素

（d）自我维育要素

图 3-16　1995—2015 年镇区生态系统各要素健康指数的变化

服务功能要素先降低后升高，主要范围为 0.3～0.7，受益于基础建设逐渐得到完善。发展水平要素逐渐升高，主要范围为 0.3～0.8，主要依赖于产业结构调整与镇区发展。抵御干扰要素较为稳定，略有上升，主要范围为 0.3～0.7，这说明随着产业结构中农业占比的下降、农药及化肥施用量逐渐减少，人为活动对生态系统的干扰减弱；此外，政府还通过产业转型及生态保护等方式，不断提升系统的耐受能力。自我维育要素先快速下降，后较为稳定，主要范围从0.65～0.95（1995年）降低至0.05～0.25（2015年），主要由于前期在城市化过程中，森林、水域等的面积快速缩减，镇区自我维育能力不断削弱；后来随着产业转型及人们的环保意识觉醒，人们开始关注生态系统的保护，森林、水域等的面积保持稳定，系统自我维育能力基本稳定或略有好转。与发展水平、服务功能及抵御干扰要素相比，各镇区自我维育要素变化最为明显，这一要素是导致生态系统健康变化的主要因素。

（2）镇区生态系统健康指数空间分布特征

①基于目标层的镇区生态系统健康指数空间分布。

如图3-17所示，1995—2015年，东莞各镇区生态系统的健康状态总体逐渐恶化，其中西南地区生态系统退化比东南地区更明显，主要由于各镇区自然资源禀赋及社会经济发展水平不一致，使镇区生态系统健康的变化趋势与程度不同。中部及西北镇区处于生态系统演化中期，健康水平不佳，尚未好转；东南及西南镇区经济欠发达，以第一产业、第二产业为主，生态系统处于演化前期，生态系统健康状况逐渐恶化；生态系统较为健康的南城、东城及虎门等地处于演化后期，生态系统未出现恶化。

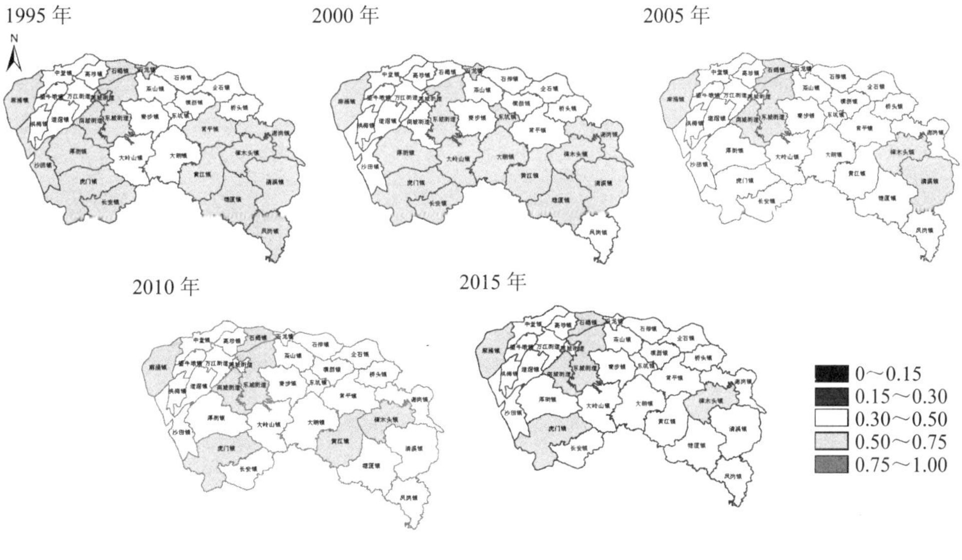

图3-17　1995—2015年镇区生态系统健康指数空间分布

②基于要素层的镇区生态系统健康指数空间分布。

图 3-18 反映了不同年份镇区生态系统各要素健康指数的空间分布状况。可以看出，自我维育要素变化最为明显，其余要素变化相对较为稳定。西部地区自我维育要素的恶化更为严重，说明了自我维育要素对各镇区生态系统健康状态的影响较大。

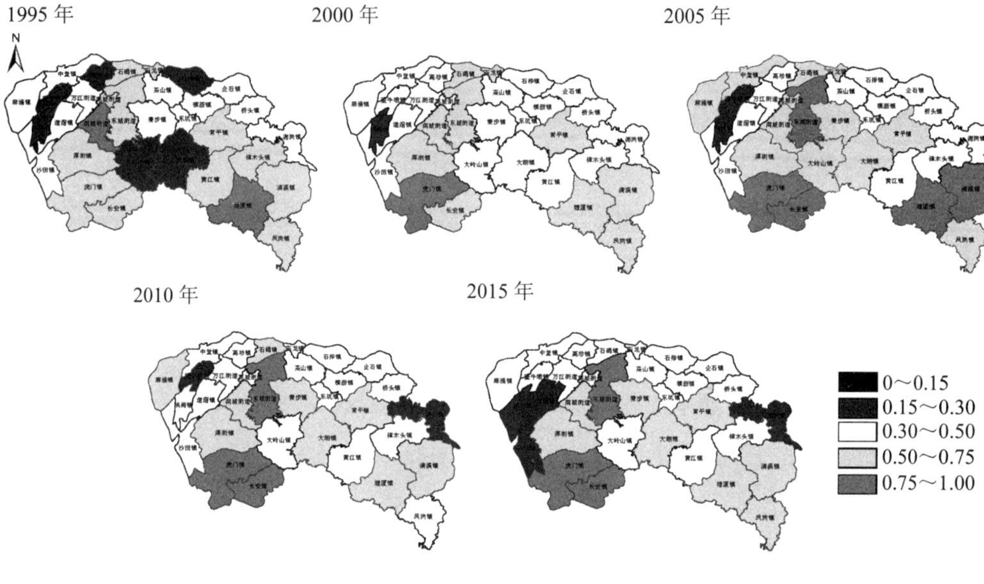

（a）发展水平要素

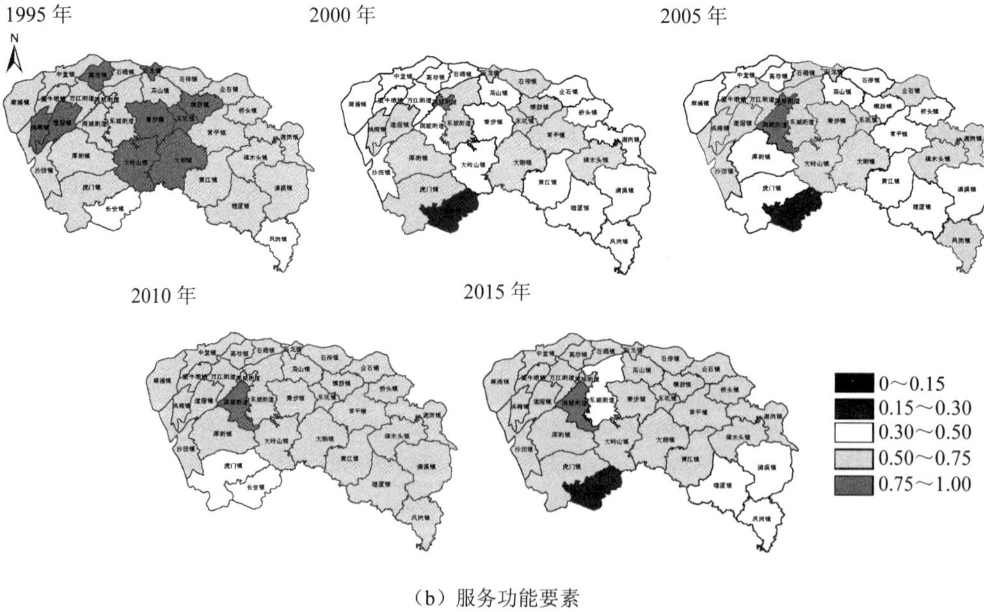

（b）服务功能要素

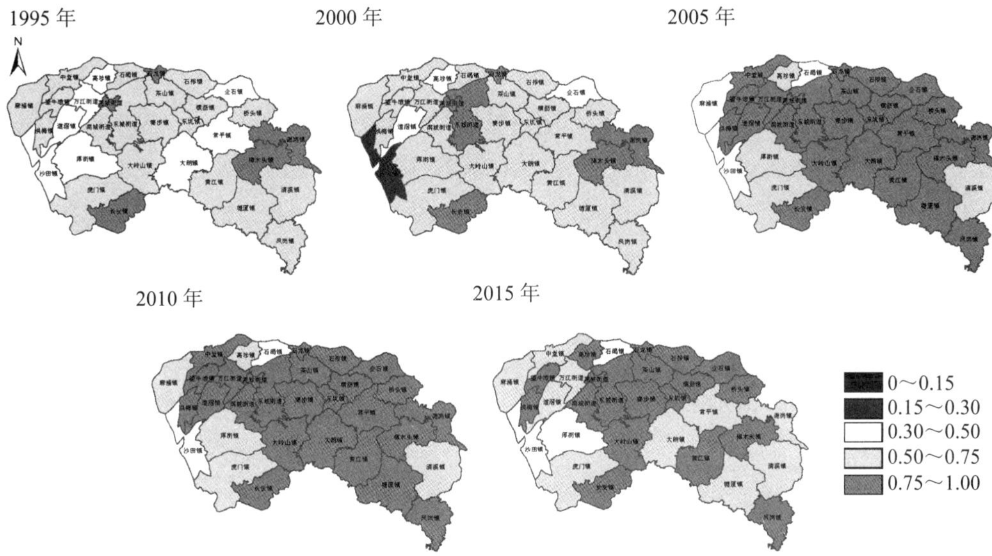

（c）抵御干扰要素

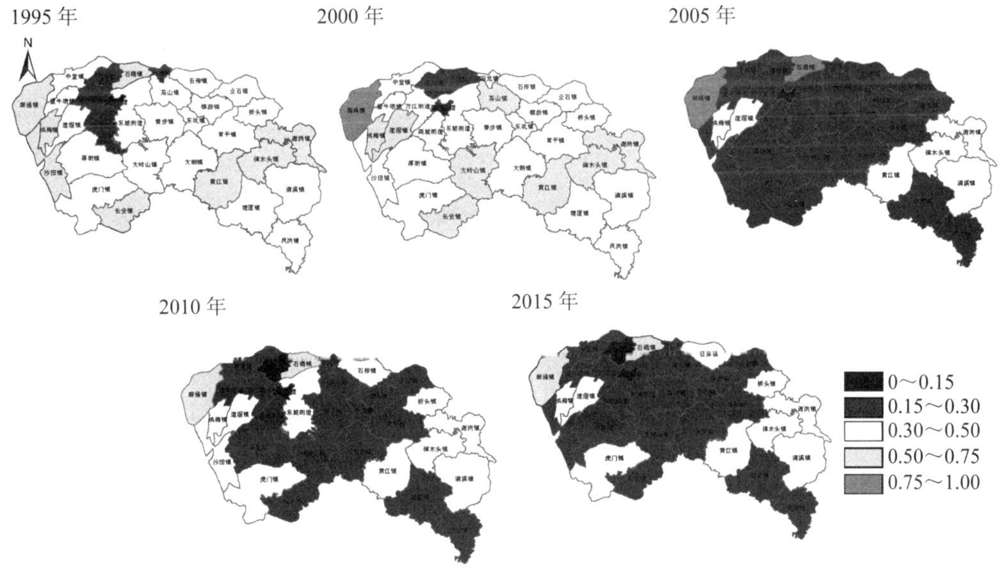

（d）自我维育要素

图 3-18　1995—2015 年镇区生态系统各要素健康指数空间分布

对发展水平要素而言，各镇区状态在早期整体一般，呈现出块状分布，指数水平为不健康及一般的地区主要集中在西北及东北［如图 3-18（a）所示］，主要缘于北方经济总量较南方落后，人口增长也略低于南方；随后，要素水平为一般的地区逐渐向南扩散，分布情况趋于破碎，主要由于随着经济总量的增加，南方增长逐步放缓，例如虎门、长安、凤岗、清溪及塘厦等镇区的 GDP 在 1995—2005 年增长约 10 倍，在 2005—2015 年仅增长 3 倍。

就服务功能要素而言，各镇区水平整体健康，分布较为集中。但在少数年份，健康状态一般且破碎度较高。要素一般或不健康的镇区主要分布在西南及东南，缘于这些镇区的经济总量较大，第三产业占比较低，系统服务能力较差；其余地区要素状态在良好以上［如图 3-18（b）所示］，主要得益于镇区丰富的自然资源或合理的产业结构。

各镇区抵御干扰要素水平基本在健康与很健康之间，少数地区抵御干扰要素水平一般［如图 3-18（c）所示］。1995 年和 2015 年，抵御干扰要素空间分布较为破碎，1995 年各镇区抵御干扰要素指数整体小于 2015 年。较差的镇区主要分布在西部，状态的好转或恶化依赖于土地垦殖及化肥施用的变化。如高埗的土地垦殖从 0.50（1995—2005 年）降至 0.30（2005—2015 年），化肥施用量下降了 75%，抵御干扰指数从 0.30 升至 0.80。

1995 年和 2000 年，各镇区自我维育要素状态一般，主要呈现块状分布，破碎度不高。而 2005—2015 年，各镇区自我维育要素整体不健康，少数镇区甚至到了病态的水平，块状分布逐渐趋于破碎。自我维育要素不健康的镇区主要分布在中西部（高埗、莞城），而东部（黄江、樟木头、谢岗）及西部少数镇区（道滘、洪梅）多为一般［如图 3-18（d）所示］。中西部地区土地资源稀缺，如高埗、莞城森林覆盖率均值分别为 0.01%和 11.00%，水域覆盖率分别为 9.00%和 3.00%，生态弹性度偏低。东部及西部少数镇区森林覆盖率相对较高，如黄江、樟木头和麻涌的森林覆盖率分别为 58.00%、65.00%及 53.00%。

（3）镇区生态系统健康的因子特征

①镇区生态系统健康的因子贡献度分析。

对东莞各镇区生态系统健康评价指标进行了贡献度分析，找出了对镇区生态系统健康起重要作用的主要贡献因子。从图 3-19 可知，影响东莞各镇区生态系统健康的重要因子主要是发展水平要素下的 GDP、人口自然增长率，服务功能要素下的第三产业占比，抵御干扰要素下的土地垦殖率、化肥施用量，自我维育要素下的森林覆盖率、水域覆盖率、生态弹性度。

在不同年份，各因子贡献大小并不一致，其中 GDP 及生态弹性度的贡献度逐年增加；人口自然增长率、第三产业占比及土地垦殖率的贡献度先增加后减小；水域覆盖率及森林覆盖率的贡献度基本稳定。综合而言，对镇区生态系统影响最大的因子主要是 GDP、生态弹性度、水域覆盖率及森林覆盖率；自我维育要素对各镇区生态系统健康具有较大影响。

②镇区生态系统健康主要贡献因子变化。

选择 GDP、生态弹性度、水域覆盖率及森林覆盖率作为主要贡献因子并进行分析。

总体来看，各镇区 GDP 不断增加；水域覆盖率、森林覆盖率及生态弹性度较低且略有下降（如图 3-20 所示）。

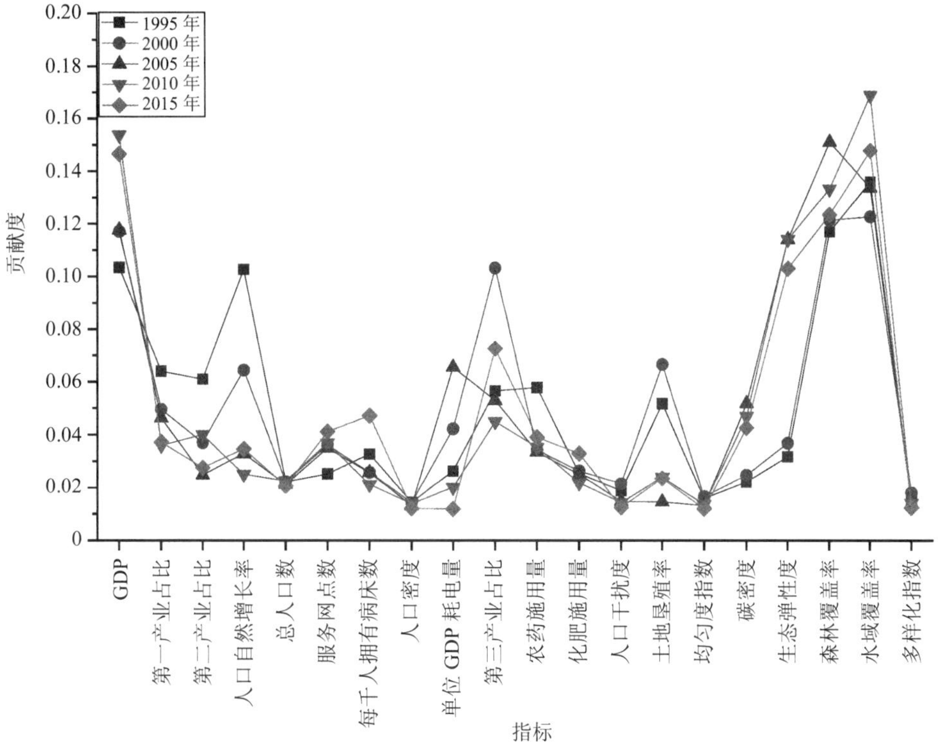

图 3-19　1995—2015 年镇区生态系统健康的因子贡献度

自我维育要素主要贡献因子的变化可以分成两个阶段：第一阶段是 1995—2005 年，各镇区的水域覆盖率、森林覆盖率及生态弹性度快速下降；第二阶段是 2005—2015 年，各镇区主要贡献因子基本稳定，这与森林、水域等的面积在城市化发展不同阶段的变化和人们环保意识的增强密切相关。

（4）典型镇区生态系统健康分析

①典型镇区生态系统健康及要素变化。

根据东莞各镇区生态系统健康变化的 4 种趋势，选取莞城、高埗、石排及谢岗作为典型镇区进行分析。对比图 3-15 和图 3-22，可以看出，典型镇区发展水平、服务功能及抵御干扰要素的变化趋势与东莞各镇区相应要素整体变化具有很高吻合性；而典型镇区自我维育要素变化与自我维育要素整体变化趋势并不一致，与典型镇区健康变化具有较好的一致性（如图 3-20 所示）。这进一步说明，自我维育要素是影响东莞各镇区生态系统健康变化的关键要素，自我维育要素变化直接导致镇区生态系统健康状态的改变。

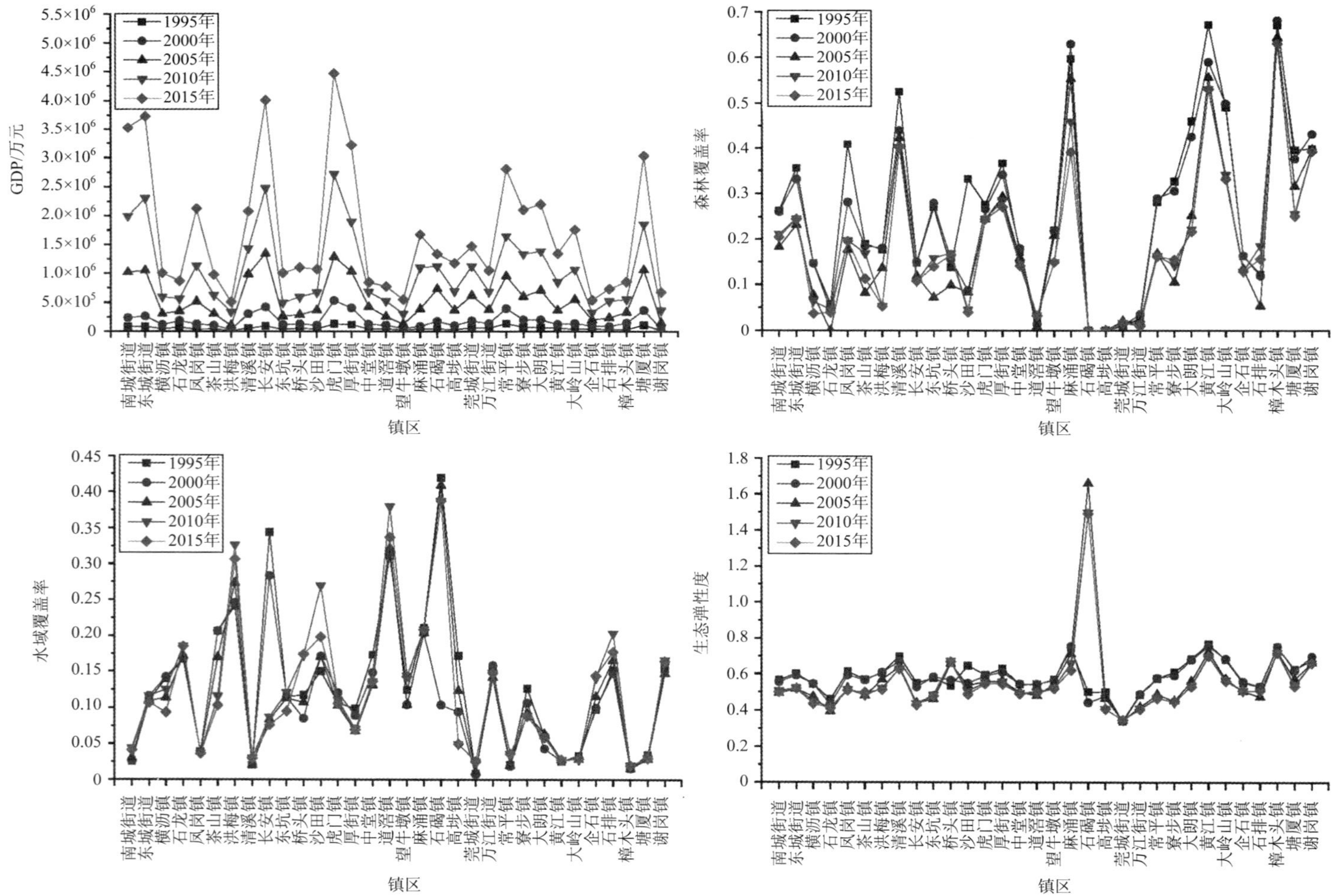

图 3-20 镇区生态系统健康主要贡献因子的变化情况

尽管生态系统健康变化主要受自我维育要素影响，但其他要素也对生态系统健康发挥着作用（如图 3-21、图 3-22 所示）。以莞城为例，2015 年自我维育要素达到 0.93，综合指数却为 0.32，发展水平、服务功能及抵御干扰要素后期主要在 0.1～0.4 之间。这说明莞城生态系统健康在后期主要取决于发展水平、服务功能及抵御干扰要素。

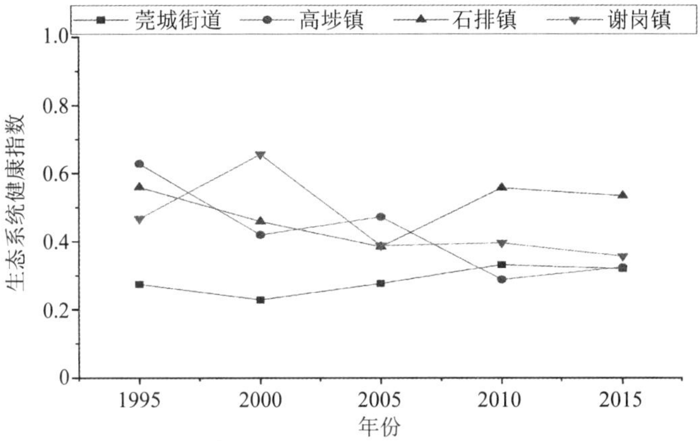

图 3-21　1995—2015 年典型镇区生态系统健康指数的变化

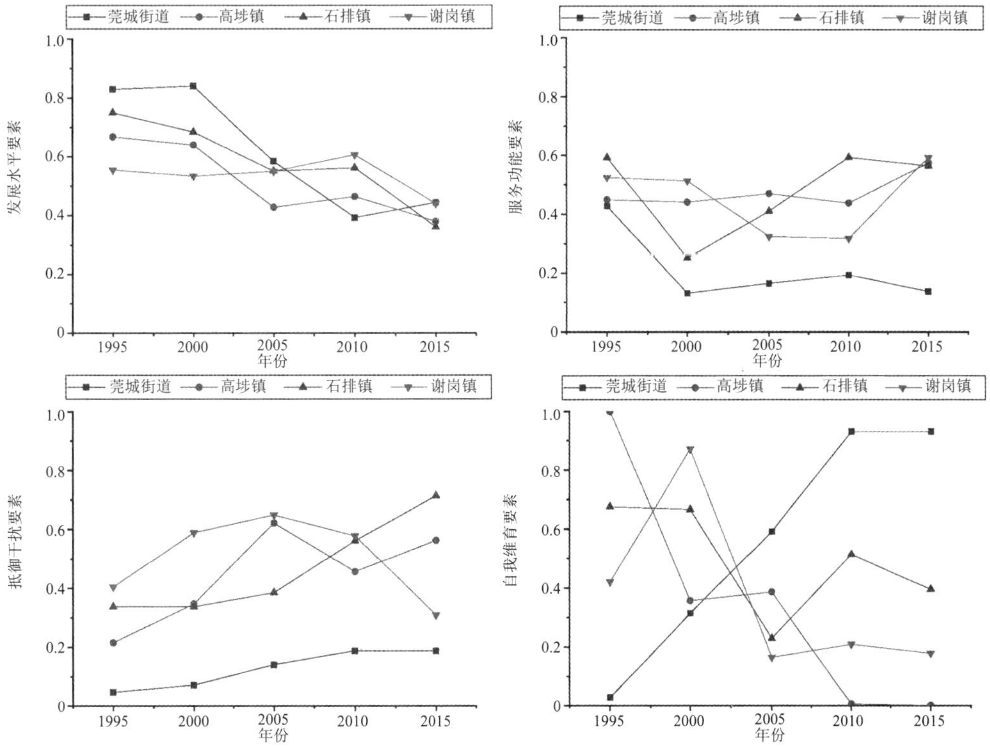

图 3-22　1995—2015 年典型镇区生态系统各要素健康指数的变化

②典型镇区生态系统健康指数主要贡献因子变化。

典型镇区 GDP 均呈上升趋势，说明 GDP 不是导致健康变化的主要因子（如图 3-23 所示）。莞城自我维育要素的上升主要依赖水域覆盖率的上升；高埗自我维育要素的下降则缘于水域覆盖率和生态弹性度的下降；石排及谢岗自我维育要素的变化由森林覆盖率和生态弹性度所决定（如图 3-22、图 3-23 所示）。这说明，对不同镇区而言，影响其健康状态的主要贡献因子会有所差异，但都离不开土地利用，生态系统健康的主要瓶颈是发展过程中土地资源的稀缺及较低的利用效率。

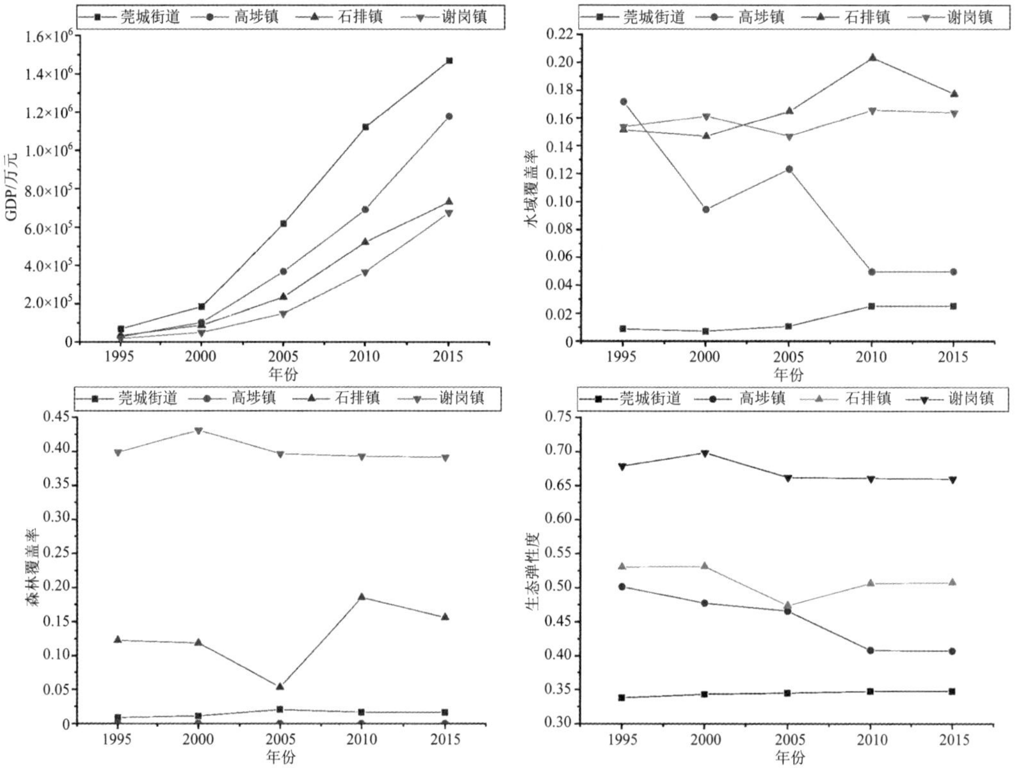

图 3-23 1995—2015 年典型镇区生态系统健康指数主要贡献因子的变化

3.4.2 基于关键要素代谢的城市群生态系统健康诊断——以水代谢为例

3.4.2.1 诊断结果

（1）城市间体现水资源核算

体现水资源即关注的产品或服务在其生产、贸易过程中对水资源的直接和间接消耗总量。在城市群层面，直接水耗（淡水消耗）为 54.6 亿 m^3，隐含水耗为 81 亿 m^3，所有城市的隐含水耗均超过直接水耗，即水代谢系统中的部门主要依赖水代谢网络间接消耗水资源。这表明珠三角城市群水代谢系统是以隐含水为主导的水资源消耗模式。在城市层面，直接水和隐含水的消耗趋势在空间分布上基本一致，表现为从西北向东南递减的趋势（如图 3-24 所示）。耗水量较大的城市有广州（人口密集型城市）、江门和肇庆（农业主导型城市）。在部门层面，耗水量较大的部门主要为农业部门、制造业部门和服务业部门（如图 3-25 所示）。

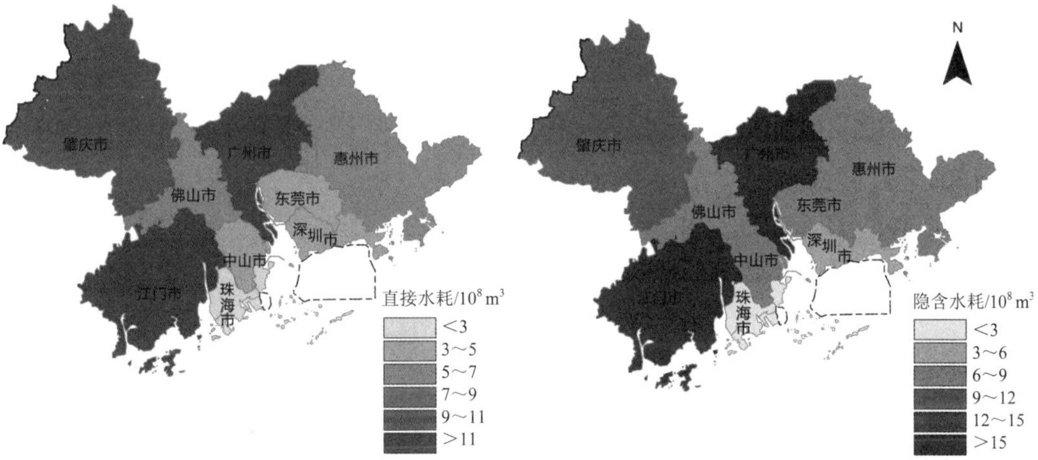

图 3-24　珠三角城市群各城市直接水耗和隐含水耗

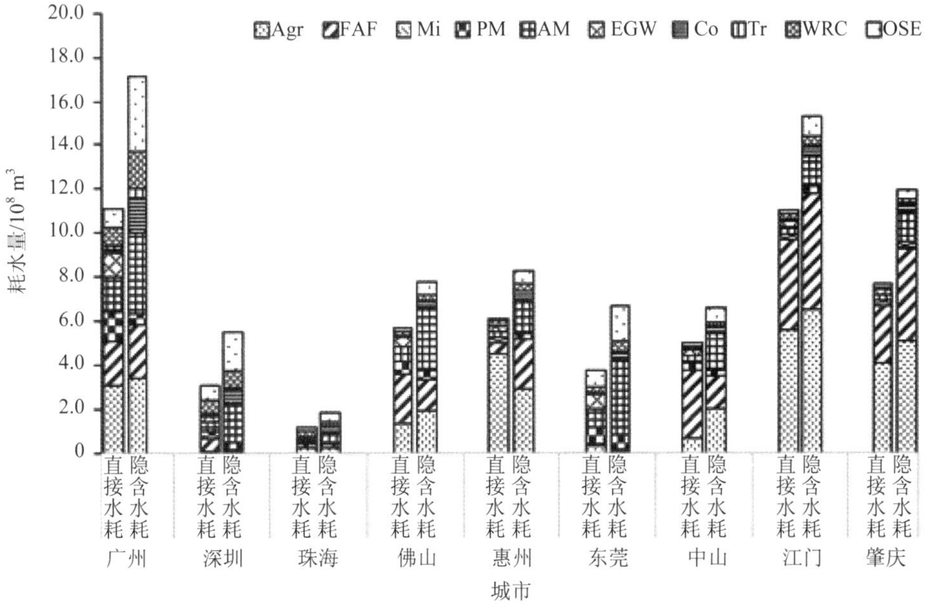

图 3-25　珠三角城市群各部门直接水耗和隐含水耗

（2）活力

在城市层面，一个城市体现水生产力值越低，表明该城市单位 GDP 隐含水的消耗量越大。珠三角各城市体现水生产力的平均值为 1.4，趋势表现为从西北到东南递增，即西北部城市（如肇庆、江门等）的体现水生产力值比东南部城市（深圳、珠海等）低（如图 3-26 所示）。西北部城市发展耗水密集型农业，其产品附加值较低，而东南部城市水资源消耗主要集中在高附加值产品生产部门［如先进制造业（AM）、交通业（Tr）、其他服务业（OSE）］。值得注意的是，广州作为区域中心城市，其体现水生产力低于各城市的平均水平。在部门层面，所有城市中种植业（Agr）和林业、畜牧业、渔业（FAF）的体现水生产力位于最里面圈层，其均值均小于 1。体现水资源消耗量较大的基础制造业（PM）和先进制造业（AM）的体现水生产力均值都不高，仅深圳和珠海的该部门体现水生产力高于平均水平（如图 3-27 所示），这可能与这两个城市现代产业体系的发展方向有关。

芬恩循环指数（Finn’s cycling index，FCI）值越高，说明系统循环流越大，水代谢网络的代谢能力越强。珠三角城市群整体水代谢网络的芬恩循环指数为 9.61%。在城市层面，芬恩循环指数值超过平均值（1.07%）的城市有江门（2.09%）、肇庆（1.6%）、广州（1.42%）和东莞（1.28%）。这些城市的产业大多以农业为主，因为农产品在这些城市中被其他行业作为中间产品使用。惠州和中山作为农业主导型城市，其芬恩循环指数值相对较低，表明农业与其他部门之间的联系（贸易）须加强。在广州、深圳、珠海和东莞这些城市中，制造业和服务业的芬恩循环指数值最高，说明这些部门在这些城市的隐含水循环中发挥了重要作用（如图 3-28 所示）。

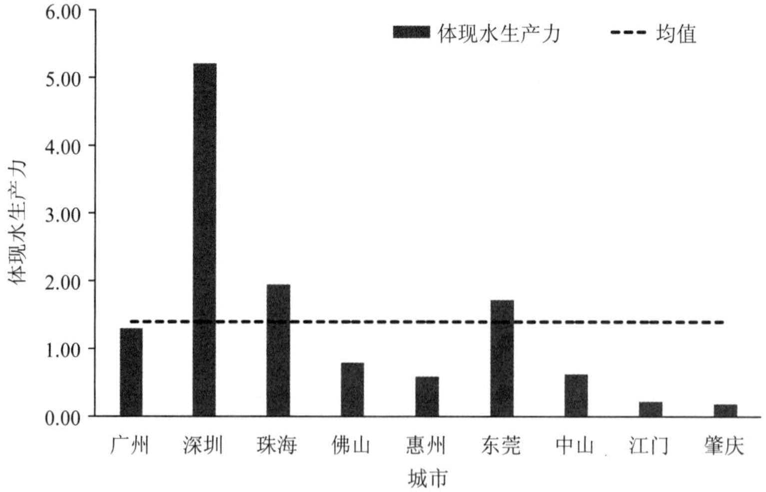

图 3-26 珠三角城市群各城市的体现水生产力

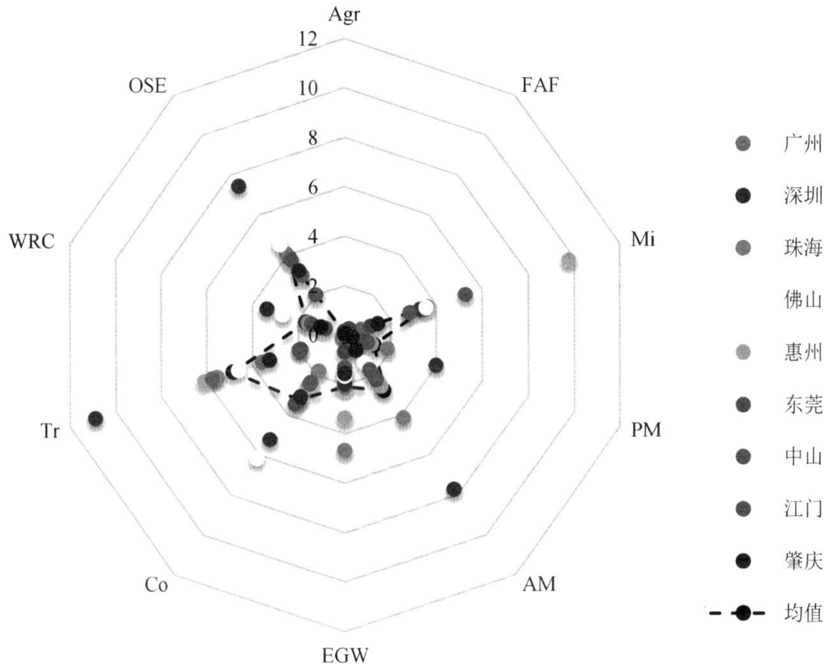

图 3-27　珠三角城市群各部门的体现水生产力

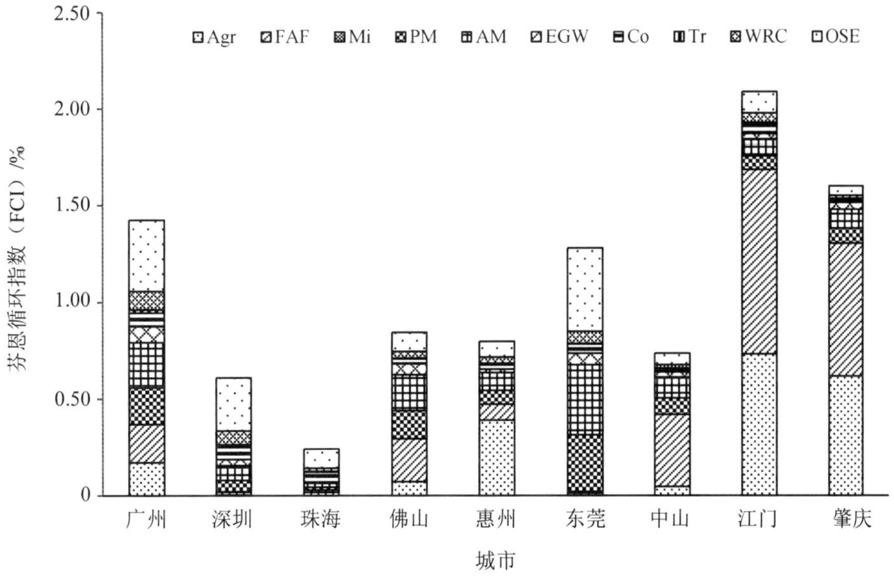

图 3-28　珠三角城市群各城市各部门的芬恩循环指数

（3）组织结构

在城市层面，各城市对其他城市的平均控制强度为 99%，平均依赖强度为 160%，这表明城市间主要表现为较高的依赖关系。在城市群两两城市之间的控制和依赖强度关系中，发现控制和依赖程度较高（即城市间强作用）的路径包括广州—佛山、深圳—惠州、深圳—东莞、珠海—中山、珠海—江门、佛山—东莞、肇庆—江门，相邻城市之间存在的较弱路径包括广州—肇庆、佛山—肇庆和珠海—江门（如图 3-29 所示）。

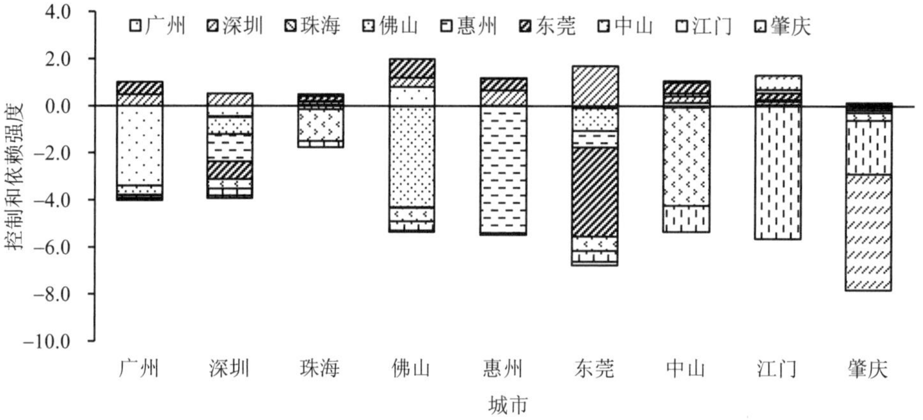

图 3-29 珠三角城市群各城市对其他城市的控制和依赖强度

注：横坐标城市对横坐标以上城市为控制关系，反之则为依赖关系。

在部门层面，所有部门对系统的平均控制强度和平均依赖强度分别在 12%～70%和 18%～79%。所有城市的农业（Agr、FAF）和采矿业（Mi）对系统的控制均较强，尤其是农业，对其他部门的控制强度平均在 70%以上。在所有城市中，建筑业（Co）和其他服务业（OSE）对其他部门表现为较高的依赖强度，建筑业（Co）和其他服务业（OSE）对其他部门的平均依赖强度分别超过 79%和 70%（如图 3-30 所示）。

（4）恢复力

广州的发展能力值（3.6×10^{11}）最高，意味着广州在面临内部或外部变化时，有更多的选择来维持稳定的流配置。珠海的发展能力值（5.6×10^{10}）最低，说明珠海的水代谢网络结构变化或演变的潜力最小。东莞表现出最高的上升性值（7.8×10^{10}），说明东莞为维持网络完整性和流量配置结构，其有效流的路径最多，即流的效率最高（如图 3-31 所示）。

水代谢系统有序度和系统鲁棒性的平均值分别为 0.293 和 0.349，各城市的系统鲁棒性值在 0.314～0.366 之间。结果发现，深圳、珠海和东莞位于第 I 象限（表明这些城市的有序度和系统鲁棒性均高于平均水平），但珠海和东莞位于曲线的右侧，表明这些城市效率过高而牺牲了冗余；中山和佛山位于第Ⅱ象限，有序度相对较低，但系统鲁棒性相对较高；江门、肇庆、广州位于第Ⅲ象限，说明这些城市的配置冗余度较高，效率不足（如图 3-32 所示）。

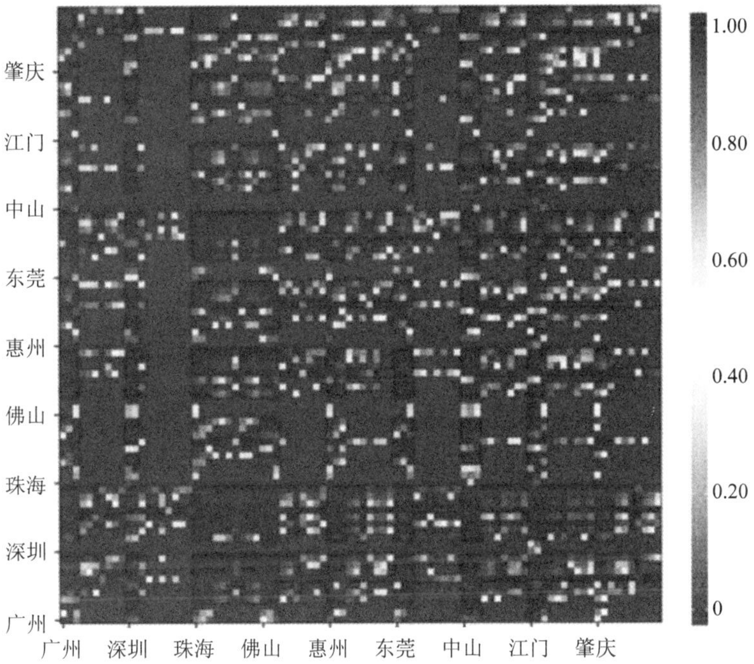

图 3-30 水代谢网络两两部门之间的控制强度

注：部门之间的控制关系从生产端（矩阵列）到消费端（矩阵行）。

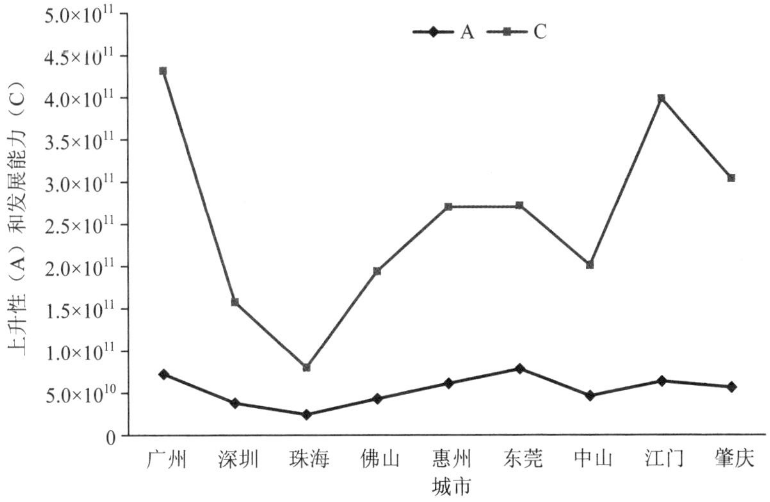

A——系统在节点间有效分配流的程度，即有效流的路径；C——系统级增长和发展的不确定性，即网络总的路径。

图 3-31 珠三角城市群各城市的上升性（A）和发展能力（C）

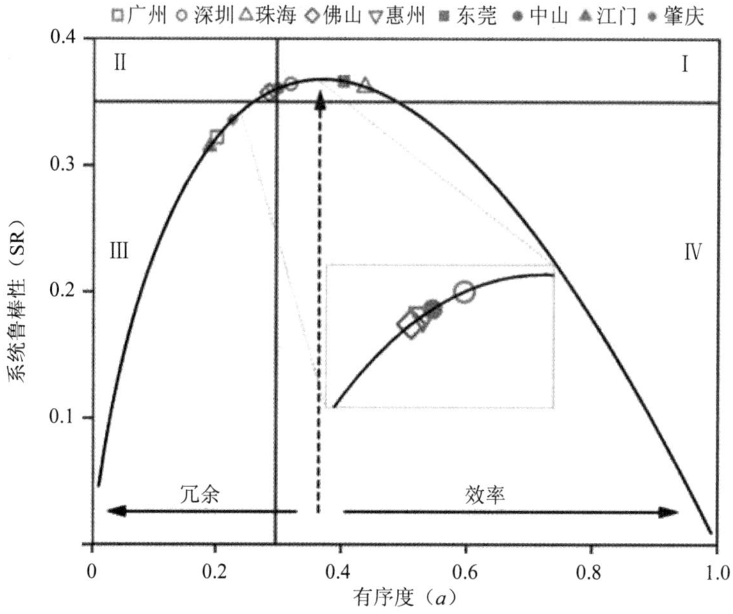

图 3-32 水代谢网络中有序度（*a*）与系统鲁棒性（SR）之间的关系

（5）协作能力

各城市对自身的共生指数（NM）均大于 1，表明所有城市对自身均产生正向效应。然而，广州、深圳、佛山、惠州、东莞、肇庆等城市对其他城市的共生指数（NM）小于 1，表明这些城市为满足自身的发展，对水代谢网络产生了负向效应（如图 3-33 所示）。由于各城市的部门对自身均表现为正效用［即 Sign（***U***）的对角线元素都为 1］，故各城市的协同指数（SI）均大于 0，且在 10 左右波动，表明所有城市无论是对自身还是对水代谢系统中其他城市都表现出良好的协同效应。

珠三角城市群水代谢网络中的生态关系有 4 095 对，如果忽略自我共生效用，已揭示的部门关系有 3 类：利用关系、被利用关系和竞争关系。其中，利用关系和被利用关系分别占总关系的 46%和 42%。例如，所有城市的先进制造业（AM）、建筑业（Co）、交通业（Tr）、零售餐饮业（WRC）和其他服务业（OSE）的平均 NM 值均小于 1，表明这些部门是水代谢网络的主要受益者，尤其是建筑业（Co）和其他服务业（OSE），这些部门与其他部门存在利用关系（利用其他部门的体现水，却很少被利用）；反之，种植业（Agr），林业、畜牧业、渔业（FAF），采矿业（Mi），基础制造业（PM）和电、气、水供应业（EGW）的 NM 值均大于 1，这些部门可视为网络的主要贡献者，因为其主要表现为被其他部门利用。共生关系仅占所有关系的 2.2%，由于矩阵 ***U*** 的对角线元素均为正值，所有部门对自身均为积极影响。竞争关系约占所有关系的 9.8%，若忽略同行业竞争，可发现种植业与采矿业，林业、畜牧业、渔业与采矿业和建筑业与其他服务业之间存在强竞争关系，说明农业部门的用水会对采矿业产生压力，而城市建设过程会增加服务业的用水压力，这种竞争关系可能会增加部门之间在隐含水消耗方面的负面效应（如图 3-34 所示）。

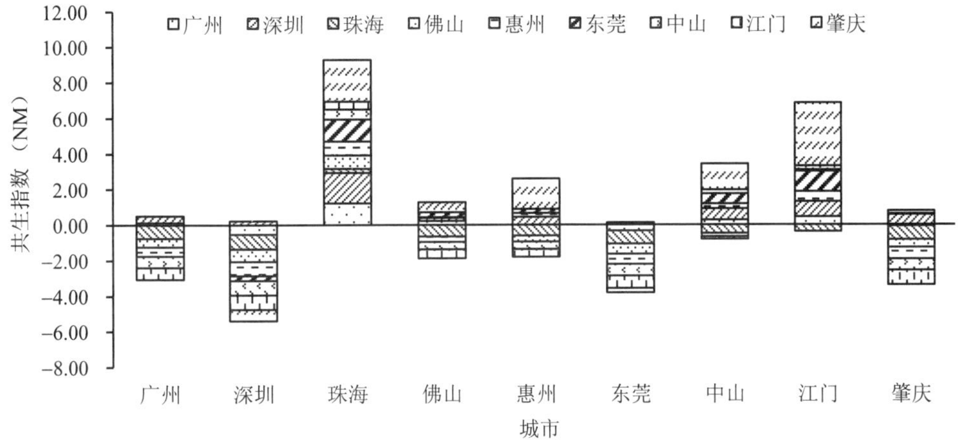

图 3-33　珠三角城市群各城市对自身以及对其他城市的共生指数

注：横坐标城市对横坐标以上城市为正向效应，反之为负向效应。

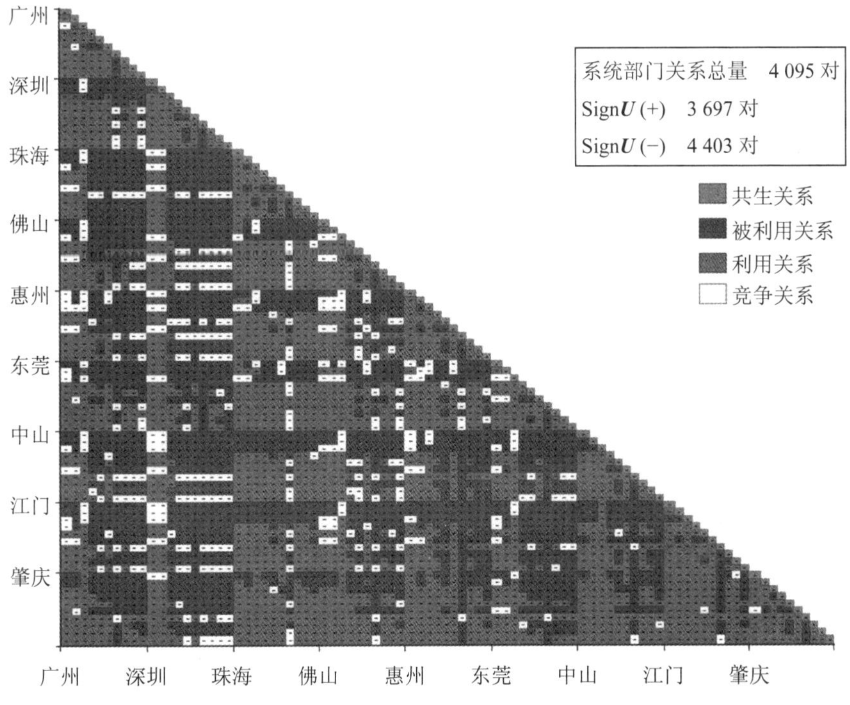

图 3-34　水代谢网络两两部门之间的相互作用关系

注：以红块为例，表示矩阵列向的部门利用相应的矩阵行向的部门。

（6）综合健康特征

珠三角城市群水代谢系统在4个维度的健康表现情况如图3-35所示。珠三角城市群区域内部组分（城市）的活力和恢复力均存在显著的空间差异，呈现出西北向东南递增的趋势，这主要由城市间产业结构差异造成。控制分析显示水代谢网络的平均控制比值（μ）为0.376，说明珠三角城市群水代谢系统中各部门对水代谢网络整体表现为高度依赖。依据控制和依赖强度，在组织结构上表现为城市群内部的组团式发展，如东岸都市区（深圳、东莞和惠州）、中部都市区（广州、佛山和肇庆）和西岸都市区（珠海、中山和江门），其中，深圳、东莞和惠州之间表现为最高的控制和依赖强度。效用分析发现水代谢系统的协作指数（SI）大于0（SI = 89.99），这表明该系统在协作能力方面表现为很强的协同效应；但共生指数（NM）小于1（NM = 0.84），反映了负效用关系在水代谢系统中占主导地位，其中深圳、东莞和惠州对系统的负向效用最大，而珠海、中山和江门则是系统体现水的主要供应者，对系统表现为正效用。此外，利用关系（包括利用和被利用）在所有生态关系中的占比超过88%，也就是说，在整个城市群水代谢系统两两部门关系中，利用关系占主导地位。

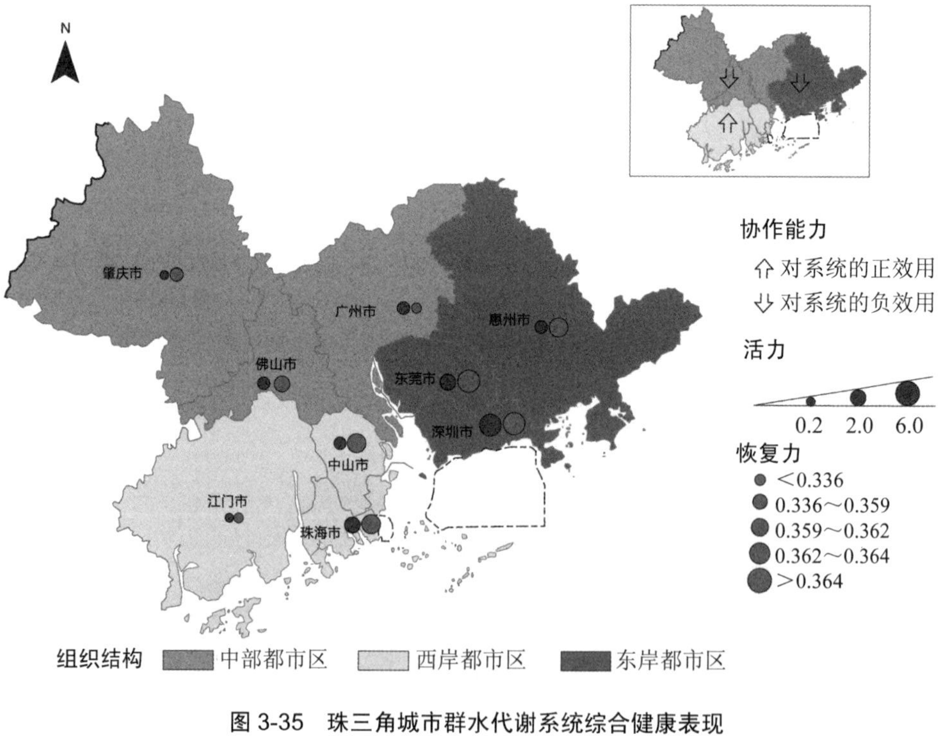

图3-35 珠三角城市群水代谢系统综合健康表现

3.4.2.2 政策建议

（1）城市群层面

珠三角城市群区域内部城市的活力和恢复力均存在显著空间差异，这表明区域在体现水的利用效率和城市间的贸易联系方面均存在区域差异性，且具有较高的不均衡性。组织结构分析的结果表明珠三角城市群内部城市和部门整体表现为对水贸易网络存在较高的依赖，同时协作能力分析也显示在城市群两两部门的生态关系中，利用关系占主导地位。这些结果均反映了该系统虽然整体协作良好但并不处于互利共生的状态，即并不处于健康的状态。

因此，需要对珠三角城市群的体现水资源配置进行合理优化以提高整个水代谢系统的互利程度。优化策略包括珠三角整体产业结构的调整，这是因为区域间经济贸易联系直接引发城市体现水的供应和消耗，从而影响区域体现水资源的空间配置，如西北部城市可基于天然水资源禀赋高效发展农业，为水资源禀赋不足的东南部城市的制造业和服务业等部门提供耗水密集型基础农产品；东南部城市基于制造业相对优势，加强与西北部在该部门的贸易联系等，故在制定区域产业协同发展战略时，应当将水资源作为一项重要的资源要素加以考虑。

（2）城市层面

基于活力分析，体现水生产力的空间发展表现为从经济欠发达的西北部城市向经济较发达的东南部城市递增的趋势，而芬恩循环指数则呈现相反的趋势。其中，佛山、中山和惠州在这两个指标上都有较大改善潜力。组织结构和协作能力特征表明，珠三角城市群内部各城市之间的关系与现行的《珠三角城市群协调发展规划》（2004—2020 年）的地理分区基本一致，大致可以分为 3 个子城市群：东岸都市区（深圳、东莞和惠州）、中部都市区（广州、佛山和肇庆）和西岸都市区（珠海、中山和江门）。其中，经济较发达但水资源紧张的东岸都市区城市之间控制和依赖关系最强，但对系统的负效应最大；在中部都市区，广州和佛山之间的控制和依赖关系相较于与肇庆之间的关系更强，这可能与“广佛同城”发展策略有关。而经济欠发达但水资源丰富的西岸都市区城市之间控制和依赖关系最弱，但对整个系统的正效应最强，这也从侧面印证了珠三角城市群区域的经济重心与水资源重心的错位。基于恢复力分析，东南部城市的有序度和系统鲁棒性普遍高于西北部城市，增加及加强城市之间的贸易联系有利于提高系统的可持续性。就系统稳健性而言，效率较高的城市（如珠海、东莞）的冗余度却不足，因此这些城市需要增加与其他城市部门之间的贸易联系以增加系统冗余度、提高系统稳健性。反之，冗余度较高的城市（如江门、广州和肇庆）的效率却不佳。

体现水资源相关策略可在一定程度上有效缓解区域水资源重心与经济重心在空间上错位引起的水资源空间配置不均问题。当地区面临水资源短缺问题且同时能明确和量化富水地区的体现水资源时，区域间的体现水资源贸易策略有望比目前的物理水资源调水策略更有效地对区域水资源配置进行优化。此外，还需结合当地生产技术和区域稀缺水流量提供的总体情况，评估最有效用的方案，从而应用到地方水资源综合管理中。例如，佛山、中山和惠州需要在区域经济贸易中找准自己的产业定位。珠海、东莞等城市应广泛拓展贸易联系路径，增加系统的冗余度，从而提高自身的恢复力；而江门、广州、肇庆等冗余度过高的城市往往会牺牲效率，随着系统的成熟，应当加强与其他城市的贸易联系。此外，地方政府在考虑经济发展时应权衡当地短期和长期的水资源供应量，明晰产业发展与水资源消耗之间的关系。

（3）部门层面

农业、制造业和服务业是主要的耗水部门。农业作为耗水密集型部门，其产品附加值相对较低，但其产品多作为中间产品供给其他部门，故该部门体现水生产力最低但芬恩循环指数较高。珠三角城市群各城市的农业部门均为水代谢系统的主要控制者，即体现水的主要供应者，对水代谢网络整体产生正效应，驱动下游部门。随着珠三角地区人口的快速增长及经济的迅速发展，对区域水资源的需求剧增。对于西北部农业主导型城市（如肇庆、江门、中山和惠州）而言，提高农业部门用水的效率可有效缓解水资源压力，具体措施包括建立规模化现代农业基地和应用节水技术等；对于东南部水资源匮乏型城市（如深圳等）而言，有效措施主要为实现包括农产品在内的水资源密集型基础产品的稳定进口等。

制造业作为珠三角城市群的主导产业，其体现水生产力相对较高，但区域整体基础制造业的平均体现水生产力还处于较低水平，仅深圳和珠海两个城市的基础制造业的体现水生产力高于平均水平。需加快基础制造业创新升级，提高体现水用水效率。制造业的芬恩循环指数相对较低，但该部门在经济较发达的东南部城市（如广州、深圳、珠海和东莞）体现水循环中发挥着重要作用，这表明可通过加强这些城市的本地制造业与其他部门的贸易联系来提高体现水芬恩循环指数，从而提高系统整体水代谢效率和系统活力。

珠三角城市群各城市的建筑业和服务业均严重依赖水代谢网络，尤其是建筑业的各部门，这些部门从其他部门进口大量的体现水，但却很少向其他部门出口。这主要与建筑部门的特点有关，建筑部门将大量的体现水转化为固定资产，使体现水不再流入水代谢网络。因此，除了完善房地产调控政策外，还可通过提高该部门相应的体现水资源供应部门（如制造业）用水效率以解决当前水代谢系统面临的问题。此外，水代谢网络中的强竞争关系主要存在于建筑业和服务业之间，这不利于系统的长期协同共生发展。缓解持续竞争关系的措施包括提升建筑业和服务业的技术水平及扩大两个竞争部门之间的地方贸易。

3.5 小结

城市化进程的快速推进使得城市群成为资源和能源消耗的密集区，区域的可持续发展面临着巨大挑战。本章基于对诊断对象——城市群生态系统的内涵结构及运作机理的深刻理解，分别从空间解析和过程模拟两个层面构建了适用于城市群生态系统的健康诊断方法和分析模型，并提出系统健康诊断框架，对城市群生态系统状态进行系统性诊断，进而多尺度、多维度诊断影响城市群生态系统健康的关键因素，这对于城市群生态系统的健康发展具有重要意义，也为区域协同管理和优化配置提供了科学依据。

在对城市群生态系统的整体健康状况诊断分析的基础上，由于城市群区域是由发展程度不同的子区域组成的，故将城市群视为均质区域、从单一尺度来探索资源和能源相关管理策略的思路已然不适用。因此，本章为探索由不同发展程度但互动密切的多城市多部门构成的城市群的区域协同管理策略，以生态经济的系统观重新审视城市群生态系统。为有效地反映城市群生态系统的整体健康状况，类比自然生态系统，以代谢水平来衡量系统的健康状况，以“水”这一区域关键生态要素为例，并引入“水代谢”这一能对系统水资源的“输入—转化—循环—输出”过程进行描述的系统理论，以城市群水代谢水平反映城市群水资源系统健康状况。

第 4 章 城市群生态系统调控与管理

4.1 城市群生态系统管理国内外研究进展

4.1.1 研究的背景和意义

生态系统管理起源于传统自然资源管理中对生态完整性威胁的关注。所以，生态系统管理最初关注对自然资源的管理，保障实现区域资源可持续利用（王静等，2020）。在过去的几十年里，生态系统管理已经得到联合国、各国政府部门以及各种民间机构的关注，这些部门、机构针对多种环境问题开展了相应的生态系统管理（例如世界气候研究计划、国际生物圈计划、人与生物圈计划）。这些全球或区域尺度的自然生态系统管理实践促进了生态系统管理理论和方法的发展，进而形成了生态系统管理这一生态学研究领域（于贵瑞等，2021）。从研究对象和目的来看，生态系统管理是以保护某一类或某几类生态系统（如森林、草地、湿地）结构和功能为总体目标，在一定的时空尺度范围内将人类价值和社会经济条件整合到生态系统经营中，以恢复或维持其整体性和可持续性（侯鹏等，2015）。

随着城市化进程的加快，高强度社会经济活动引发了一系列城市层面的生态环境问题，越来越多的学者着眼于城市尺度的生态系统管理。城市化过程对生态系统的影响首先体现在短期内永久改变陆地生态系统的结构与功能，通过影响地表蒸散来改变区域水热平衡等水文气象过程，并直接影响近地面大气的物理属性、地气能量交换和生态系统水分收支，带来或加重一系列生态水文与城市大气环境效应（郝璐等，2021）。尽管城市化进程围绕着城市地理边界开展，但是城市化过程所带来的一系列生态环境效应往往体现出“溢出效应”。因此，以单一的城市生态系统作为研究和管理对象，不能识别区域生态环境效应和解决环境污染问题。以土地利用变化为例，相邻城市的快速工业化和城镇化发展带来的土地利用和土地覆被变化的生态环境效应已经显现出跨城市的影响特征

（Lan et al.，2017）。因此，越来越多的学者把生态系统管理和调控的对象聚焦于城市群，关注城市群生态系统的人口、经济、社会、资源、生态和环境问题，诊断城市群生态系统健康（Chen et al.，2017；Gao et al.，2019；Li et al.，2020；Liu and Li et al.，2019）。

城市群是在地理空间内具有相互关联的几个城市组成的。从组成来看，城市群一般是由具有相似规模的大城市、中等城市、小城市组成（Chen et al.，2020）。城市群生态系统管理强调不同城市之间的合作和决策，进而提出城市群和城市的多种管理及调控方案，已经成为生态系统可持续发展研究方向的重要内容（Lan et al.，2017）。城市群的规模效应对区域经济活动具有显著的影响。研究表明，由大城市组成的城市群规模效益会对服务业带来影响，而由中小城市组成的城市群规模效益会对制造业带来影响（Huang et al.，2018a）。与此同时，生态环境效应在不同类型的城市群中表现出多样性。以暴雨发生概率为例，城市化程度较高的城市群更易出现暴雨等极端天气。相反，城市化程度较低的城市群出现暴雨等极端天气的概率较低。这也印证了城市化过程中，人类活动带来了人为热能释放，改变了城市的水热平衡，进而引发了一系列生态环境效应（Holst et al.，2017）。

4.1.2 城市群生态系统管理方法

通常情况下，很多研究将传统的城市生态系统管理方法应用于城市群生态系统管理中。从研究的视角看，城市群生态系统管理方法主要分为以下 3 种类型：自上而下的模型、自下而上的模型及其混合类型（Chen et al.，2014）。其中，大多数自上而下的模型都有与国家和区域研究相同的原始数据类别，并共享其他的系统导向模型，这类方法涉及经济和生物物理过程核算，如工业生产、资源和环境等的消耗以及碳排放，并且在部门或行业层面进行定量比较。下文简要介绍城市群生态系统管理常用的几类方法。

（1）物质流分析

物质流分析通过量化人与自然之间的物质交换关系，分析某种元素在城市、城市群乃至全球等大尺度的生物地球循环过程和环境影响。在阐述城市氮代谢内涵、研究背景的基础上，冼超凡等（2014）总结了物质流分析方法研究城市氮代谢的进展，分析了系统动态模型在城市氮代谢模拟研究中的应用前景。

（2）能值分析

能值分析主要通过追踪系统中能量的输入、转换和输出过程，评估能量的利用规模、效率和速度反应系统的能量代谢情况。能值分析已被应用于评估能源层次、资源利用效率和城市生态系统的健康状况（Huang et al.，2005；Su et al.，2009）。采用能值理论与分析方法，贾小乐等（2019）研究环太湖城市群生态经济系统的能值流量，并构建多维度的生态经济系统指标体系，综合评价环太湖城市群可持续发展程度和健康水平。

（3）生态足迹法

生态足迹法根据区域所需的资源量和区域所产生的废弃物量，经过一系列折算因子，将资源量和废弃物量转化为保障资源供给和废弃物治理所需要的生物生产性土地面积和水资源量。生态足迹法通过均衡因子、产量因子，将人类对自然资源的需求和自然资源的供应统一为“全球公顷”的单位，并比较不同区域的生态足迹大小，以判断研究地区发展的生态承载力（Rees，1992）。随着生态足迹这一研究方法日益得到广泛应用，针对某一类环境要素的生态足迹应运而生。例如很多学者引入碳足迹和水足迹核算来描述区域环境负荷（Jenerette et al.，2006；Sovacool et al.，2010）。

（4）生态系统服务功能价值评估

生态系统服务功能价值评估将人类对自然的影响折算成货币单位，已被广泛用于评价各种生态系统（Costanza et al.，1997）。自 20 世纪 90 年代以来，随着城市生态系统功能日益受到社会经济发展的影响，很多学者开始关注城市和城市群生态系统服务功能价值核算（Liu et al.，2010）。在尺度效应分析的基础上，基于遥感模型和多源遥感数据，王万同等（2019）选择最佳尺度的遥感数据作为模型输入参数，对中原城市群区域 2001—2013 年生态系统服务价值进行了估算。刘菁华等（2018）应用生态系统服务功能评估方法，定量分析了京津冀城市群生态服务功能的空间分布。

（5）生态网络分析

生态网络分析是一种基于矩阵运算原理，对生态系统中物质、能量流动进行模拟的分析方法（Fath et al.，1999）。生态网络分析的应用主要是将生态系统抽象为网络中的节点、路径和流量，从而通过对网络中各节点的路径和流量等进行分析，以系统论和整体论的视角研究生态系统，反映系统结构、功能等方面的特征。近年来，基于生态网络分析方法开展的相关研究大量出现，例如该方法已经在城市工业、能源、水资源和工业园区等经济社会系统的研究中得到了广泛的应用（Zhang et al.，2011；郑诗赏，2016）。

4.1.2.1 城市群生态系统评价方法

城市生态系统是一个复杂的耦合系统，各国学者从不同层次、不同角度以及不同时空尺度，围绕城市生态系统管理开展了一系列有针对性的研究（例如土地空间优化、能源供给和消耗、空气污染物排放等研究领域）（Shu et al.，2019）。鉴于城市群的产生与非城市用地转化为城市用地的土地利用变化过程有关，大量城市群生态系统管理的研究针对城市群土地利用变化，或者城市群土地利用变化对生态系统服务功能价值的影响研究（欧阳晓等，2020）。例如，通过建立灰色分析和 CLUE-S 耦合模型，Jiang 等（2016）模拟不同情景下的长沙-株洲-湘潭城市群空间分布变化特征。例如，运用空间计量分析方法，马丽梅等（2014）研究城市间环境污染与地理相关性，证实了经济发展伴随着“溢出效应”，即邻近地区的环境污染加剧会使周围其他地区环境污染加剧的现象。

许多城市生态系统管理的模型或方法同时也在城市群生态系统管理中得到应用，如生态系统变化模型、生态足迹分析、能值分析、遥感和城市扩张矩阵方法（de la Barrera et al.，2017；Jiang et al.，2016；Sahana et al.，2018）。基于生态足迹模型方法测算生态承载力，张津瑞等（2020）从人均生态承载力、生态赤字、生态压力、生态协调性等方面分析了2008—2017年长江中游城市群生态承载力的差异性。Peng等（2018）利用生态足迹模型对长江城市群的生态足迹、生态承载力和生态赤字进行评价，结果发现生态赤字的变化主要是由生态足迹的巨大变化引起的。Sahana 等（2018）综合运用遥感、地理信息系统和城市扩张矩阵，分析加尔各答城市群的城市空间格局和城市增长趋势。

近年来我国城市生态系统管理的相关研究进展很快，尤其是在资源环境管理、生态城市规划等各领域开展了一系列的探索和应用，主要研究也从能源、资源、环境、生态、交通、土地等方面展开。针对1995—2015年扬子江城市群土地利用栅格数据，郭晓敏等（2019）开展了土地利用变化研究，精确估算了城市群生态系统综合的碳储量，分析了城市群土地利用变化对陆地生态系统碳平衡的影响。闻熠等（2020）度量和分析了长三角城市群生态足迹时空动态及其自然资本利用效率，基于“国家公顷”对生态足迹模型参数进行了修正，测算和分析了长三角城市群2006—2016年人均生态足迹时空动态变化。

随着城市群物质输入输出的复杂性日益显著，更多研究引入系统分析方法，将其应用于城市群资源和环境管理。例如，Wang 和 Chen（2016）运用投入产出和生态网络分析耦合的方法，开展京津冀城市群能源-水耦合系统研究。基于集对分析、压力-状态-响应模型及空间自相关理论等，构建城市生态安全空间差异演化框架，定量、定性地描述城市群生态安全空间格局（李淼等，2020）。另外，城市群生态系统管理过程中往往考虑多个因素和组成部分（如与生态环境相关的经济因素、政治因素和社会因素），而且这些因素会发生时空变化，并相互影响，导致城市群的网络结构展现出错综复杂的、非线性变化特征（Sun et al.，2018）。再者，由于经济发展的动态性和观测信息的不精确性，往往无法得到许多参数（如经济和技术数据）确定性的数值。此外，决策者的信息不完整、不可得和主观信息也会引起决策过程的不确定性。以上各要素的不确定变化导致了城市群生态系统管理的不确定性（Brugnach et al.，2011；Milner-Gulland et al.，2017）。因此，一些数学和统计学模型逐渐被引入，用于揭示城市群生态管理的复杂性和不确定性（Nicola et al.，2017；Paul et al.，2018；You et al.，2014）。例如，通过采用灵敏度分析法、误差传递函数法、控制论方法等不确定性理论和方法进行定量分析，减小城市群生态系统管理中的不确定性（曾光明等，2006）。

综上所述，国际上对城市可持续发展研究的总体现状可以归结为局部领域较为深入（如城市水资源管理、大气质量控制、固体废物处置、能源结构优化、政策分析等），最近逐渐从城市生态系统内部单要素研究到多要素的耦合关系研究（Gao and Fang et al.，2020）。例如，王大伟等（2020）基于能值理论构建评价指标和评价体系，对长三角沿江城市群生态-经济-社会系统可持续发展态势进行研究，为该区域生态经济可持续发展提供科学支持。基于 Copula 函数、区间参数模型和模糊可能性模型的整合方法被应用于河南省水电枢纽系统，以分析水-电耦合系统的联合风险（Yu et al.，2020）。

4.1.2.2　城市群生态系统不确定分析方法

从动力学角度来看，城市生态系统是一个动态平衡的系统，也是一个与周围市郊及有关区域紧密联系的开放系统。城市生态系统不仅涉及城市的自然生态系统，如空气、水体、土地、动植物、能源等，也涉及城市的人工环境系统，如经济系统、社会系统等。城市生态系统是一个以人的行为为主导，以自然环境为依托、资源流动为命脉、社会体制为经络的社会-经济-自然复合系统。城市生态系统内各子系统的演化表现为一系列演化状态的集合，而城市生态系统的动力学过程就是这些状态的连续转移过程，是一个系统的复杂演化过程。城市高度非均匀的空间结构、时间序列特征与其高度有序的动力学过程紧密耦合。因此，要对城市生态系统进行建模，就需要综合考虑这一特殊生态系统的各方面，并对其各变量本身与变量之间相互作用的参数进行理论方面和操作层面的研究（郁亚娟等，2007）。

城市群生态系统不确定分析方法主要应用于表征城市化进程中人口数量、资源消耗、环境污染、生态效应的不确定性。目前城市群生态系统不确定分析研究按照研究对象和环境效应的不同分为以下几个研究方向：①针对生活污水排放系统复杂性，曹连海等（2009）引入偏最小二乘回归方法和人工神经网络分析方法，识别生活污水排放与城镇化进程的相关性，分析城镇化进程中水污染排放的波动变化；②针对城镇化进程生态环境效应的多样性和不确定性，陈万旭等（2020）综合运用双变量空间自相关模型、普通最小二乘法以及空间回归模型，对长江中游城市群生态系统服务价值和城镇化水平之间的空间关系进行测度；③针对城市群资源综合管理过程中的主观决策和判断、资源供给和调配等过程中的不确定性参数对系统的综合影响。张静等（2009）分析各个水源补给的季节变化、不同水源在城市群调水分配上的负载冲突问题等，运用概率分布及区间数表征不确定性参数的变化特征。此外，城市固体废物的规划管理有很多影响因素，如垃圾的收集技术、垃圾处理的政策法规以及垃圾处理设施等，这些因素是相互影响的，而且存在着很大的不确定性（范玉瑞等，2009）。

4.1.2.3 城市群生态系统优化管理方法

城市群是一个社会-经济-自然耦合、复杂的系统，涉及多个城市的资源管理、社会经济活动、人的主观决策等多重考虑要素，而这类要素彼此关联、相互影响。城市群生态系统优化管理方法多结合系统分析方法，模拟复杂系统输入输出响应（如 Stella 系统动力学模型），并将其纳入优化管理模型，分析城市群复杂环境效应下针对资源分配、污染治理、经济效益等方面的适应性策略。

综观以往针对城市群生态系统优化管理的研究方法，按照研究对象的不同，主要分为以下几个方面：①在资源供给一定的情况下，运用城市群资源优化管理模型，可提供城市群经济效益最大化条件下的资源分配方式。例如，Shu 等（2019）设计了城市工业用地再分配规划模型，以工业用地开发成本、单位土地固定资产投资强度和规划密度为主要规划指标，模拟了我国长三角城市群对模型的重新配置策略，分析了工业用地再分配规划的特点及其对产业结构优化和减排的影响。为了优化城市土地利用配置、形成城市生态系统服务价值的最优空间解决方案，Elliot 等（2019）使用多目标整数线性编程模型和土地利用性能评分，建立了一个综合模型，以使城市生态系统服务价值最大化。②为了保障城市群环境综合管理目标（如碳减排目标、水污染控制目标）的实现，结合能源消耗、工业产品、废弃物、土壤有机碳、植被等数据，城市群生态优化模型可以提供环境综合目标实现背景下的区域管理策略。例如，Chuai 等（2015）结合 5 个典型年份的土地利用图像，计算了我国江苏沿海地区的碳排放总量，将详细的碳排放项目分配给不同的土地利用类型，并利用线性编程模型优化土地利用结构，以实现低碳排放。

4.2 城市群综合管理不确定性及其分析方法

4.2.1 不确定分析方法

数据质量分析是一种多判据评价方法，用于评估数据的误差。数据质量分析通过综合评估数据在来源、获取方式、代表性、年限、地理相关性以及技术相关性等 6 个方面的特征来评估数据质量。其中，每个因子通过一个数值来表征数据的情况，例如用 1～5 的数值来表示。其中 1 代表数据质量最差（最大的不确定性），5 代表数据质量最好（最小的不确定性）。数据质量多判据评价因子如表 4-1 所示。

表 4-1　数据质量多判据评价表

等级	评分	数据质量因子					
		数据来源	获取方式	代表性	年限	地理相关	技术相关
V	[4，5]	从独立的来源获取的验证后的数据	直接度量数据	基于研究区中一定时间范围内的充分样本量的正态分布的平均值	（0，3]	研究区数据	对象相同并具有技术水平的数据源
Ⅳ	[3，4）	从相关的研究方获取的验证后的数据	基于度量的计算后数据	基于研究区中一定时间范围内的较少样本量	（3，6]	研究区平均数据	对象相同并具有相似技术水平的数据源
Ⅲ	[2，3）	从独立来源获取的没有验证的数据	基于假设的计算后数据	基于研究区中某个时间范围内的充分样本量	（6，10]	与研究区条件相似的地区	对象相同并具有不同技术水平的数据源
Ⅱ	[1，2）	从相关的研究方获取的没有验证的数据	专家评估数据	基于部分研究区的某个时间范围内的样本，或者基于所有研究区一定时间范围的不完整数据	（10，15]	与研究区条件较少相似的区域	具有相似技术水平的数据源
V	（0，1）	从研究利益相关方获取的未经验证的数据	估算数据	未知的数据源或者部分研究区的不完整数据或者在某个时间范围内的数据	≥15	未知的区域	具有不同技术水平的数据源

虽然数据质量水平可以通过数据质量评价矩阵得到，但是多判据结果并不能违反数据的不确定特征。本研究引入集对分析方法，判定数据质量的结果。集对分析是一种系统分析方法。集对分析的主要思路是通过“同”“异”“反”三种关系，建立两个集合的联系度。在集对分析中，“同”和“反”被认为是确定的关系，而“异”被认为是不确定的关系，可以通过模糊数学的方法来评估其数据质量等级。具体的方法详述如下。

假设集合 A 为数据质量评价矩阵，集合 B 为级别，那么用 $A=\left(b_1, b_2,\cdots,b_6\right)$ 表示。集合 A 和集合 B 之间的联系度可以用式（4-1）表征。

$$D_{A\text{-I}}=\frac{S_{\text{I}0}}{N}+\frac{F_{\text{I}1}}{N}\tilde{I}_1-\frac{F_{\text{I}2}}{N}\tilde{I}_2+\frac{P_{\text{I}3}}{N}J$$

$$D_{A\text{-II}}=\frac{S_{\text{II}0}}{N}+\frac{F_{\text{II}1}}{N}\tilde{I}_1-\frac{F_{\text{II}2}}{N}\tilde{I}_2+\frac{P_{\text{II}3}}{N}J$$

$$D_{A\text{-III}}=\frac{S_{\text{III}0}}{N}+\frac{F_{\text{III}1}}{N}\tilde{I}_1-\frac{F_{\text{III}2}}{N}\tilde{I}_2+\frac{P_{\text{III}3}}{N}J \tag{4-1}$$

$$D_{A-\mathrm{IV}}=\frac{S_{\mathrm{IV}0}}{N}+\frac{F_{\mathrm{IV}1}}{N}\tilde{I}_1-\frac{F_{\mathrm{IV}2}}{N}\tilde{I}_2+\frac{P_{\mathrm{IV}3}}{N}J$$

$$D_{A-\mathrm{V}}=\frac{S_{\mathrm{V}0}}{N}+\frac{F_{\mathrm{V}1}}{N}\tilde{I}_1-\frac{F_{\mathrm{V}2}}{N}\tilde{I}_2+\frac{P_{\mathrm{V}3}}{N}J$$

假设 B 有 5 个等级，即Ⅰ，Ⅱ，…，Ⅴ；$D_{A-\mathrm{I}}\sim D_{A-\mathrm{V}}$ 是集合 A 和 B 的联系度；$\tilde{I}_1$ 和 $\tilde{I}_2$ 是“异”指标的不确定系数，其中 $\tilde{I}_1,\tilde{I}_2\in[0,1]$；$J$ 是相“反”系数，通常取−1；N 代表 A 的元素总数量；$S_{\mathrm{I}0}\sim S_{\mathrm{V}0}$ 是在集合 A 中与等级 B 相同的元素数量；$F_{\mathrm{I}1}\sim F_{\mathrm{V}1}$ 代表在集合 A 中与等级 B+1 相同的元素数量；$F_{\mathrm{I}2}\sim F_{\mathrm{V}2}$ 代表在集合 A 中与等级 B+2 相同的元素数量；$P_{\mathrm{I}3}\sim P_{\mathrm{V}3}$ 代表在集合 A 中大于等级 B+2 的元素数量（如图 4-1 所示）。

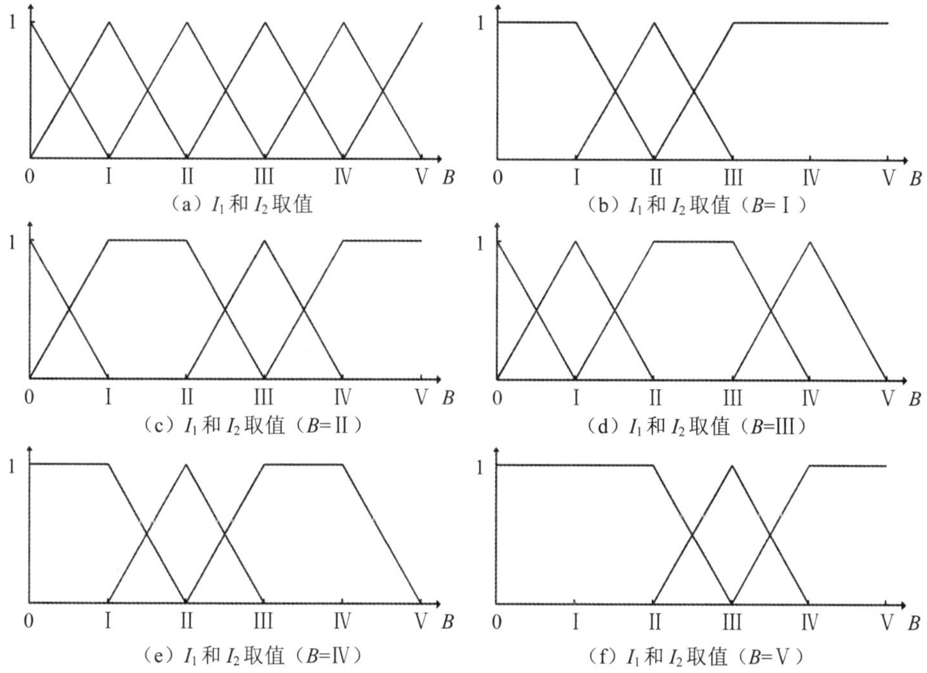

图 4-1 数据质量水平

式（4-1）可以定量地比较数据质量与评价等级之间的相同、相异和相反的关系。当 $\tilde{I}_1$ 和 $\tilde{I}_2$ 取[0，1]之间的数值时，该数值的大小可以反映相同或者相反的程度。式（4-1）的结果越大代表该集合接近等级 B 的可能性越大。因此数据质量评价能够确定数据波动变化的范围，如表 4-2 所示。

表 4-2　数据质量评价变换系数

集合 B	β分布函数	
	参数（α，β）	参数（α，β）
5	（5，5）	10%
4.5	（4，4）	15%
4	（3，3）	20%
3.5	（2，2）	25%
3	（1，1）	30%
2.5	（1，1）	35%
2	（1，1）	40%
1.5	（1，1）	45%
1	（1，1）	50%

通过一定样本数量的蒙特卡罗模拟，可以产生数据的概率密度函数，该函数可以用来分析数据的变化范围。蒙特卡罗模拟可以根据不同的分布模拟数据的概率密度函数。以β分布为例，数据的概率密度函数可以用式（4-2）和图 4-2 表示。

$$f(x;\alpha,\beta,a,b)=\frac{1}{b-a}\times\frac{\Gamma(\alpha+\beta)}{\Gamma(\alpha)+\Gamma(\beta)}\times\left(\frac{x-a}{b-a}\right)^{\alpha-1}\times\left(\frac{b-x}{b-a}\right)^{\beta-1} \tag{4-1}$$

式中：α和β—— 分布函数的形状参数；

a 和 b—— 选取的区间值。

概率密度函数的置信区间［如（5%，95%）］可以反映数据的分布区间。

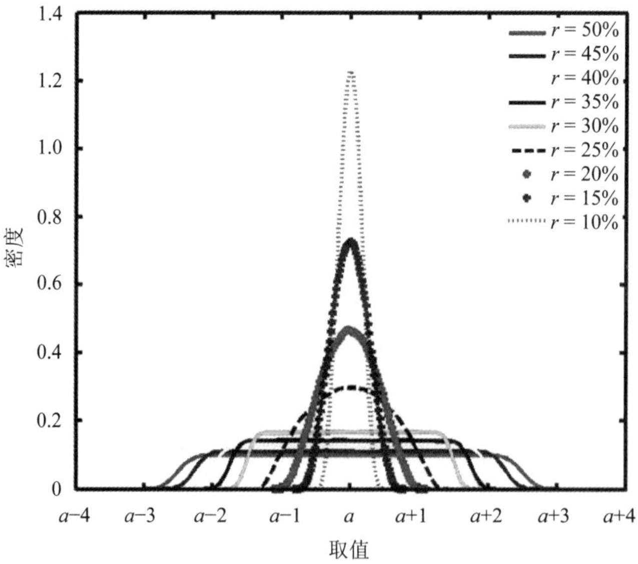

图 4-2　蒙特卡罗模拟数据质量分布

4.2.2 违约风险分析方法

在规划年中，城市群的社会、经济和环境指标受到不确定要素的影响。唯一的规划值不能体现指标的波动变化特征。基于不确定分析方法，城市群的社会、经济、环境指标（如产业发展规模、资源需求量以及资源环境容量）可表达为区间数［如式（4-3）所示］。

$$
\begin{aligned}
E_Y^{\pm} &= \left(E_Y^-, E_Y^+\right) = \left(\sum_j e_{Yj} y_j^-, \sum_j e_{Yj} y_j^+\right) \\
E_I^{\pm} &= \left(E_I^-, E_I^+\right) = \left(\sum_j e_{Ij} y_j^-, \sum_j e_{Ij} y_j^+\right) \\
E_L^{\pm} &= \left(E_L^-, E_L^+\right) = \left(\sum_{j'} e_{Lj'} y_{j'}^-, \sum_{j'} e_{Lj'} y_{j'}^+\right)
\end{aligned}
\tag{4-3}
$$

式中：$E_Y^{\pm}$、$E_I^{\pm}$和$E_L^{\pm}$ —— 产业发展规模、资源需求量以及环境容量；

e_{Yj}和e_{Ij} —— 一定功能单位第j类产业的发展规模和资源消耗量；

$e_{Lj'}$ —— 单位面积生态系统的环境容量。

鉴于区域已经制定相应的产业规划、资源保有量和环境容量等相关标准（即$\tilde{C}_Y$、$\tilde{C}_I$和$\tilde{C}_L$）。那么规划年区域在产品产量、资源耗用量和环境容量方面可能出现不足或超过相关标准的风险，即违约风险，可通过式（4-4）表示。

$$
\begin{aligned}
R_Y &= P\left(E_Y^{\pm} \leqslant \tilde{C}_Y\right) \\
&= \max\left\{P\left(E_Y^- \leqslant \tilde{C}_Y\right), \left(E_Y^+ \leqslant \tilde{C}_Y\right)\right\} \\
&= \max\left\{\int_{E_Y^- \leqslant \tilde{C}_Y} G_Y(X)^- \mathrm{d}X, \int_{E_Y^+ \leqslant \tilde{C}_Y} G_Y(X)^+ \mathrm{d}X\right\} \\
&= \int_{E_Y^+ \leqslant \tilde{C}_Y} G(X)^+ \mathrm{d}X \\
R_I &= P\left(E_I^{\pm} \geqslant \tilde{C}_I\right) = \int_{E_I^+ \geqslant \tilde{C}_I} G_I(X)^+ \mathrm{d}X \\
R_L &= P\left(E_L^{\pm} \geqslant \tilde{C}_L\right) = \int_{E_L^+ \geqslant \tilde{C}_L} G_L(X)^+ \mathrm{d}X
\end{aligned}
\tag{4-4}
$$

式中：$G_Y(X)^+$、$G_I(X)^+$和$G_L(X)^+$ —— E_Y^+、E_I^+和E_L^+的概率密度函数。

4.2.3 联合风险分析方法

对于两个相关的随机变量X和Y（如农产品温室气体排放和经济收益），其各自的累积分布函数（Cumulative Distribution Functions，CDF）可以表达为 F_X（$X<x$）和 F_Y（$Y<y$）。那么，二者之间存在唯一的联合概率分布函数 C（u，v），通过式（4-5）表示。

$$C(u,v)=F_{X,Y}(x,y) \tag{4-5}$$

式中：$F_{X,Y}$（x，y）—— 变量 X 和 Y 的联合累积分布函数；

u 和 v —— X 和 Y 的累积分布函数。

那么，两个随机变量的联合概率密度函数［即 $f_{X,Y}(x,y)$］可以表示为式（4-6）。

$$f_{X,Y}(x,y)=C(F_X(x),F_Y(y))f_X(x)f_Y(y) \tag{4-6}$$

为了较好地捕捉相关变量联合分布的尾部相关性，多种类型的 Copula 函数可提供相关性检验。例如，环境领域经常采用的是 Archimedean 族的 Copula 函数（如 Gumbel Copula 函数、Frank Copula 函数以及 Clayton Copula 函数）。

Gumbel Copula 联合分布模型可以表示为式（4-7）。

$$C_\theta(u,v)=\exp\left\{-\left[(-\ln u)^\theta+(-\ln v)^\theta\right]^{\frac{1}{\theta}}\right\},\theta\geqslant 1 \tag{4-7}$$

Clayton Copula 联合分布模型可以表示为式（4-8）。

$$C_\theta(u,v)=\left(u^{-\theta}+v^{-\theta}-1\right)^{-\frac{1}{\theta}},\theta\geqslant 0 \tag{4-8}$$

Frank Copula 联合分布模型可以表示为式（4-9）。

$$C_\theta(u,v)=-\frac{1}{\theta}\ln\left\{1+\frac{\left[\exp(-\theta u)-1\right]\left[\exp(-\theta v)-1\right]}{\exp(-\theta)-1}\right\}^{-\frac{1}{\theta}},\theta\in R \tag{4-9}$$

4.3 珠三角城市群协同联动决策支持系统

4.3.1 节能减排背景下工业结构优化决策支持系统

在分析广东省工业能源利用现状和经济发展目标的基础上，节能减排背景下工业结构优化决策支持系统（以下简称“本系统”）致力于探寻在国家能源强度削减政策背景下（即到 2020 年单位 GDP 的工业能源消耗比 2015 年下降 15%）的工业碳减排路径。本系统建立了一套完整方法体系，用于表征参数不确定性、相关性及其叠加作用后对碳减排目标实现的影响（即违约风险），并将上述违约风险纳入将优化的管理模型之中，最终得到适宜的城市群工业结构优化方案。具体来说，该决策支持系统由四大模块组成：①不确定分析模块，分析工业行业能源消耗与经济收益的不确定分布特征；②数据库模块，将不确定分析结果构建为数据库，形成未来规划年工业行业能源消耗以及经济收益的数据库；③违约风险分析模块，用于分析未来工业发展规划目标下的能源强度削减违约风险；④工业结构优化模块，综合考虑工业区域发展目标以及能源强度削减违约风险，形成城市群工业结构优化方案。

4.3.1.1 不确定分析模块

对于两个相关的随机变量 X 和 Y（如工业行业能源消耗、劳动生产率和经济收益），其各自的累积分布函数（Cumulative Distribution Functions，CDF）可以表达为 F_X（$X<x$）和 F_Y（$Y<y$）。那么，二者之间存在唯一的联合概率分布函数 C（u，v），可通过式（4-10）表示。

$$C(u,v)=F_{X,Y}(x,y) \tag{4-10}$$

式中：$F_{X,Y}$（x，y）—— 变量 X 和 Y 的联合累积分布函数；

u 和 v —— X 和 Y 的累积分布函数。

那么，两个随机变量的联合概率密度函数［即 $f_{X,Y}(x,y)$］可以表征为式（4-11）。

$$f_{X,Y}(x,y)=C(F_X(x),F_Y(y))f_X(x)f_Y(y) \tag{4-11}$$

本系统提供了5种Copula函数（分别是Gaussian Copula函数、Gumbel Copula函数、Frank Copula函数、Clayton Copula函数和Student t Copula函数），用于分析食物的温室气体排放和经济收益之间的相关性。

在本系统中引入了Spearman's ρ相关系数，用于筛选最适合的Copula函数。公式表达式为式（4-12）。

$$\rho=\frac{12}{n(n+1)(n-1)}\sum_{i=1}^{n}R_iS_i-\frac{3(n+1)}{n-1} \tag{4-12}$$

在编程文件中，a1为工业行业能源消耗历史数据，a2为工业行业劳动生产率隶属数据，c为工业行业增加值历史数据（如图4-3所示）。

5种Copula函数用于检验尾部相依性，运用copulafit函数生成相应的随机数组，系统编程如图4-4～图4-8所示。

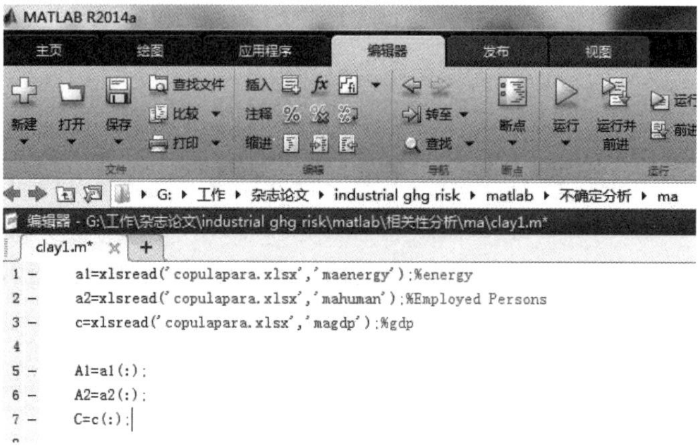

图 4-3　工业行业数据读取

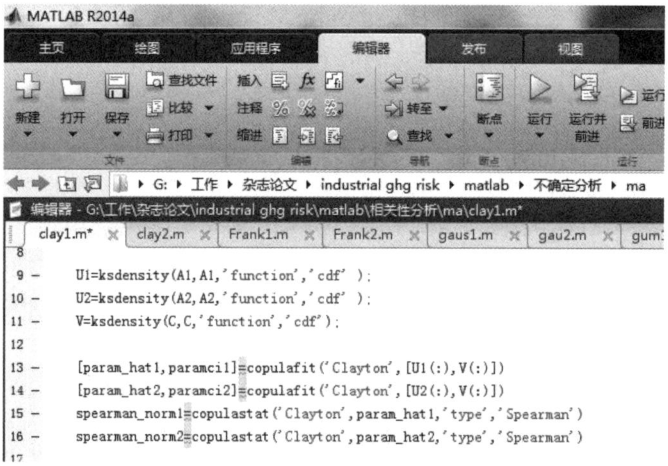

图 4-4　Clayton Copula 函数和 Spearman's ρ相关性评价函数

图 4-5　Frank Copula 函数和 Spearman's ρ相关性评价函数

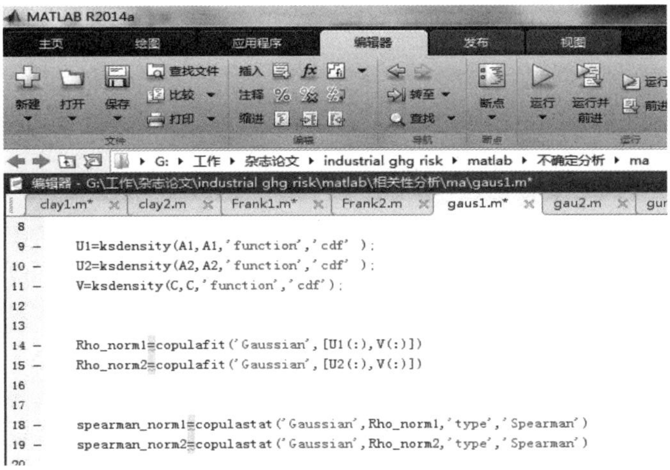

图 4-6 Gaussian Copula 函数和 Spearman's ρ相关性评价函数

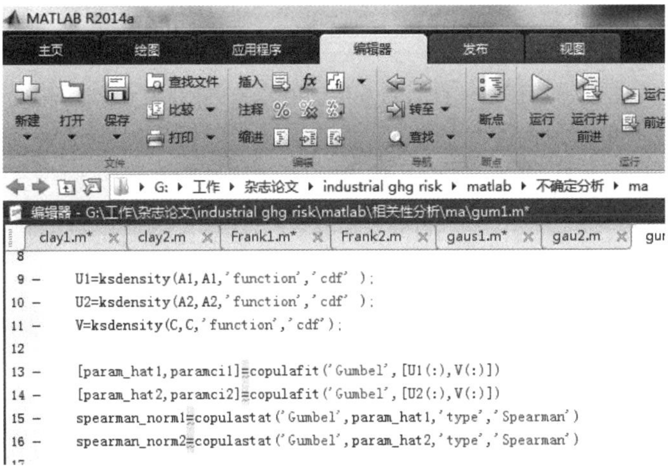

图 4-7 Gumbel Copula 函数和 Spearman's ρ相关性评价函数

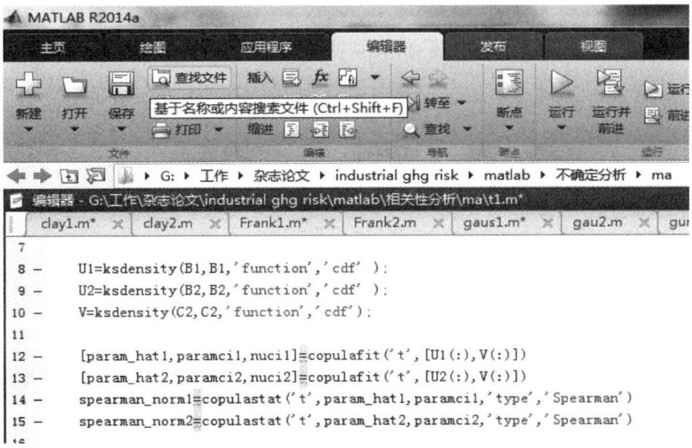

图 4-8 Student *t* Copula 函数和 Spearman's ρ相关性评价函数

通过运行程序，确定工业行业能源消耗、劳动生产率和经济收益之间的联合分布随机数组。图 4-9 为 Clay Copula 函数分析后的结果，图 4-9（a）和图 4-9（b）分别显示了工业行业经济收益与能源消耗之间、工业行业经济收益与劳动生产率之间的相关性。

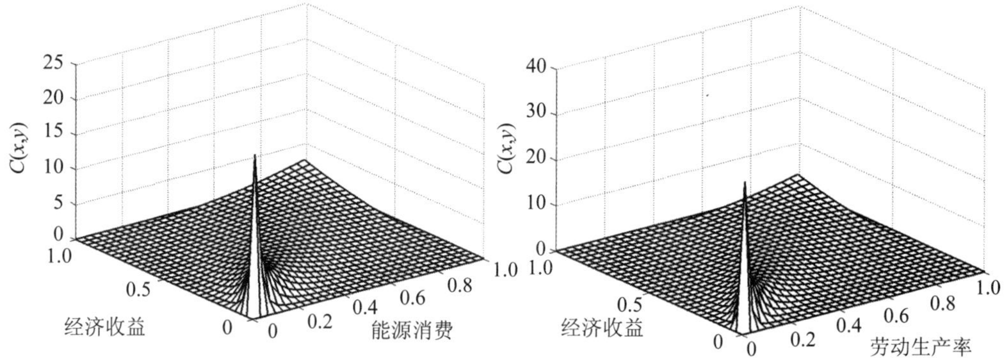

（a）工业行业经济收益与能源消费　　（b）工业行业经济收益与劳动生产率

图 4-9　工业行业活动相关性分析结果

另外，程序运行结果中也显示了 Copula 函数的参数值（如图 4-10 所示）。其中，“param_hat1 =2.881 6；paramci1 =2.794 4　2.968 7”代表工业行业经济收益与能源消耗之间的 Clay Copula 参数值；“param_hat2 =4.138 9；paramci2 =4.018 4　4.259 3”代表工业行业经济收益与劳动生产率之间的 Clay Copula 参数值；“spearman_norm1 = 0.777 2；spearman_norm2 =0.853 2”代表工业行业经济收益与能源消耗、工业行业经济收益与劳动生产率的 Spearman's ρ 相关系数。

4.3.1.2　数据库模块

基于不确定分析结果，选取 Spearman's ρ 与 Copula 函数相关系数最为接近的参数，生成工业行业能源消耗、劳动生产率和经济收益之间的联合分布随机数组，如图 4-11 所示。

通过 MATLAB 编程得到的数据存储于 Excel 文件中（即“data2020.xls”）。Ecity11 代表城市 1 的第一个行业的能源消耗，Gcity11 代表城市 1 的第一个行业的增加值，Hcity11 代表城市 1 的第一个行业的劳动者数量。通过运行系统程序，可以构建工业结构优化决策支持系统数据库（如图 4-12 所示）。

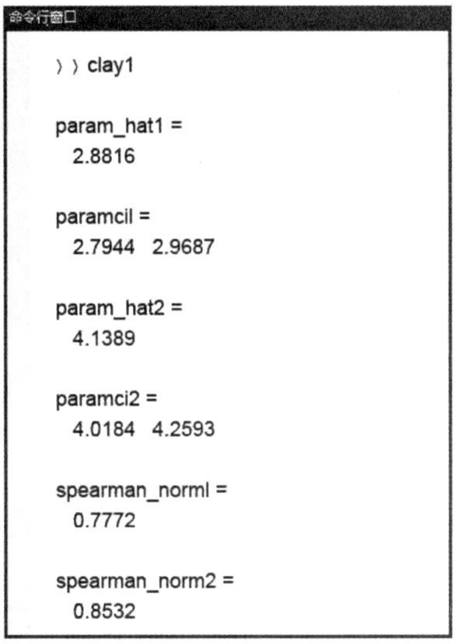

图 4-10 相关性分析运行结果

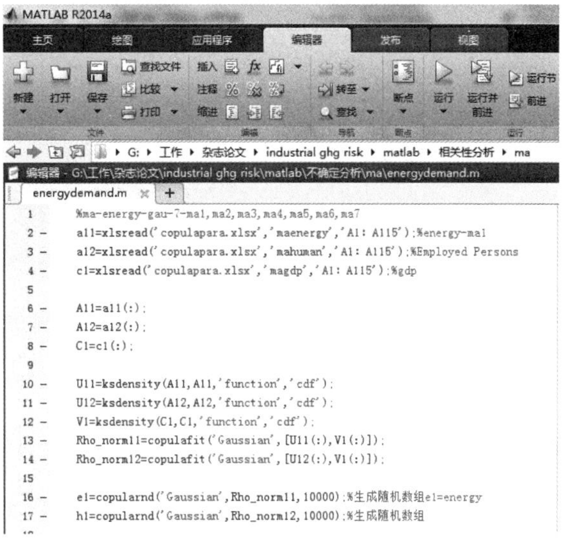

图 4-11 读取工业行业能源消耗、劳动生产率和经济收益数据

图 4-12 工业结构优化决策支持系统数据库建立

4.3.1.3 违约风险分析模块

工业能源强度削减违约风险用能源强度超过规划标准的发生概率表征，详见式（4-13）。

$$R_{\text{Energy}} = P\left[H_{2020} > (1-a)H_{2005}\right] = \frac{1}{N}\sum_{j=1}^{N} I(H) \tag{4-13}$$

$$I(H) = \begin{cases} 1, 当\ H \geqslant (1-a)H_{2005} 时 \\ 0, 当\ H < (1-a)H_{2005} 时 \end{cases}$$

在源程序文件中，Energy 为工业能源需求总量，GDP 为工业增加值。通过运行模型，得到了工业能源强度削减违约风险分析结果（如图 4-13 所示）。黑色的、垂直于 x 轴的线段代表能源强度削减目标，灰色区域代表工业行业能源消耗在[5%，95%]的置信区间内的能源强度分布。如果线段位于左边白色区域，代表违约风险显著；如果线段位于右边白色区域，代表违约风险不显著。

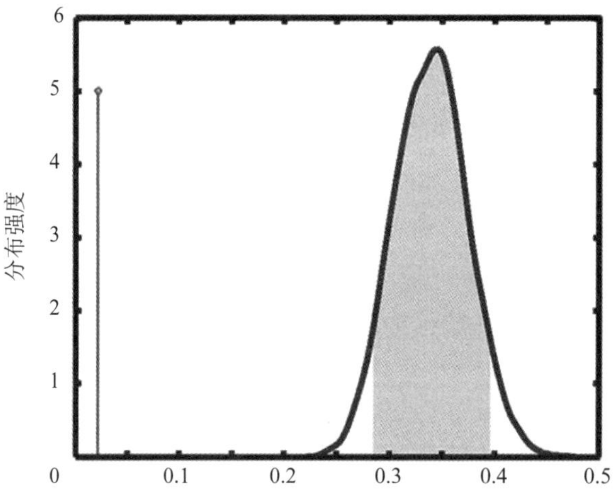

图 4-13　工业能源强度削减违约风险分布示意

4.3.1.4 工业结构优化模块

该优化管理模块用优化管理模型表征，目标是先进制造业增加值占工业制造业的比重最大化，约束条件为能源强度削减违约风险。通过运行优化模型，可以得到先进制造业增加值占工业制造业的比重最大、8 个城市 38 个工业行业产业增长率[即 x1（1：38），x2（1：38），x3（1：38），x4（1：38），x5（1：38），x6（1：38），x7（1：38）， x8（1：38）]以及运行结果和工业结构优化方案（保存于'results.xlsx'文件中）（如图4-14所示）。

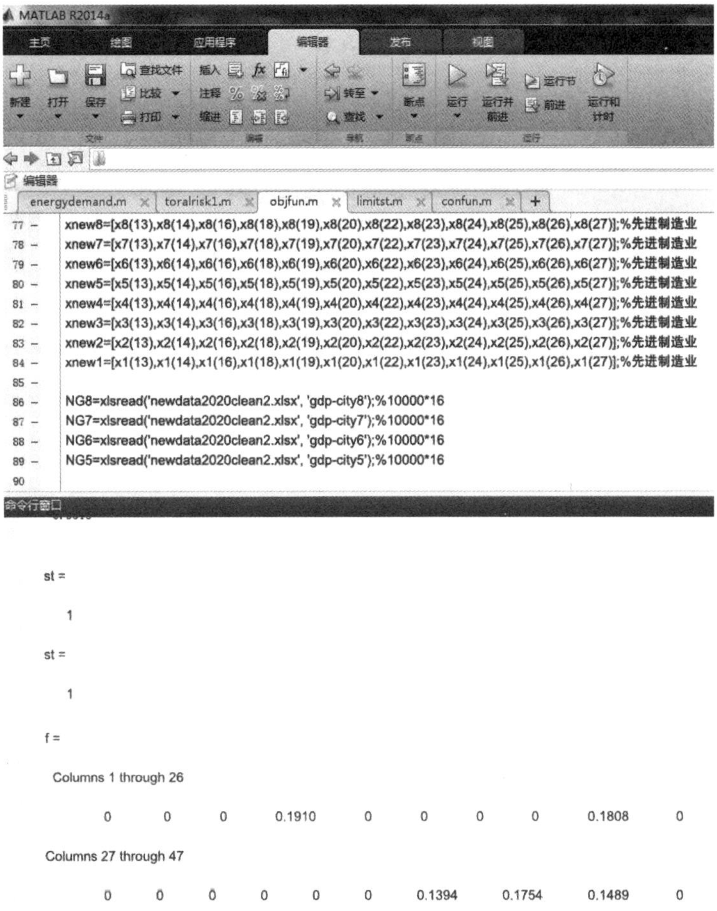

图4-14 工业结构优化运行结果

4.3.2 基于COD减排违约风险的工业产业优化决策支持系统

针对我国工业行业COD排放总量控制的管理需要，4.3.2节系统重点开发基于COD减排违约风险的工业产业优化决策支持系统（以下简称“本系统”）。该决策支持系统由四大模块组成：①数据质量评价模块，重点预测数据质量对系统关键输入条件的影响；②蒙特卡罗模拟模块，将数据质量评价的结果转化为数据的分布函数；③违约风险分析模块，分析某一区域的多个工业行业COD排放总量违约风险；④优化管理模块，将上述3个模块的评价结果和数据纳入优化管理模型，运用拉丁超立方抽样的试验设计方法求得模型的最优解，为工业产业优化决策提供支持。

4.3.2.1 数据质量评价模块

数据质量评价模块依据数据多判据评价方法，评估数据质量级别。具体来说，本模块会在数据来源、获取方式、代表性、年限、地理相关性以及技术相关性等 6 个方面评估数据质量级别。具体的操作方法分述如下。

首先，本模块运用 1～5 的数值来表征数据质量情况。1 代表数据质量最差，5 代表数据质量最好。数据质量评价表见表 4-1。在源程序文件中，根据数据质量得到位于不同等级的数据质量评价结果（如图 4-15 所示）。

其次，确定不同数据质量等级下集合 A 中元素的数量（如图 4-16 所示）。

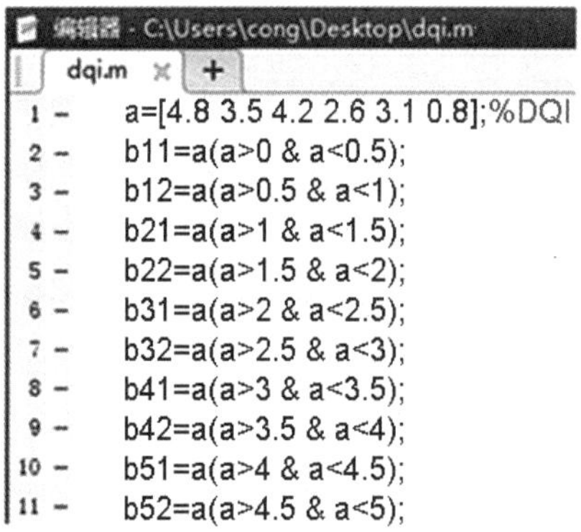

图 4-15 数据质量分析

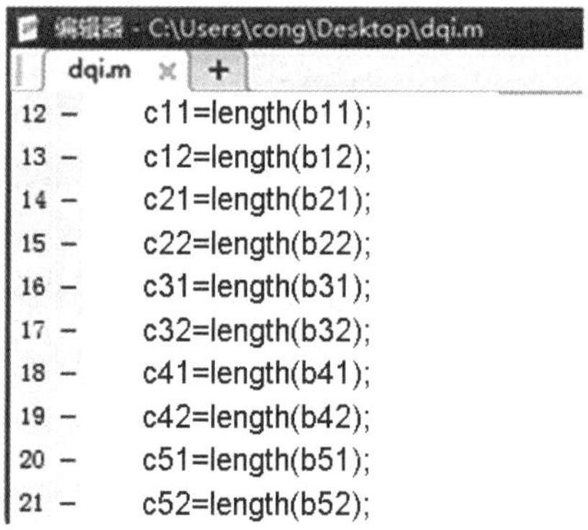

图 4-16 数据质量等级判别

最后，通过运行源程序文件中“1 数据质量评价”部分，可以得到如图 4-17 所示的运行结果。

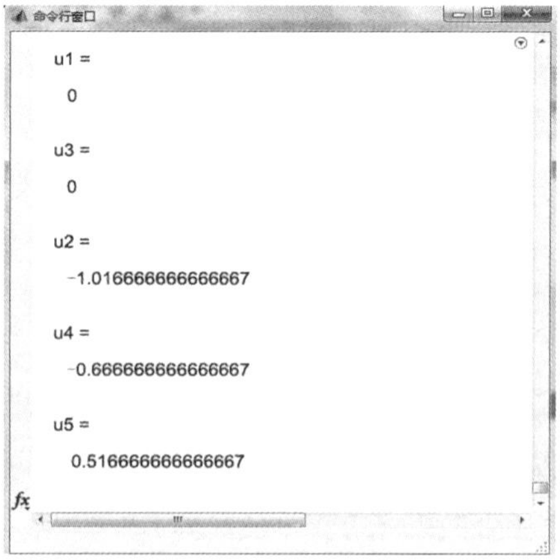

图 4-17 数据质量分析结果

4.3.2.2 蒙特卡罗模拟模块

根据图 4-17 中数据质量评价级别（即 u5 为最大的数值，意味着这一数据的级别为 5 级），根据表 4-2 可将数据质量评价级别转化为数据分布的参数。通过一定样本数量的蒙特卡罗模拟，可以产生数据的概率密度函数，该函数可以用来分析数据的变化范围。在源程序文件中，假设数据 A=0.2，根据数据质量分析结果（即 5 级）以及表 4-2 中所示的数据质量评价变换系数，可以确定数据的分布情况和区间值（如图 4-18～图 4-20 所示）。

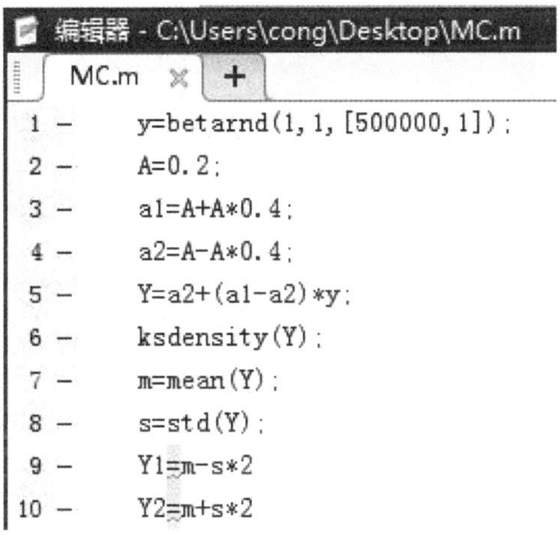

图 4-18　蒙特卡罗模拟

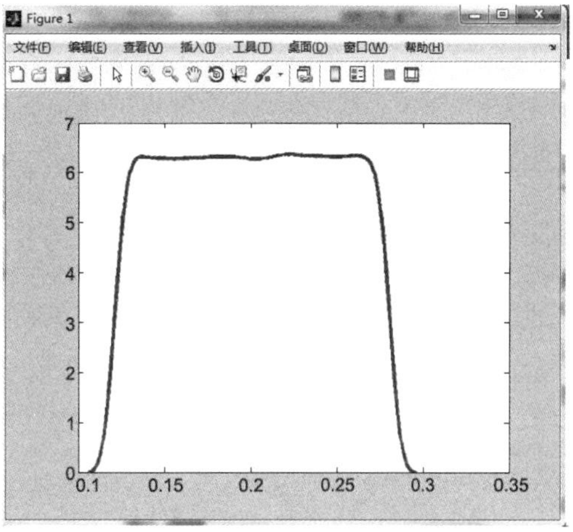

图 4-19　蒙特卡罗模拟运行结果

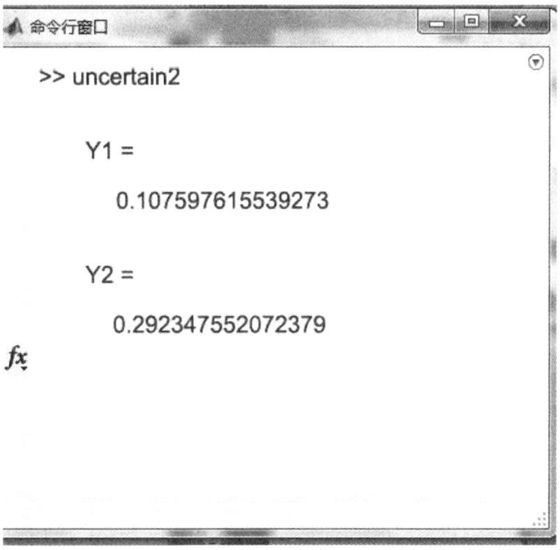

图 4-20　蒙特卡罗模拟运行结果数据

4.3.2.3 违约风险分析模块

COD 减排违约风险用废水排放总量超过排放标准的发生概率表征，详见式（4-14）。

$$R_{\text{COD}} = P\left(\tilde{H}^{\pm} \geqslant \tilde{H}_0^{\pm}\right) = \tilde{P}\left(H^{\pm} \geqslant H_0^{\pm}\right) \tag{4-14}$$

根据数据的概率密度函数，超过 COD 排放标准的风险（即 R_{COD}）可以由式（4-15）表示。

$$R_{\text{COD}} = \int_{H_0}^{+\infty} \mu_H(x) f(x) \mathrm{d}x \tag{4-15}$$

在源程序文件中［如图 4-21（a）所示］，x1 为工业发展规模的上限，x2 为工业发展规模的下限，A 为工业 COD 排放强度。通过运行模型，得到了违约风险分析结果，m1 和 m2 为 COD 减排目标。图 4-21（b）为程序运行结果输出图。

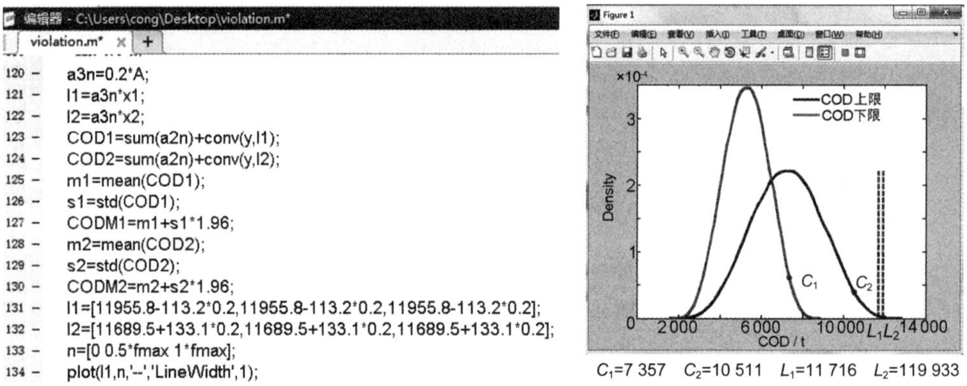

（a）违约风险分析编程　　（b）模型运行结果

图 4-21 违约风险分析

4.3.2.4 优化管理模块

该优化管理模块用优化管理模型来表征，目标是区域工业生产活动经济效益的最大化，约束条件为工业发展规划和 COD 减排违约风险［见式（4-16）］。

$$\max f^{\pm} = \sum_{j=1}^{57} a_j^{\pm} P_j^{\pm} T_j - \sum_{j=1}^{57} d_j^{\pm} x_j^{\pm} \tag{4-16}$$

s.t.

$$T_j \geqslant x_j^{\pm} \geqslant 0, \forall j$$

$$\sum_{l=1}^{7} q_l \geqslant \sum_{j=1}^{57} t_j^{\pm}\left(T_j - x_j^{\pm}\right) + W_{\mathrm{A}}^{\pm} + W_{\mathrm{R}}^{\pm}$$

$$T_{j'} - x_{j'}^{\pm} \geqslant \left(1 + \varepsilon_{j'}^{\pm}\right) Y_{j'0}, \forall j' = 1,2,\cdots,22$$

通过运行优化模型，可以得到系统最大经济收益 f0、工业产业调整系数 X0（1：57）、产业发展目标调整系数 X（58：114）等三方面的结果（如图 4-22 所示）。

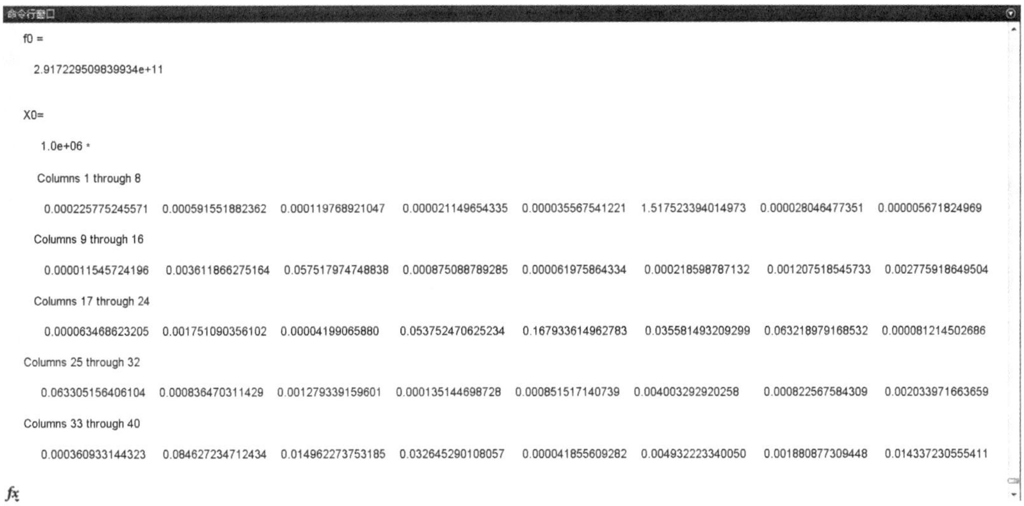

图 4-22　基于 COD 减排违约风险的工业产业优化决策分析结果

4.3.3 能-水耦合视角下居民生活用水多层优化决策支持系统

4.3.3.1 研究背景

通过建立基于多层区间随机优化模型的居民生活用水多层优化管理方法，解析能-水耦合视角下生活用水、生活污水排放与社会经济发展的相关性，构建反映城市群、城市和区县等多尺度的水资源分配和污水处理策略，模型架构如图 4-23 所示。主要包括以下 3 个管理目标：

①保障城市群用水安全（上层优化系统）；

②居民生活污水处理成本最小（中层优化系统）；

③生活用水供给成本最小（下层优化系统）。

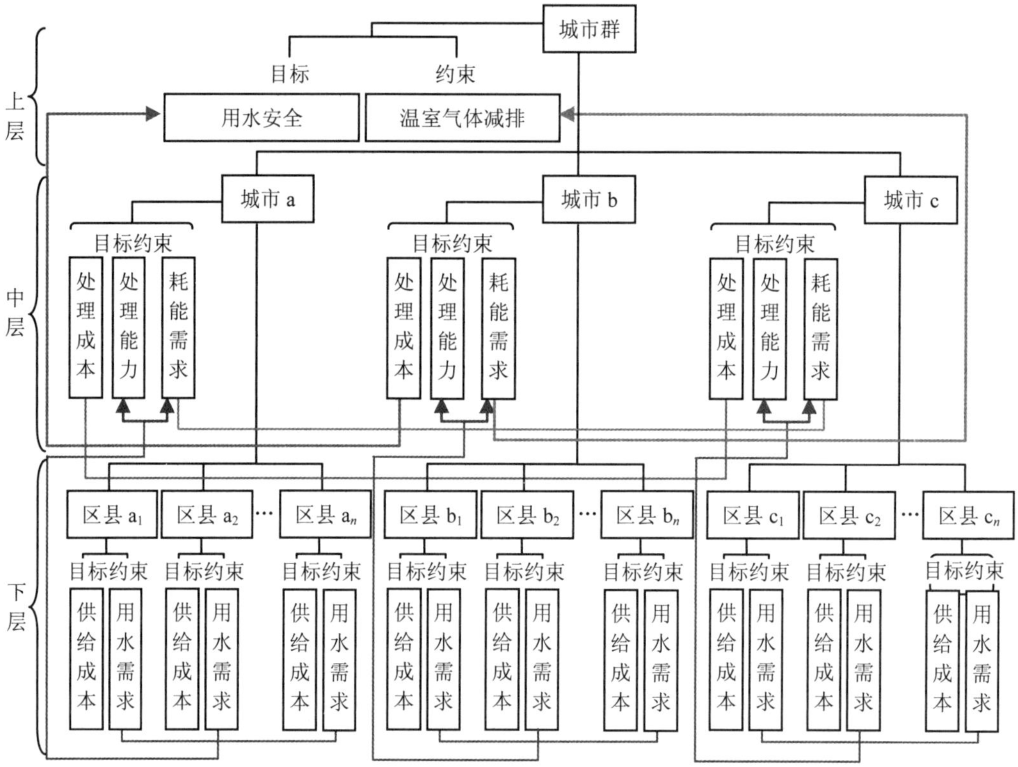

图 4-23　居民生活用水多层优化管理模型架构

4.3.3.2　研究方法

（1）水处理生命周期分析

本研究的对象是珠三角城市群居民生活用水系统能耗以及温室气体排放量，对其各环节能耗现状进行数据分析与计算。城市居民生活用水系统包括水源地取水、给水处理、输配水、中水利用、污水收集、污水处理排放。系统所用能源主要为电能投入，由发电厂通过电网以及配电所等配套设施将电能传输到各用电单元（如图 4-24 所示）。研究所涉及的系统边界包括：①研究范围为珠三角城市群建成区范围，同时是城市给排水管道铺设的地区。②主要为电能消耗，不包括水处理过程中的物料消耗等间接消耗。③不考虑居民对水的具体利用方式的能源投入，例如加热、增湿等环节。④居民生活用水还未系统性地纳入中水回用环节。

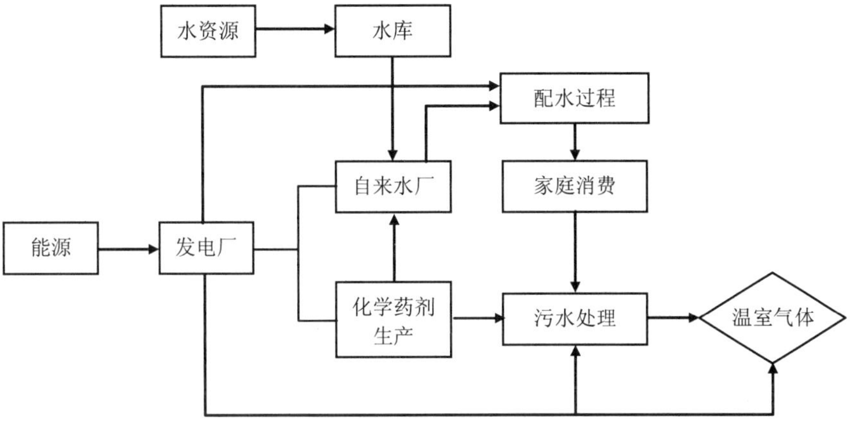

图 4-24　珠三角城市群居民生活用水系统边界

（2）清单分析

在本研究中，居民生活用水系统的主要输入为能源和城市水源地水。在处理过程中，化石燃料或者新能源通过发电厂转化成电力，为整个系统供能；城市水源地水为水资源的主要供给方。本研究对 5 个子系统的物料和能量投入进行了分析，并结合环境数据库、工厂实际数据和文献资料得到生命周期清单（如表 4-3 所示）。

表 4-3　城市居民生活用水系统环境影响分析结果

分析对象	输入	输出
取水环节	水源地水、电能	原水
制水环节	电能、PAC 等药剂	净水
配水环节	电能	自来水
污水处理	电能、PAM 等药剂	中水、温室气体
电力生产	能源	电能、温室气体

①取水环节。

城市取水过程指通过泵站管网等设施，将不同水源地的原水输送至自来水厂的过程。因不同水源地的水的提取难度、输送距离不同等原因，其所消耗的能源也不同。其中，水库取水输水能耗为 0.05 kW·h/m^3，地下水提取能耗为 0.4 kW·h/m^3。同时根据《城镇供水管网漏损控制及评定标准》（CJJ 92—2016），自来水公司供水管网漏损率较高，普遍高于 10%。计算公式为：

$$W_1 = p_1 \times \rho \times m \tag{4-17}$$

$$m = (1+h) \times m_1 \tag{4-18}$$

式中：W_1—— 输水过程能耗值，kW·h；

p_1—— 取水输水能耗，kW·h/t；

ρ—— 水的密度，本研究采取标准情况下的水密度，为 1 t/m^3；

m—— 输送水的体积，m^3；

m_1—— 城镇居民生活用水量；

h—— 城镇输水管网的漏损率。

②制水环节。

制水环节能耗统计范围为自来水企业将水源水经过常规处理、深度处理的工艺流程，并将合格的自来水输送到供水管网全过程所消耗的电量，不包括污泥处理用电及非生产用电。自来水制水单位产品耗电量是指在统计期内自来水制水综合电量与自来水产量之比。计算公式为：

$$W_2 = p_2 \times \rho \times m \tag{4-19}$$

式中：W_2—— 制水环节能耗，kW·h；

p_2—— 制水单位产品耗电量，kW·h/t。

③配水环节。

城市配水环节为自来水厂将自来水在水泵加压后通过城市配水管网以及配水池和其他一些附属设施输送到居民家中的过程。城市输配水过程水泵的能耗占系统总能耗的90%以上。同时，自来水厂的配水只能供应足够压力的水到 6 楼，这意味着高楼层的建筑将增加水供应的能量需求。计算公式为：

$$W_3 = p_3 \times \rho \times m \tag{4-20}$$

式中：W_3—— 配水环节能耗，kW·h；

p_3—— 配水单位产品耗电量，kW·h/t。

④污水处理环节。

城市污水处理环节指居民的生活污水通过污水管网输送到污水处理厂，并经过不同处理工艺、达到相应排放标准后排放到自然水体中的过程。污水处理厂采用的污水处理工艺有六大类：厌氧-缺氧-好氧（AAO）工艺、氧化沟（OD）工艺、序批式活性污泥法（SBR）、缺氧-好氧（AO）工艺、常规活性污泥法（CAS）和生物膜（BF）法。污水处理厂需要消耗电力，同时污水处理工艺中的厌氧过程会产生大量温室气体。计算公式为：

$$W_n = P_n \times V_n \tag{4-21}$$

$$W_4 = \sum_n W_n \tag{4-22}$$

式中：W_4 —— 污水处理环节能耗，kW·h；

W_n —— 污水经过第 n 种处理工艺的能耗，kW·h；

P_n —— 第 n 种污水处理工艺的单位能耗，kW·h/m^3；

V_n —— 使用第 n 种污水处理工艺的污水量，m^3。

参考政府间气候变化专门委员会报告，污水处理过程温室气体排放的计算公式为：

$$E_{CH_4} = \mathrm{TOW} \times \mathrm{EF} - R \tag{4-23}$$

式中：E_{CH_4} —— 清单年份的生活污水处理 CH_4 排放总量，kg CH_4/a；

TOW —— 清单年份的生活污水中有机物总量，kg BOD/a；

EF —— 排放因子，kg CH_4/kg BOD；

R —— 清单年份的 CH_4 回收量，kg CH_4/a。

排放因子根据下式计算：

$$\mathrm{EF} = B_0 \times \mathrm{MCF} \tag{4-24}$$

式中：B_0—— CH_4 的最大生产能力；

MCF —— CH_4 修正因子。

$$\mathrm{MCF} = \sum_i \mathrm{WS}_i \times \mathrm{MCF}_i \tag{4-25}$$

式中：WS_i —— 第 i 类污水处理系统处理生活污水的比例；

MCF_i —— 第 i 类处理系统的 CH_4 修正因子，排入环境部分的 MCF 采用推荐值 0.1，处理系统部分的 MCF 采用推荐值 0.165。

$$E_{N_2O} = N_E \times \mathrm{EF}_E \times 44/28 \tag{4-26}$$

式中：E_{N_2O} —— 清单年份 N_2O 的年排放量，kg N_2O/a；

N_E —— 污水中氮总量，kg N/a；

EF_E —— 污水中的 N_2O 排放因子，kg N_2O/kg N，推荐值为 0.005。

$$N_E = P \times \mathrm{Pr} \times F_{NPR} \times F_{NON\text{-}CON} \times F_{IND\text{-}COM} - N_S \tag{4-27}$$

式中：P —— 常住人口数，人；

Pr —— 每年人均蛋白质消耗量，kg/（人·a）；

F_{NPR} —— 蛋白质中的氮含量，选取默认值 0.16；

$F_{\text{NON-CON}}$ —— 废水中的非消耗蛋白质因子，选取默认值 1.5；

$F_{\text{IND-COM}}$ —— 工业和商业的蛋白质排放因子，选取默认值 1.25；

N_S —— 随污泥清除的氮，kg/a，选取缺省值 0。

⑤电力生产。

城市居民生活用水系统的电力输入主要来自火力发电企业燃烧化石燃料，同时伴随燃烧过程直接产生 CO_2 等温室气体的排放。这一过程的温室气体排放量通过政府间气候变化专门委员会报告提供的核算方法可获得。计算公式为：

$$E_{CO_2} = W \times EF_C \tag{4-28}$$

$$W = \sum_{i=1}^{n} W_i \tag{4-29}$$

式中：E_{CO_2} —— 清单年份电力生产过程的温室气体排放量，kg CO_2/a；

EF_C —— 清单年份 CO_2 平均排放因子，kg CO_2/（kW·h）；

W —— 城市居民生活用水系统总能耗，kW·h/a；

W_i —— 城市居民生活用水系统各单位能耗，kW·h/a。

4.3.3.3 多层区间随机优化模型

（1）城市群层面

目标：用水安全

$$\min R = R\left(W_{\text{Demand}} \leqslant W_{\text{Supply}}\right) \tag{4-30}$$

s.t.

约束：温室气体减排违约风险

$$R(\text{GHG} \geqslant \text{ghg}) \leqslant p$$

（2）城市层面

目标：污水处理成本最小化

$$\min C_i = \sum_j c'_{ij} \times l_{ij} \times x_{ij}, \forall i \tag{4-31}$$

s.t.

约束 1：满足污水处理能力

$$\sum_j l_{ij} \times x_{ij} \leqslant w'_i, \forall i$$

约束 2：满足污水处理能源需求

$$\sum_j e_{ij} \times l_{ij} \times x_{ij} \geqslant d'_i, \forall i$$

（3）区县层面

目标：供给成本

$$\min C_{ij} = c_{ij} \times x_{ij}, \forall i, j \tag{4-32}$$

s.t.

约束：满足用水需求

$$x_{ij} \geqslant w_i, \forall i, j$$

4.3.3.4 珠三角城市群居民能源和水资源需求、污水排放预测

（1）预测结果

本研究运用 5 种 Copula 函数，分别对珠三角城市群居民生活用水量与人均 GDP、居民生活污水量与人均 GDP 的相关性进行分析。相关性分析结果如表 4-4 和图 4-25 所示。同时，运用 5 种 Copula 函数，对珠三角城市群各城市的能源需求与人均 GDP 的相关性进行分析。相关性分析结果如表 4-5 所示。

表 4-4 水资源需求和污水排放相关性分析结果

变量	Copula 函数	RMSE	NSE	关联系数均值 θ	关联系数 θ 置信区间（[5%，95%]）
水资源需求与人均 GDP	Clayton	0.500 4	0.938 9	0.517 8	[0.334 2，0.770 5]
	Frank	0.544 5	0.927 6	1.439 6	[0.724 2，2.194 2]
	Gaussian	0.549 9	0.926 1	0.228 8	[0.115 9，0.339 4]
	Student t	0.552	0.925 6	0.226 5	[0.098 8，0.386 2]
				34.812 4	[7.028 0，34.471 1]
	Gumbel	0.579 7	0.917 9	1.076	[1.008 2，1.207 5]
污水排放与人均 GDP	Frank	0.225	0.992	2.917	[2.566，3.351]
	Clayton	0.228	0.992	0.891	[0.764，1.054]
	Gaussian	0.230	0.992	0.467	[0.413，0.512]
	Student t	0.231	0.991	0.467	[0.413，0.522]
				34.572	[6.607，34.583]
	Gumbel	0.259	0.989	1.428	[1.337，1.516]

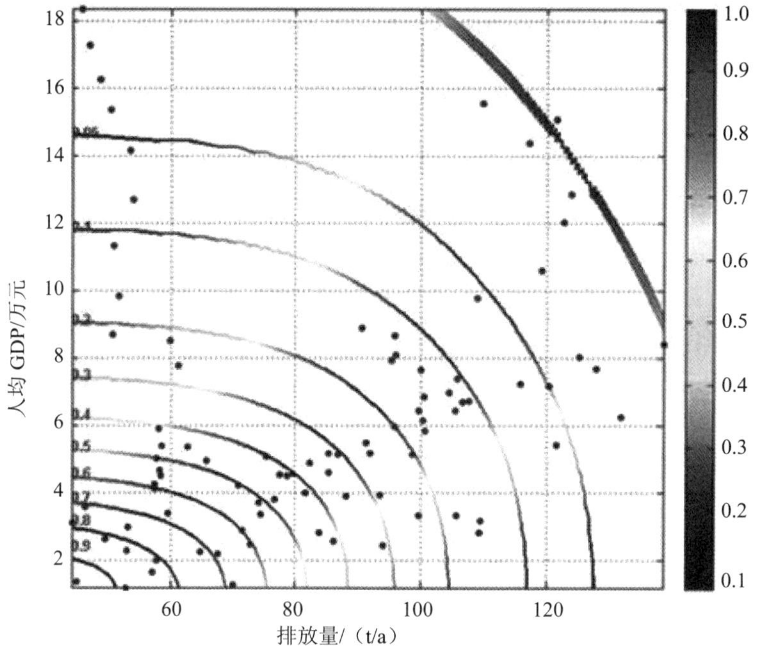

（a）居民生活污水排放

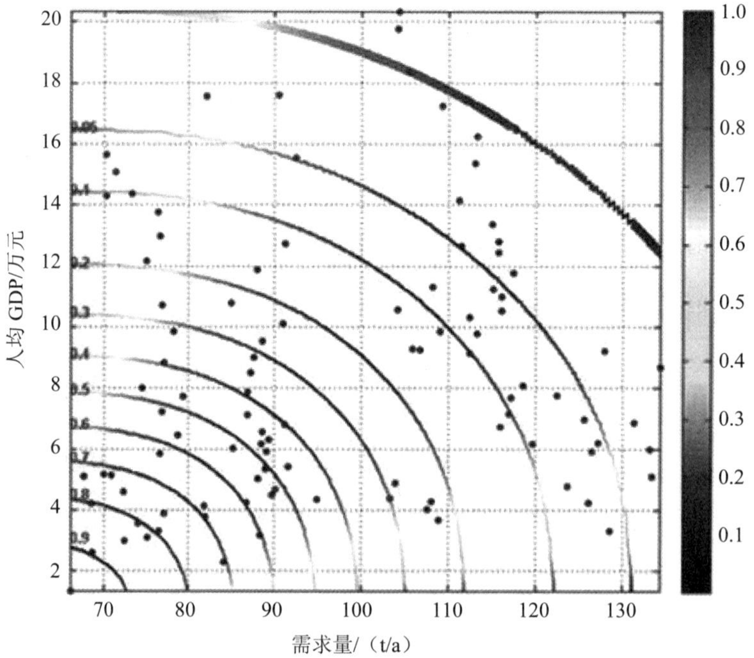

（b）居民生活用水需求

图 4-25　水资源需求和污水排放相关性分析

表 4-5　能源需求与人均 GDP 相关性分析结果

城市	Copula 函数	RMSE	NSE	关联系数均值 θ	关联系数 θ 置信区间（[5%，95%]）
东莞	**Clayton**	**0.139 7**	**0.984 4**	**20.393 1**	**[10.053 9，34.176 0]**
	Student t	0.141 6	0.984	0.999 9	[0.955 1，0.999 5]
				31.740 4	[0.992 6，34.720 5]
	Gaussian	0.141 6	0.984	0.999 9	[0.954 7，0.999 6]
	Gumbel	0.142 2	0.983 9	35	[9.988 7，34.558 4]
	Frank	0.153	0.981 4	34.998 7	[18.510 0，34.854 1]
佛山	Student t	0.158 4	0.968 8	0.999 9	[0.882 7，0.999 5]
				27.978 5	[0.529 0，34.681 9]
	Gaussian	**0.158 5**	**0.968 8**	**0.999 8**	**[0.898 3，0.999 4]**
	Clayton	0.159 9	0.968 3	35	[8.086 8，34.397 2]
	Gumbel	0.161 9	0.967 5	35	[8.766 4，34.452 7]
	Frank	0.178 9	0.960 3	34.989 9	[14.987 2，34.680 3]
广州	**Clayton**	**0.209 4**	**0.972 1**	**9.930 4**	**[6.325 2，33.200 5]**
	Student t	0.218 2	0.969 7	0.993 5	[0.902 6，0.999 3]
				0.013 2	[0.549 3，34.384 7]
	Gaussian	0.23	0.966 3	0.999 1	[0.911 6，0.998 7]
	Gumbel	0.230 6	0.966 2	35	[7.479 9，34.459 9]
	Frank	0.238 4	0.963 8	34.997	[15.061 7，34.725 5]
惠州	**Clayton**	**0.266 1**	**0.956 9**	**21.492 5**	**[8.447 3，34.456 9]**
	Gaussian	0.271 5	0.955 1	0.999 9	[0.947 9，0.999 5]
	Student t	0.271 5	0.955 1	0.999 9	[0.934 7，0.999 6]
				2.590 4	[1.396 4，34.550 3]
	Gumbel	0.273 7	0.954 4	35	[8.442 2，34.535 7]
	Frank	0.284 5	0.950 7	34.999 9	[16.759 7，34.716 3]
江门	**Clayton**	**0.190 3**	**0.978 7**	**21.141 4**	**[9.381 4，34.492 8]**
	Gaussian	0.194	0.977 9	0.998 9	[0.949 6，0.999 5]
	Student t	0.194	0.977 9	0.998 9	[0.939 3，0.999 5]
				32.143 3	[2.105 9，34.230 9]
	Gumbel	0.195	0.977 6	35	[9.754 8，34.423 0]
	Frank	0.207 3	0.974 7	34.997 6	[19.062 8，34.853 6]
深圳	**Clayton**	**0.302 3**	**0.934 3**	**17.295 4**	**[7.305 0，34.391 1]**
	Gaussian	0.306 7	0.932 4	0.999 9	[0.908 7，0.999 2]
	Student t	0.306 7	0.932 4	0.999 9	[0.894 5，0.999 7]
				33.878 8	[1.236 3，34.994 7]
	Gumbel	0.307 4	0.932	35	[8.208 6，34.379 1]
	Frank	0.312 3	0.929 9	35	[14.312 8，34.798 6]

城市	Copula 函数	RMSE	NSE	关联系数均值 θ	关联系数 θ 置信区间（[5%，95%]）
珠海	Student t	0.421	0.886 5	0.924 9	[0.858 2，0.998 8]
				0.003 4	[1.821 5，34.438 0]
	Clayton	**0.425 4**	**0.884 1**	**12.729 6**	**[5.733 1，34.048 0]**
	Gaussian	0.436 7	0.877 9	0.997 4	[0.815 0，0.998 1]
	Frank	0.437	0.877 7	35	[12.551 7，34.608 7]
	Gumbel	0.437 4	0.877 5	35	[6.097 9，34.544 9]
肇庆	Student t	0.261 7	0.957 3	0.996 1	[0.904 9，0.999 3]
				0.008 4	[0.825 7，34.080 5]
	Clayton	**0.263 0**	**0.956 9**	**16.225 9**	**[8.146 9，34.205 2]**
	Gaussian	0.273 2	0.953 5	0.999 9	[0.913 1，0.999 4]
	Gumbel	0.275 5	0.952 7	35	[8.370 8，34.672 5]
	Frank	0.282 7	0.950 2	35	[16.092 8，34.707 0]
中山	**Clayton**	**0.185 2**	**0.978 4**	**16.431 5**	**[9.477 9，34.214 8]**
	Gaussian	0.195 2	0.976	0.996 7	[0.937 9，0.999 0]
	Student t	0.195 2	0.976	0.996 6	[0.943 8，0.999 2]
				32.830 9	[0.947 7，34.563 5]
	Gumbel	0.197	0.975 6	35	[9.157 5，34.483 0]
	Frank	0.204 1	0.973 8	35	[17.606 4，34.834 6]

（2）珠三角城市群居民水-能耦合系统预测

①数据拟合分析。

导入广东省数据，分析居民人均生活用水量与人均 GDP、人均生活污水排放量与人均 GDP 之间的关系。预测人均 GDP 分别达到 30 万元、40 万元、50 万元时的居民人均生活用水量和人均生活污水排放量。数据拟合分析结果如表 4-6 所示。

表 4-6　人均生活用水量与人均污水排放量预测

指标	人均 GDP 为 30 万元	人均 GDP 为 40 万元	人均 GDP 为 50 万元
人均生活用水量/t	89.26	89.26	89.25
人均生活污水排放量/t	123.32	127.58	130.67

导入广东省广州市、深圳市、东莞市、惠州市、佛山市、江门市、肇庆市、中山市和珠海市的数据，分析居民生活用电与人均 GDP 之间的关系。预测人均 GDP 分别达到 20 万元、25 万元、30 万元、35 万元时的居民生活用电年均消耗量。数据拟合分析结果如表 4-7 所示。

表 4-7 珠三角城市群各城市人均生活用电预测 单位：kW·h

城市	人均 GDP 为 20 万元	人均 GDP 为 25 万元	人均 GDP 为 30 万元	人均 GDP 为 35 万元
广州	1 545.49	1 737.91	1 909.22	2 064.75
深圳	1 171.66	1 283.15	1 371.93	1 444.31
东莞	1 773.13	1 980.46	2 148.01	2 286.23
惠州	2 295.20	2 805.56	3 305.73	3 797.57
佛山	1 696.73	2 069.03	2 421.23	2 757.56
江门	1 915.55	2 292.89	2 655.76	3 007.00
肇庆	1 503.56	1 804.20	2 093.96	2 374.97
中山	2 113.36	2 493.47	2 854.25	3 199.73
珠海	1 417.30	1 536.83	1 627.15	1 697.80

②居民用水需求和生活污水排放预测。

珠三角城市群各城市居民用水需求和生活污水排放预测结果如表 4-8 所示。

表 4-8 居民用水需求和生活污水排放预测 单位：万 t

城市		居民污水排放				居民生活用水			
		2020—2025 年		2025—2030 年		2020—2025 年		2025—2030 年	
		均值	标准差	均值	标准差	均值	标准差	均值	标准差
广州	主城区	103 045	26 086	122 445	32 661	108 067	20 434	122 700	23 110
	外围城区	41 044	10 399	48 768	13 024	50 521	9 588	57 327	10 810
	副中心	6 325	1 618	7 522	2 025	14 549	2 804	16 503	3 176
深圳	福田区	22 338	6 037	30 206	8 080	21 810	4 363	27 694	5 878
	罗湖区	13 630	3 832	19 830	5 575	14 434	2 943	18 899	3 970
	盐田区	3 389	941	4 509	1 166	3 330	679	4 199	910
	南山区	19 877	5 821	26 261	7 695	19 856	4 059	26 172	5 514
	宝安区	43 239	13 436	57 355	16 865	43 817	8 990	56 334	11 684
	龙岗区	32 313	8 771	37 523	2 819	32 339	6 344	41 236	8 294
	龙华区	22 500	6 564	29 466	8 816	22 269	4 479	29 045	5 912
	坪山区	6 039	1 797	8 081	2 372	5 907	1 164	7 798	1 576
	光明新区	8 431	2 513	11 211	3 281	8 296	1 645	10 814	2 183
	大鹏新区	2 129	613	2 725	753	2 028	421	2 683	534
	深汕特别合作区	890	313	1 177	409	1 002	218	1 311	283
佛山	禅城	13 405	3 780	14 471	3 893	13 096	2 460	14 004	2 689
	南海	29 258	8 790	32 930	9 456	29 606	5 783	32 263	6 108
	顺德	28 937	8 418	32 280	9 155	29 221	5 627	31 752	6 051
	高明	4 589	1 211	4 865	1 353	4 910	938	5 327	1 012
	三水	5 382	1 397	5 804	1 539	7 388	1 392	7 900	1 500

城市		居民污水排放				居民生活用水			
		2020—2025 年		2025—2030 年		2020—2025 年		2025—2030 年	
		均值	标准差	均值	标准差	均值	标准差	均值	标准差
中山	中心城区	6 823	1 812	6 823	1 812	11 607	2 230	11 607	2 230
	中心镇	2 843	759	2 843	759	6 349	1 226	6 349	1 226
	重点镇	3 798	1 009	3 798	1 009	10 270	1 976	10 270	1 976
	一般镇	5 032	1 335	5 032	1 335	10 591	2 031	10 591	2 031
肇庆	西北加快发展区	8 062	2 258	324	133	25 981	4 894	23 318	4 467
	东南优先发展区	15 599	4 761	682	278	25 909	4 902	23 477	4 494
惠州	惠城区	9 760	3 055	9 760	3 055	12 925	2 550	12 925	2 550
	惠阳-大亚湾次区域	4 761	1 869	4 761	1 869	15 767	3 491	15 767	3 491
	仲恺区	2 629	1 031	2 629	1 031	10 953	2 415	10 953	2 415
	惠东县	2 841	1 144	2 841	1 144	3 164	723	3 164	723
	博罗县	4 408	1 775	4 408	1 775	2 079	480	2 079	480
	龙门县	978	399	978	399	4 313	1 002	4 313	1 002
珠海	香洲区	10 006	2 617	10 006	2 617	11 801	2 197	11 801	2 197
	斗门区	4 748	1 481	4 748	1 481	5 191	1 022	5 191	1 022
	金湾区	2 380	673	2 380	673	3 248	597	3 248	597
江门	蓬江	5 917	1 827	7 057	2 091	7 644	1 487	7 804	1 469
	江海	1 967	658	2 465	748	2 671	540	2 740	531
	新会	6 301	2 098	7 827	2 376	8 737	1 748	8 940	1 744
	台山	5 789	2 218	7 414	2 577	9 043	1 934	9 474	1 936
	开平	4 597	1 701	5 827	1 955	6 927	1 443	7 128	1 441
	鹤山	3 610	1 228	4 554	1 401	5 059	1 024	5 198	1 008
	恩平	2 920	1 168	3 792	1 379	4 723	1 033	4 929	1 020
东莞	水乡新城片区	9 185	3 154	10 695	3 345	5 935	1 171	6 157	1 262
	城区片区	24 438	8 404	28 347	8 729	18 058	3 538	18 880	3 818
	松山湖片区	17 838	5 403	19 737	5 691	17 562	3 333	18 279	3 524
	滨海片区	14 816	4 277	15 819	4 331	21 221	3 993	22 452	4 256
	东南临深片区	7 878	2 211	8 404	2 220	13 975	2 640	14 795	2 807
	东部产业园片区	11 614	3 401	12 818	3 631	14 912	2 787	15 586	2 971

③居民用电需求预测。

珠三角城市群居民用电需求预测如表 4-9 所示。

表 4-9 居民用电消耗预测

城市		人均消耗量/（kW·h）				总消耗量/万 kW·h			
		2020—2025 年		2025—2030 年		2020—2025 年		2025—2030 年	
		均值	标准差	均值	标准差	均值	标准差	均值	标准差
广州	主城区	1 680	293	1 815	300	174 3 918	306 337	216 5 627	361 362
	外围城区	1 340	219	1 581	282	649 537	105 803	882 566	158 433
	副中心	1 737	297	1 849	298	187 416	31 270	254 302	46 032
深圳	福田区	1 444	160	1 465	158	303 795	41 364	400 609	52 819
	罗湖区	1 364	142	1 398	152	188 663	24 326	251 708	33 270
	盐田区	1 447	156	1 466	157	46 189	6 056	60 912	7 950
	南山区	1 535	158	1 543	174	294 483	37 731	384 994	52 307
	宝安区	992	66	1 026	72	421 418	42 533	566 676	58 446
	龙岗区	1 259	119	1 303	133	386 052	46 551	520 633	65 784
	龙华区	1 079	80	1 116	91	232 688	24 570	313 316	34 830
	坪山区	1 111	82	1 160	100	64 084	6 813	86 848	9 973
	光明新区	1 113	91	1 148	97	89 542	9 893	119 914	13 665
	大鹏新区	1 403	152	1 424	158	27 655	3 711	36 443	4 904
	深汕特别合作区	707	38	726	39	7 197	673	9 641	887
佛山	禅城	1 708	110	2 276	167	215 470	14 625	308 445	23 602
	南海	1 134	81	1 546	115	329 536	24 280	483 065	37 570
	顺德	1 349	81	1 825	143	382 704	24 405	557 722	45 592
	高明	2 135	128	2 744	190	102 069	6 525	141 350	10 277
	三水	1 990	123	2 620	199	141 072	9 259	200 077	15 698
中山	中心城区	2 639	563	2 952	496	296 637	63 720	377 039	63 744
	中心镇	2 576	572	2 923	505	162 209	35 042	206 352	35 232
	重点镇	2 674	556	2 973	491	262 402	56 417	333 679	56 471
	一般镇	2 444	584	2 836	525	270 544	58 054	344 124	58 073
肇庆	西北加快发展区	1 199	601	1 508	616	274 965	137 129	379 094	154 045
	东南优先发展区	1 230	609	1 674	597	280 339	138 046	415 651	149 795
惠州	惠城区	1 729	653	1 971	708	221 901	84 554	266 419	96 350
	惠阳-大亚湾次区域	891	784	3 066	557	147 232	127 966	531 633	96 100
	仲恺区	724	560	2 624	691	82 902	64 625	316 299	83 872
	惠东县	628	419	1 843	688	21 194	13 956	66 258	24 851
	博罗县	587	363	1 724	653	13 241	8 208	41 504	15 814
	龙门县	527	297	1 467	551	25 075	14 067	73 073	26 809
珠海	香洲区	1 716	224	1 774	214	195 892	25 776	222 530	27 066
	斗门区	1 016	120	1 249	163	52 020	6 077	70 767	9 270
	金湾区	1 756	228	1 778	232	54 831	7 215	61 369	8 059
江门	蓬江	1 578	667	1 614	695	119 172	49 587	122 612	52 986
	江海	1 357	634	1 582	667	36 678	17 124	43 117	17 873
	新会	1 445	656	1 667	701	125 770	57 259	147 454	60 951
	台山	710	168	1 141	552	68 154	16 647	109 399	52 647
	开平	859	337	1 356	637	61 398	23 950	97 639	45 757
	鹤山	1 306	619	1 583	679	66 607	31 466	81 432	34 743
	恩平	612	84	900	385	31 066	4 408	45 893	19 544

城市		人均消耗量/（kW·h）				总消耗量/万 kW·h			
		2020—2025 年		2025—2030 年		2020—2025 年		2025—2030 年	
		均值	标准差	均值	标准差	均值	标准差	均值	标准差
东莞	水乡新城片区	987	81	1 293	193	75 827	11 232	61 540	5 044
	城区片区	994	82	1 303	197	234 192	35 237	189 631	15 623
	松山湖片区	1 392	219	1 618	271	274 802	46 279	250 904	39 648
	滨海片区	1 626	271	1 860	288	382 190	59 675	355 221	59 477
	东南临深片区	1 731	283	2 026	284	272 835	38 072	247 191	40 364
	东部产业园片区	1 509	251	1 690	282	242 981	40 755	231 066	38 518

4.3.3.5 基于多层机会约束规划的珠三角城市群居民水资源多层优化管理

（1）多层区间随机优化管理模型

针对城市群、城市和区县居民水资源多层优化的特点，建立多层区间随机优化管理模型，由城市群层面［式（4-34）］、城市层面［式（4-35）］以及区县层面［式（4-36）］的模型组成。

①城市群层面。

目标：温室气体排放

$$\min \mathrm{GHG}=\sum_{l=1}^{m}\left[d_l \times \mathrm{CO}_{2l} \times \left(x_\mathrm{e}+r_1 x_\mathrm{w}+r_2 x_\mathrm{s}\right)\right] \tag{4-33}$$

s.t.

约束：平衡约束

$$x_\mathrm{e}=\sum_{i=1}^{n} x_{\mathrm{e}i}$$

$$x_\mathrm{w}=\sum_{i=1}^{n} x_{\mathrm{w}i}$$

$$x_\mathrm{s}=\sum_{i=1}^{n} x_{\mathrm{s}i}$$

约束：化石燃料占比

$$d_1 \leqslant 80\%$$

式中：GHG —— 城市群水-能系统温室气体排放量；

d_l —— 能源 l 的比重；

CO_{2l} —— 能源 l 发电过程的温室气体排放系数；

x_e —— 城市群居民能源消耗总量；

r_1 —— 制水环节中单位自来水生产能源消耗量；

x_w —— 城市群居民水资源消耗总量；

r_2 —— 污水处理环节中单位污水处理能源消耗量；

x_s —— 城市群居民污水排放总量；

x_{ei} —— 城市 i 居民能源消耗总量；

x_{wi} —— 城市 i 居民水资源消耗总量；

x_{si} —— 城市 i 居民污水排放总量；

d_1 —— 化石燃料占比。

②城市层面。

目标：水-能耦合系统成本最小化

$$\min C_i = \sum_{k=1}^{o}\left(C_{eik}x_{eik} + C_{wik}x_{wik} + C_{sik}x_{sik}\right), \forall i \qquad (4\text{-}34)$$

s.t.

约束：平衡约束

$$x_{ei} = \sum_{k=1}^{o} x_{eik} = \sum_{j=1}^{s} x_{eij}$$

$$x_{wi} = \sum_{k=1}^{o} x_{wik} = \sum_{j=1}^{s} x_{wij}$$

$$x_{si} = \sum_{k=1}^{o} x_{sik} = \sum_{j=1}^{s} x_{sij}$$

约束：新增水资源处理、污水处理、电力供给能力

$$\left(x_{wik} - Q_{wik}\right) / x_{wik} \leqslant \theta_{ik1}, \forall i,k$$

$$\left(x_{sik} - Q_{sik}\right) / x_{sik} \leqslant \theta_{ik2}, \forall i,k$$

$$\left(x_{eik} - Q_{eik}\right) / x_{eik} \leqslant \theta_{ik3}, \forall i,k$$

式中：C_i —— 城市 i 水-能耦合系统成本；

C_{eik} —— 城市 i 电能生产工艺 k 的单位成本；

x_{eik} —— 城市 i 生产工艺 k 的电能分配量；

x_{eij} —— 城市 i 区县 j 能源分配量；

C_{wik} —— 城市 i 自来水生产工艺 k 的单位成本；

x_{wik} —— 城市 i 自来水生产工艺 k 的自来水分配量；

x_{wij} —— 城市 i 区县 j 自来水分配量；

C_{sik} —— 城市 i 污水处理工艺 k 的单位成本；

x_{sik}—— 城市 i 污水处理工艺 k 的污水处理量；

x_{sij}—— 城市 i 区县 j 污水处理量；

x_{ei}—— 城市 i 电能分配量；

x_{wi}—— 城市 i 自来水分配量；

x_{si}—— 城市 i 污水处理分配量；

Q_{wik}—— 城市 i 原有自来水工艺 k 的生产能力；

Q_{sik}—— 城市 i 原有污水处理工艺 k 的生产能力；

Q_{eik}—— 城市 i 原有电能（k 类能源发电）的生产能力。

③区县层面。

目标：能源用量最少

$$\min \mathrm{EN}_{ij}=\sum_{k=1}^{o}\left(x_{eijk}+r_{1k}x_{wijk}+r_{2k}x_{sijk}\right),\forall i,j \tag{4-35}$$

s.t.

约束：满足用水、电能以及污水处理需求

$$P\left(\sum_{k=1}^{o}x_{eijk}\geqslant d_{eij}\right)\geqslant\alpha_{eij},\forall i,j$$

$$P\left(\sum_{k=1}^{o}x_{wijk}\geqslant d_{wij}\right)\geqslant\alpha_{wij},\forall i,j$$

$$P\left(\sum_{k=1}^{o}x_{sijk}\geqslant d_{sij}\right)\geqslant\alpha_{sij},\forall i,j$$

约束：非负约束

$$x_{eijk},x_{wijk},x_{sijk}\geqslant 0$$

式中：EN_{ij}—— 城市 i 区县 j 水-能耦合系统能源消耗总量；

x_{eijk}—— 城市 i 区县 j 生产工艺 k 的电能分配量；

r_{1k}—— 制水环节生产工艺 k 的单位自来水生产电能消耗量；

x_{wijk}—— 城市 i 区县 j 生产工艺 k 的自来水分配量；

r_{2k}—— 污水处理生产工艺 k 的单位污水处理电能消耗量；

x_{sijk}—— 城市 i 区县 j 生产工艺 k 的污水处理量；

d_{eij}—— 城市 i 区县 j 居民电能需求；

d_{wij}—— 城市 i 区县 j 居民自来水需求；

d_{sij}—— 城市 i 区县 j 居民污水排放量。

式（4-33）～式（4-35）的求解选用试验设计求解方法。求解思路是：首先，开始于区县层面（下层）的优化管理模型，通过模型求解确定下层目标函数和决策变量范围等信息；其次，将下层目标函数传递到城市层面（中层）优化管理模型，通过对中层优化管理模型的求解，确定中层目标函数和决策变量等信息；最后，再将中层决策变量传递到城市群层面（上层）优化管理模型，并对上层优化管理模型求解，如果模型存在可行解，则完成求解过程；如果上层模型不存在可行解，需要通过上层模型修正中层模型的决策变量，通过中层模型修正下层模型的决策变量，不断修正迭代直至找到可行解。

（2）结果与讨论

经过模型求解得到2020—2025年、2025—2030年珠三角城市群各区县居民生活污水处理方式，结果如表4-10～表4-18所示。鉴于现有污水处理规划文本的缺失，本研究假设2020—2030年珠三角城市群各区县居民生活污水处理方式的贡献率与基准年（2020年）相同。

表4-10　东莞市居民生活污水处理方案　　单位：万t/a

年份	区县	AAO	SBR	氧化沟法	AO
2020—2025年	水乡新城片区	5 306.63	6 753.89		
	城区片区	10 939.55	9 637.22		5 441.39
	松山湖片区	1 626.24	11 383.68	3 397.18	
	滨海片区	5 949.56	8 561.56		
	东南临深片区	2 745.50	3 876.00	1 239.78	354.22
	东部产业园片区	5 593.54	3 051.02	3 791.52	
2025—2030年	水乡新城片区	4 085.29	5 733.18		
	城区片区	11 381.06	10 026.18		5 856.37
	松山湖片区	1 907.23	13 350.64	3 989.87	
	滨海片区	6 371.15	9 168.25		
	东南临深片区	3 512.83	4 959.29	1 201.45	343.27
	东部产业园片区	5 708.42	3 113.69	4 123.10	

表4-11　佛山市居民生活污水处理方案　　单位：万t/a

年份	区县	AAO	SBR	生物膜法	氧化沟法	AO
2020—2025年	禅城	10 056.09	4 517.95			
	南海	11 341.76	9 991.55		1 350.21	4 320.67
	顺德	3 617.94	6 679.27	2 783.03	15 028.37	
	高明	3 633.55	377.51	707.83		
	三水	3 728.79	1 920.89			

年份	区县	AAO	SBR	生物膜法	氧化沟法	AO
2025—2030 年	禅城	10 708.76	4 811.18			
	南海	13 453.05	11 851.49		1 601.55	5 124.97
	顺德	4 213.23	7 778.28	3 240.95	17 501.12	
	高明	3 282.84	341.07	639.51		
	三水	3 655.93	1 883.36			

表 4-12　广州市居民生活污水处理方案　单位：万 t/a

年份	区县	AAO	SBR	生物膜法	氧化沟法	AO
2020—2025 年	主城区	60 855.66	11 345.97	5 157.26		25 786.30
	外围城区	11 596.34	23 192.69		5 798.17	828.31
	副中心	2 305.66	4 681.20			
2025—2030 年	主城区	97 308.61	18 142.28	8 246.49		41 232.46
	外围城区	18 371.73	36 743.46		9 185.86	1 312.27
	副中心	3 453.48	7 011.60			

表 4-13　惠州市居民生活污水处理方案　单位：万 t/a

年份	区县	AAO	SBR	氧化沟法	活性污泥法
2020—2025 年	惠城区	1 671.26	1 021.32		6 592.18
	惠阳-大亚湾次区域	3 467.11		2 271.55	239.11
	仲恺区		2 118.79	865.42	
	惠东县	308.93	1 941.81	2 118.34	
	博罗县	0.00		5 553.49	
	龙门县		1 442.22		
2025—2030 年	惠城区	1 834.59	1 121.14		7 236.43
	惠阳-大亚湾次区域	3 960.54		2 594.83	273.14
	仲恺区		2 760.14	1 127.38	
	惠东县	299.34	1 881.54	2 052.59	
	博罗县	0.00		6 204.06	
	龙门县		1 588.36		

表 4-14　江门市居民生活污水处理方案　　单位：万 t/a

年份	区县	AAO	SBR	生物膜法	氧化沟法	AO
2020—2025 年	蓬江	4 074.57		2 950.55		
	江海	2 573.18				
	新会	324.75		4 465.34	3 409.90	
	台山	7 578.72		749.54		
	开平		630.00		6 370.05	
	鹤山	511.07	4 883.57			283.93
	恩平			4 721.50		
2025—2030 年	蓬江	4 074.57		2 950.55		
	江海	2 573.18				
	新会	324.75		4 465.34	3 409.90	
	台山	7 578.72		749.54		
	开平		630.00		6 370.05	
	鹤山	511.07	4 883.57			283.93
	恩平			4 721.50		

表 4-15　深圳市居民生活污水处理方案　　单位：万 t/a

年份	区县	AAO	SBR	生物膜法	氧化沟法
2020—2025 年	福田区	25 199.13			
	罗湖区				13 640.34
	盐田区		4 638.14		
	南山区	23 104.42		1 269.47	924.18
	宝安区	38 118.35	5 197.96		
	龙岗区	17 337.70		21 190.52	
	龙华区	25 350.30			
	坪山区	6 530.25			
	光明新区	10 108.33			
	大鹏新区		2 263.64		
	深汕特别合作区	1 411.66			

年份	区县	AAO	SBR	生物膜法	氧化沟法
2025—2030 年	福田区	40 002.64			
	罗湖区				22 150.09
	盐田区		5 929.95		
	南山区	25 730.67		1 413.77	1 029.23
	宝安区	52 899.57	7 213.58		
	龙岗区	16 909.11		20 666.69	
	龙华区	32 046.64			
	坪山区	8 531.47			
	光明新区	14 663.46			
	大鹏新区		3 200.44		
	深汕特别合作区	1 857.77			

表 4-16　珠海市居民生活污水处理方案　　单位：万 t/a

年份	区县	AAO	SBR	氧化沟法
2020—2025 年	香洲区	5 669.27		3 779.51
	斗门区	1 053.33	2 747.82	778.55
	金湾区	2 185.00		
2025—2030 年	香洲区	5 678.60		3 785.73
	斗门区	1 210.00	3 156.51	894.34
	金湾区	2 425.11		

表 4-17　肇庆市居民生活污水处理方案　　单位：万 t/a

年份	片区	AAO	SBR	氧化沟法	活性污泥法
2020—2025 年	西北加快发展区	7 025.12			
	东南优先发展区	1 466.71	643.29	283.05	180.12
2025—2030 年	西北加快发展区	157 431.71			
	东南优先发展区	37 340.55	16 377.43	7 206.07	4 585.68

表 4-18　中山市居民生活污水处理方案　　单位：万 t/a

年份	片区	AAO	SBR	氧化沟法
2020—2025 年	中心城区	2 847.97	1 152.75	2 847.97
	中心镇		2 767.24	
	重点镇	1 637.86	342.81	1 828.31
	一般镇	2 614.17	542.56	1 824.99
2025—2030 年	中心城区	2 863.01	1 158.84	2 863.01
	中心镇		3 077.66	
	重点镇	1 643.51	343.99	1 834.61
	一般镇	2 620.37	543.85	1 829.32

4.4 小结

城市群生态系统管理强调不同城市之间的合作和决策，进而提出城市群和城市的多种管理和调控方案。在梳理城市群生态系统调控与管理的国内外研究进展基础上，本章重点论述系统分析、不确定分析和优化管理等方法在城市群生态系统管理中的应用。为了验证模型和方法的适用性，本章以珠三角城市群协同联动决策支持系统为例，进一步说明上述方法在城市群工业结构优化、污染减排和资源优化管理中的应用，主要包含以下内容。

①节能减排背景下工业结构优化决策支持系统主要由不确定分析模块、数据库模块、违约风险分析模块、工业结构优化模块等 4 个模块组成，重点分析工业行业能源消耗与经济收益的不确定分布特征，构建未来工业行业能源消耗以及经济收益的数据库，分析未来工业发展规划目标下的能源强度削减违约风险，全面考虑区域工业发展目标以及能源强度削减违约风险，进而得到城市群工业结构优化方案。

②基于 COD 减排违约风险的工业产业优化决策支持系统主要由数据质量评价模块、蒙特卡罗模拟模块、违约风险分析模块、优化管理模块等四大模块组成，重点预测数据质量对系统关键输入条件的影响，并将数据质量评价的结果转化为数据的分布函数，分析某一区域的多个工业行业 COD 排放总量违约风险，最后将 COD 排放总量违约风险纳入优化管理模型中，为工业产业优化决策提供支持。

③能-水耦合视角下居民生活用水多层优化决策支持系统建立了基于多层区间随机优化模型的居民生活用水多层优化管理方法，解析能-水耦合视角下生活用水、生活污水排放与社会经济发展的相关性，构建反映城市群、城市和区县等多尺度的水资源分配和污水处理策略，有望实现保障城市群用水安全、居民生活污水处理成本最小、生活用水供给成本最小等多层面调控目标。

第 5 章　城市群协同视角下的流域水环境综合管理

针对水这一关键要素，我国现行的以流域为基本单位的管理制度为基于水之自然流动属性的统筹管理提供了保障，但在人口、产业密集的城市群地区，还需兼顾由区域、部门间交互引发的水之社会经济流动属性，据此实现系统观下的水环境综合管理。

5.1　背景概述

5.1.1　流域水环境现状和问题

5.1.1.1　流域水环境现状

流域是指由分水线所包围的河流集水区，具有层次结构和整体功能的复合系统（杨玉川等，2005）。流域水循环不仅构成了社会经济发展的资源基础和生态环境的控制因素，同时也是许多水问题和生态问题的症结所在（李启家等，2002）。我国的七大流域分别是黄河流域、长江流域、珠江流域、海河流域、淮河流域、松花江流域和辽河流域。

在严峻的水环境治理形势下，为提高国家水环境风险防控水平，2015 年 4 月，《国务院关于印发水污染防治行动计划的通知》要求加强对河流、饮用水、地下水、湖泊以及排放污水等的全面监测，增强水环境风险评估与预警能力，进一步提出要强化水环境监管能力。

为达到《水污染防治行动计划》（以下简称“水十条”）的水体管理目标要求，实现“防洪安全、供水安全、环境安全、生态安全、经济安全”五大水安全目标，我国的水防治工作还存在如下四个问题亟待解决。①水多问题：小流域及城市防洪不足，洪涝灾害时有发生。②水少问题：部分区域水资源供应短缺，人民用水问题显著。③水脏问题：城市河流及湖泊水污染严重，污染源底数不清。④水浑问题：水土流失严重，江河湖泊泥沙淤积严重。

5.1.1.2 流域水环境管理现状

由于流域水是流水体系中的重要组成部分，因而流域水环境管理会对整个水系的未来发展方向产生直接影响（成亮通，2020）。流域水环境管理是根据流域自然、生态和社会经济复合系统的特征及其需要，以可持续发展思想和多学科交叉理论与知识为理论基础，综合运用技术、工程、法律、经济、公众参与、教育等各种手段，研究与调控流域空间范围内的水量和水质，使流域内不同区域对水量和水质的需求能得到满足，最终实现流域可持续发展，包括所有为保护和维持流域水环境质量开展的活动（李启家等，2002）。

20 世纪 80 年代以前，流域管理机构主要负责本流域内水资源的规划和管理，侧重于水量方面。20 世纪 80 年代以后，我国的水污染日趋严重，引起社会各界的关注，成为流域水管理的新问题。把水环境保护的任务列入流域管理的内容是流域管理工作新的发展。流域管理进入了既管水量、又管水质的新阶段。

目前，我国中央直属的流域管理机构有两类：第一类是水利部下设长江水利委员会、黄河水利委员会、淮河水利委员会、海河水利委员会、珠江水利委员会、松辽水利委员会、太湖流域管理局等 7 个直属单位，主要负责流域水资源管理、水旱灾害治理和开发、水土流失防治、水政监察和水行政执法等管理（何大伟等，1998；包晓斌，2004；李庆瑞，2016）；第二类是生态环境部下设长江流域生态环境监督管理局、黄河流域生态环境监督管理局、淮河流域生态环境监督管理局、海河流域北海海域生态环境监督管理局、珠江流域南海海域生态环境监督管理局、松辽流域生态环境监督管理局、太湖流域东海海域生态环境监督管理局等 7 个派出机构，主要负责流域生态环境规划、水功能区规划、生态保护补偿、环境影响评价、饮用水水源地生态环境保护、水生态保护、地下水污染防治等管理（李海棠等，2020；廖永彬，2020）。

两部委（水利部、生态环境部）对流域的协同管理是我国当前流域管理的主要模式。两部委依据相应职责，统筹管理，并形成了完善的协作机制。如 2020 年，生态环境部、水利部联合印发了《关于建立跨省流域上下游突发水污染事件联防联控机制的指导意见》，有效地提升了流域的管理效率和成效，为流域水环境综合管理提供了良好的管理机制。

5.1.1.3 流域水环境管理问题

现阶段，我国的流域水环境管理随着经济的发展出现了不少问题，管理制度匮乏，流域水环境持续性保护管理工作效果不佳；前期预警不足，流域水环境管理工作多偏向后期治理；用于水环境保护管理的资金投入较少（黄邵洁等，2018）。

（1）管理制度匮乏，流域水环境持续性保护管理工作效果不佳

水环境管理体制的主要机构性问题是水资源管理与水污染控制的分离，及有关国家与地方部门的条块分割，特别是行政上的划分将一个完整的流域人为分开。各部门和地区均从自身利益出发进行局域、单目标的规划，水资源的效能无法达到最优且造成管理内耗和办事效率低下（何大伟等，2000）。我国虽然也在七大流域建立了流域管理机构，但这些机构都不是权力机构，无权过问行政及经济方面的事务；省级水利厅拥有与其同等的权力。此外，各流域局无法对省级水利厅越级管理，尤其面对跨省流域管理矛盾时，难以进行有效的协调和仲裁，加之流域管理委员会无法实现经济独立等弊端，给流域水环境管理和发展带来了巨大障碍。

我国虽然有《中华人民共和国水污染防治法》、《中华人民共和国水法》等关于水资源和水环境的法律法规，但存在两个明显的问题：一是不同法律法规对行政主管部门的规定不统一，存在权责交叉的问题；二是没有制定针对有关流域资源与环境综合管理及保护的法律法规以及相关的组织法。

（2）前期预警不足，流域水环境管理工作多偏向后期治理

以珠三角流域为例，水环境综合治理中凸显的问题包括水体污染严重，除了化学需氧量、五日生化需氧量、氨氮、总磷等常规指标超标外，部分水体受砷及重金属污染；工业污染物未集中处置，污染问题严重，叠加历史重金属累积，存在水污染安全隐患；城镇人口的不断攀升和水资源利用量不断增加，城镇污染负荷攀升，治理速度滞后于发展；农村农业面源污染比例大，规模化养殖业污染严重；农村环境问题日渐突出，流域环境监管机制有待加强，环境监管能力严重不足，尚未建立有效的环境风险预警体系和突发环境事件响应机制（和丽萍等，2012）。

（3）用于水环境保护管理的资金投入较少

“十三五”时期以来，政府对水环境管理的支持和资金投入越来越多，但针对长时间尺度下累积的水资源短缺、地区不均衡和水环境污染等问题，仍需要长时间稳定的资金投入和支持。

在经济社会不断发展进步、人民生活质量不断大幅度提升的情况下，人们对于环境提出了更高的要求，而在我国环境管理工作中，流域水环境的管理是其中比较突出的问题之一。我国流域水资源的保护及管理会在很大程度上推动社会经济的健康可持续发展。因此，采取合理的措施来有效解决这些问题具有十分重要的意义。我国亟需实施总体控制，进一步完善有关制度并采取预防与治理相结合的方式及公开信息，建立健全我国流域内水环境保护管理的法律体系，加大对水环境保护以及管理工作的资金投入（黄邵洁等，2018）。

5.1.2 流域水环境管理需求

5.1.2.1 健全流域环境监控机制，完善流域环境监控预警体系

基于 GIS 技术及模型技术和大数据云平台，结合水质监测设备，实现对各流域水环境质量、污染源在线监控数据的实时接入，管理人员可及时掌握流域环境质量状况，真正实现水环境自动监控数据实时、直观、动态、可视化管理和展示。实现全方位、无盲区、高智能、自动化的监控，实现在线监测数据的实时刷新、临界提示、超标报警，实时掌握流域水质环境状态；同时，根据监测数据异常显示，利用 GIS 空间分析技术进行相关分析，追溯污染物来源，构建流域水质污染溯源分析系统，完善流域环境预测预警体系，全面提升环境风险防范预警能力。

5.1.2.2 加强流域监管能力建设，构建突发性应急防控能力

应用物联网技术全面感知各流域水环境质量实时状况及变化趋势，为用户提供及时、动态、宏观、综合性信息，同时支持对各流域水环境形势进行综合研判，全面提升流域环境监管水平。建立先进的流域水环境突发污染模拟事故与应急系统，提高应对严重水污染等突发性事件的信息化保障能力和决策能力。

5.1.2.3 推动环境信息资源整合，实现流域内环境信息共享

在遵循国家标准、地方标准、行业标准和环境信息化标准前提下，确立统一的环境信息化数据标准，通过对数据资源的分析、梳理，建立满足现有业务及未来业务发展的大数据应用体系。通过建设环境数据中心，为各流域信息资源共享和开发利用提供支撑，将充分提升流域监测信息资源的利用效率，提高各级生态环境保护部门对各流域监测资源的掌控力度，把分散的流域监测信息数据与流域基本信息相整合，形成“逻辑上集中、物理上分散”的水环境数据中心，确保数据的唯一性、有效性，全力打造科学完善的数据模型体系，推动环境业务数据的共享机制建立，创建流域水环境信息共享交换机制，实现流域、相关行业部门的信息共享交换，提供高效的信息服务。为流域环境监管能力建设和环境信息资源的纵横向共享提供根本的数据保障和技术支持。

5.1.2.4 推进流域水环境科学管理，提高决策支持能力

建立流域水环境综合管理系统，实现流域水环境信息的可视化管理和查询，并依据流域水环境管理业务特点和技术应用需要，不仅可以正向模拟预测水质变化情况，还可

以逆向追溯污染物来源，并从水环境容量的角度提出水污染物排放动态控制管理方案。多元一体化的监测预警体系可以充分满足水质目标管理的需求，为流域水环境质量管理提供必要的决策支持。以流域水环境地理空间信息资源库为依托，充分考虑流域梯级开发以及大数据应用，实现监测-模拟-展示-技术决策一体化的系统集成，可及时掌握和分析水环境数量与质量、动态变化，实现“一张图”辅助环境保护决策支持，加强水环境管理的科学性与及时性，提高水环境管理水平，为流域水环境和水生态综合调控提供信息化技术保障，全面提高环境监控信息为管理和决策服务的效能。

5.1.2.5 突出大地图展示形式，提升水环境管理可视化水平

基于“以业务带图、以图管环境”的理念，建立水环境空间分析大数据，通过矢量地图资源建立污染源专题、动态排污许可管理专题、水环境突发事故应急专题、水质自动监测专题等水环境业务图层，各流域辖区的水环境状况一览无余地展现于管理者面前，以对全辖区进行全方位、无盲区的水环境安全监管。

基于“一张图”理念，利用信息化手段及时、动态、形象地展示水环境管理的区域、数据分析结果、污染扩散路径等平面化的数据信息，使这些枯燥的数据转化为更为直观的图表信息，提高水环境管理信息的可视化水平。

5.2 流域水环境现状调查

5.2.1 调查目标

通过对各流域范围的污染源调查和风险分析，形成更加全面、丰富的污染源、企业风险源数据信息体系，为分析流域水质变化、查找污染原因提供科学依据，实现污染源数据的梳理分类，为流域水环境质量综合管理系统提供数据支撑。

5.2.2 调查内容

（1）现状调查

开展各流域污染源现状调查，主要包括点源和非点源调查。可通过实地调研、收集排污口监测数据以及查阅相关环境状况公报等方式获取并归纳计算出污染源的所有类别以及总磷、化学需氧量、氨氮、氟化物等污染物的入河量（包括每个排污口以及每个断面的排入量）。污染源的现状调查可为流域污染源数据库的建立提供基础数据，也为后续的水质模拟以及污染物排放总量控制提供数据。

（2）污染源及污染物识别

根据现状调查结果，初步分析流域主要污染源类型及其排放特征，并初步识别优先控制污染源及污染物。

（3）行业风险分析

开展常规性水污染和突发性水污染的行业风险分析，包括识别区域主要污染来源和风险来源，如工业园区聚集污染型（包括即将新建和已经建设的化工企业）、山区雨洪污染型、特定行业污染型等，以及经济社会发展中农业、工业、生活的污染排放预测，构建基于不同行业相关污染企业基本情况、历史观测数据和机理的模型，结合对现状的调查分析，全面掌握主要风险源的基本情况，确定重点治理的行业和监控的污染对象、污染物类型等，评估水环境风险压力及水环境污染事故的发生概率，分析未来可能出现的水环境污染事故。

5.3 流域水环境监测数据采集

快速、准确地打造“天空地一体化”水监测网络，以流域控制单元为基础，通过卫星遥感、无人船、监测子站、流域断面监测站等技术监测手段，拓宽数据获取渠道，创新数据采集方式，提高对水质、水量、水生态的多要素、多维度的全面感知和实时监控能力，为系统的业务化运行提供基础支撑，并对流域水环境问题进行初步判断。

5.3.1 立体监测

立体监测技术是利用遥感、空间地理信息、卫星定位与导航以及通信网络等技术，实现对空间信息进行采集、分析、传输和应用的一项现代信息技术，可实现“天空地一体化”立体感知监测。随着技术的不断发展，将遥感（RS）、全球卫星定位系统（GPS）和地理信息系统（GIS）紧密结合起来的“3S”一体化技术已显示出更为广阔的应用前景。流域水环境综合管理将 RS、GIS、GPS 等 3 种技术集成，构成一个强大的技术体系，并且加入三维分析和可视化技术，实现对各种流域水环境空间信息和环境信息的快速、准确、可靠的收集、处理与更新，为流域水环境综合管理等业务系统提供决策支持。

5.3.2 无人机监测

无人机监测即利用先进的无人驾驶飞行器技术、遥感传感器技术、遥测遥控技术、通信技术、GPS 差分定位技术和遥感应用技术，能够实现自动化、智能化、专用化快速获取流域水环境空间信息，且完成遥感数据处理、建模和应用分析的应用技术。

无人机因其机动灵活的起降方式、低空循迹的自主飞行方式、快速响应的多数据获取能力，在流域水环境管理上具有巨大的应用前景，包括水域规划、水环境监测与水环境管理等。无人机能完成水情监测、河道走向、水库监测、洪灾区域检查等，还能查看水毁桥梁、淹没区域等情况。无人机可以搭载高分辨率数码相机以进行快速测图，也可以搭载视频采集设备，实时地采集并回传即时的影像数据，体现出分辨率高、实效性好等优势，还可以搭载合成孔径雷达设备，在云雾天气获得高清晰度图像。事实证明，无人机技术将在我国及全世界数字水环境领域得到迅速而广泛的应用。无人机遥感系统可完成对水土流失成因、强度、影响范围及其防治成效等的实时动态监测。主要包括：区域地形地貌、自然植被、气候条件等；工程项目挖填取弃土量，建设项目水土流失对周边及下游环境造成的影响等。运用传统的方法时需要大量的人力、物力和时间，而利用无人机系统可迅速掌握情况，减少人员工作量，缩短巡检周期，大大提高信息的实时性和准确性。

5.3.3 地面监测

5.3.3.1 无人船监测

无人船是一种可以无需遥控，借助精确卫星定位和自身传感即可按照预设任务在水面航行的全自动水面监测器。全自动采样监测无人船由通信系统、采样系统、监测系统等部分组成，能对水温、pH 值、溶解氧浓度、浊度、电导率等常规参数进行快速监测；可按照设定路线、采样点及采样量，实现全自动采样监测，现场监测结果能实时传递到地面控制基站。船体还配备有摄像头和超声波避障系统，遇到前方障碍物时具备避让功能。与人工采样相比，无人船可以深入采样人员无法到达的区域，及时准确地传回监测数据并带回水样，提高工作效率。

5.3.3.2 流域断面监测

流域断面监测包括自动监测和人工监测，自动监测主要是通过传感器实时地监测水质情况，而人工监测是监测人员亲自动手操作仪器以进行水质监测。水质监测是监视和测定水体中污染物的种类、各类污染物的浓度及变化趋势和评价水质状况的过程。监测范围十分广泛，包括未被污染和已受污染的天然水（江、河、湖、海和地下水）及各种各样的工业排水等。主要监测项目可分为两大类：一类是反映水质状况的综合指标，如温度、色度、浊度、pH 值、电导率、悬浮物、溶解氧、化学需氧量和五日生化需氧量等；另一类是一些有毒物质，如酚、氰、砷、铅、铬、镉、汞和有机农药等。为客观地评价江河和海洋水质的状况，除上述监测项目外，有时需进行流速和流量的测定。水文站是观测及收集河流、湖泊、水库等水体的水文、气象资料的基层水文机构。水文站观测的水文要素包括水位、流速、流向、波浪、含沙量、水温、冰情、地下水、水质等；气象要素包括降水量、蒸发量、气温、湿度、气压和风等。

5.4 流域水环境管理平台总体框架与组成

5.4.1 建设目标

从流域水环境综合管理角度看，水环境综合管理是指“污染产生排放—水体纳入—归趋自净”全过程一体化的整体性、区域（流域）性、综合性水环境管理与治理模式。该模式可进一步具体为“科学规划-多元监测—智慧监管—控源截污—内源治理—生态修复—活水保质”一体化模式。实现“测得准、算得清、管得住、治得好”的全流域水环境综合管理目标。

5.4.2 框架

水环境综合管理平台如图 5-1 所示。

水环境综合管理平台框架如图 5-2 所示。

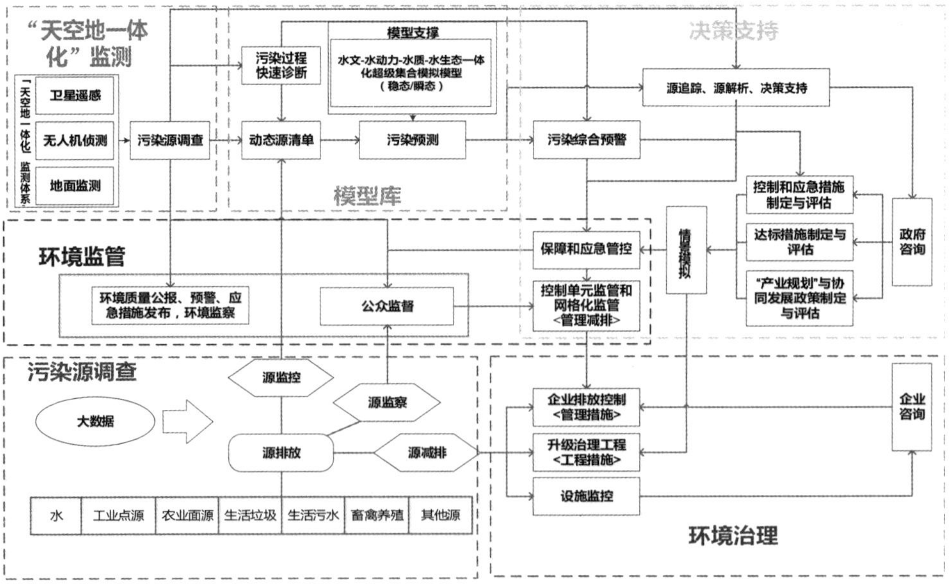

图 5-1 水环境综合管理平台

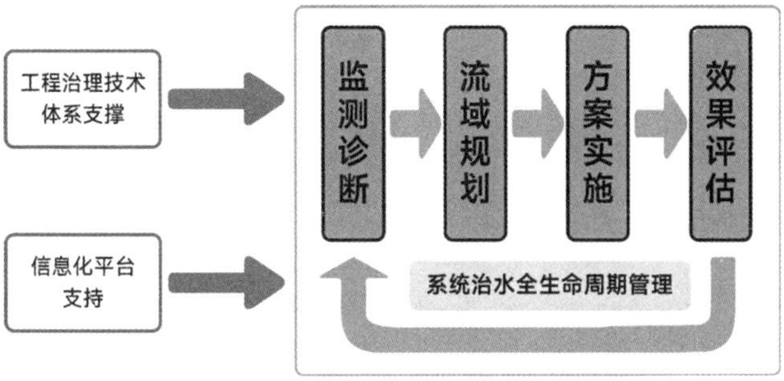

图 5-2　水环境综合管理平台框架

5.4.3　组成

水环境综合管理平台包括顶层规划设计、智慧监管、靶向治理和专家服务四个部分。规划设计是指对流域水环境问题进行统筹安排、科学规划和系统设计；智慧监管是指实现“污染源—排污口—水体”全链条智慧监管，以物联网精准监测为基础，以云平台的精准研算为依托，以科学管控为核心，形成统一协同调度指挥的决策指挥系统，输出科学的治理措施和预警分析，最终形成科学、完整、健全的评估方案。水环境综合管理平台 4 个组成部分间的关系如图 5-3 所示。

图 5-3　水环境综合管理组成示意

5.5 平台关键技术

5.5.1 水文模型——SWAT 模型

SWAT（Soil and Water Assessment Tool）是在 SWRRB 模型的基础上，由美国农业部（USDA）的农业研究中心 Jeff Arnold 博士于 1994 年开发的。SWAT 模型可以适用于不同土壤类型、不同土地利用方式和管理条件下的复杂大流域，并能在资料缺乏的地区建模。SWAT 模型在实际运用中主要用来预测人类活动对水、沙、农业、化学物质的迁移和长期影响，也可以模拟流域内多种不同的水文物理过程。本研究针对 SWAT 模型研究开发了 BNU-SWAT 模型，该模型是由北京师范大学数字流域实验室依托中科宇图资源环境科学研究院和中科宇图水科学研究院开发的中文 SWAT 模型应用工具，其简化并优化了原有的英文版界面，生成水文响应单元之后完全脱离 ArcGIS 软件平台，与 GIS 专题图结合、输出各类计算结果，进行水量平衡分析，可模拟地下埋深以及气温、降水与土地利用变化对水文过程的影响。

5.5.2 水质模型

5.5.2.1 UniWQMod（QUAL2K 模型）

UniWQMod-1D 是一维稳态水质模型，其计算内核为美国环境保护局开发的 QUAL2K 模型，主要包括短中长期水质模拟、水质分析图、水质空间动态变化图、数据结果导出和历史结果查询等功能。UniWQMod-1D 能够模拟 13 种水质组分并允许添加简单的水工建筑物，模型主要应用于水质评价、风险管理和环境规划。UniWQMod 具有数据需求量小、QUAL2Kw 版本封装、B/S 架构、建模过程导向型和数据模块导入等特点。

5.5.2.2 WASP 模型

WASP（The Water Quality Analysis Simulation Program）是一种应用广泛的水质模型。WASP 研究对象为完全混合水体控制单元（segment），每个控制单元内污染物的迁移转化均遵守质量守恒定律，水质模型方程均基于质量守恒定律进行求解。这些控制单元组成了网络化的水体和河床。也就是将水体在纵向、横向和垂向上分割为多个控制单元。因此，WASP 也是一个箱式动力模型，可用于分析各种水体（塘、溪、湖库、河流、河口及海岸水域）的水质问题。

5.5.2.3 Delft3D 模型

Delft3D 模型是由荷兰代尔夫特理工大学 WL Delft Hydraulics 开发的一套功能强大的软件包，主要应用于自由地表水环境。该软件具有灵活的框架，能够模拟二维和三维的水流、波浪、水质、生态、泥沙输移及河床地貌，以及各过程之间的相互作用。Delft3D 是目前国际上最为先进的水动力-水质模型之一。Delft3D 系统在国际上的应用十分广泛，如荷兰、波兰、德国、澳大利亚、美国等，尤其是在美国已经有很长的应用历史。我国香港地区从 20 世纪 70 年代中期开始使用 Delft3D 系统，该系统已经成为香港环境保护署的标准产品。从 20 世纪 80 年代中期开始，Delft3D 系统在我国也有越来越多的应用，如在对长江口、杭州湾、渤海湾、太湖、滇池的研究中。Delft3D 包括了水动力模块（Delft3D-FLOW）、波浪模块（Delft3D-WAVE）、水质模块（Delft3D-WAQ）、颗粒跟踪模块（Delft3D-PART）、生态模块（Delft3D-ECO）、泥沙输移模块（Delft3D-SED）和动力地貌模块（Delft3D-MOR）。其特点及优势包括在国际上使用范围广、精度高和拥有强大的前、后台处理功能。Delft3D 模型采用了 ADI 计算方法，使得模型计算稳定、结果可靠。

5.5.3 流域综合模型

重点建设水文模型（SWAT）、水质模型（HSPF）、水动力模型（NewChan）、湖泊动力模型（Lake），实现一键模拟。水环境（SWAT、HSPF）模拟和自主研发的水动力（NewChan）模型依托 Hadoop 技术框架，实现分布式数据存储和分布式计算，利用外部耦合方式实现水环境-水动力模型的联合。

5.5.3.1 流域水文、水质集合模拟模型

调研国内外现有陆域水文、水质模型，根据不同模型的结构特点，遴选、研发适合不同流域尺度规模及模拟要求的陆域水文、水质模型。融合多源观测数据，构建规范化的产流系数、壤中流系数、地下水补给系数、基流系数等水文模型参数库，研发模型标准化前处理工具；嵌套多种陆域水文、水质模型，构建多模系统框架；建立多模兼容的后处理工具，实现模型参数自动率定等功能；开发陆域模型与水体模型的数据接口转化工具，构建流域多模集合模拟系统。

5.5.3.2 水体多维水动力、水环境模型

针对不同水体的特点，分别建设不同维数（一维、二维）的水动力、水环境模型。

在此基础上，构建干支流河道一维、湖泊及水库二维的多维耦合水动力、水环境模型，建立不同维数模型的外边界连接，实现流场与物质运移信息的传递。构建基于 GIS 技术的基础地貌信息提取方法，完善模型基础输入数据。针对不同维数模型的结构特点，开发相应的并行计算与集群计算技术，优化模型的计算效率，研发水体多维水环境模拟系统。

5.5.3.3 多尺度水量-水质-水生态耦合模拟

融合多种面向不同空间尺度的陆域水文、水质模型和水体水动力、水环境模型，打通流域、水体不同尺度模型间的数据有效传递，实现流域整体水环境过程耦合模拟。基于并行计算技术，提高耦合模拟的计算效率，解决耦合模拟中的嵌套、调用等技术问题。实现从流域到水体，多尺度、全过程的水量、水质与水生态过程动态模拟。

5.5.3.4 多模系统与数据仓库的立体对接技术

剖析水环境多模耦合系统的输入与输出数据需求，划分数据来源层次及类型，建立不同类型模型间的数据映射转换关系，开发模型数据转化接口标准，研发动态降尺度算法，实现陆域模型输出数据到水体模型输入数据的转化，完成多模系统与数据仓库的立体对接。

5.6 系统模块功能

流域水环境综合管理系统包括六大子模块，分别是流域水环境信息展示子模块、流域水质分析子模块、流域管理中心建设子模块、决策支持中心建设子模块、调度指挥中心建设子模块和应用服务中心建设子模块。

5.6.1 流域水环境信息展示子模块

信息展示模块在统一管理自然地理数据库、社会经济数据库基础上，对断面水质信息、流域水质信息、省份水质信息进行展示，以期为水环境形势分析决策会商提供可视化平台（如图 5-4 所示）。

图 5-4　信息展示子模块

5.6.2　流域水质分析子模块

5.6.2.1　水质基本状况分析

水质基本状况分析包括水质监测断面和流域分析两部分。

（1）水质监测断面

河流断面水质计算包括水质类别和水质指数两种方式。

在水质类别计算中，通过下拉列表，选取时间段、省份—城市或流域，基于 GIS 地图，展示所选水质监测断面的水质类别评价结果。每个水质监测断面的水质类别由不同的图标颜色表示，其中蓝色代表水质较好，为 I ~ III类水，黄色、红色代表水质较差，分别为V类和劣V类水。通过鼠标点击 GIS 地图上断面图标时，弹出气泡窗口，显示各断面名称、数据年份、水质类别及 21 项监测指标数据。可将查询到的数据以 Excel 格式导出并保存到本地文件夹，同时可将新增数据按照数据库格式要求实现一键导入。

在水质指数计算中，通过下拉列表，选取时间段、省份—城市或流域、三类水质标准或年度水质目标，基于 GIS 地图，展示所选水质监测断面的水质指数评价结果。每个水质监测断面的水质指数由圆圈中的数字表示，范围为 0～100，数值越大代表水质越差。通过鼠标点击 GIS 地图上断面图标时，弹出气泡窗口，显示各断面名称、数据年份、水质指数及 21 项监测指标数据。

（2）流域分析

流域分析采用水质类别和水质指数两种计算方法，从流域尺度对监测断面进行统计计算，同时通过当前水质与三类水质目标或断面年度水质目标的对比，对流域尺度各项监测指标的超标次数进行统计分析。

流域水质类别统计：通过下拉列表，选取时间段，基于 GIS 地图，展示各流域水质类别评价统计结果。每个流域的水质类别统计情况由饼状图形式表示。通过鼠标滑动 GIS 地图上饼状图标时，显示各流域各类水质断面个数与其所占流域断面总个数的比例。通过数据表展示各流域断面个数、各类水质断面个数与其所占流域断面总个数的比例等信息。

通过下拉列表，选取时间段、流域、三类水质标准或年度水质目标，基于 GIS 地图，展示流域超标断面个数，某项监测指标作为首超污染物的次数以柱状图形式展示。通过鼠标点击 GIS 地图上柱状图图标时，显示各流域超标断面个数、各项监测指标超标次数及作为首超污染物的次数。通过数据表展示各流域超标断面个数、各项监测指标超标次数及作为首超污染物的次数。

5.6.2.2 排污影响分析

排污影响分析包括工业企业污染源和超标排放在线监测两部分。

工业企业污染源：通过下拉列表，选取时间段、省份—城市或行业，基于 GIS 地图，展示所选范围内工业企业污染源分布。通过鼠标点击 GIS 地图上工业企业污染源图标时，弹出气泡窗口，显示其名称、数据年份、所属行业等信息。相关具体信息可通过数据表查询、浏览与导入导出。

超标排放在线监测：通过下拉列表，选取时间段，基于 GIS 地图，展示各省份或流域超标排污的统计结果。每个省份或流域的超标排污次数由柱状图形式表示。通过鼠标滑动 GIS 地图上柱状图标时，显示各省份或流域超标排污次数。通过数据表展示各省份或流域超标排污次数信息。

排污企业分析如图 5-5 所示。

图 5-5　排污企业分析模块界面

5.6.2.3 治理成效分析

通过时间、省份、工程类型等的选择，以数据表的形式浏览各省份或各类工程的详细信息。

基于 GIS 地图，展示工程信息的分布情况。以饼状图形式展示各省份各类工程数量及所占比例统计。

5.6.2.4 成因与预警分析

该模块从可能影响水质的要素角度出发，基于 GIS 地图，采用空间叠加分析功能，可手动选择在水质分布图上叠加降水、社会经济等数据。

5.6.3 流域管理中心建设子模块

为适应水环境战略由总量控制向质量管理的重大转型，面向实施以控制单元为基础的水环境质量目标管理、加快建立流域生态保护补偿机制、推进规划环评等新形势下的水环境管理任务需求，在数据汇集中心的基础上，建设流域管理中心，开发完成水质目标绩效考核系统、流域生态补偿核算系统、规划环评管理系统，为“水十条”全面实施提供有效、长效、高效的技术支撑，为地级以上水环境管理部门提供业务支持。

以水环境管理部门的核心需求为依据，推进核心管理业务智能化运行。我国的环境管理体制改革处于深化阶段，分散、分段的环境管理模式正在向按环境要素综合管理转变；目前，与流域水环境管理相关的业务系统多为分散建设、各自使用，难以适应现阶段水环境管理体制转变的需求。流域管理中心突破流域水环境管理综合业务管理构建技术难点，从水量、水质、水生态一体化和污染排放与水质响应一体化的角度理顺流域水环境管理思路。

5.6.3.1 水质目标绩效考核系统

支撑水环境质量改善目标量化考核，建立质量目标和工作目标的双考核体系，开发水质目标绩效考核系统，实现水环境质量目标与水污染防治重点工作完成情况的考核打分。

水环境质量目标完成情况考核模块可实现对地表水、饮用水水源、近岸海域水质等各项考核指标的统计计算以及跨界断面水质超标责任、主客观影响水质特殊情况和外部引水导致水源地水质超标的判定，并进行考核打分。

水污染防治重点工作完成情况考核模块可实现对各行政单元工作目标考核结果和完

成情况的填报、打分功能，包括工业污染防治、城镇污染治理、农业农村污染防治、水生态环境保护等考核事项。

5.6.3.2 流域生态补偿核算系统

为支撑“成本共担、效益共享、合作共治”的流域保护和治理长效机制建设，建立了流域水环境生态补偿核算体系框架及核算方法，开发了流域生态补偿核算系统。

梳理分析国内外流域水环境生态补偿类型、补偿标准及核算方法，建立基于河流、湖泊、水库等不同水体，包含跨界补偿和饮用水水源地补偿等多种类型的流域生态补偿核算体系框架。

5.6.3.3 规划环评管理系统

发挥规划环评“源头预防、流域联防联控”在水环境管理中的作用，筛选面向流域水环境管理的规划环评技术，建立规划环评的管理清单，并开发规划环评管理系统。

5.6.4 决策支持中心建设子模块

面向流域水环境精细化管理的国家战略转型需求，在数据汇集和流域管理的基础上，建立决策支持中心，开发完成水环境综合评价系统、污染物通量分析系统、水环境承载力评价与风险预警系统、流域水环境安全评估系统，实现流域水环境管理数据的综合分析、可视化展示，以支撑分流域、分区域、分阶段水环境管理和水环境治理的科学决策。

当前流域水环境管理相关业务应用的数据来源于生态环境、水利、农业农村、工信、国土资源等多个部门，其组织管理的方式、标准、参考体系也各不相同，对流域水环境大数据的快速形成与综合应用提出了挑战，决策支持中心充分采用水环境管理数据、大数据挖掘工具、水环境多模集合模拟模型，以提高信息资源开发利用水平，提高了流域水环境管理和水环境治理的决策支持能力。

5.6.4.1 流域水环境综合评价系统

通过模型开发和模块构建，开发包含地表水、饮用水、近岸海域水质和达标状况的水环境综合评价系统。

研发适用于流域、区域地表水环境质量评估的污染指数评价模型，集成地表水单因子评价模型、水质达标评价模型，开发多维度的地表水环境综合评价子模块；集成饮用水水源地水环境质量和达标状况评价模型，开发饮用水水源地水环境质量综合评价子模块；利用单因子污染指数评价模型，开发近岸海域水环境质量综合评价子模块。

5.6.4.2 污染物通量分析系统

基于多模集合模拟基础模型系统，开发污染物通量分析系统，在充分分析流域水文特征、排污方式、污染物迁移转化规律的基础上，选取重点河道断面（包括入库和出库河道断面）及其特征污染物，建立水动力、水环境模型对不同水体底形特征的响应关系，实现计算单元内的污染物量、时空分异规律模拟，演算不同水体在多时间尺度下各种污染物的输移通量，为流域水环境综合管理提供科学决策依据。

5.6.4.3 水环境承载力评价与风险预警系统

按照“水十条”建立水环境承载能力监测评价体系的要求，分析水环境演变的驱动因子，筛选水环境承载力的评价特征指标，构建水环境承载力评价模型，识别水环境承载力关键影响因子的阈值；建立水环境承载力分级标准和预警规则；集成开发水环境承载力评价与风险预警系统。风险预警系统参数输入和评估结果分别如图 5-6 和图 5-7 所示。

图 5-6 风险预警系统参数输入界面

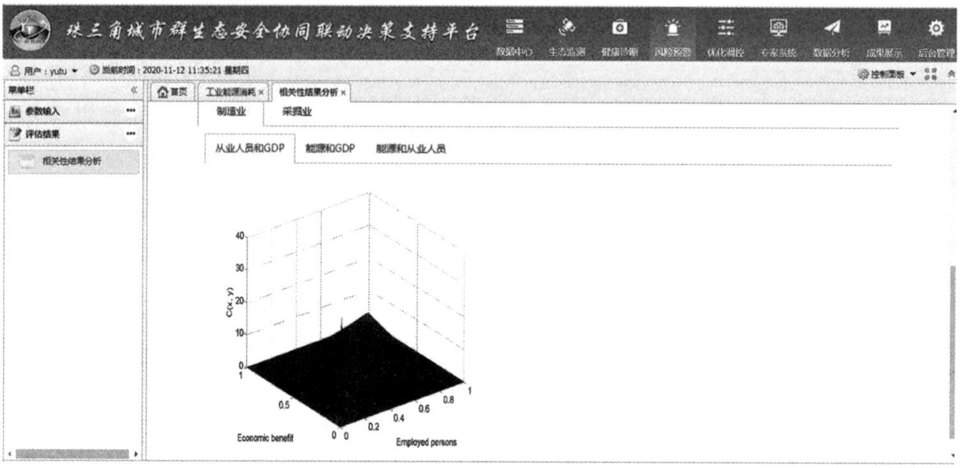

图 5-7　风险预警系统评估结果界面

5.6.4.4　流域水环境安全评估系统

为保障流域水环境质量安全底线，开发流域水环境安全评估系统，对环境容量进行测算，对水环境质量改善潜力进行分析，对水污染物允许排放量进行测算与校核。

环境容量测算：以各控制单元水环境质量目标为约束，选择合适的模型方法，开发环境容量测算模块来测算化学需氧量、氨氮等主要污染物以及存在超标风险的其他污染因子的环境容量。

水环境质量改善潜力分析：以水环境质量目标为约束，考虑经济社会发展、产业结构调整、污染控制水平、环境管理水平等因素，开发水环境质量改善潜力分析模块，构建不同的控制情景，测算存量源污染削减潜力和新增源污染排放量，分析分区域分阶段水环境质量改善潜力。

水污染物允许排放量测算与校核：基于水环境质量改善潜力，参考环境容量，综合考虑区域功能定位、经济发展特点与目标、技术可行性等因素，并预留一定的安全余量，开发水污染物允许排放量测算与核算模块，综合测算水污染物允许排放量。

5.6.5　调度指挥中心建设子模块

以数据汇集中心、流域管理中心和决策支持中心为基础，建设调度指挥中心，实现对流域水环境管理工作任务的调度，包括对专项任务、大数据分析结果、应急指挥调度、调度档案等的统一指挥与调度。

5.6.5.1 专项任务指挥调度系统

围绕重点关注水环境管理工作、工作完成情况等实际需求，按照分工设计专项任务指挥调度功能，及时掌握分管部门的工作情况。

基于水环境管理任务和工作流进行设计，以任务管理为核心，以用户为节点，以任务推送轨迹为流程，根据计划时间自动推送到用户操作平台，等待用户做出响应和处理。同时，用户还可根据实际工作需要，手动创建工作任务。用户可自行定制任务计划和触发条件。

系统功能主要包括基础信息维护、任务计划管理、专项任务派发、任务执行情况填报、执行进度管理及警告、任务执行情况综合评价、综合查询统计。

5.6.5.2 大数据分析结果调度管理系统

根据决策支持中心分析结果，产生符合问题触发条件的事件自动生成任务，推送到相关用户，开展分析结果的指挥调度。

系统功能主要包括问题任务生成、问题任务分发、问题处理情况跟踪、问题结果管理、问题再分析等。

5.6.5.3 应急指挥调度系统

基于水环境任务和工作流，设计应急指挥调度系统。根据水环境安全管理中心环境应急接警分析结果，产生符合环境应急触发条件的事件自动生成任务，推送到应急指挥调度中心的相关用户，开展应急指挥调度。

系统功能主要包括应急任务生成、实时指挥、人员调度、物资调度、车辆调度、应急处置、处置报告管理、应急处置后评估等。

5.6.5.4 调度档案管理系统

提供对指挥调度中心指挥调度过程的记录功能，并根据任务调度形成相应的调度报告，进行统一管理，同时支持调度报告分类、分项展示以及汇总分析。不同层级用户可在权限范围内查看调度记录和报告。

5.6.5.5 任务监督展示系统

按照领导职责提供水环境管理专项监督专题图层，围绕重点关注工作完成情况等实际需求，提供热点监督专题图层，及时掌握工作情况。其中，专项任务监督展示还可提供多图层的自由组合展示，实现灵活、可定制的展示与分析。

5.6.6 应用服务中心建设子模块

为所涉及的水环境管理部门、公众、企业及各类潜在用户提供完备的信息化服务，为流域水环境管理和公共服务提供信息化的支撑。

服务体系由 PC 端应用服务、大屏展示服务、移动端服务三部分构成，提供多元化的水环境管理信息资源交互方式，形成针对服务优势互补的多元结构，为各业务用户提供便捷的获取信息方式，强化信息获取能力，提升整体服务水平。

多维度、多方式地为不同需求的用户提供流域水环境管理数据服务、应用服务和决策服务。流域水环境管理业务人员、管理人员、决策指挥人员、社会公众和企业用户对平台的业务管理要求、关注点、习惯要求等方面都不同，在不同的场景下需要采用的服务方式也不同。采用 PC 端应用服务、大屏展示服务、移动端应用服务，可以解决不同用户、不同场景下不同需求的问题，更好地为流域水环境管理服务。

5.7 小结

流域水环境综合管理通过运用水文模型、水质模型、流域综合模型等关键技术，建立流域水环境信息展示子模块、流域水质分析子模块、流域管理中心建设子模块、决策支持中心建设子模块、调度指挥中心建设子模块和应用服务中心建设子模块，采用“科学规划-多元监测—智慧监管—控源截污—内源治理—生态修复—活水保质”一体化模式，实现“测得准、算得清、管得住、治得好”的全流域水环境综合管理目标。

第 6 章　面向节能减排的城市群大气治理

6.1　研究背景与意义

6.1.1　城市群大气污染背景

大气污染物是指由于自然过程或人类活动排入大气中，并对环境和人类健康造成有害影响的物质，主要包括二氧化硫（SO_2）、一氧化氮（NO）、二氧化氮（NO_2）和金属离子等（陆燕，2018）。大气污染主要分为天然污染和人为污染两种（刘天灏，2019）。其中，人为污染源主要包括固定污染源和移动污染源。固定污染源主要包括城市中的生活污染源和工业污染源（王睿，2018）。近年来，我国城市化的进程不断加快，人们的生活水平也得到了较大幅度的提高。然而，不合理的城市化进程也导致大气、水、土壤都受到了不同程度的破坏（王书斌等，2015）。其中，大气污染已经严重威胁到人们的健康。例如，在京津冀地区，扬尘及雾霾成为危害该区域居民身体健康的大气环境问题（谢杨等，2016）。大气污染物的排放对城市气候特征、环境功能和居民健康都产生显著影响，大气污染的问题逐渐突破城市区域边界，成为城市群、区域乃至国际问题。

城市群大气污染的特征主要有以下几个方面。首先，城市群大气污染体现了季节差异性。城市群夏季的污染程度较轻，污染源扩散较快；冬季时，污染物会在城市的低空滞留，扩散较慢；春秋季节的差别不明显。其次，城市群大气污染还与人口密度息息相关。人口密度集中度高的区域的污染程度更高。此外，城市群大气污染还与城市群工业结构、城市间交通网络等城市间互动耦合特征密切相关。例如，在工业区连片的地区，大气污染集中度会更高，对城市的大气污染带来更大的影响（黄娜，2018）。最后，城市群大气污染还与人为热排放、能源消费密切相关。城市群社会、经济活动中能源消费所伴随的温室气体排放日益成为影响区域乃至全球气候变化的重要因素（刘晓宇，2019）。

基于大气污染对国计民生带来的重要影响，如何有效地治理大气污染、实现社会经济的可持续发展日益成为一个严峻的问题，因此我国政府将大气污染物防控列为《中华人民共和国国民经济和社会发展第十二个五年规划纲要》的约束性指标（王喆，2017；史涛，2020）。城市群大气污染防治相较于城市大气污染防治更为复杂。其中，城市群中各城市规模过大和布局不合理是导致大气环境问题的主要原因之一。破解当前以及今后的区域性大气污染问题，除了要调整产业结构和减少污染排放外，还必须控制城市自身建设规模，合理测算和确定城市群、城市带之间的生态安全距离，为空气污染净化预留空间，从而达到从源头控制空气污染的目的（高吉喜等，2014）。

另外，针对全球气候变化日益显著地影响区域生态环境，中国政府在2009年的哥本哈根气候大会上承诺 2020 年的单位国内生产总值二氧化碳排放量要比 2005 年下降40%～45%。其中，农业和工业是温室气体排放的主要部门，也是落实中国温室气体减排承诺的重要部门（牛彤，2019）。因此，农业和工业面临着大气污染物减排和温室气体减排的双重压力。

综上所述，大气污染的问题已成为影响城市群环境管理的重要环境问题之一。鉴于本章篇幅所限，仅针对城市群工业和农业温室气体减排管理展开论述。

6.1.2 城市群农业系统的温室气体排放研究进展

农业系统的温室气体排放已成为全球温室气体主要排放源之一（Bellarby et al.，2008）。全球农业系统温室气体排放量占温室气体总排放量的17%～32%，其中农业生产过程能源消费碳排放量、甲烷和氮氧化物排放量、化肥生产排放量占总排放量的 11%～15%，全球肉类和奶制品等动物性食物消费带来的温室气体排放量占全部食物温室气体排放量的 50%，约占全球温室气体排放量的 18%（Tukker et al.，2006）。

城市群农业系统的温室气体排放不仅来源于农业生产部门，还包括农业生产部门中物质投入隐含的温室气体排放。由于研究重点不同，大部分学者会针对农业生产周期中的某个或某几个环节展开研究（王长波等，2015）。农业生产的温室气体排放中，畜牧业对大气的污染是最严重的。人类活动产生的温室气体中，来自畜牧业的温室气体占 15%左右。目前畜牧业是我国农业领域第一大甲烷排放源，也是全球排名第二的温室气体来源。畜牧业对空气的污染主要表现在两个方面：一是畜禽粪便产生的恶臭气味。特别是规模化养殖场的饲养密度较大、环境湿度大；畜禽粪便大量堆积时，各种有毒有害物质会经粪便腐败分解而进入空气，成为动物疫病的传染源，同时严重危害人类身体健康。例如，在畜牧业的生产中，若没有对粪便进行及时的处理清洁，粪便在空气中暴露时间过久，会随着污浊气体产生污染性浮尘，降低大气环境质量（赵国华，2019；程鹏舞，2015）；二是畜禽饲养过程中伴随饲料投入、能源投入、饲养过程带来的温室气体间接排放或直接排放。例如，在进行畜牧养殖时，动物呼吸消化会产生有害气体，动物在消化食物时产生的甲烷和氨会造成温室气体排放（赵武等，2016）。此外，畜牧生产中饲料的生产和使用均会产生含有大量微生物和寄生虫的大气飘浮物，造成大气能见度的下降，饲料同时会因有关酶的作用而产生异味气体，严重影响大气质量水平。随着畜牧业生产规模的不断扩大，大气污染问题不断恶化，对大气环境造成更大破坏，对人类生存生活空间质量造成了巨大的负面影响（苏翔，2017）。

根据我国温室气体排放现状，结合我国经济发展水平，可以通过调整饮食结构、优化农业产业结构、大力发展低碳农业、减少化肥施用量、推动能源体系低碳转型等措施，减少我国温室气体的排放。其中，调整饮食结构可以使二氧化碳等温室气体的减排效果显著，产业结构调整则是减少氧化亚氮排放的最重要措施。

6.1.3 农业的温室气体排放优化管理方法

生命周期评估、投入产出分析是核算农业生产温室气体排放的主要研究方法。其中，生命周期评估（LCA）被广泛地运用到分析一种或几种食物在农业生产环节的环境影响，用于核算农业生产中某些环节的温室气体排放量。传统的生命周期评价主要是针对产品生产或服务全生命周期过程中物料、能量和环境排放的投入产出清单来进行评价，是一种自下而上的分析方法。例如，在农业系统的温室气体核算方面，智静等（2009）分析了农业生产周期中能源和化学品等物质投入的温室气体排放。在计算畜牧业的温室气体排放中，Eide 等（2002）采用生命周期分析方法评估了牛奶消费全生命周期的环境影响。

投入产出分析是由列昂惕夫于1936年提出的用于分析特定经济系统内投入与产出间数量依存关系的原理和方法，亦称产业部门间分析。自上而下的投入产出分析方法采用投入产出表评价具体部门产品或服务的能耗及环境影响（Park et al.，2007）。投入产出分析不仅可以反映各部门在生产过程中直接的、较为明显的经济技术联系，也包含各部门之间间接的、较为隐蔽的、容易被人忽视的经济技术联系。投入产出分析可用于核算农业生产有关的间接温室气体排放。

随着农业温室气体排放量占温室气体排放总量的比例越来越大，不少学者借助生命周期分析、投入产出分析和优化模型方法，就居民饮食结构对温室气体排放的影响开展研究。例如，基于环境扩展投入产出模型、历史和情景分析、混合生命周期评估 LCA-IO 建模、线性和非线性优化等方法，可对居民饮食结构开展优化管理。其中，线性优化模型在食物结构优化方面的应用十分广泛，Macdiarmid 等（2012）在减少英国农业系统的温室气体排放的研究中，通过线性优化饮食方案的方法，使英国人均食物的温室气体排放量从 3 770 CO_2 当量/d 降低至 2 430 CO_2 当量/d。投入产出分析可用于核算农业生产有关的温室气体排放。Feng 等（2020）研究了 1992—2007 年中国居民食品消费的间接碳排放，发现能源利用效率的提高减少了居民食品消费间接碳排放，从而降低农业系统的温室气体排放量。

6.1.4 城市群工业能源消费的大气污染研究进展

工业革命之后，由于人类活动加剧，对能源需求的增加及能源密集型活动的产生，使得全球化石燃料的使用量显著增加，人类通过燃烧化石燃料来发电、采暖、制冷、烹煮食物及完成交通运输和工业生产，在促进社会发展的同时，使大气中二氧化碳排放量增长速度加快，对环境和人类健康产生了极大的影响。根据政府间气候变化专门委员会报告，二氧化碳是化石燃料燃烧和工业化生产过程中主要的温室气体。到 2015 年，二氧化碳排放量占温室气体排放量的 90%。从总量来看，1750—2011 年，燃烧化石燃料与水泥生产贡献了 365 Gt 碳，占人为源碳排放总量的 66%（沈永平等，2013）。美国航天局轨道探测观测者公布的首张全球二氧化碳浓度地图显示，北美洲、欧洲和中国上空的二氧化碳浓度高可能与人类活动（如发电厂燃烧化石燃料）有关（司马文，2015）。化石燃料燃烧产生的大气污染物对人类健康产生严重影响。

为了应对全球气候变化，国际上多个研究机构组织围绕全球范围内温室气体排放量进行评估，如二氧化碳信息分析中心（Carbon Dioxide Information Analysis Center，CDIAC）、全球大气排放研究数据库（Emission Database for Global Atmospheric Research，EDGAR）、国际能源署（International Energy Agency，IEA）、能量信息管理（Energy Information Administration，EIA）、世界资源研究所（World Resources Institute，WRI）等。这些研究机构一直致力于优化城市能源结构和减少城市大气污染。目前已有许多研究关注大气化学污染物排放特征。例如，早在十几年前，基于各省份活动水平估算了 1995 年中国碳排放量；Streets 等（2001）在此基础上研究并构建了 2000 年中国大气污染物排放清单。Song 等（2011）和 Zhang 等（2012）分别研究了 1990—2005 年颗粒物等污染物和 1949—2007 年碳排放量的变化。Ohara 等（2007）完成了 1980—2003 年亚洲人为污染物排放清单，并基于国家层面预测了 2020 年的排放量。

能源资源管理是区域经济发展和环境保护的重要组成部分（Zhou et al.，2015）。能源的产生、消费和节约是经济活动的核心，这些经济活动被衡量为国内生产总值（GDP）的增长（Bian et al.，2016；Sreekanth，2016）。能源消费是全球气候变化的主要因素（Liu et al.，2016；Zhao et al.，2018）。中国约 70%的能源消费来自工业部门（Liu and Ma et al.，2015）。国际能源机构预测，工业部门的能源使用量将继续增加，假设目前的趋势继续下去，到 2050 年，能源使用量将大约翻一番（Edelenbosch et al.，2017）。在全球层面上，工业活动占总能源需求的1/3以上（Fais et al.，2016）。中国的工业活动对能源消费产生了巨大的影响（Mi et al.，2015；Xu et al.，2014）。近年来，中国工业能源消耗一直是各方面研究的焦点（Li et al.，2014）。如Lu等（2015）利用分解技术和去耦方法确定了对工业能耗的主要影响。Yang等（2017）验证了人均GDP与经济相关的人均温室气体排放之间的倒“U”形关系。矿业和制造业对国家和省级能源强度的影响都很大（Cai et al.，2016）。在中国当前能源减排目标的背景下，大多数工业部门都需要降低其能源强度（Wu et al.，2016）。在此背景下，降低能源强度对中国构成了巨大的挑战，特别是对能源密集型产业而言（Feng et al.，2017）。

很多研究引入相关模型验证大气污染与城市发展变量之间的相关性。例如，可拓展的随机性的环境影响评估（Stochastic Impacts by Regression on Population，Affluence and Technology，STIRPAT）模型可用于对多个自变量和因变量之间的关系进行评估，运用此模型可以对不同类型国家的温室气体排放驱动因素进行试验验证。综合运用因子分解法和STIRPAT模型，可用于解析中国人均二氧化碳排放差异。结果表明能源强度、人均GDP、产业结构和能源消费结构的变化对二氧化碳排放有显著影响，其中工业能源强度的影响最大（林伯强等，2009）。越来越多的能源与环境建模工具被应用于能源与环境问题的模拟研究。例如，长期能源替代规划系统（Long-range Energy Alternatives Planning System，LEAP）具有综合性、易用性、初始数据要求相对较低、数据结构和时间设定灵活等特点，被广泛应用于能源与环境建模当中（Guan et al.，2008）。国内学者近年来应用LEAP模型对一些地区和城市的能源-环境问题进行研究，包括上海市能源消耗、交通模式对能源和环境的影响（Guo et al.，2014；Liu et al.，2011；Wang and Yang，2015），城市节能减排政策情景模拟（Tian et al.，2013；Zhang and Da，2015），经济技术开发区能源消费和二氧化硫排放（Xu et al.，2012），水泥行业二氧化碳排放及减排潜力分析（Wang et al.，2013）等。

6.1.5 城市群工业碳减排及大气污染优化管理

随着世界各国对温室气体减排的关注，工业生产过程碳减排成为十分重要的任务。由于高能耗工业行业碳减排相对容易采取措施，且能够为减排政策的制定提供指南，因此行业层面的研究最初集中在钢铁、水泥、铝、石化等传统的高能耗行业中。随着研究的不断深入，相关的碳排放核算研究不断向其他工业扩展，如肉类的生产过程、糖和乙醇的供应过程。为了规范温室气体核算方法以及便于同类型行业不同企业相互对比，我国国家质检总局、国家标准委等有关机构致力于推进工业温室气体排放核算标准化工作。2016年，我国出台了《工业企业碳排放核算和报告通则》以及钢铁、民航、化工、水泥等10个重点行业温室气体排放核算方法与报告要求，旨在通过规定数据质量管理的工作方法要求，帮助工业企业提高碳排放数据质量，为国内自愿性温室气体减排交易市场的建立提供技术支撑。

我国温室气体排放具有显著的时空变异性，会对碳减排政策的科学制定产生较大的影响。原因主要来自以下两个方面：一是我国未来碳排放的总量持续增加；二是我国不同地区社会发展模式和能源消费结构的差异也将长期存在。随着我国城市的快速发展，与我国城市化进程相关的大量化石燃料每年导致数十亿吨温室气体和其他污染物排放到大气中，从而导致气候变化和空气污染，并且城市发展严重依赖的化石燃料是不可再生的。由于我国区域之间存在着发展的不平衡，如能源消费结构、产业结构、经济技术等因素，导致各城市的温室气体与大气污染物排放特征有较大差异（王小鸽，2019）。

针对我国温室气体排放特点，我国政府提出了能源利用强度削减目标，即 2020 年能源强度比 2015 年降低 15%（Li et al.，2016；Liu and Geng et al.，2015）。工业部门的温室气体排放强度受到多方面因素的影响（Ang，1999）。近几十年来，一些研究人员研究了工业部门能源强度的影响。Li 等（2015）使用元边界网络测量了我国 30 个省份的能源强度绩效。Wang 等（2014）应用数据包络分析（Data Envelopment Analysis，DEA）对区域能源效率和主要城市工业部门的节能潜力进行了评价。Wu 等（2016）采用 DEA 方法，将国家能源强度降低目标总量分配给省级工业部门，以实现可持续发展。同时，产业结构效应是我国降低能源强度的主导因素（Liu and Ma et al.，2015）。工业部门的结构转型有助于降低能源强度（Liu and Xiao，2018；Shi et al.，2018）。Wang 等（2014）将对数平均迪氏指数方法与脱钩分析相结合，分析了我国京津冀地区工业发展及二氧化碳排放。贺克斌（2007）以北京为例开展大气污染协同效应研究，基于工业结构调整、提高能源效率及清洁能源替代等措施，北京工业部门有望减少 18.5 万 t SO_2、41.5 万 t NO_x 和 5.6 万 t PM_{10} 等大气污染物的排放，还可减少 2 590 万 t 标准煤能耗。李丽平等（2010）通过“管理减排”、“结构减排”和“工程减排”3 种手段，对污染物减排协同效应进行研究，表明减排技术和措施的差异会造成协同效应的差异，“结构减排”主要产生正协同效应，而“工程减排”在一定程度上会带来负协同效应。

为了实现能源强度的缓解目标，优化模型可以为产业结构转型（Industrial Structure Transition，IST）提供所需的战略。例如，Mi 等（2015）开发了基于投入产出法的多目标优化模型，以获得适应性产业结构，同时考虑了能源强度缓解和经济效益。除了产业结构转型，燃料价格和从业人员数量也会影响工业部门的能源强度（Kander et al.，2017）。

为了实现未来能源强度减缓的目标，需要考虑工业部门环境绩效与经济绩效之间互动变化的关系（Cheng et al.，2018；Segura et al.，2018）。这种关系直接影响到减轻工业部门的能源强度。例如，一些研究者在环境库兹涅茨曲线的框架下，揭示了经济增长与环境保护的关系（Wang and Zhou et al.，2016；Wang and Bao et al.，2016）。此前，引入了相关分析方法（如模糊粗糙集模型、阈值分析和灰色关联分析）来表明能源消耗、二氧化碳排放和缓解方案之间的关系（Chen et al.，2018；Xiao et al.，2016；Xu et al.，2016；Cao et al.，2016）。此外，由于经济和环境的干扰，未来可能会有一些变化和不确定因素对预测工业部门能源消耗和经济效益变化的传统方法带来一些挑战。

在工业温室气体强度削减管理研究中，模型参数的不确定变化以及区域间温室气体排放的差异性也会对模型求解带来很大的影响。具体来说，在燃料价格、技术进步、产业发展目标的随机变化以及决策者对未来温室气体减排目标的主观判断导致了工业温室气体管理系统的不确定性。另外，未来工业产值和能源消耗二者可能存在相辅相成、相互影响、相互关联的关系（Zhou et al.，2015）。这进一步加剧了工业部门温室气体强度削减管理的复杂性。最后，随着邻近城市间的聚集效应对工业部门的影响，工业部门温室气体强度削减管理日趋复杂（Pan et al.，2015）。因此，工业温室气体强度削减成为城市和城市群发展需要关注的问题之一（Xu et al.，2017）。有必要寻求适宜的方法来考虑未来工业温室气体强度削减的实现路径。其中，工业结构调整被认为是能够促进工业能源强度削减的有效手段之一。通过结合优化模型，工业结构优化调整可进一步保证能源强度削减目标的实现。同时，能源消耗和经济效益的随机性也可能导致违约事件（即超过了能源减排目标）。能源强度的违法风险分析有 3 个主要步骤（即确定可能的不良事件，估计其发生的可能性，并预测其后果）（Tan et al.，2016）。Copula 理论可捕捉到极值条件下的风险水平，因此在违约风险管理中的多变量（如能源、小麦和电力市场）风险分析方面同样有效（Ignatieva et al.，2016；Liu et al.，2017；Lourme et al.，2017；Qiu et al.，2016）。例如，Yue 等（2018）为温室气体缓解策略开发了一种基于 Copula 理论的违反风险分析方法。因此，Copula 理论可以帮助处理失效概率或违约风险，关注工业过程中因变量和随机变量的后果（Salvadori et al.，2016）。

大部分的工业温室气体排放研究采用工业温室气体排放因子推荐值，而这种做法可能会忽略区域和技术水平的差异，导致核算结果出现误差。单一工业或工业企业的碳排放核算通常采用的方法是生命周期评价方法、投入产出分析方法、指数分解分析方法、优化管理方法。对于区域层面的工业温室气体减排分析，通常将上述核算方法与情景分析和优化模型相结合，进而为政策制定提供决策支持。特别地，已有的相关研究多数选取经济收益作为优化管理的目标函数，但是没有考虑温室气体减排目标对工业管理的影响。通常情况下，采用敏感性分析（sensitivity analysis）、一级误差分析（first-order error analysis）、统计分析方法和模糊数学方法来反映系统参数的不确定性。其中，蒙特卡罗抽样分析方法较为广泛地在多参数不确定分析中开展应用。由于预测未来温室气体减排控制目标依赖决策者的主观判断，因此可以通过模糊数学方法来反映主观决策过程的不确定性。同样，很多学者采用区间优化技术来支撑工业管理决策。在工业温室气体减排管理中，除了需要考虑上述参数的不确定性以及优化管理过程外，仍需考虑由于某些参数的不确定变化造成温室气体排放总量超过相关标准的风险（即温室气体减排目标违约风险）。而在以往的研究中较少考虑上述的温室气体减排违约风险管理。为了实现工业温室气体强度削减目标，应当关注工业部门的能源消耗和经济发展之间的关联关系。过去的研究已经揭示了环境保护与经济发展彼此联系的库兹涅茨曲线。很多学者结合相关性分析方法（如模糊数学、灰色关联分析和阈值分析）来分析能源消耗、温室气体排放与减排路径之间的相互关系。工业系统中的随机参数（如能耗和经济效益）可能呈现不同的概率分布（Yu et al.，2018）。对随机参数进行联合概率分析可以为工业系统的决策提供能源强度的联合分布特征（Montaseri et al.，2018）。其中，Copula 理论被广泛应用于经济和环境管理中（Min et al.，2010）。例如，Zhang 和 Lam（2016）利用 Copula 函数揭示了可靠性工程中的非线性关系。Samitas 等（2013）使用 Copula 函数来探究债务危机期间希腊和欧洲市场之间的相关动态。Perez-Rodriguez 等（2015）利用 Copula 函数分析了旅游业与国民经济的联合分布。多重联结函数可用于分析极端事件期间随机过程的联合行为（Emmanouilides et al.，2015；Miao et al.，2016）。选择合适的 Copula 函数对正确建模边缘分布之间的依赖关系非常重要（Montaseri et al.，2018）。例如，Carta 等（2012）选择不同的 Copula 函数来模拟不同产出有效性的依赖关系。

综上所述，工业系统的温室气体强度削减是目前研究的热点领域之一。世界各国的研究学者力求建立行之有效的方法来模拟在不同温室气体减排目标下的工业适应性发展对策。然而，工业系统是一个复合的、复杂的和不确定的系统。在工业生产过程中，燃料价格、技术进步、产业发展目标等要素的随机变化以及决策者对未来温室气体减排目标的主观判断会不断地影响工业温室气体排放量和工业经济收益，从而使工业温室气体排放量和工业经济收益呈现随机变化和相关变化的特点。工业温室气体排放量和经济收益的波动变化会进一步影响我国温室气体减排目标（即到 2020 年单位 GDP 二氧化碳排放量比 2015 年下降 18%）的实现。因此，温室气体强度削减背景下工业适应性发展对策是对工业能源消费和工业经济收益的双重考量，并且需要考虑参数随机波动变化的特征，以及这些参数在叠加作用后对碳减排目标实现的影响。换言之，在 2020 年我国温室气体强度削减目标控制下，工业结构优化适应性管理应当充分考虑工业能源消费和经济收益的不确定性和相关性，并在此基础上合理分析不确定参数叠加作用后对温室气体强度削减目标实现的影响，从而形成具有先见性、可行性和适宜性的工业结构优化方案，以指导工业低碳发展、提高管理效率。

6.2 畜禽养殖及生物能源生产过程的氮流分析

6.2.1 研究背景

在气候变化的背景下，农业系统中的氮流动在粮食消费和生产的动态关系中有着不可分割的联系（Rasul，2016），以牲畜为基础的粮食消费是增加对大豆等作物需求的一个重要因素（Rosegrant et al.，2009）。气候变化可能通过改变降水和温度的特性来影响作物产量（Garcia et al.，2016；Rosegrant et al.，2009）。在气候变化的背景下，农业系统对灌溉和机械的能源需求将增加，生物燃料和生物量在农业系统中也发挥着潜在的作用（Conway et al.，2015；Zhang et al.，2018；Slade et al.，2014）。由于水、土地和劳动力资源有限，许多研究人员研究了玉米衍生生物燃料生产对粮食安全的影响（Dick et al.，2018）。由于以牲畜为基础的粮食的需求将随着社会经济发展的增长而增加（Lal，2013），应采用耦合方法为耕地、牲畜和生物燃料管理提供有效战略，以探讨气候变化背景下牲畜系统的复杂氮损失（Xue et al.，2019）。统计数据或气象数据的定量分析可以提供该系统的基本空间模式，包括消费者在社会和经济发展过程中对以牲畜为基础的食品的偏好，以及在多种气候变化情景下的饲料作物供应（Molden et al.，2008；Scanlon et al.，2017）。例如，纳入气候变化情景的作物模拟模型可以审查天气条件与作物产量之间的关系（Challinor et al.，2014）。传统上，通过多种统计方法对以牲畜为基础的粮食需求的波动进行分析（Tilman et al.，2011）。在构造联合概率分布时，Copula 函数可以描述随机变量之间的依赖关系（Cai et al.，2019）。Copula 函数在分析食品价格的依赖结构、灌溉管理和饮食偏好方面得到了广泛的应用（Di Lascio et al.，2017）。尽管先前的研究侧重于农业系统中的氮流，但基于牲畜的粮食需求与经济发展之间的相互关系仍有待进一步分析。

虽然许多研究侧重于牲畜和生物燃料生产系统的氮流量，但缺乏以下几个方面的研究：与社会经济发展有关的饮食模式的变化；评估牲畜粮食需求和生物燃料应用影响的氮损失；考虑到饲料作物生产和牲畜粮食需求的不确定性，分析生物量再利用和再循环的贡献。因此，本研究的目的是使用混合方法评估牲畜和生物燃料生产系统的氮损失。该方法将利用作物模拟模型评估饲料作物生产，该模型基于 DNDC（DeNitrification-DeComposition）模型，考虑了不同田间情况和气候变化的影响；利用 Copula 函数和马尔可夫链蒙特卡罗（MCMC）模拟，解开相关变量（即粮食需求和经济效益）的联合概率；根据系统的氮损失确定生物燃料和生物质应用的贡献。该方法将在我国珠三角城市群进行应用。

6.2.2 系统边界

本研究选取 3 种作物（玉米、大豆和小麦）作为研究对象，探讨这几类作物在畜牧业和生物燃料生产系统中的作用。这三类作物是畜牧业的重要饲料来源，还是生物燃料（即乙醇）的主要原料之一。本研究考虑了以下几类畜禽类食物：牛羊肉、猪肉、家禽、牛奶和鸡蛋。系统边界如图 6-1 所示。另外，以下两个过程需参考分配和删减原则，分配复杂条件对氮流的影响：①畜禽粪便和氮肥中的氮流；②农业机械使用和氮肥生产中生物燃料和化石燃料的投入。

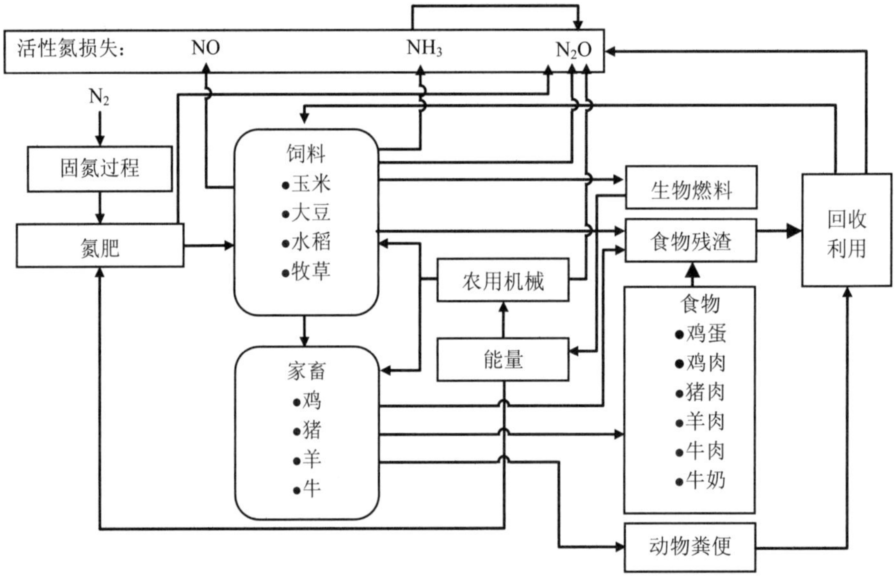

图 6-1 畜禽养殖及生物能源生产过程系统边界

具体来说，畜禽养殖及生物能源的生产过程包括以下组成部分：

（1）氮肥生产

本研究考虑了 3 种氮肥（尿素、碳酸氢铵和磷酸二铵）的施用。这一阶段的活性氮损失主要由化学固氮过程的能量消耗引起。

（2）农田的活性氮排放

施肥农田的活性氮排放是由 NH_3 挥发到大气中并转化为 NO 和 N_2O 引起的，农田活性氮排放量可通过式（6-1）和式（6-2）求解。

$$N_2O=(a+b\times c)K \tag{6-1}$$

式中：a 和 b —— 施肥土壤 NH_3 和 N_2O 的排放量；

c —— 大气中 NH_3 对 N_2O 的间接转换系数；

K—— 肥料中的氮含量。

$$\mathrm{NO} = \exp\left(d + \sum_{i=1}^{m} f_i\right) K \qquad (6\text{-}2)$$

式中：NO —— NO_x 的排放因子，kg/hm^2；

d—— 常数；

f—— 农田排放系数。

（3）作物生产

作物产量受肥料投入和许多其他因素的影响，包括温度和降水。本研究运用 DNDC 模型和气候变化情景下的温度及降水动态情景（RCP 4.5 和 RCP 8.5）数据，模拟玉米、小麦和大豆等饲料作物的生产。

（4）生物燃料生产

考虑到生物燃料生产可能会挤占粮食作物的种植，我国生物乙醇燃料生产的前景尚不清楚。根据我国现有的生物燃料生产规划，2020 年将由玉米生产的乙醇产量限制在 15 亿 L。考虑到生产 1 t 乙醇需要平均投入 3.3 t 玉米，本研究预计 2020 年、2025 年和 2030 年乙醇生产对玉米的需求分别为 4 t、5 t 和 6 t。

（5）堆肥生产

在本研究中，假设畜禽粪便和食物损失通过堆肥过程得以回收利用。根据式（6-3）评估畜禽粪便中直接和间接的 N_2O 排放（即 N_2O_D 和 N_2O_G）。

$$N_2O_D = \sum_m \frac{44}{28} \times \left(\mathrm{EF}_m \times F_m\right) \qquad (6\text{-}3)$$

$$N_2O_G = \sum_m \left(F'_m \times \mathrm{Frac}\right) \times \frac{44}{28}$$

式中：F_m —— 每生产 1 000 kg 第 m 类畜禽类食物所产生的粪便中的氮含量；

EF_m —— 畜禽粪便的 N_2O 排放因子；

F'_m —— 第 m 类畜禽粪便中直接排放后的氮含量；

Frac —— 在肥料管理系统中挥发为 NH_3 和 NO_x 的氮的比例。

生产 1 000 kg 畜禽类食物所需的粪肥量及粪肥中的氮素含量如表 6-1 所示。

表 6-1　畜禽粪便生产 1 000 kg 畜禽类食物的数量　　单位：kg/1 000 kg

畜禽类食物	畜禽粪便	氮含量*
牛肉和羊肉	9 991.23	9.31
家禽	703.52	2.64
鸡蛋	432.62	1.62

畜禽类食物	畜禽粪便	氮含量*
牛奶	1 211.22	0.80
猪肉	2 941.54	2.60

注：*水含量系数为 0.75。

参考亚洲粮食损失回收的平均数据，预计 50%的食物损失将通过堆肥得以回用。食物损失在堆肥过程中的 N_2O 排放量如式（6-4）所示：

$$N_2O = \left(EF_i \times M\right) \times 10^{-3} \quad (6\text{-}4)$$

式中：EF_i —— N_2O 排放因子（即 0.3g N_2O/kg）；

M —— 湿食物损失的质量，kg。

（6）畜禽饲养

本研究考虑了 4 种畜禽的饲养（即牛、羊、家禽和猪），参考中国农产品的成本效益中畜禽饲养饲料投入系数。

（7）农业机械

采用政府间气候变化专门委员会默认值计算农业机械平均排放因子，详见式（6-5）。

$$E = \sum_l \left(F_l \times EF_l\right) \quad (6\text{-}5)$$

式中：EF_l —— 农用机械默认排放因子的平均指数。

与农业机械相关的 N_2O 排放因子中，柴油为 28.6 kg/TJ，乙醇为 41 kg/TJ。

6.2.3 基于 Copula 函数和 MCMC 模拟的动物性食物需求

由于居民饮食结构受社会经济发展水平的影响，有必要分析饮食结构与社会经济发展水平（选取人均 GDP 为参考指标）之间的关系。在本研究中，引入 Copula 函数来获取人均畜禽类食物需求与人均 GDP 的联合概率分布。设 X_1 和 Y_1 为食物需求和社会经济发展的相关变量，$F_{X_1}(x_1)$ 和 $F_{Y_1}(y_1)$ 为其累积分布函数。根据 Copula 理论，可以确定唯一的 Copula 函数（即 C）和两个变量［即 $f(x_1, y_1)$］的联合概率密度函数 $f(x_1, y_1)$，可由式（6-6）得到：

$$f\left(x_1, y_1\right) = C_\theta\left(F_{X_1}\left(x_1\right), F_{Y_1}\left(y_1\right)\right) f_{X_1}\left(x_1\right) f_{Y_1}\left(y_1\right) \quad (6\text{-}6)$$

式中：x_1 —— 人均食物需求；

y_1 —— 人均 GDP；

$f(x_1, y_1)$ —— 相关变量的联合概率密度函数；

θ —— Copula 函数中的关联参数。

可以引入多种 Copula 函数（例如 Gaussian Copula 函数、Archimedean Copula 函数、Student t Copula 函数）来获取参数的相关特征。本研究选择了 5 种类型的 Copula 函数（如

表 6-2 所示)。

表 6-2　Copula 函数方程

Copula 函数	参数	$C_\alpha(u,v)$
Gaussian Copula 函数	$\theta \in [-1,1]$	$\dfrac{\phi_\theta\left(\Phi^{-1}(u),\Phi^{-1}(v)\right)}{\phi\left(\Phi^{-1}(u)\right)\phi\left(\Phi^{-1}(v)\right)}$
Gumbel-Hougaard Copula 函数	$\theta \in [1,+\infty)$	$\exp\left\{-\left[(-\ln u)^\theta+(-\ln v)^\theta\right]^{1/\theta}\right\}$
Clayton Copula 函数	$\theta \in [-1,\ +\infty)\setminus\{0\}$	$\max\left[\left(u^{-\theta}+v^{-\theta}-1\right)^{-1/\theta},0\right]$
Frank Copula 函数	$\theta \in (-\infty,+\infty)\setminus\{0\}$	$-\dfrac{1}{\theta}\ln\left[1+\dfrac{\left(e^{-\theta u}-1\right)\left(e^{-\theta v}-1\right)}{e^{-\theta}-1}\right]$
Student *t* Copula 函数	$\theta=\begin{bmatrix}1 & \cdots & \theta_{d1}\\ \vdots & \ddots & \vdots\\ \theta_{1d} & \cdots & 1\end{bmatrix}$ $\theta_{ij}=\begin{cases}1, i=j\\ \theta_{ij}, i\neq j\end{cases}$	$\int_{-\infty}^{t_k^{-1}(u)}\int_{-\infty}^{t_k^{-1}(v)}\dfrac{1}{2\pi\sqrt{1-\theta^2}}\left[1+\dfrac{s^2-2\theta st+t^2}{k\left(1-\theta^2\right)}\right]^{-(k+2)/2}\mathrm{d}s\mathrm{d}t$

Copula 函数的关联参数影响 Copula 函数的拟合优度。为了检验联结函数拟合优度的变化，引入多元联结分析工具箱（MvCAT）进行 MCMC 模拟。使用了两个指标［即均方根误差（RMSE）和纳什效率（NSE）］来检验 Copula 函数的性能，并选择适宜的 Copula 函数，详见式（6-7）。

$$
\begin{aligned}
\mathrm{RMSE}&=\sqrt{\frac{\sum_{i=1}^{n}\left[\tilde{f}_i-f_i(\theta)\right]^2}{n}}\\
\mathrm{NSE}&=1-\frac{\sum_{i=1}^{n}\left[\tilde{f}_i-f_i(\theta)\right]^2}{\sum_{i=1}^{n}\left(\tilde{f}_i-\bar{\tilde{f}}_i\right)^2}
\end{aligned}
\tag{6-7}
$$

式中：RMSE∈[0，+∞）和 NSE∈[−∞，1）—— 观测值和预测值变化的程度；

$\tilde{f}$ —— 粮食需求和社会发展变量中的联合概率；

f—— Copula 函数预测的联合概率。

6.2.4 结果和讨论

（1）氮肥需求

基于图 6-1 的系统边界，分析了化学氮肥需求。功能单元为饲料作物 1 000 kg。生产 1 000 kg 饲料作物的化学氮肥需求如表 6-3 所示。考虑到玉米、小麦和大豆的单产受到气候变化的影响，相同产量的玉米、小麦和大豆的种植面积将会波动变化。在所有种植策略中，饲料作物的种植面积预计在2030年的RCP4.5和2020年的RCP8.5中最高。同样，生产玉米、小麦和大豆的化学氮肥需求也会随情况而变化。预计到2030年，RCP4.5情景下氮肥需求量最大；到2020年，RCP8.5情景下氮肥需求量最大。就小麦、大豆和玉米等饲料作物而言，在RCP8.5情景下，小麦预计是最大的氮肥消费者；在RCP4.5情景下，在2020年和2030年，大豆预计是最大的氮肥消费者。

表6-3 生产1 000 kg饲料作物的氮肥需求

气候变化情景	年份	作物	种植区/hm^2	需求/kg		
				尿素	碳酸氢铵	磷酸二铵
RCP4.5	2020	玉米	0.25	9.62	0.41	1.05
		小麦	0.13	11.78	0.20	3.44
		大豆	1.18	15.89	2.47	39.38
		饲草	0.01	1.54	—	—
	2025	玉米	0.16	6.01	0.26	0.65
		小麦	0.19	16.33	0.28	4.77
		大豆	0.63	8.55	1.33	21.18
		饲草	0.01	1.54	—	—
	2030	玉米	0.36	13.96	0.60	1.52
		小麦	0.18	15.55	0.27	4.55
		大豆	1.34	18.05	2.81	44.71
		饲草	0.01	1.54	—	—
RCP8.5	2020	玉米	0.20	7.90	0.34	0.86
		小麦	0.20	17.49	0.30	5.11
		大豆	0.67	9.03	1.40	22.38
		饲草	0.01	1.54	—	—
	2025	玉米	0.16	6.29	0.27	0.69
		小麦	0.17	14.92	0.26	4.36
		大豆	0.50	6.75	1.05	16.71
		饲草	0.01	1.54	—	—
	2030	玉米	0.16	6.18	0.26	0.67
		小麦	0.19	16.64	0.28	4.86
		大豆	0.51	6.85	1.07	16.98
		饲草	0.01	1.54	—	—

（2）机械和能源需求

畜禽类食物生产的能源消耗情况如表6-4和表6-5所示。畜禽类食物直接消耗能源和饲料作物，间接消耗化学氮肥。根据表6-4，家禽生产是最大的能源消费者，而牛羊肉生产消耗的能源最少。表6-5显示，氮肥生产的能源需求将随畜牧业饲料需求发生变化。在这两种气候变化情景下，家禽饲养间接消耗的化学氮肥预计消耗最多的能源，而在牛奶生产过程中此类能源消耗较低。

表6-4 畜禽类食物生产的能源消耗 单位：MJ/1 000 kg

畜禽类食物	电力	煤	总计
牛肉和羊肉	44.6	30.94	75.54
家禽	160.33	1 709.4	1 869.72
鸡蛋	156.71	90.09	246.8
牛奶	108.66	72.58	181.25
猪肉	121.78	221.31	343.09

表6-5 生产化学氮肥的能源消耗 单位：MJ/1 000 kg 畜禽类食物

年份	畜禽类食物	能源消耗	
		RCP4.5	RCP8.5
2020	牛肉和羊肉	3 178	2 355
	家禽	7 394	5 923
	鸡蛋	5 607	4 183
	牛奶	1 374	1 054
	猪肉	6 256	4 696
2025	牛肉和羊肉	2 069	1 864
	家禽	5 413	5 050
	鸡蛋	3 687	3 335
	牛奶	945	865
	猪肉	4 146	3 760
2030	牛肉和羊肉	3 978	1 905
	家禽	8 820	5 121
	鸡蛋	6 991	3 404
	牛奶	1 679	881
	猪肉	7 787	3 837

（3）氮流分配

以下两个过程涉及氮流分配。首先，由于畜禽粪便和食物损失用于堆肥过程，会减少一定量的氮肥投入。我国预计95%的畜禽粪便作为肥料用于农田，假设5%的牲畜粪便将用于饲料作物种植过程。此外，11%的作物损失和5.45%的食物损失用于堆肥过程；其次，使用生物能源可以减轻化石燃料燃烧造成的环境污染，需要在系统中分配生物能源和常规化石能源的氮流。

根据中国生物能源发展规划，在2020年、2025年和2030年，将分别用4 t、5 t、6 t玉米生产乙醇，分别增加能源供应32 480万t、40 600万t和48 720万t。2020年（1.17×10^8 TJ）、2025年（1.29×10^8 TJ）和2030年（1.43×10^8 TJ），乙醇将分别占中国能源供应总量的0.028%、0.031%和0.034%。乙醇生产的肥料和能源需求如表6-6所示。预计RCP4.5情景下的肥料需求量将高于RCP8.5情景下的需求量。在3类肥料（尿素、碳酸氢铵、磷酸二铵）中，预计乙醇生产对尿素的需求最大。

表6-6 乙醇生产过程中化学氮肥需求和能耗情况

氮肥	年份	RCP4.5			RCP8.5		
		1*	2	3	1	2	3
需求/1 000 t	2020	38.48	1.65	4.19	31.60	1.35	3.44
	2025	30.04	1.29	3.27	31.47	1.35	3.43
	2030	83.74	3.58	9.12	37.10	1.59	4.04
能耗#/TJ	2020	1 238.81	17.56	63.27	1 017.28	14.42	51.96
	2025	967.23	13.71	49.40	1 013.12	14.36	51.75
	2030	2 695.89	38.21	137.69	1 194.34	16.93	61.00

注：*1～3——化学氮肥，其中1为尿素、2为碳酸氢铵、3为磷酸二铵；#生产氮肥的能源消耗量。

（4）氮肥需求

考虑到大豆、小麦和玉米的国际贸易，本研究提出了两种情景。情景1考虑了大豆、小麦和玉米在我国本地的种植方式，按照我国此类农作物施肥特点对施肥情况进行分析。情景2考虑了国际贸易中大豆、小麦和玉米的进口，并根据进口国的此类作物施肥特征进行分析。生产1 000 kg畜禽类食物的氮肥需求量如表6-7所示。氮肥的需求将随气象条件和畜禽饲料需求的变化而变化。在所有畜禽类食物中，预计猪肉生产投入饲料作物所需的氮肥需求最高。情景1下饲料作物生产的肥料需求比情景2下高0.19～1.84倍。与气候变化情景RCP4.5相比，RCP8.5情景下的饲料作物氮肥需求将最大增加3.10倍。此外，作物在RCP4.5情景下的产量将低于在RCP8.5情景下的产量。据预测，中国在饲料作物生产中的化学氮肥需求将高于从其他国家进口的饲料作物的氮肥需求。

表 6-7 生产 1 000 kg 畜禽类食物的饲料生产中的化学氮肥需求 单位：kg/1 000 kg

年份	畜牧类食品	情景 1						情景 2					
		RCP4.5			RCP8.5			RCP4.5			RCP8.5		
		1*	2	3	1	2	3	1	2	3	1	2	3
2020	牛肉和羊肉	6.12	0.77	10.60	4.51	0.49	6.71	3.32	0.34	3.74	2.90	0.24	2.81
	家禽	18.87	1.38	18.61	16.03	0.89	11.81	13.96	0.63	6.61	13.22	0.46	4.99
	鸡蛋	18.89	1.35	18.16	16.11	0.87	11.51	14.10	0.61	6.44	13.37	0.45	4.85
	牛奶	3.89	0.27	3.97	3.29	0.17	2.52	2.84	0.11	1.40	2.69	0.07	1.05
	猪肉	20.53	1.51	20.33	17.39	0.97	12.87	15.15	0.68	7.19	14.31	0.50	5.40
2025	牛肉和羊肉	3.08	0.42	6.24	2.56	0.36	5.12	1.57	0.19	2.55	1.36	0.17	2.20
	家禽	13.49	0.77	10.99	12.58	0.66	9.01	10.84	0.36	4.53	10.47	0.33	3.91
	鸡蛋	13.65	0.75	10.71	12.76	0.64	8.78	11.06	0.35	4.41	10.71	0.32	3.81
	牛奶	2.75	0.14	2.34	2.55	0.11	1.91	2.18	0.05	0.95	2.10	0.05	0.82
	猪肉	14.65	0.84	11.97	13.66	0.71	9.81	11.75	0.39	4.90	11.36	0.36	4.23
2030	牛肉和羊肉	9.83	0.97	12.35	2.83	0.36	5.26	6.64	0.48	4.56	1.62	0.18	2.30
	家禽	25.49	1.74	21.70	13.06	0.67	9.27	19.90	0.88	8.07	10.92	0.34	4.09
	鸡蛋	25.32	1.69	21.16	13.22	0.65	9.04	19.86	0.85	7.85	11.14	0.33	3.98
	牛奶	5.30	0.35	4.63	2.66	0.12	1.97	4.10	0.16	1.71	2.20	0.05	0.86
	猪肉	27.66	1.89	23.69	14.18	0.73	10.09	21.53	0.95	8.76	11.84	0.37	4.42

注：*1——尿素；2——碳酸氢铵；3——磷酸二铵。

（5）堆肥过程

本研究考虑了堆肥和生物燃料生产过程中的氮循环。如表 6-8 所示，每生产 1 000 kg 畜禽类食物所产生的牲畜粪便如果通过堆肥过程回收利用，折合的有效氮相当于 10.45 kg 尿素，并可节省 336 MJ 能源投入（用于生产氮肥）。另外，食物损失的堆肥中活性氮回用量将小于畜禽粪便的氮回用量。未来，随着我国城市固体废物分类政策的实施，用于堆肥回用的食物损失将会增加。

表 6-8 堆肥过程氮物质流 单位：kg/kg 畜禽类食物

项目			食物损失		畜禽粪便	
			氮含量	尿素*	氮含量	尿素
牛肉和羊肉	牛羊		1.64×10^{-5}	3.55×10^{-5}	2.46×10^{-3}	5.36×10^{-3}
	饲料	玉米	1.91×10^{-5}	4.16×10^{-5}	—	—
		大豆	7.92×10^{-6}	1.72×10^{-5}	—	—
		小麦	5.94×10^{-6}	1.29×10^{-5}	—	—

项目			食物损失		畜禽粪便	
			氮含量	尿素*	氮含量	尿素
家禽	家禽		1.64×10^{-5}	3.55×10^{-5}	7.01×10^{-4}	1.52×10^{-3}
	饲料	玉米	3.43×10^{-5}	7.46×10^{-5}	—	—
		大豆	1.39×10^{-5}	3.01×10^{-5}	—	—
		小麦	1.06×10^{-5}	2.30×10^{-5}	—	—
鸡蛋	鸡		1.64×10^{-5}	3.55×10^{-5}	4.31×10^{-4}	9.37×10^{-4}
	饲料	玉米	3.33×10^{-5}	7.25×10^{-5}	—	—
		大豆	1.35×10^{-5}	2.94×10^{-5}	—	—
		小麦	1.02×10^{-5}	2.22×10^{-5}	—	—
牛奶	牛		1.64×10^{-5}	3.55×10^{-5}	2.12×10^{-4}	4.62×10^{-4}
	饲料	玉米	7.26×10^{-6}	1.58×10^{-5}	—	—
		大豆	2.97×10^{-6}	6.46×10^{-6}	—	—
		小麦	2.31×10^{-6}	5.02×10^{-6}	—	—
猪肉	猪		1.64×10^{-5}	3.55×10^{-5}	6.91×10^{-4}	1.50×10^{-3}
	饲料	玉米	3.70×10^{-5}	8.03×10^{-5}	—	—
		大豆	1.52×10^{-5}	3.30×10^{-5}	—	—
		小麦	1.12×10^{-5}	2.44×10^{-5}	—	—
共计			3.06×10^{-4}	6.66×10^{-4}	4.50×10^{-3}	9.78×10^{-3}

（6）畜禽类食物生产的活性氮损失

气候变化下畜禽类食物生产的活性氮损失如表 6-9 所示。据预测，生产 1 t 猪肉的活性氮损失最高。本研究中所预测的单位质量食物活性氮损失高于早期的相关研究（Guo et al.，2017）。其中，鸡蛋活性氮损失差异较大，猪肉活性氮损失差异较小。本研究所得到的活性氮损失趋势与先前研究的趋势相似。结果的差异来自系统边界的差异和与气候变化有关的数据来源的不确定性。

表 6-9 畜禽类食物生产的活性氮损失清单 单位：kg/1 000 kg

年份	畜禽类食物	情景 1				情景 2			
		N_2O		NO		N_2O		NO	
		RCP4.5	RCP8.5	RCP4.5	RCP8.5	RCP4.5	RCP8.5	RCP4.5	RCP8.5
2020	牛肉和羊肉	21.24	95.04	2.34	1.99	20.98	94.89	1.77	1.67
	家禽	138.36	138.11	2.80	2.27	137.89	137.84	1.80	1.70
	鸡蛋	132.51	132.27	2.79	2.26	132.05	132.01	1.81	1.70
	牛奶	30.09	30.00	0.66	0.48	29.99	29.95	0.45	0.36
	猪肉	148.91	148.65	3.04	2.46	148.40	148.35	1.95	1.84

年份	畜禽类食物	情景1				情景2			
		N_2O		NO		N_2O		NO	
		RCP4.5	RCP8.5	RCP4.5	RCP8.5	RCP4.5	RCP8.5	RCP4.5	RCP8.5
2025	牛肉和羊肉	94.96	94.91	1.81	1.72	94.81	94.80	1.51	1.47
	家禽	137.97	137.89	1.95	1.78	137.71	137.69	1.41	1.35
	鸡蛋	132.13	132.05	1.95	1.79	131.88	131.86	1.43	1.37
	牛奶	29.97	29.95	0.41	0.37	29.92	29.91	0.29	0.28
	猪肉	148.49	148.40	2.12	1.94	148.21	148.19	1.53	1.47
2030	牛肉和羊肉	95.45	94.93	2.86	1.76	95.14	94.89	2.21	1.51
	家禽	138.84	137.92	3.81	1.85	138.31	137.72	2.67	1.42
	鸡蛋	132.98	132.09	3.76	1.85	132.46	131.89	2.65	1.43
	牛奶	30.16	29.96	0.81	0.39	30.04	29.92	0.56	0.30
	猪肉	149.44	148.44	4.14	2.01	148.86	148.22	2.89	1.53

（7）珠三角城市群畜禽类食物消费的活性氮损失

根据珠三角城市群畜禽类食物消费分布情况以及畜禽类食物生产的活性氮损失特征，可以得到气候变化背景下 2020 年、2025 年和 2030 年珠三角城市群居民畜禽类食物消费的活性氮总损失（如表 6-10 和图 6-2 所示）。结果表明，珠三角城市群居民畜禽类食物消费中 NO 的排放将低于 N_2O 的排放。根据预测，在 RCP4.5 情景下，基于畜禽类食物生产所产生的 NO 排放量将高于 RCP8.5 情景下。2020 年饲料作物种植过程中的活性氮损失为 90.6 万～95.1 万 t，2025 年为 110.4 万～110.9 万 t，2030 年为 127.2 万～129.9 万 t。其中，NO 排放的波动预计大于 N_2O 的波动。

表 6-10 珠三角城市群畜禽类食物活性氮损失

情景	年份	取值	$NO/10^3$ t		$N_2O/10^5$ t		总氮损失/10^5 t	
			RCP4.5	RCP8.5	RCP4.5	RCP8.5	RCP4.5	RCP8.5
S1	2020	平均	30.63	24.81	14.13	14.76	9.14	9.51
		标准差	1.27	1.03	0.58	0.61	0.37	0.39
	2025	平均	25.1	23.02	17.24	17.23	11.09	11.07
		标准差	0.97	0.89	0.65	0.65	0.42	0.42
	2030	平均	55.59	27.48	19.99	19.86	12.99	12.76
		标准差	2.21	1.11	0.8	0.79	0.5	0.51
S2	2020	平均	19.95	18.74	14.08	14.73	9.06	9.45
		标准差	0.84	0.79	0.57	0.61	0.37	0.39
	2025	平均	18.37	17.65	17.21	17.2	11.04	11.05
		标准差	0.72	0.7	0.65	0.65	0.42	0.41
	2030	平均	39.14	21.22	19.92	19.84	12.85	12.72
		标准差	1.57	0.86	0.79	0.79	0.51	0.5

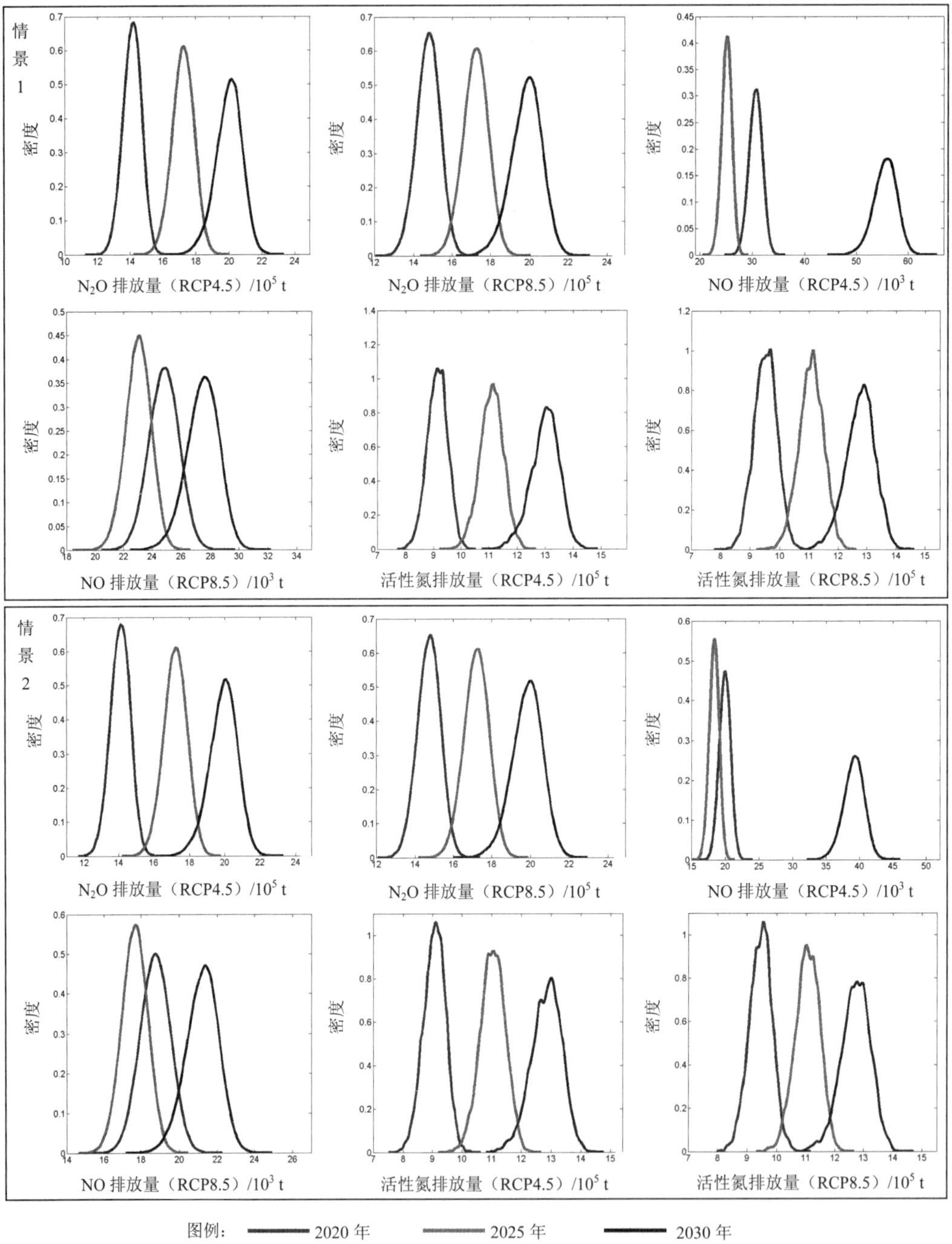

图 6-2 珠三角城市群氮损失分布特征图

6.3 能源强度削减下珠三角城市群工业结构优化

在分析广东省工业能源利用现状和经济发展目标的基础上，本研究致力于探寻在国家能源强度削减政策背景下(即到2020年单位GDP的工业能源强度比2015年下降15%)的国家工业能源强度削减路径。为此，将建立一套完整方法体系用于表征参数不确定性和相关性及其叠加作用后对工业能源强度削减目标实现的影响（即违约风险），并将上述违约风险纳入将优化的管理模型中，最终得到适宜的工业结构优化方案。

珠三角城市群工业结构优化管理具体由以下3个步骤组成（如图6-3所示）。

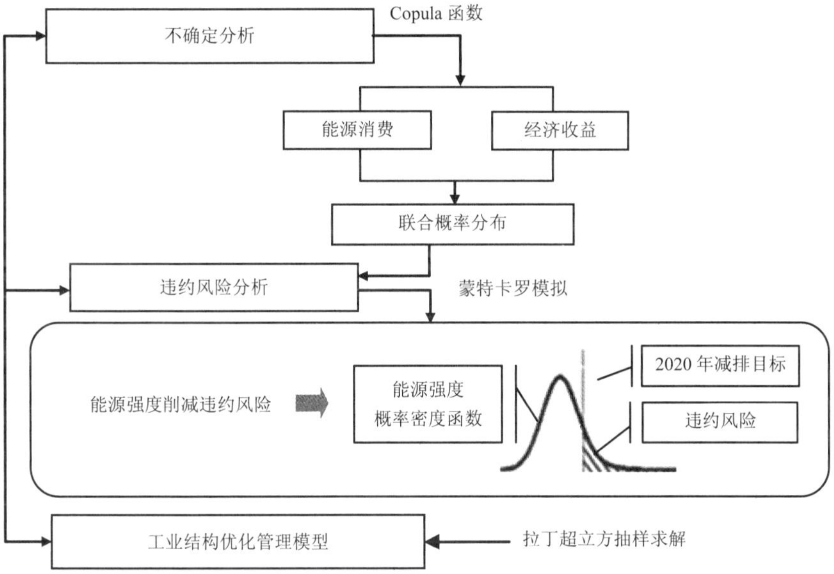

图6-3 珠三角城市群工业结构优化技术路线图

①工业能源消耗和经济收益不确定分析：结合某区域工业分行业能源消耗和增加值的历史数据与2020年的规划数据，运用基于Copula函数的相关性分析方法，评估工业分行业能源消耗和增加值的联合分布特征。

②能源强度削减违约风险分析：结合工业各行业能源消耗和增加值的不确定分布特征，运用蒙特卡罗模拟的方法评价工业能源消耗和经济收益不确定性对能源强度削减目标实现的影响。

③工业结构优化管理模型：建立能源强度削减背景下工业结构优化管理模型，探寻区域工业结构优化适应性方案。具体来说，工业结构优化管理包括以下两点内容：一是

根据未来工业能源强度特点，以工业发展规划目标和一定承受水平下的能源强度削减违约风险为考虑要素，建立工业结构优化管理模型；二是运用拉丁超立方抽样的试验设计方法对工业结构优化管理模型进行求解，进而得到工业结构优化适应性方案。

与传统方法相比，本研究提出的能源强度削减背景下的工业结构优化管理方法能够全面反映工业中参数与变量概率分布的不确定性，并将上述多重不确定性叠加作用以及未来能源强度削减目标的影响纳入工业结构优化管理实践中，真正将参数分析和风险分析落实在工业行业管理层面，切实指导行业结构优化，并且还可对其他相关领域的管理提供借鉴，从而形成更为强健的决策支持。

6.3.1 基于 Copula 函数的不确定分析方法

由于能够体现变量随时间变化的相关性和尾部相依性，Copula 理论在风险分析中得到了广泛的应用。通过揭示变量之间的相关性，Copula 函数能够反映两个或者更多边缘分布的联合分布。由于工业经济收益和能源消耗会随时间而发生波动变化，Copula 函数能够更有效地捕捉这些变量之间的联合概率分布特征。具体来说，Copula 函数在本研究中的应用可以表达为式（6-8）。即对于两个相关的随机变量 X 和 Y（即工业增加值和能源消耗），其各自的累积分布函数（Cumulative Distribution Functions，CDF）可以表达为 $F_X(x)$ 和 $F_Y(y)$。那么二者之间存在唯一的相关函数 $C(u, v)$，通过式（6-8）来表示：

$$C(u,v)=F_{X,Y}(x,y) \tag{6-8}$$

式中：$F_{X,Y}(x, y)$ —— 变量 X 和 Y 的联合累积分布函数；

u 和 v —— X 和 Y 的累积分布函数。

那么，考虑变量之间的相关性后，工业增加值和工业能源强度的联合概率密度函数［即 $f_{X,Y}(x,y)$］可以表征为式（6-9）：

$$f_{X,Y}(x,y)=C(F_X(x),F_Y(y))f_X(x)f_Y(y) \tag{6-9}$$

在本节中，选取了 Gaussian Copula 函数、Archimedean Copula 函数（即 Gumbel Copula 函数、Clayton Copula 函数、Frank Copula 函数、Oakes Copula 函数）以及 Student t Copula 函数用于检验工业结构优化中关键因子的相关性。并且运用 Spearman's ρ 分析方法评估相关系数［详见式（6-10）］。

$$\rho = \frac{12}{n(n+1)(n-1)}\sum_{i=1}^{n} R_i S_i - \frac{3(n+1)}{n-1} \tag{6-10}$$

式中：n —— 抽样样本数；

R_i —— x_i 在 x_1，x_2，…，x_n 中的级别；

S_i —— y_i 在 y_1，y_2，…，y_n 中的级别。

上述 Copula 函数表达式详见表 6-2。

如表 6-11、图 6-4 和图 6-5 所示，Student *t* Copula 函数、Clayton Copula 函数和 Frank Copula 函数能够较好地反映工业能源消耗与增加值、劳动者数量与工业增加值以及工业能源强度与劳动生产率之间的相关性。

表 6-11　珠三角城市群工业相关性分析结果

Copula 函数	参数	采矿业			制造业		
$C(x, y)$	x	能源	劳动者数量	能源强度	能源	劳动者数量	能源强度
	y	GDP	GDP	劳动生产率	GDP	GDP	劳动生产率
Gaussian Copula 函数	Spearman's ρ	0.829	0.048	0.022	0.661	0.827	0.291
	参数（θ）	***0.842****	0.050	0.023	0.679	0.840	0.304
Clayton Copula 函数	Spearman's ρ	0.999	0.999	1.000	0.777	0.853	0.489
	参数（α）	83.872	78.690	274.288	2.882	***4.139***	1.035
Frank Copula 函数	Spearman's ρ	0.999	0.999	1.000	0.752	0.858	0.355
	参数（α）	27.600	21.519	50.357	6.768	9.915	***2.274***
Gumbel Copula 函数	Spearman's ρ	0.998	0.997	0.999	0.647	0.816	0.248
	参数（α）	27.600	***21.519***	***50.357***	1.883	2.702	1.202
Student *t* Copula 函数	Spearman's ρ	−0.995	−0.999	−1.000	0.733	0.840	0.356
	参数（ρ）	−0.998	−1.000	−1.000	***0.768***	0.871	0.385
	参数（k）	1.507	1.834	2.643	***2.816***	2.431	2.850

注：* 加黑和以斜体显示的数字代表最接近。

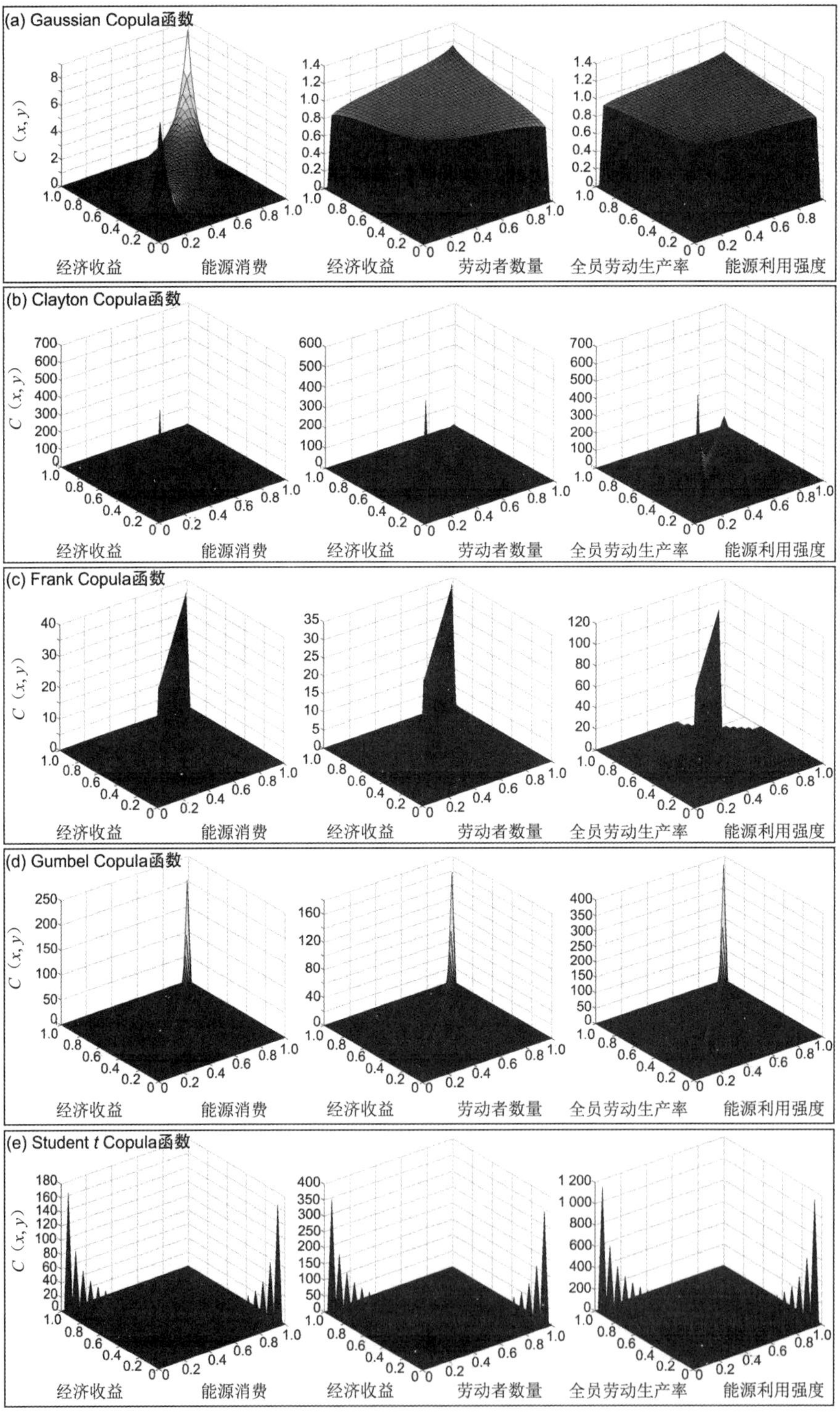

图 6-4　采矿业能源消耗、劳动者数量以及增加值的相关性分布特征

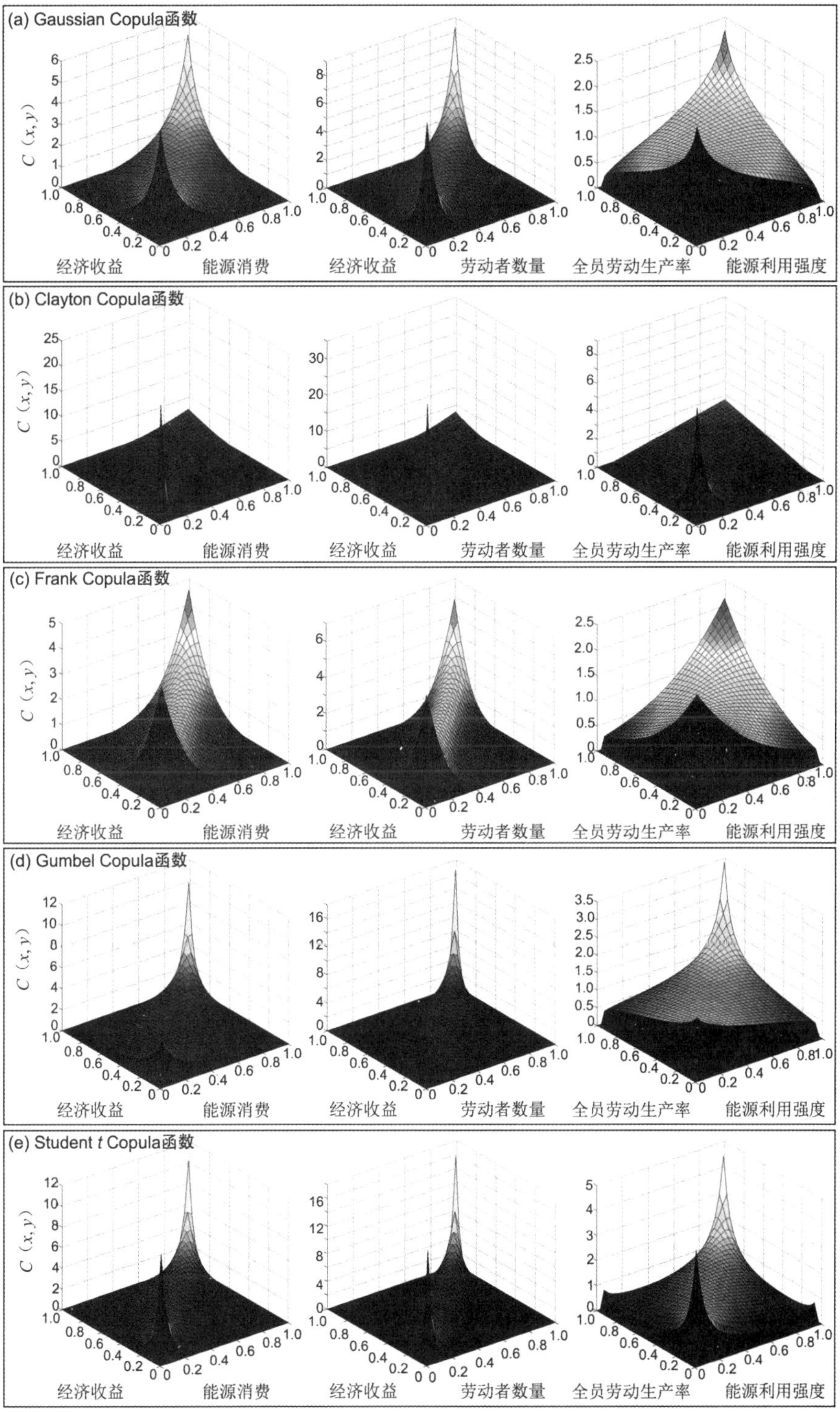

图 6-5 制造业能源消耗、劳动者数量和增加值的相关性分布特征

6.3.2 违约风险分析

令能源强度 H=Energy/GDP，那么工业能源强度削减违约事件可以描述为 2020 年工业单位 GDP 的能源消耗比 2015 年下降超过 18%，因此工业能源强度违约风险可表达为上述违约事件发生的概率，即式（6-11）：

$$R = P\left[H_{2020} \geqslant (1-0.18)H_{2005}\right] \tag{6-11}$$

根据由式（6-11）得到的工业增加值和工业能源消耗的联合概率密度分布，采用蒙特卡罗采样的方法评估工业能源强度削减违约风险，由式（6-12）表征：

$$I(H) = \begin{cases} 1, \text{如果 } H \geqslant 0 \\ 0, \text{如果} H < 0 \end{cases} \qquad R = \frac{1}{N}\sum_{j=1}^{N} I(H) \tag{6-12}$$

式中：N—— 蒙特卡罗模拟的抽样次数；

I（H）—— 能源强度削减违约事件是否发生，发生时 I（H）为 1，反之为 0。

根据珠三角城市群的工业发展目标（如表 6-12 所示），假设每个工业行业均能实现目标，建立该基准情景下的珠三角工业能源强度削减违约风险（如图 6-6 所示）。

表 6-12 珠三角城市群工业发展规划（2020 年）

地区	工业增加值增速（基准年为 2015 年）	特定制造业增加值占比		能源强度削减（与 2015 年相比）
		先进制造业	高技术制造业	
广东省	1.51%	65%	—	17%
广州市	1.71%	70%	—	
深圳市	1.57%	75%	—	
珠海市	1.49%	—	30%	
惠州市	1.48%	63%	—	
东莞市	—	52%	—	
江门市	1.47%	—	10%	
肇庆市	1.55%	37%	—	
佛山市	1.44%	40%	—	

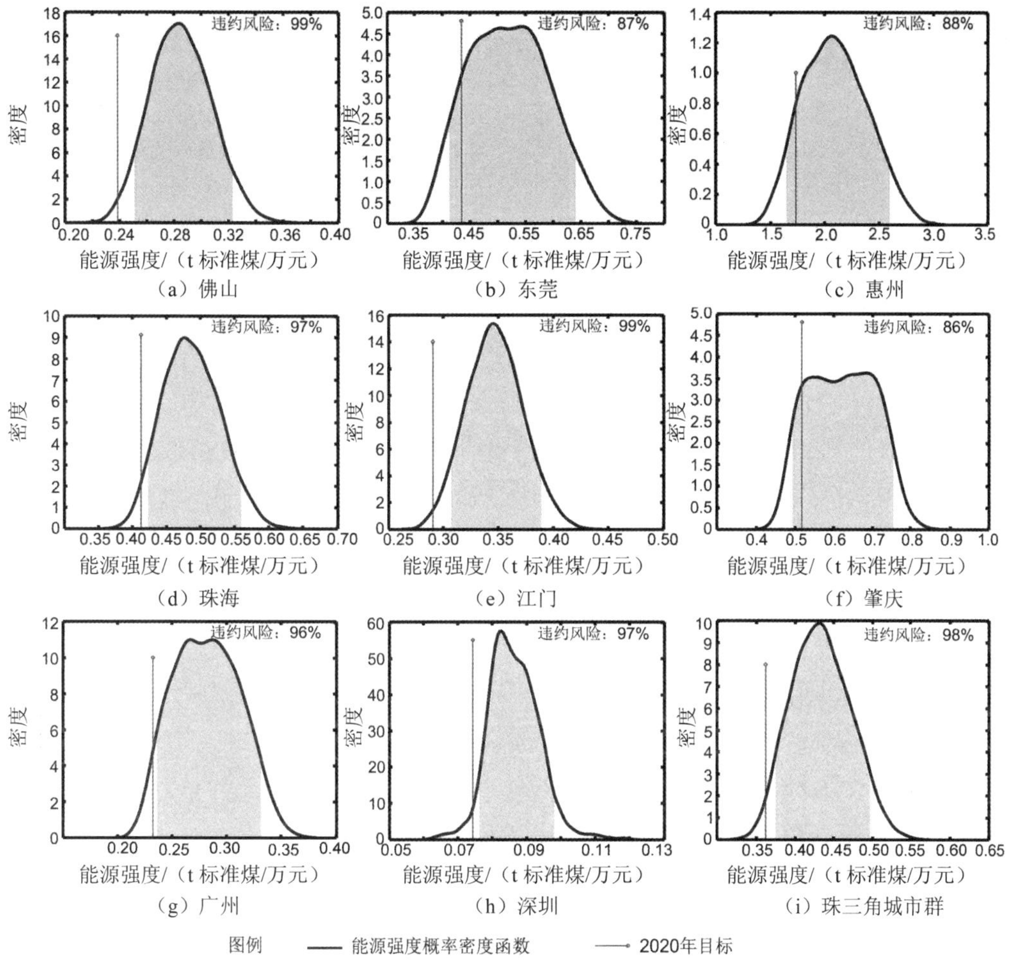

图 6-6　基准情景下珠三角城市群工业能源强度削减违约风险

在基准情景下，珠三角城市群工业能源强度削减违约风险结果为：①如果保持现有工业规划发展目标，与其他 7 个城市相比，江门市将面临最高的违约风险；②佛山、珠海、广州和深圳等 4 个城市将面临较为显著的违约风险（违约概率高于 90%）；③珠三角城市群的工业能源强度削减违约风险也较为显著。为了保证珠三角城市群工业能源强度削减目标的实现，有必要开展进一步的工业结构优化管理。

6.3.3　工业结构优化管理模型

基于上述参数的不确定分析、相关性分析和违约风险分析方法，本研究将参数的不确定性、对能源强度削减目标的影响（即违约风险）、产业发展目标、能源供给目标等多个约束条件纳入工业结构优化管理模型，建立随机风险优化模型，详见式（6-13）。

$$\max f^{\pm} = \sum_{j=1}^{n} a_j^{\pm} T_j - \sum_{j=1}^{n} d_j^{\pm} x_j^{\pm} \tag{6-13}$$

s.t.

$$T_j \geqslant x_j^{\pm} \geqslant 0, \forall j$$

$$C_l \geqslant \sum_{j=1}^{n} t_{jl}^{\pm} \left(T_j - x_j^{\pm}\right) + W_{\mathrm{A}l}^{\pm} + W_{\mathrm{R}l}^{\pm}, \forall l$$

$$T_{j'} - x_{j'}^{\pm} \geqslant \left(1 + \varepsilon_{j'}^{\pm}\right) Y_0, \forall j'$$

$$\sum_{j=1}^{n} a_j^{\pm} \left(T_j - x_j^{\pm}\right) \geqslant \left(1 + \eta^{\pm}\right)^N \sum_{j=1}^{n} a_{j0} T_{j0}$$

$$R = P\left[H_{2020} \geqslant (1 - 0.18) H_{2005}\right] \leqslant P_0$$

式中：$f^{\pm}$ —— 工业经济总收益；

$a_j^{\pm}$ —— 工业行业 j 的单位经济效益；

T_j —— 工业行业 j 的规划规模；

$d_j^{\pm}$ —— 因能源供给不足所造成的工业行业 j 的单位经济损失；

$x_j^{\pm}$ —— 工业行业 j 的削减发展规模；

C_l —— 第 l 类能源的总供给量；

$t_{jl}^{\pm}$ —— 工业行业 j 单位经济收益的能源 l 需求量；

$W_{\mathrm{A}l}^{\pm}$ —— 区域农业能源 l 分配总量；

$W_{\mathrm{R}l}^{\pm}$ —— 区域居民生活能源 l 分配总量；

$\varepsilon_{j'}^{\pm}$ —— 工业行业 j' 的发展规模最低增长率；

Y_0 —— 基准年工业行业 j' 的发展规模；

$\eta^{\pm}$ —— 工业最低年均增长率；

N —— 基准年和规划年之间的年数；

a_{j0} —— 基准年工业行业 j 的单位经济收益；

T_{j0} —— 基准年工业行业 j 的发展规模；

$P_0 \in$（0，1）—— 决策者对工业能源强度削减违约风险的承受能力范围。

6.3.4 基于拉丁超立方抽样的模型求解方法

由于工业能源强度削减违约风险是非线性的，传统线性优化方程的求解方法并不适用于本模型。因此，计划通过试验设计方法来对工业结构优化管理模型进行求解。试验设计方法是数理统计学的一个重要的分支。试验设计方法主要对试验进行合理安排，以较小的试验规模（试验次数）、较短的试验周期和较低的试验成本，获得理想的试验结果以及得出科学的结论。计划采用拉丁超立方抽样等试验设计方法，求解在满足约束条件情形下的工业结构优化管理方案。求解思路是：通过拉丁超立方抽样的方法抽取工业各行业的发展规模，进而代入优化模型中不断验证模型各条件是否满足，最后在满足条件的所有样本点中选取最优的样本点。

6.3.5 模型运行结果分析

通过运行工业结构优化管理模型，珠三角城市群工业部门结构优化结果详见表 6-13 和表 6-14。具体来说，优化方案主要由 3 个部分组成：能源强度削减、劳动者数量和经济收益。

表 6-13　工业各部门序号

序号	工业部门	序号	工业部门
Mi-1	煤炭开采和洗选业	Ma-13	石油加工、炼焦和核燃料加工业
Mi-2	石油和天然气开采业	Ma-14	化学原料及化学制品制造业
Mi-3	黑色金属矿采选业	Ma-15	医药制造业
Mi-4	有色金属矿采选业	Ma-16	化学纤维制造业
Mi-5	非金属矿采选业	Ma-17	橡胶和塑料制品业
Mi-6	开采辅助活动	Ma-18	非金属矿物制品业
Mi-7	其他矿采选业	Ma-19	黑色金属冶炼及压延加工业
Ma-1	农副食品加工业	Ma-20	有色金属冶炼及压延加工业
Ma-2	食品制造业	Ma-21	金属制品业
Ma-3	酒、饮料和精制茶制造业	Ma-22	通用设备制造业
Ma-4	烟草制品业	Ma-23	专用设备制造业
Ma-5	纺织业	Ma-24	汽车制造业
Ma-6	纺织服装、服饰业	Ma-25	铁路、船舶、航空航天和其他运输设备制造业
Ma-7	皮革、毛皮、羽毛（绒）及其制品业	Ma-26	电气机械及器材制造业
Ma-8	木材加工及木、竹、藤、棕、草制品业	Ma-27	通信设备、计算机及其他电子设备制造业
Ma-9	家具制造业	Ma-28	仪器仪表制造业
Ma-10	造纸及纸制品业	Ma-29	其他制造业
Ma-11	印刷业、记录媒介的复制	Ma-30	废弃资源综合利用业
Ma-12	文教、工美、体育和娱乐用品制造业	Ma-31	金属制品、机械和设备修理业

注：Mi——采矿业；Ma——制造业。

表 6-14 珠三角城市群工业部门结构优化结果

序号	佛山	东莞	惠州	珠海	江门	肇庆	广州	深圳
Ma-1	2.32	1.50	1.06	1.50	2.48	1.91	2.79	2.21
Ma-2	1.56	0.64	2.53	1.72	2.39	1.21	0.13	2.24
Ma-3	1.08	1.25	2.92	1.19	2.80	0.50	2.66	2.52
Ma-4	1.78	1.59	0.16	2.74	0.64	0.85	2.99	1.32
Ma-5	2.73	1.58	2.69	2.35	2.36	2.60	1.11	2.42
Ma-6	0.90	1.98	1.32	1.91	2.32	2.33	0.44	2.70
Ma-7	0.65	1.12	0.70	2.31	0.81	2.35	1.66	2.10
Ma-8	0.94	2.62	1.38	2.58	0.86	2.23	0.38	2.31
Ma-9	0.90	1.33	1.58	0.85	2.31	0.33	0.54	1.18
Ma-10	2.01	0.25	0.88	2.15	1.80	0.79	2.47	1.57
Ma-11	0.98	1.99	2.17	1.30	1.24	1.47	2.66	0.21
Ma-12	0.54	2.02	1.59	2.70	1.51	1.61	1.64	1.70
Ma-13	0.35	1.27	0.41	0.16	0.13	2.91	0.20	1.17
Ma-14	0.65	0.94	1.23	1.91	0.32	1.73	1.05	2.77
Ma-15	1.60	1.12	0.04	1.09	0.83	2.21	2.91	2.92
Ma-16	0.64	0.21	0.18	0.10	2.73	1.90	0.02	2.60
Ma-17	2.18	2.01	0.16	1.40	2.05	2.49	1.29	2.56
Ma-18	2.80	1.75	1.30	2.90	2.46	0.80	0.55	1.57
Ma-19	0.05	1.99	2.96	2.00	2.69	2.06	2.05	1.77
Ma-20	1.60	2.29	2.06	2.75	2.16	1.03	2.66	0.66
Ma-21	2.55	1.80	0.38	0.64	0.02	1.01	2.82	1.23
Ma-22	1.88	0.14	2.50	1.79	1.68	1.42	0.36	2.34
Ma-23	1.79	2.42	0.41	2.61	2.39	1.29	2.77	0.34
Ma-24	1.32	1.18	1.02	0.87	0.78	0.67	1.48	0.25
Ma-25	0.62	2.54	2.67	1.02	0.07	0.19	2.49	1.07
Ma-26	2.20	2.23	0.08	2.16	1.49	0.11	2.73	1.83
Ma-27	1.91	0.60	2.39	1.52	0.13	2.96	2.75	0.17
Ma-28	2.64	2.30	1.37	0.77	0.23	2.89	2.24	1.16
Ma-29	1.45	1.89	2.94	1.59	1.46	0.14	1.23	0.46
Ma-30	0.61	2.05	1.26	0.34	1.94	1.88	2.16	2.47
Ma-31	0.29	0.34	1.69	1.92	1.09	1.25	2.30	0.26
Mi-1	2.58	2.92	2.42	0.72	2.18	1.27	2.38	2.51
Mi-2	2.32	1.11	0.21	2.78	1.98	1.76	2.05	2.61
Mi-3	2.08	2.30	0.58	2.97	0.60	1.41	0.18	2.17
Mi-4	1.49	0.86	1.00	1.24	2.29	1.89	1.90	1.96
Mi-5	2.34	2.77	2.10	0.43	2.43	0.48	2.89	2.73
Mi-6	1.88	0.09	2.83	1.26	0.38	1.27	2.12	2.42
Mi-7	1.85	1.79	2.79	0.14	2.97	2.64	0.45	2.02

（1）能源强度削减

在上述工业优化方案下，珠三角城市群整体的能源强度削减违约风险不显著（即违约概率为 0.1%）（如图 6-7 所示）。在珠三角城市群的 8 个城市中，珠海、佛山、江门和深圳将面临显著的能源强度削减违约风险，东莞、惠州、肇庆和广州所面临的能源强度削减违约风险较低。

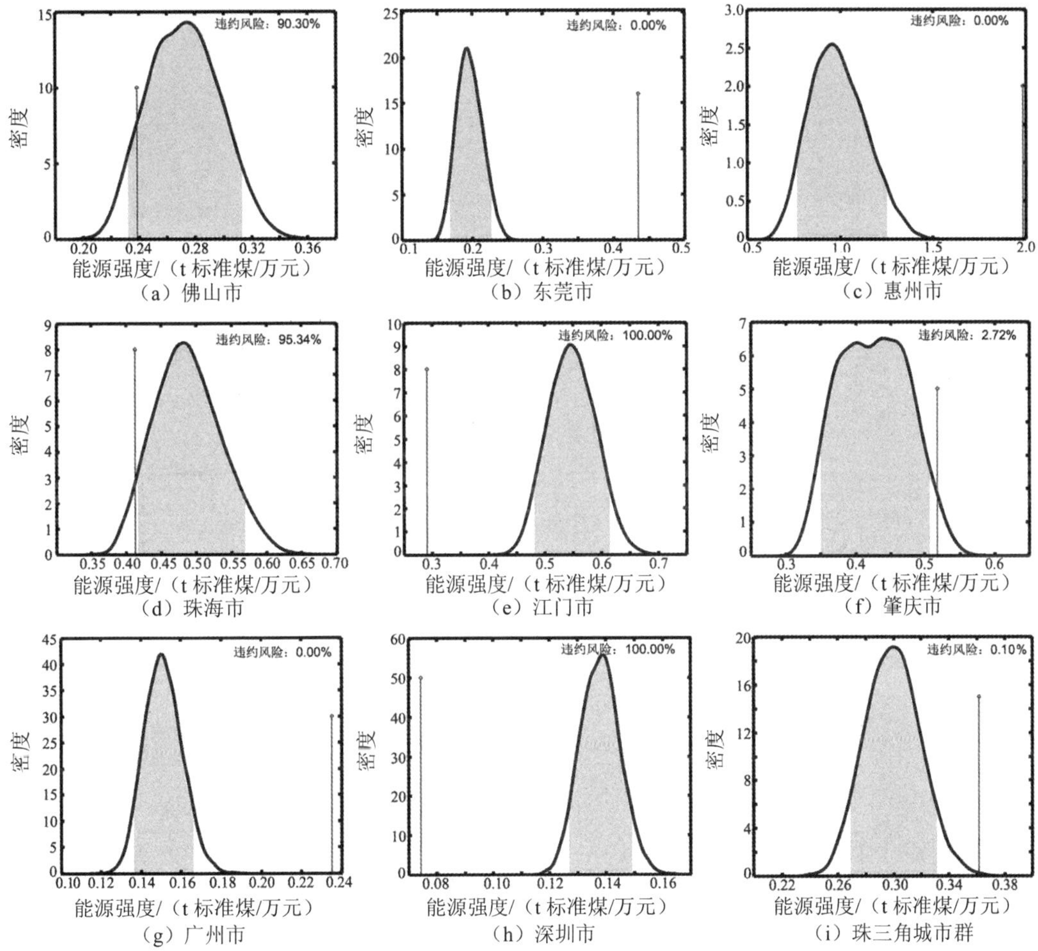

图 6-7　2020 年珠三角城市群工业能源强度削减违约风险

（2）劳动者数量

劳动者数量分布特征可以用于预测未来珠三角城市群劳动者需求和供给矛盾（如图 6-8 和表 6-15 所示）。在上述工业优化方案下，珠三角城市群中 8 个城市将需要更多的劳动者。劳动者需求最大的是东莞市和佛山市，预计分别需求 611 万～795 万人和 244 万～352 万人。

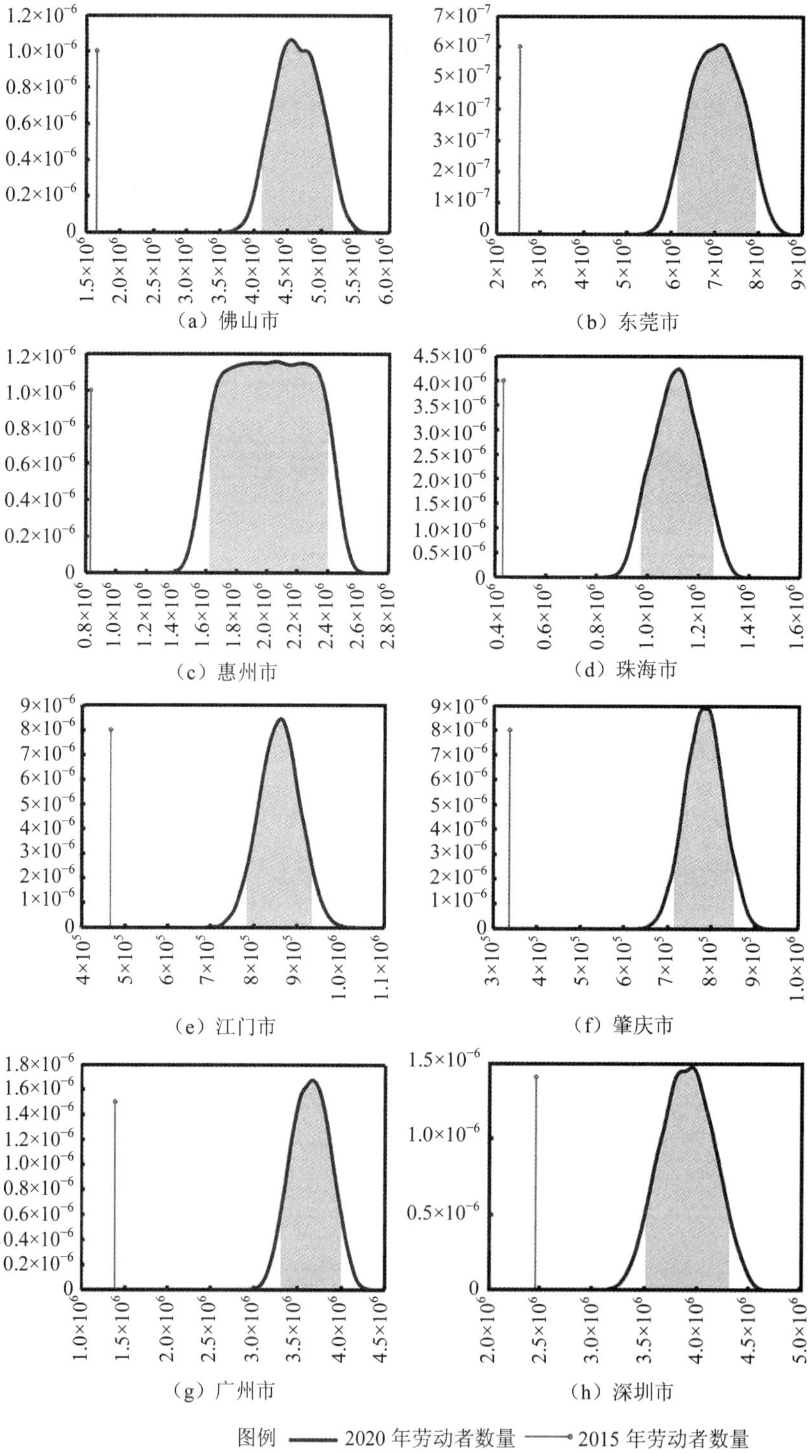

图 6-8　2020 年珠三角城市群劳动者需求

表6-15　2020年珠三角城市群劳动者需求量　　单位：100万人

城市	2015年劳动者数量	2020年劳动者需求量	净需求量
佛山	1.65	[4.09，5.17]	[2.44，3.52]
东莞	2.51	[6.11，7.95]	[3.60，5.44]
惠州	0.83	[1.61，2.41]	[0.78，1.58]
珠海	0.43	[0.97，1.26]	[0.54，0.83]
江门	0.47	[0.78，0.93]	[0.32，0.47]
肇庆	0.34	[0.71，0.86]	[0.37，0.52]
广州	1.38	[3.29，4.00]	[1.91，2.62]
深圳	2.46	[3.49，4.32]	[1.03，1.86]

（3）经济收益

总体而言，在上述优化方案下，珠三角城市群整体的先进制造业所占的比例有望达到18.78%。在工业结构调整方案中，2020年17个工业部门的增加值将低于《广东省国民经济和社会发展第十三个五年规划纲要》中的平均发展水平（平均增长速度为15%）（如图6-9所示）。石油加工、炼焦和核燃料加工业（Ma-13）和化学纤维制造业（Ma-16）削减规模最大。电气机械及器材制造业（Ma-26）以及通信设备、计算机及其他电子设备制造业（Ma-27）将会促进发展。对珠三角城市群8个城市的工业部门经济收益情况详述如下。

在此优化方案下，2020年佛山市的工业部门增加值预计达到0.71亿～1.58亿元。与2015年佛山市工业发展规模相比，2020年该市的工业增加值预计增长63%～262%。未来佛山市应重点发展铁路、船舶、航空航天和其他运输设备制造业（Ma-25）；削减金属制品、机械和设备修理业（Ma-31）的发展规模。

2020年东莞市的工业部门增加值预计达到0.41亿～0.91亿元。与2015年东莞市工业发展规模相比，2020年该市的工业增加值预计增长46%～221%。未来东莞市应重点发展石油加工、炼焦和核燃料加工业（Ma-13）以及其他制造业（Ma-29）；削减医药制造业（Ma-15）的发展规模。

2020年惠州市的工业部门增加值预计达到0.23亿～0.49亿元。与2015年惠州市工业发展规模相比，2020年该市的工业增加值预计增长40%～204%。未来惠州市应重点发展医药制造业（Ma-15）；削减石油加工、炼焦和核燃料加工业（Ma-13）的发展规模。

2020年珠海市的工业部门增加值预计达到0.14亿～0.31亿元。与2015年珠海市工业发展规模相比，2020年该市的工业增加值预计增长50%～236%。未来珠海市应重点发展纺织业（Ma-5）和家具制造业（Ma-9）；削减金属制品、机械和设备修理业（Ma-31）的发展规模。

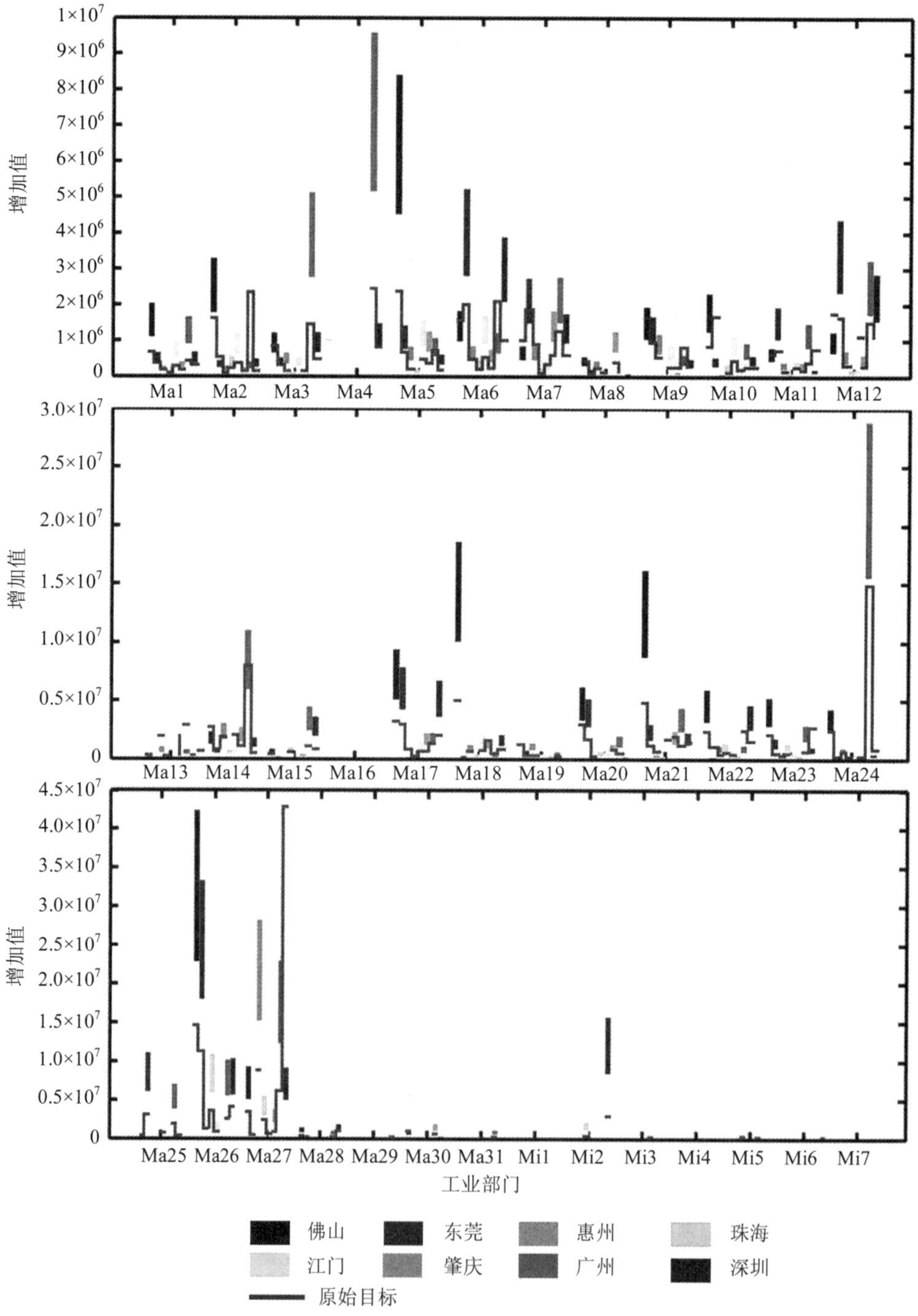

图 6-9　2020 年珠三角城市群工业部门增加值

2020 年江门市的工业部门增加值预计达到 0.09 亿～0.21 亿元。与 2015 年江门市工业发展规模相比，2020 年该市的工业增加值预计增长−3%～114%。未来江门市应重点发展废弃资源综合利用业（Ma-30）和木材加工及木、竹、藤、棕、草制品业（Ma-8）；削减电气机械及器材制造业（Ma-26）的发展规模。

2020 年肇庆市的工业部门增加值预计达到 0.13 亿～0.28 亿元。与 2015 年肇庆市工业发展规模相比，2020 年该市的工业增加值预计增长 31%～190%。未来肇庆市应重点发展酒、饮料和精制茶制造业（Ma-3）与仪器仪表制造业（Ma-28）；削减化学纤维制造业（Ma-16）的发展规模。

2020 年广州市的工业部门增加值预计达到 0.58 亿～1.28 亿元。与 2015 年广州市工业发展规模相比，2020 年该市的工业增加值预计增长 19%～163%。未来广州市应重点发展橡胶和塑料制品业（Ma-17）与医药制造业（Ma-15）；削减汽车制造业（Ma-24）的发展规模。

2020 年深圳市的工业部门增加值预计达到 0.36 亿～0.8 亿元。与 2015 年深圳市工业发展规模相比，2020 年该市的工业增加值预计增长−47%～18%。未来深圳市应重点发展有色金属冶炼及压延加工业（Ma-20）；削减通信设备、计算机及其他电子设备制造业（Ma-27）的发展规模。

6.4 考虑能源环境效率的城市群能源资源管理

6.4.1 研究背景

21 世纪以来，我国经历了一段快速城镇化时期，城镇化率从 2000 年的 36.2%增加到 2020 年的 60.6%。除了推动农村人口不断向城镇迁移之外，城镇化还推动了经济和产业结构的转变、城镇地区的扩大和城镇生活方式的广泛普及（Wang et al.，2018）。如此大规模的城镇化显著增加了能源需求，同时带来了一系列环境问题，给我国的可持续发展带来巨大挑战（辜胜阻等，2012）。提高我国经济增长的质量和效率，加快转变城镇化发展方式已成为当务之急（国务院发展研究中心，2014）。

城镇是国家与区域经济增长的引擎和载体，要想保证城镇可持续发展，以较少的能源消耗和环境污染实现经济的发展是促进城镇效率提升的关键（Song et al.，2018）。城镇效率的提升不仅依赖于技术创新，还与城镇化发展模式密切关联（陆大道等，2007）。过去，中国在城镇化快速发展的同时，存在发展方式粗放、依靠大规模地消耗土地和能源等资源来实现经济增长的问题。2006—2030 年，中国城镇化水平每提高 1%，消耗的能源将多增加 20 135 万 t 标准煤（Fang et al.，2016）。在中国，城镇能源消耗约占到总能耗的 75%，城镇也是污染最集中的地方（Dhakal，2009）。城镇化是导致能源消耗和污染排放的重要原因，节能减排应该重点关注城镇化的影响（陈龙，2017）。随着城镇化的推进，城镇规模人口、经济、土地不断扩大，这些都对城镇的可持续发展带来了显著影响。可以预见，未来中国城镇化水平将继续提升，环境压力和经济发展的矛盾日益凸显，城镇化对城镇效率影响的研究尤其值得关注和研究。

能源环境效率是对“能源-环境-经济”系统效率的度量（关伟等，2015）。能源、环境和经济具有复杂的关系。首先，能源与经济增长之间具有紧密联系。城镇在实现经济增长的过程中，需要大规模消耗能源；与此同时，由于存在生产的负外部性，造成废水、废气、烟尘等污染物排放量不断增加。在这个过程中，能源消耗所造成的生态环境问题又成为制约经济发展的阻碍，因此实现能源消耗、环境保护、经济发展之间的平衡是社会可持续发展的关键。过去粗放式的城镇化发展方式带来的巨大能源消费以及环境污染问题影响了环境治理的成效。近年来，随着社会各界对环境污染问题的重视，越来越多研究开始在评估能源效率时考虑环境的影响（范凤岩等，2013）。提高城市能源环境效率是发展绿色经济、低碳经济的本质要求，能源环境效率能体现一个城镇的发展效率和水平。能源环境效率是用来分析能源消耗对经济发展的贡献，同时兼顾环境效益，它是维持经济可持续发展的基础。能源环境效率可以定义经济成本和环境成本的实证关系（Wang et al.，2019b）。其核心思想是能源作为基本的资源与资本和劳动力共同输入，促进经济增长的同时也会对环境产生影响，因此能源环境效率值越高意味着以较少的能源消耗、较小的环境影响创造较高的社会经济价值。

在城镇发展过程中，快速城镇化加剧了资源的供需矛盾，造成了环境污染等问题，严重影响了城市能源-环境-经济系统的平衡。在城镇发展过程中，不应只片面强调人口与用地规模的增加、盲目追求经济的增长，平衡发展过程中能源、环境、经济之间的矛盾对城镇可持续发展也尤为重要。因此，国内外学者都开始探求消解能源、环境、经济之间矛盾的方法。通过降低能源消耗和污染排放，提升能源环境效率以实现可持续发展也成为我国经济转型的重要任务。我国政府提出了新的城镇化建设和绿色经济战略。为了降低城镇化对能源、经济和环境系统的负面影响，确保发展的可持续性，迫切需要从城镇化角度，开展对城市能源环境效率问题的研究，实现城镇化、节能减排和经济发展的协调和平衡。

（1）能源环境效率的评价研究

现有的能源环境效率的评价研究主要分为静态分析和动态分析两种。静态分析只评价特定时间点的相对效率，不包含时间趋势变化。但是，考虑到生产过程的长期连续性，静态效率在评价决策单元时序变化趋势时存在局限。因此，许多学者关注能源环境效率动态趋势的分析，从一段时间来评估生产决策单元的逐年变动情况。

数据包络分析法（Data Envelopment Analysis，DEA）在能源环境效率静态研究中被广泛应用。该方法通过构造非参数的包络生产前沿面，比较多组具有多输入和多输出的决策单元的相对效率（魏楚等，2007）。随着人们对环境问题的日益重视，学者在构建全要素能源效率模型时也将环境污染纳入其中。基于全要素框架，袁晓玲等（2009）采用CCR-DEA 模型评估了我国各区域的能源效率，同时考虑到环境污染的影响，使用熵权法将多种污染排放综合为污染指数、纳入模型。Wang 等（2015）运用数据包络分析方法，从环境效率的角度对我国 211 个城市的环境保护机制和经济发展进行了研究。该研究结果表明，以最先进的生产技术为参照，我国城市总体环境效率较低。只有 10%的城市实现了环境保护和经济增长之间的有效平衡。Liu 和 Zhang 等（2020）利用 DEA-BCC 模型估算分析 2006—2016 年中国省级层面的能源效率，结果表明当包含非期望产出时，能源效率普遍低于理想产出。然而，以上研究都存在当多个决策单元效率值为 1、不能进行有效排序的情况，从而使得评价的结果不够准确。针对这个问题，研究者尝试运用超效率DEA 模型，其突破了效率值不能大于 1 的局限（王恩旭，2018）。Tone（2001）针对径向超效率 DEA 模型没有考虑投入松弛变量、存在当输入值减少时不会增加超效率的问题，提出了基于松弛变量的非径向超效率 DEA 模型。这种非径向的方法消除了因径向和角度差异带来的影响和偏差。本研究采用基于非期望产出并考虑松弛变量的 Super-SBM（Slack-based Measure）模型，能够实现对能源环境效率更精准的评估。

在能源环境效率的静态研究上，余奕杉等（2021）采用全局参比的Globe-Malmquist Luenberger（GML）指数测算中国地级市层面的绿色全要素生产率（GTFP）。研究指出，城市绿色全要素生产率的增长动力主要来源于技术进步，而技术效率的贡献相对不足。Chen 等（2017）基于 Malmquist-Luenberger 指数对 2003—2014 年中国长江经济带 11 个省份、131 个市的环境效率进行了动态研究，结果表明技术变动是影响环境效率的主要因素，城市管理和规模明显薄弱，阻碍环境效率增长。考虑到传统的Malmquist-Luenberger 指数存在线性规划可能无解、不满足可传递性等局限性，因此，有待进一步通过构建 GML 指数模型对能源环境效率进行动态分析。

（2）能源环境效率影响因素研究

学者从能源环境效率（研究范围还包括生态效率、能源效率、环境效率等）影响因素的角度，研究分析了经济、产业结构、政府调控、技术进步等因素对能源环境效率的影响（Zhou et al.，2018）。由于方法和指标的选取不同、区域差异等原因，各影响因素对能源环境效率影响的结论未能达成一致（Feng et al.，2019）。只有准确把握影响能源环境效率的主要因素，才能找出提升能源环境效率的有效方法。

Wang 等（2015）认为产业结构和环境影响、市场因素对能源效率有积极影响。Yu 等（2019）选择了国家干预、产业结构、能源结构、市场开放度和环境保护等几个因素，分析这些因素对能源效率的影响，结论认为国家干预和市场开放对能源效率产生了负面影响。Guan 和 Tian 等（2019）分析了长江三角洲城市群，发现产业结构、投资、规模、对外贸易依存度与能源效率存在正相关关系，政府影响、制度和能源效率为负相关。根据空间杜宾模型，Zhou 等（2019）指出在中国，人均 GDP 和人口在统计上与生态效率呈负相关，而工业结构升级有助于提高生态效率。Li 等（2013）表明，财政分权和技术进步发展通常对生态效率有积极影响。Zhang 和 Zeng 等（2016）通过 Tobit 回归模型指出人均 GDP、产业结构、创新、政府监管和人口密度能够显著提高生态效率，而能源强度能够显著降低生态效率。Zhu 等（2019）发现能源强度和技术支出对环境效率有负面影响，同时对经济发展与人口密度有积极的影响。Zhao 等（2018）发现城镇化与土地利用生态效率之间存在“N”形曲线关系。目前，现有研究分析能源环境效率影响因素的方法主要是通过计量模型（普通面板数据回归分析）对能源环境效率和影响因素进行回归分析，计算回归相关系数，从而得出关键影响因素。

（3）城镇化与能源环境效率研究

城镇化对能源环境效率的影响主要有 3 个方面，即环境污染、能源消耗和经济增长（Li and Huang et al.，2018）。因此，了解城镇化对能源环境效率的影响对在城镇化的过程中实现环境保护、能源消耗、经济增长的三者平衡具有实际意义。最近，多种方法和模型被用来证明城镇化对能源环境效率的影响。具体来说，Bai 等（2018）采用了超效率数据包络分析模型和空间计量模型，对城镇化与能源环境效率之间的关系进行了定量分析。Wang 等（2015）构建了一个耦合协调度模型，研究了能源环境效率与城镇化的关系。Li 和 Fang 等（2018）利用随机前沿模型和空间面板数据模型，证明了中国城镇化与能源效率之间的负相关关系。Zhou 等（2020）提出了一种面板分位数方法和 Super-SBM 模型，分析了人口城镇化滞后对能源环境效率的影响。在上述方法中，STIRPAT 模型因便于在模型中添加额外的因素，得到了广泛应用（Lin et al.，2017）。虽然 STIRPAT 模型已被应用于评估城镇化对能源效率的影响，但是与城镇化空间维度相关的变量很少被纳入 STIRPAT 模型。

城镇化进程包括人口、社会经济和自然景观变化等变量的转变（Muñoz et al.，2018），目前从多维度城镇化的视角探索城镇化对能源环境效率的影响的研究较少。现有的研究大多侧重于城镇化的单个方面对效率的影响，如人口、土地或经济维度（Liu and Tian et al.，2018）。效率的研究范围也包括生态效率、环境效率等。例如，有学者研究了人口城镇化与生态效率的关系，应用面板数据回归模型，Zhou 等（2020）发现，人口规模和城镇化率对生态效率产生了负面影响。Tang 等（2020）从城镇化的空间维度，发现土地城镇化对城市生态效率有负面影响。紧凑城市理论认为高密度城市不仅能充分共享公共基础设施，而且降低对机动车通行的依赖，缩短空间距离，从而降低能源消耗。范进（2011）分析了城市规模、城市空间紧凑度对能源与环境的影响。通过对中国地级市的分析，发现城市紧凑度高会导致城市能耗降低。但也有学者持反对意见，认为城市的高密度发展造成了交通拥堵，从而导致能源消耗和污染排放的增加。这些负面效应可能抵消了紧凑城市所带来的积极效果。洪丽璇等（2011）以能源强度指标衡量能源效率，并指出不同规模城市的能源效率存在明显差异，而且城市规模与能源效率呈正相关。师博等（2013）指出城镇化与能源效率呈“U”形关系，即在城镇化的初始阶段，城镇化会降低能源效率；当城镇化发展到一定阶段时，通过规模经济能提高能源效率。此外，城镇化的经济维度也引起了学者的关注。Zhou 等（2018）将人均 GDP 和产业结构作为反映城镇化经济维度的指标，并指出经济增长与能源环境效率之间存在模糊的关系，产业结构对能源环境效率产生了负面影响。Bai 等（2018）提出了一种综合指标体系以评估城镇化质量，并基于空间计量经济学分析模型，评估了城镇化质量对生态效率的影响。以往尽管有研究考虑了城镇化的综合影响，但仍然缺乏针对城镇化各维度对能源环境效率影响比较的相关研究。

综上所述，将环境污染纳入全要素能源效率框架的相关研究已经成为学者关注的热点（Cao et al.，2019）。对能源环境静态效率的评价方法主要有数据包络分析法，包括 BCC（Bankere Charnese Cooper）和 CCR（Charnese Cooper Rhodes）模型、SBM 模型、超效率 DEA 模型等，动态分析的方法包括 Malmquist 指数、GML 指数。在研究内容上，兼顾动态和静态双重视角研究能源环境效率时空演变的较少，因而难以真正反映区域差异和长期演变趋势。在研究尺度上，大多数研究集中在国家层面、省域层面，或者不同行业和部门之间，城市层面的效率分析有待进一步完善。开展城市尺度能源环境效率的评估有助于更好地比较城市可持续发展水平，有利于制定更精细的区域发展战略。

现有研究大多考虑城镇化对经济增长、能源消耗、环境污染等方面的影响，而较少将其纳入统一的研究框架，本研究基于能源-经济-环境系统理论（简称“3E 理论”），探究城镇化对能源环境效率的影响，综合考虑城镇化对经济增长、能源消耗、环境污染的复杂影响。此外，大部分现有研究以人口城镇化为研究视角分析城镇化的影响，而忽视城镇化进程其他方面（例如经济城镇化、土地城镇化等）的影响，缺少从多个维度分析和比较城镇化对城市能源环境效率影响的研究。因此，本研究的目的是探讨多维度城镇化对能源环境效率的影响。首先，从静态和动态双重视角，采用 Super-SBM 模型与 GML

模型诠释能源环境效率的时空演变过程。然后，使用 7 个指标对城镇化进程进行分析，涵盖城镇化的人口维度、经济维度和空间维度。随后，使用扩展的 STIRPAT 模型来确定能源环境效率与城镇化多个维度之间的关系。该方法将在广东省应用，旨在提高能源环境效率和为促进城镇化可持续发展政策制定提供科学依据。

6.4.2 能源环境效率分析与评价

基于数据包络分析法，将指标分为投入指标、期望产出指标和非期望产出指标 3 类，以构造能源环境效率评价指标体系；再对指标进行描述性统计和相关性检验，描述数据基本特征，并验证指标合理性；在确定指标的基础上，进一步对计算模型进行介绍，选取 Super-SBM 模型计算能源环境效率，通过 GML 指数对能源环境效率的动态变化进行分析。从区域和城市两个尺度、基于静态和动态两个视角，分析能源环境效率的时空演变过程。基本流程如下：①构建能源环境效率指标体系，收集数据；②对能源环境效率数据进行描述性统计分析和相关性检验；③提出能源环境效率的相关计算模型；④基于静态和动态双重视角分析能源环境效率的时空变化。

（1）能源环境效率指标体系构建

通过梳理当前研究，发现能源环境效率的指标主要分为 3 类：投入指标、期望产出指标和非期望产出指标。能源消耗、劳动力和固定资本是较为常见的投入指标，期望产出指标一般为衡量地区经济发展的指标，非期望产出指标一般有废水、废气、固废、烟尘等指标。参考 Wang 和 Yang（2019）提出的指标体系，本研究中能源环境效率指标包括投入指标、期望产出指标以及非期望产出指标（如表 6-16 所示）。常用的投入指标即劳动力投入、能源投入和资本投入。本研究以城市的从业人员数为劳动力投入指标，以全社会能源消费总量为能源投入指标。考虑到数据可获取性，本研究使用固定资产投资总额来衡量资本投入，选择地区生产总值为期望产出指标，选择废水排放总量、工业废气排放总量、工业 SO_2 排放总量和工业烟尘排放总量为非期望产出指标；这些污染排放指标与环境质量和可持续发展密切相关。

表 6-16 能源环境效率的投入指标和产出指标

指标	类别	测量
投入指标	资本投入	固定资产投资总额（I_1）
	劳动力投入	城市的从业人员数（I_2）
	能源投入	全社会能源消费总量（I_3）
期望产出指标	经济发展	地区生产总值（DO_1）

指标	类别	测量
非期望产出指标	环境污染	废水排放总量（UO_1）
		工业 SO_2 排放总量（UO_2）
		工业废气排放总量（UO_3）
		工业烟尘排放总量（UO_4）

（2）数据分析与检验

表 6-17 为广东省 21 个城市能源、经济、环境指标的描述性统计。2005—2016 年，除工业 SO_2 排放总量外，广东省与能源环境效率有关的所有投入指标、期望产出指标和非期望产出指标都有所增加。具体来说，2016 年相比于 2005 年，在投入指标中，全社会能源消耗总量增加（80%），固定资产投资总额迅速增加（380.55%），而城市的从业人员数则逐渐增加（25.05%）。在非期望产出指标中，工业 SO_2 排放总量下降，而废水排放总量、工业废气排放总量和工业烟尘排放总量分别增加了 95.65%、197.97%和 7.75%。在研究期间，广东省 21 个城市的社会经济发展差距扩大，大多数投入指标和产出指标的标准差值上升，存在明显差异。

表 6-17　广东省能源环境效率投入指标和产出指标的描述性统计

投入指标和产出指标	单位		2005 年	2009 年	2013 年	2016 年
固定资产投资总额（I_1）	亿元	平均值	327.1	635.9	1 087.1	1 571.9
		标准差	381.9	629.1	970.5	1 327.5
城市的从业人员数（I_2）	万人	平均值	239.1	269.2	291.3	299.0
		标准差	136.8	172.8	217.8	231.2
全社会能源消费总量（I_3）	万 t 标准煤	平均值	867.0	1 173.8	1 402.5	1 553.5
		标准差	971.6	1 143.0	1 202.4	1 313.7
地区生产总值（DO_1）	亿元	平均值	1 099.1	1 933.2	3 237.7	4 098.3
		标准差	1 459.3	2 545.3	4 236.8	5 564.0
废水排放总量（UO_1）	亿 t	平均值	2.3	3.3	4.1	4.5
		标准差	2.8	3.0	4.9	5.1
工业 SO_2 排放总量（UO_2）	万 t	平均值	4.2	4.3	3.4	2.0
		标准差	5.1	2.5	2.5	1.5
工业废气排放总量（UO_3）	亿 m^3	平均值	620.7	1 080.1	1 354.0	1 849.8
		标准差	636.5	713.6	845.3	1 227.8
工业烟尘排放总量（UO_4）	万 t	平均值	0.9	1.1	1.4	1.1
		标准差	0.7	0.8	1.2	1.0

为了验证指标选取的合理性，需要开展能源环境效率指标的相关性分析（如表 6-18 所示）。结果表明大多数指标都显示出显著的正相关。这意味着当投入指标增加时，期望指标和非期望指标都相应增加，说明该指标体系的设计比较合理、科学，满足了 DEA 的指标要求假设。

表 6-18　投入指标和产出指标相关矩阵（2005—2016 年）

	I_1	I_2	I_3	DO_1	UO_1	UO_2	UO_3	UO_4
I_1	1.000							
I_2	0.780***	1.000						
I_3	0.843***	0.909***	1.000					
DO_1	0.928***	0.913***	0.899***	1.000				
UO_1	0.559***	0.597***	0.599***	0.615***	1.000			
UO_2	0.211***	0.395***	0.428***	0.245***	0.261***	1.000		
UO_3	0.766***	0.688***	0.776***	0.727***	0.486***	0.460***	1.000	
UO_4	0.179***	0.106***	0.152*	0.097	0.069	0.465***	0.371***	1.000

注：*** 代表 $p<0.01$，**代表 $p<0.05$，*代表 $p<0.1$。

（3）基于 Super-SBM 模型的能源环境效率静态分析

传统的 DEA 模型多从径向和角度来分析效率，往往忽视了松弛问题，同时传统的 DEA 模型只能从一个导向角度（投入或产出）来分析，因而其效率评价是有偏差的，无法综合衡量和比较决策单元的效率。Tone（2001）最早提出基于松弛变量非径向非角度的效率评价模型（徐国泉，2013），通过将松弛变量引入目标函数，能够将环境因素等非期望产出因素更好地纳入 SBM 模型评价中。SBM 模型表示如下：

假设有 n 个城市，城市包含 m 种投入，i 城市的第 j 种投入定义为 x_{ij}，$i=1,2,\cdots,m$；$j=1,2,\cdots,n$；s 种期望产出定义为 y_r $(r=1,2,\cdots,s)$；k 种非期望产出定义为 $u_q(q=1,2,\cdots,k)$；投入矩阵、期望产出矩阵和非期望产出矩阵可以定义为：$\boldsymbol{X}=(x_1,x_2,\cdots,x_m)\in\boldsymbol{R}^{m\times n}$，$\boldsymbol{Y}^d=(y_1^d,y_2^d,\cdots,y_s^d)\in\boldsymbol{R}^{s\times n}$，$\boldsymbol{Y}^{ud}=(y_1^{ud},y_2^{ud},\cdots,y_k^{ud})\in\boldsymbol{R}^{k\times n}$。参考 Tone（2001）的研究方法，本研究定义了可能的生产集，如式（6-14）所示。

$$p=\left\{\left(x,y^d,y^{ud}\right)\middle|x\geqslant\lambda X,y^d\leqslant\lambda Y^d,y^{ud}\geqslant\lambda Y^{ud},\lambda\geqslant 0\right\}\qquad(6\text{-}14)$$

式中：λ—— 一个常量向量，表示每个城市的权重。

参考 Yan 等（2019），本研究构建了包含非期望产出指标的 SBM 模型，如式（6-15）所示。

$$\rho_0 = \min \frac{1 - \frac{1}{m}\sum_{i=1}^{m}\frac{s_i^-}{x_{i0}}}{1 + \frac{1}{s+k}\left(\sum_{r=1}^{s}\frac{s_r^d}{y_{r0}^d} + \sum_{q=1}^{k}\frac{s_q^{ud}}{y_{r0}^{ud}}\right)} \tag{6-15}$$

s.t.

$$x_0 = \lambda X + s^-$$
$$y_0^d = \lambda Y^d - s^d$$
$$y_{r0}^{ud} = \lambda Y^{ud} + s^{ud}$$
$$\lambda \geqslant 0,\ s^- \geqslant 0, s^d \geqslant 0, s^{ud} \geqslant 0$$

式中：ρ_0 —— 能源环境效率的值，范围为 0～1；

s^-、s^{ud}、s^d —— 投入指标和非期望产出指标的潜在减少，以及期望产出的潜在增加。

ρ_0 小于 1 表明效率有提高的潜力；ρ_0 等于 1 表示决策单元位于当前效率前沿。

SBM 模型只能对（0，1）范围内决策单元效率进行排序，当决策单元效率值等于 1，达到 DEA 有效时，无法对决策单元进行进一步区分（王少剑等，2020）。因此，Tone 提出了一种基于修正松弛变量的 Super-SBM 模型，作为有效排序的方法。该方法能打破传统 DEA 有效值不能大于 1 的局限，因此被广泛使用。本研究将非期望产出指标纳入了一个 Super-SBM 模型，从而获得准确的结果。生产可能性集在式（6-16）中描述：

$$\left\{(x,y) \middle| x \geqslant \sum_{j=1,j\neq k}^{n} x_{ij}\lambda_j, y \leqslant \sum_{j=1,j\neq k}^{n} y_{rj}\lambda_{rj}\right\} \tag{6-16}$$

用 Super-SBM 模型得到的评估决策单元的投影值 $(\overline{x}, \overline{y})$ 是最接近其他 DMU 的前沿面的点。具体的 Super-SBM 模型表达式为式（6-17）。

$$\rho^* = \min \frac{\frac{1}{m}\sum_{i=1}^{m}\frac{\overline{x}}{x_{i0}}}{\frac{1}{s+k}\left(\sum_{r=1}^{s}\frac{\overline{y}^d}{y_{i0}} + \sum_{q=1}^{k}\frac{\overline{y}^{ud}}{u_{i0}}\right)} \tag{6-17}$$

s.t.

$$\overline{x} \geqslant \sum_{j\neq 1\neq 0}^{n} \lambda_j x_{ij}, i = 1,2,\cdots,m$$

$$\overline{y}^d \leqslant \sum_{j\neq 1\neq 0}^{n} \lambda_j y_j^d, r = 1,2,\cdots,s$$

$$\overline{y}^{ud} \geqslant \sum_{j\neq 1\neq 0}^{n} \lambda_j y_j^{ud}, q=1,2,\cdots,k$$

$$\lambda_j > 0, \overline{x} \geqslant x_0, \overline{y}^d \leqslant y_0, \overline{y}^{ud} \geqslant u_0$$

式中：ρ^* —— 目标效率值，可以大于 1。

因此，可以对 SBM 模型计算的效率值为 1 的决策单元进行进一步排序。其他变量与式（6-15）中的变量具有相似的含义。

首先对能源环境效率展开静态分析，考虑到广东省内地区间社会发展的巨大差异，本研究比较了广东省内不同区域和城市的能源环境效率。结果显示，在研究期内，广东省的能源环境效率呈现波动略微下降的趋势，能源环境效率从 2005 年的 0.65 下降到 2016 年的 0.60（如图 6-10 所示）。其中，2014 年能源环境效率最低，值为 0.57，2014 年后能源环境效率有所提升，这可能是因为从 2014 年开始，地方政府通过节能减排政策促进了能源的有效利用，降低了污染排放，有助于能源环境效率的提高。广东省各地区的能源环境效率存在显著差异。其中珠三角地区的能源环境效率高于粤东地区、粤西地区、粤北地区。其中，珠三角地区能源环境效率平均值为 0.72，介于 0.70～0.76。粤北地区能源环境效率的平均值最低为 0.29，介于 0.26～0.33。2005—2016 年，粤东地区和粤西地区的平均能源环境效率值分别为 0.40 和 0.47，粤西地区能源环境效率较其他地区显著下降。

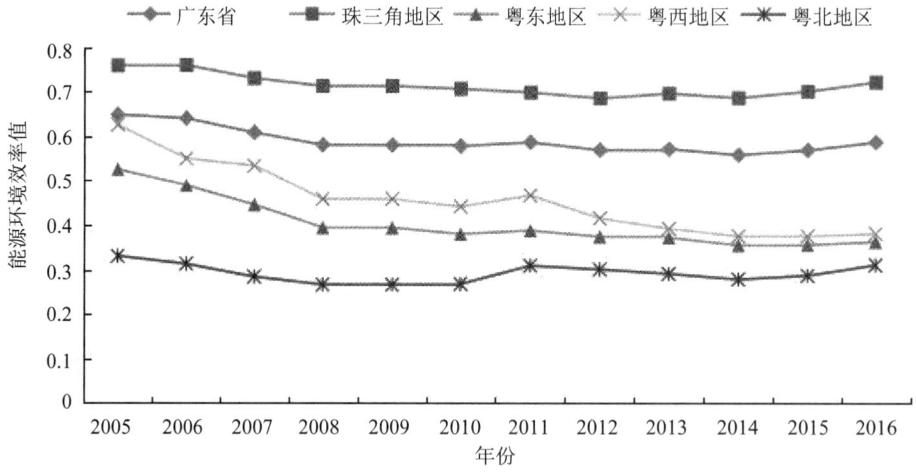

图 6-10 广东省及各区域能源环境效率（2005—2016 年）

通过静态分析发现，2005—2016 年，广东省大多数城市的能源环境效率保持相对稳定或轻微下降的趋势（如表 6-19 所示）。然而，深圳和广州的能源环境效率整体上在提高，平均得分在 1 以上，超过了广东省其他城市。因此，广州（1.00）和深圳（1.23）在能源利用和环境保护举措方面领先于广东省其他城市。广州和深圳分别作为广东省的政治中心和经济中心，通过服务业和先进制造业，为提高能源环境效率作出了贡献。佛山能源环境效率提升较为明显，说明佛山在节能减排产业转型上取得了一定成绩。茂名和肇庆的能源环境效率下降比较多，面临较大的节能减排压力。此外，2005—2016 年，广东省能源环境效率得分较高的城市数量减少。例如，2005 年，能源环境效率得分超过 0.6 的城市数量为 11 个，2016 年下降到 5 个城市。广东省内能源环境效率存在显著的空间差异（如图 6-11 所示）。大多数能源环境效率高的城市都位于珠三角地区，能源环境效率较低的城市主要位于粤北地区与粤东地区。能源环境效率由南向北总体呈下降趋势。需要说明的是通过 Super-SBM 模型对广东省各城市能源环境效率值进行静态分析，比较的是特定年份各城市间的相对效率。即在当前时间、当前的技术水平下，各城市相对于效率前沿面的提升潜力，因此需要通过与能源环境效率动态分析相结合，进一步反映跨时间的变化。

表 6-19　广东省各城市的能源环境效率得分和排名（2005—2016 年）

城市	2005 年	2006 年	2007 年	2008 年	2009 年	2010 年	2011 年	2012 年	2013 年	2014 年	2015 年	2016 年	平均	排名
广州	1.01	1.03	1.00	0.85	0.77	1.06	1.04	1.03	1.07	1.07	1.04	1.04	1.00	2
深圳	1.28	1.24	1.24	1.01	1.17	1.17	1.19	1.27	1.27	1.35	1.35	1.27	1.23	1
珠海	0.74	0.72	0.67	0.76	0.68	0.68	0.66	0.61	0.64	0.61	0.60	0.62	0.67	6
汕头	0.70	0.67	0.61	0.42	0.54	0.54	0.53	0.43	0.42	0.39	0.39	0.39	0.50	9
佛山	0.78	0.82	0.83	1.01	1.02	1.02	1.04	1.01	1.04	1.00	1.01	1.02	0.97	3
韶关	0.36	0.35	0.31	0.29	0.29	0.29	0.31	0.28	0.28	0.27	0.28	0.30	0.30	19
河源	0.38	0.36	0.33	0.31	0.37	0.36	0.39	0.35	0.34	0.31	0.29	0.30	0.34	17
梅州	0.43	0.40	0.37	0.22	0.36	0.38	0.41	0.36	0.35	0.28	0.26	0.27	0.34	18
惠州	0.51	0.53	0.44	0.43	0.41	0.44	0.44	0.42	0.45	0.43	0.42	0.43	0.45	12
汕尾	0.51	0.46	0.42	0.39	0.40	0.41	0.44	0.39	0.40	0.37	0.34	0.35	0.41	14
东莞	0.70	0.68	0.65	0.65	0.65	0.61	0.62	0.57	0.59	0.57	0.59	0.64	0.63	7
中山	0.62	0.64	0.61	0.61	0.59	0.61	0.61	0.58	0.60	0.59	0.56	0.59	0.60	8
江门	0.61	0.58	0.54	0.46	0.50	0.50	0.50	0.47	0.48	0.42	0.40	0.41	0.49	10
阳江	0.55	0.52	0.46	0.34	0.40	0.41	0.42	0.39	0.41	0.40	0.40	0.47	0.43	13
湛江	0.63	0.58	0.54	0.38	0.48	0.46	0.51	0.48	0.45	0.40	0.37	0.34	0.47	11
茂名	1.05	1.03	1.15	1.14	1.11	1.06	1.14	0.50	0.45	0.41	0.36	0.38	0.75	4
肇庆	1.16	1.10	1.03	1.01	0.60	0.57	0.53	0.50	0.49	0.47	0.44	0.47	0.70	5
清远	0.27	0.27	0.25	0.30	0.26	0.25	0.33	0.33	0.33	0.29	0.30	0.34	0.29	20
潮州	0.42	0.41	0.39	0.27	0.38	0.40	0.41	0.38	0.39	0.35	0.34	0.35	0.38	15
揭阳	0.51	0.45	0.40	0.29	0.35	0.35	0.36	0.35	0.35	0.33	0.31	0.33	0.36	16
云浮	0.33	0.33	0.31	0.23	0.25	0.25	0.26	0.23	0.23	0.22	0.21	0.25	0.26	21

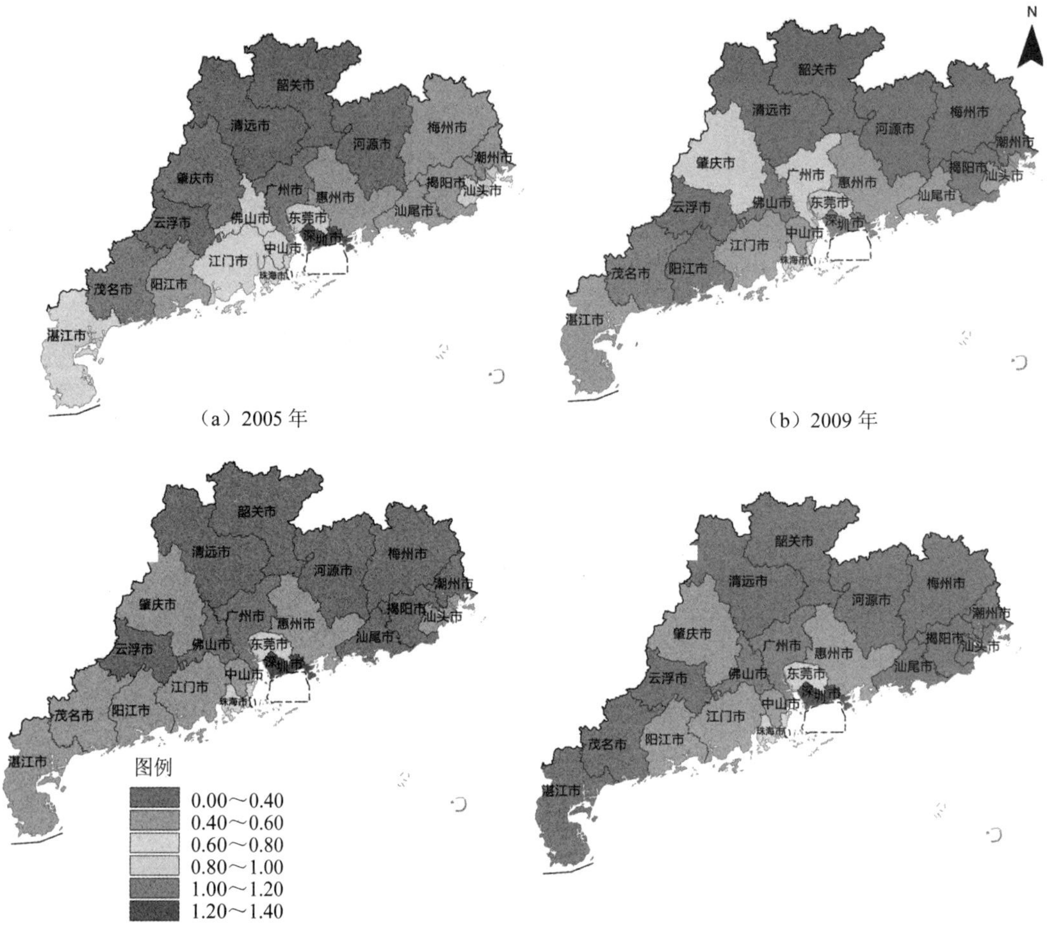

（a）2005 年　（b）2009 年　（c）2013 年　（d）2016 年

图 6-11　广东省能源环境效率时空分布规律

（4）基于 Global-Malmquist-Luenberger 指数模型的能源环境效率动态分析

传统的 DEA 模型是一种静态分析模型，仅能测度特定时间点不同决策单元的相对效率。因此 SBM 和 Super-SBM 只能横向比较特定时间点广东省各城市的能源环境效率值。而全要素生产率指数法（如 Malmquist 全要素生产率指数）是在 DEA 模型基础上发展而来的一种动态效率测度方法。该方法不仅能对决策单元跨时期能源环境效率动态变化情况进行测度，还能对测度的能源环境效率的变化指数进行分解，分析造成能源环境效率动态变化的原因。但是传统全要素生产率指数不能测算包含非期望产出的情况。因此，许多学者将 SBM 方向性距离函数与 Malmquist-Luenberger（ML）指数方法相结合（冯新宇，2018）。但是 ML 指数存在线性规划可能无可行解、不可加性等问题，具有一定的局限性。因此本研究在包含非期望产出的 Super-SBM 基础上，进一步通过构建 Globe-

Malmquist-Luenberger 指数模型，对能源环境效率进行动态分析（王维国等，2012），从时间维度纵向对比城市能源环境效率值变化，同时探析能源环境效率变动因素的来源。本研究进一步将 GML 指数分解为技术进步（Technology Change，TC）指数和技术效率（Efficiency Change，EC）指数。GML 模型以所有各期的总和作为参考，各期参照同一前沿面，所以 GML 指数如式（6-18）描述。

$$\mathrm{GML}_t^{t+1}=\frac{1+D_v^G\left(x^t,y^t,b^t;y^t,-b^t\right)}{1+D_v^G\left(x^{t+1},y^{t+1},b^{t+1};y^{t+1},-b^{t+1}\right)} \tag{6-18}$$

式中：$1+D_v^G(x^t,y^t,b^t;y^t,-b^t)$ —— 当期的全局方向性距离函数。

若 GML 值大于或者小于 1，则说明从 t 到 t+1 时期，能源环境效率处于增长或者下降状态。

全局参比 Malmquist 指数是以各期的总和作为参考集，各期参考同一前沿面并将其分解为技术效率变化指数和技术变化指数。其中，技术效率变化指数表明了从 t 到 t+1 时期决策单元到生产前沿面的距离变化；技术效率变化指数大于 1，表明当期决策单元比前期更接近生产前沿面，技术效率有所提高，反之亦然。技术变化指数表明决策单元生产前沿面的外移程度；当技术变化指数结果大于 1 时，意味着本期生产前沿面向外移动，即出现了技术进步。GML 指数受技术效率变化指数和技术变化指数的共同作用，对能源环境效率的动态变化产生影响，具体公式如下描述。

$$\mathrm{GML}_t^{t+1}=\mathrm{GEC}_t^{t+1}\times\mathrm{GTC}_t^{t+1} \tag{6-19}$$

$$\mathrm{GEC}_t^{t+1}=\frac{1+S_v^t\left(x^t,y^t,z^t;g\right)}{1+S_v^{t+1}\left(x^{t+1},y^{t+1},z^{t+1};g\right)} \tag{6-20}$$

$$\mathrm{GTC}_t^{t+1}=\frac{\left[1+S_v^G\left(x^t,y^t,z^t;g\right)\right]/\left[1+S_v^t\left(x^t,y^t,z^t;g\right)\right]}{\left[1+S_v^G\left(x^{t+1},y^{t+1},z^{t+1};g\right)\right]/\left[1+S_v^{t+1}\left(x^{t+1},y^{t+1},z^{t+1};g\right)\right]} \tag{6-21}$$

考虑到城市经济生产活动是一个长期且持续的过程，技术会变动，为了进一步衡量能源环境效率的动态变化情况，深入了解技术进步对生态效率的作用，本研究通过 GML 指数模型来分析广东省能源环境效率的动态变化情况。基于 21 个城市 2005—2016 年的数据，采用 GML 指数及其二次分解模型，用软件 MaxDEA 计算广东省研究期内的 GML 指数。GML 指数可以分解为技术效率（EC）指数和技术进步（TC）指数，分别反映技术效率改进和技术进步对能源环境效率变化的贡献。GML 指数值大于 1 表示效率比上一年提升，GML 指数小于 1 表示效率比上一年下降。GML 指数考察的是当前技术水平对当期能源环境效率的影响，计算结果的含义是时间序列上能源环境效率的变动情况，而不是能源环境效率的大小。

通过 Max DEA 软件，对广东省 2005—2016 年各城市的 GML 指数进行计算，得到 4 个区域 GML 指数评价及其二次分解的变动情况（如表 6-20 所示）。2005—2016 年，广东省城市能源环境效率 GML 指数围绕 1 波动，但能源环境效率波动中呈现先下降再上升的趋势，平均增长率为 0.44%，累计增长率为 3.89%。2013 年后能源环境效率 GML 指数呈递增趋势，反映出能源环境效率的增长正逐步加快，甚至在 2016 年出现了最高值。这可能是因为广东省出台的节能减排政策取得了一定效果。从各区域看，广东省 2005—2016 年珠三角地区、粤东地区的能源环境效率 GML 指数总体上呈波动上升趋势，GML 指数平均值在珠三角地区最高（1.031 9），依次是粤北地区（1.007）和粤东地区（0.967 5），最低为粤西地区（0.962 3）。只有珠三角地区的 GML 指数在研究期间实现较大幅度的提升，累计上升了 20.19%，而粤东地区、粤西地区、粤北地区分别下降了 32.10%、38.08%、5.78%。因此研究期间，珠三角地区的能源环境效率得到了较大幅度的上升，粤北地区的能源环境效率出现了轻微的下降，粤东地区和粤西地区的能源环境效率出现了较大的下降。

表 6-20　广东省及各区域城市能源环境效率 GML 指数

年份	广东省	珠三角地区	粤东地区	粤西地区	粤北地区
2006	1.022 7	1.045 5	0.915 6	0.994 5	0.964 4
2007	0.994 6	1.022 7	0.928 2	1.080 9	0.896 0
2008	0.987 6	1.010 7	0.915 9	0.893 6	0.946 8
2009	0.910 4	0.918 8	0.871 3	0.869 4	0.915 9
2010	0.950 4	0.983 3	0.904 8	0.879 1	0.953 5
2011	1.058 4	1.050 7	1.029 1	1.113 7	1.339 9
2012	0.995 2	1.023 5	0.974 8	0.834 2	0.968 1
2013	1.015 0	1.033 4	0.992 0	0.845 4	0.917 4
2014	1.028 8	1.033 6	0.985 8	0.974 0	0.996 7
2015	1.042 0	1.043 6	1.029 7	1.032 7	1.034 1
2016	1.042 7	1.038 0	1.095 3	1.067 5	1.075 2
平均值	1.004 4	1.031 9	0.967 5	0.962 3	1.000 7
累计变化值	1.038 9	1.201 9	0.679 0	0.619 2	0.942 2

广东省及各区域的 GML 指数及其分解结果如表 6-21 所示。其中，GML 指数代表 2005—2016 年各城市能源环境效率的平均增长率，由技术进步（TC）指数和技术效率（EC）指数两部分构成。总体而言，广东省在研究期间的平均 GML 指数为 1.004 4，这意味着 2005—2016 年全要素能源环境效率的平均增长率为 0.44%。研究期间广东省技术效率指数平均增长率为 0.37%，而技术变动上的平均增长率为 1.8%，这说明技术进步指数是广东省能源环境效率提升的重要因素。从各区域来看，2005—2016 年技术效率指数平均值在粤北地区最高（1.056 1），在粤东地区最低（0.992 5）。技术进步指数在珠三角地区最高（1.021 9），在粤西地区最低（0.998 5）。可以看出，在广东省中，珠三角地区和粤东地区能源环境效率的提升主要依赖于技术进步。而粤北地区和粤西地区能源环境效率提高的最大驱动因素是技术效率的提高。

表 6-21 广东省及各区域综合 GML 指数分解（2005—2016 年）

区域	GML 指数	技术效率指数	技术进步指数
广东省	1.004 4	1.003 7	1.018 0
粤北地区	1.000 7	1.056 1	1.020 4
粤西地区	0.962 3	1.008 0	0.998 5
粤东地区	0.967 5	0.992 5	1.003 9
珠三角地区	1.031 9	1.003 2	1.021 9

从各城市的表现来看（如表 6-22 所示），深圳、广州、珠海、佛山的能源环境效率 GML 平均值大于 1，其增长率分别为 1.92%、3.77%、4.34%、4.62%。可见这些城市的能源环境效率是不断进步的，同时这些城市基本上都是能源环境效率较高的城市，从侧面说明这些城市仍然在不断提升自身发展效率，并保持本城市发展处在较为领先的地位。

对 GML 指数进行分解，在技术效率指数方面，有 11 个城市的技术效率变化值大于 1，最高的城市为云浮（1.131 3），最低的城市为肇庆（0.968 3）。在技术变化方面，大部分城市的技术变化值均大于 1，仅有梅州、湛江、茂名、潮州的技术变化值小于 1，这意味着大部分城市的技术进步维持了一定幅度的增长。

表 6-22 广东省各城市 GML 指数分解（2005—2016 年）

城市	GML 指数	技术效率指数	技术进步指数
广 州	1.037 7	1.000 1	1.037 6
深 圳	1.019 2	1.000 0	1.019 2
珠 海	1.043 4	1.013 2	1.031 4

城市	GML 指数	技术效率指数	技术进步指数
汕 头	0.975 7	0.969 1	1.013 7
佛 山	1.046 2	1.021 0	1.026 4
韶 关	0.988 1	1.003 6	1.039 4
河 源	1.014 9	1.040 4	1.006 7
梅 州	0.963 2	0.990 8	0.984 1
惠 州	1.030 4	0.985 4	1.099 2
汕 尾	1.030 5	0.992 7	1.053 6
东 莞	1.008 4	1.004 9	1.009 4
中 山	1.029 7	0.994 7	1.051 7
江 门	0.989 7	0.979 8	1.019 7
阳 江	0.980 6	1.071 0	1.023 7
湛 江	0.952 0	0.989 5	0.997 6
茂 名	0.975 2	1.006 2	0.976 8
肇 庆	0.974 6	0.968 3	1.023 4
清 远	1.058 4	1.087 9	1.028 2
潮 州	0.949 3	0.997 2	0.978 2
揭 阳	0.984 1	0.983 5	1.001 3
云 浮	1.001 4	1.131 3	1.040 4

6.4.3 城镇化对能源环境效率的影响分析

通过对广东省 2005—2016 年各地区能源环境效率的静态分析和动态分析，得到了各地区的相对能源环境效率值和效率的动态变化情况，但这些只能单纯地评估与比较空间上或者时间跨度上的能源环境效率，因此需要从能源环境效率影响因素的角度进一步展开研究，找到提升能源环境效率的关键因素，而城镇化进程对能源环境效率造成了重要影响。为了探究城镇化各维度对广东省能源环境效率的影响，本研究基于城镇化进程的基本特征，从城镇化的人口、经济和空间多维度选取 7 个指标来分析城镇化对能源环境效率的影响。采用了扩展的 STIRPAT 模型，对多维度城镇化与能源环境效率的关系进行实证研究，探索这些因素影响能源环境效率的方向及其程度，为提升广东省能源环境效率提供数据支撑。该方法包括 4 个步骤（如图 6-12 所示）：①构建城镇化多维度指标体系；②测量城镇化的多个维度的指标，描述广东省城镇化的进程；③对指标进行方差膨胀因子（Variance Inflation Factor，VIF）测试和相关性检验，选取面板数据模型；④基于扩展的 STIRPAT 模型，实证分析城镇化对能源环境效率的影响。

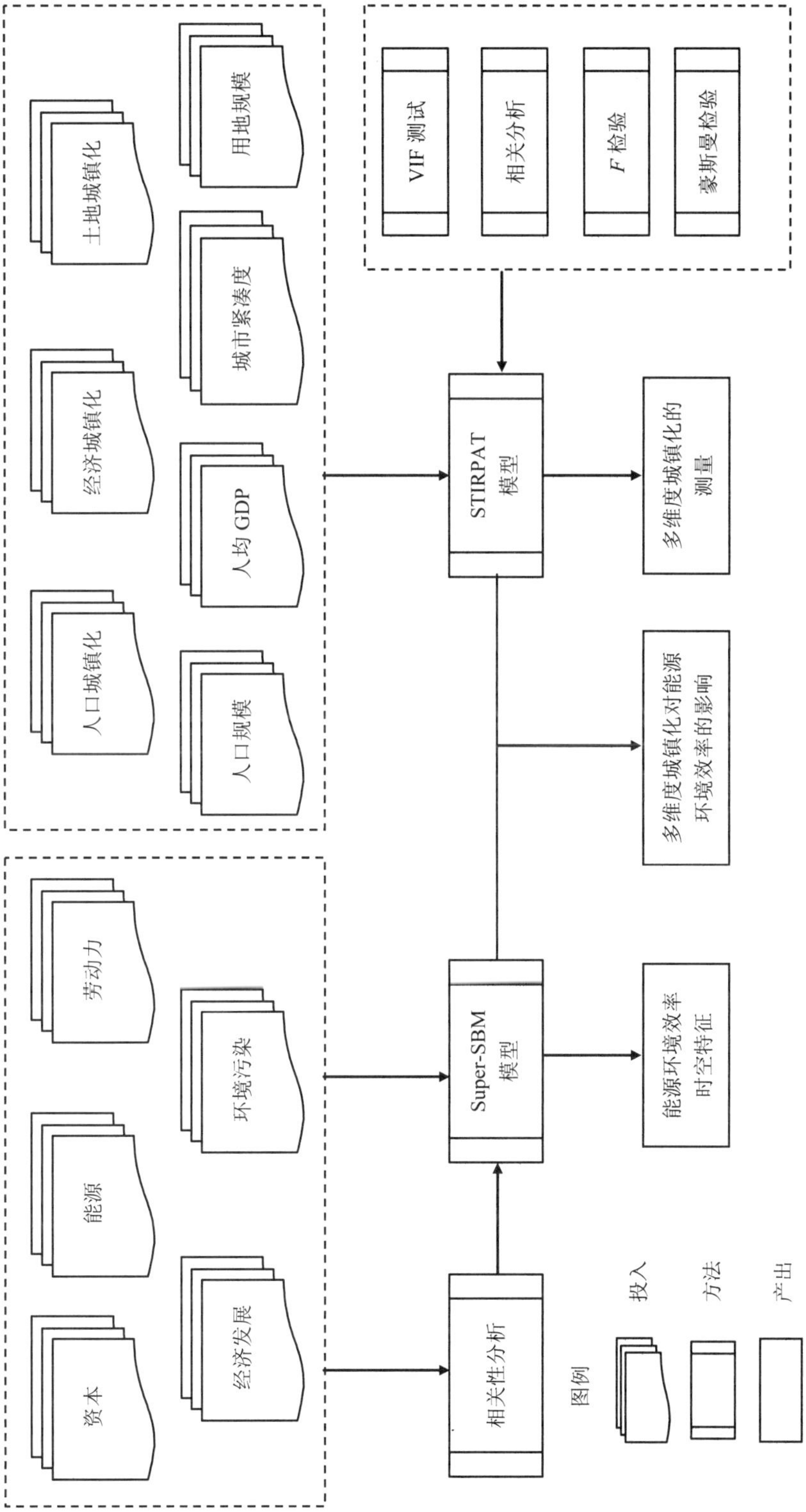

图 6-12 城镇化对能源环境效率影响的分析框架

（1）多维度城镇化指标体系构建

本研究基于城镇化的基本特征，分析城镇化的多个维度（即人口、经济和空间）对能源环境效率的影响。借鉴以往研究的理论框架（Wang，2019a；Du and Wan et al.，2019），选择了以下 7 个涵盖城镇化 3 个维度的控制变量来表示城镇化水平。这些变量分别是人口维度下的人口城镇化和人口规模，经济维度下的经济水平和经济城镇化，空间维度下的城市紧凑度、城市土地规模和土地城镇化（如表 6-23 所示）。

表 6-23 多维城镇化指标的定义

维度	指数	评价指标
人口维度	人口城镇化	城镇常住人口占全市总人口比例（%）
	人口规模	城镇常住人口（万人）
经济维度	经济水平	城镇人均 GDP（元）
	经济城镇化	第二产业产值占 GDP 的比重（%）
空间维度	城市紧凑度	城镇常住人口与城市用地面积之比（km^2/人）
	城镇土地规模	城镇建成区面积（km^2）
	土地城镇化	建成区面积占全市土地总面积的比例（%）

城镇化的人口维度主要体现在城镇人口结构和城镇人口规模两类指标。结构指标是指人口城镇化，即区域内城镇居民占总人口的比例，主要体现为农村人口向城镇人口的转变。城镇人口的集聚也是城镇化发展的首要特征和直接表现。因此，人口城镇化和人口规模被用作城镇化人口维度的指标。城镇人口集聚对能源环境效率的影响较为复杂，兼具正向和负向两种效应。首先，城镇人口数量的增长会导致对基础设施的需求增长以及废弃垃圾量的增加。当城镇人口在城市里集聚，会产生对交通、水电、燃气、住房、教育、娱乐等公共服务和基础设施的需求。同时在基础设施的建设过程中，除了其本身所需要的水资源、土地资源、能源等传统资源投入，相关上游产业往往是冶炼、钢铁、水泥等高污染高耗能行业，这意味着在粗放式的生产条件下，城镇人口的增多会显著增加能源的消耗，并由此带来更多的环境污染。但当基础设施的建设进入相对稳定阶段，只有本身的维修更换成本，而且成本会通过人口集聚产生的规模效应逐渐降低。同时，由于城镇能够提供更有品质的生活条件以及更丰富的就业机会，越来越多的农村居民转移到城镇，而这些转移到城镇的居民相比来说往往具有高技能或者高学历，这意味着城镇人口的集聚不仅是数量的集中，也体现在人力资本比例的提高。而人力资本的集聚可以加速产业的转型，创造更多经济价值，因此从这个角度来说，城镇人口的集聚将有助于提高区域能源环境效率。

经济活动的集聚在城镇化进程中起着至关重要的作用。城镇化的经济维度反映在经济增长和经济城镇化中，经济城镇化一般定义为非农业产业在产业结构中的比例。根据配第-克拉克定律和产业结构演化规律，在经济发展过程中，产业结构会由第一产业向第二产业、第三产业转变。从供给端来说，城镇化推动农村人口向城镇集聚，农业剩余人口成为城镇第二产业、第三产业发展的生产要素来源，人口和产业在城镇的集聚会促进专业分工，而分工被认为是产业结构形成的最原始动因。从需求端来说，除基本的住房、教育、医疗等需求外，相比于农村居民，城镇居民的消费种类更加多样，且随着收入的提高，消费更趋向于高端、更加注重精神层面的消费，这为产业转型尤其是第三产业的发展提供了需求和市场支撑。产业结构随着城镇化的推进不断优化，产业发展的深化和企业业务的扩展反过来又会极大地促进城镇对就业的吸纳作用，形成自累积效应。在先前的一些研究中，第二产业和第三产业产值在 GDP 中的比重被认为代表了经济城镇化（Zhao et al.，2016；Ren et al.，2020）。由于第二产业污染排放量约占我国总污染排放量的 70%，这可能对能源环境效率产生了重要的影响。因此本研究选择第二产业产值占 GDP 的比重作为分析城镇化经济维度的指标。此外，鉴于城镇人均 GDP 还可作为衡量一个地区或城市的经济发展水平的指标，本研究还选取城镇人均 GDP 作为经济维度的指标。

城镇化发展中人口和经济的活动都会在空间上落实，最终会体现为土地规模和结构的变化。城镇化的发展带动了城市建设土地面积的大幅度增加和农业土地面积的相应减少。一些城市非建设用地和农村农业用地被开发新建居住区、商业区、工业区等，而土地功能的变化也将会作用到城市能源-经济-环境系统，从而影响城市能源环境（曲鹏飞，2019）。因此为了能够全面地体现城镇化空间维度的变化，选择土地城镇化（建成区面积占全市土地总面积的比例）作为城镇化空间维度的主要指标。此外，人口、资源和产业的集聚可能影响能源效率（田成诗等，2018）。本研究主要关注城市人口集聚效应对能源环境效率的影响。人口高度集聚后，通过发展便捷的公共交通，运输成本会大大降低。另外，通过缩短通勤距离，居民的交通需求减少，进而能降低交通能耗。同样，高密度公共服务设施能够服务更多的人，提高了设施利用效率，分摊了城市运行的成本。另外，城市人口密度过高也会产生交通拥堵、环境污染等负面影响，导致城市能源环境效率的降低。根据 Xu 等（2019）的研究，城市紧凑程度可以用人口和经济活动的密度和空间集中程度来表示。因此，本研究选择城镇常住人口与城市用地面积之比作为城市紧凑度的测量指标，来分析对能源环境效率的影响。

（2）多维度城镇化时空演变特征

本研究主要基于人口维度、经济维度、空间维度，分别从规模和结构两个角度选取指标，较为全面地描述广东省城镇化的发展和变化。同时选取了 2005 年、2016 年两个时间节点，展示城镇化发展的空间分布，利用 ArcGIS10.2 将多个城镇化指标进行符号化表示，并进行分级。广东省多维度指标时空分布特征如图 6-13 所示。下面分别从以下 7 个指标对广东省各城市城镇化特征展开分析。

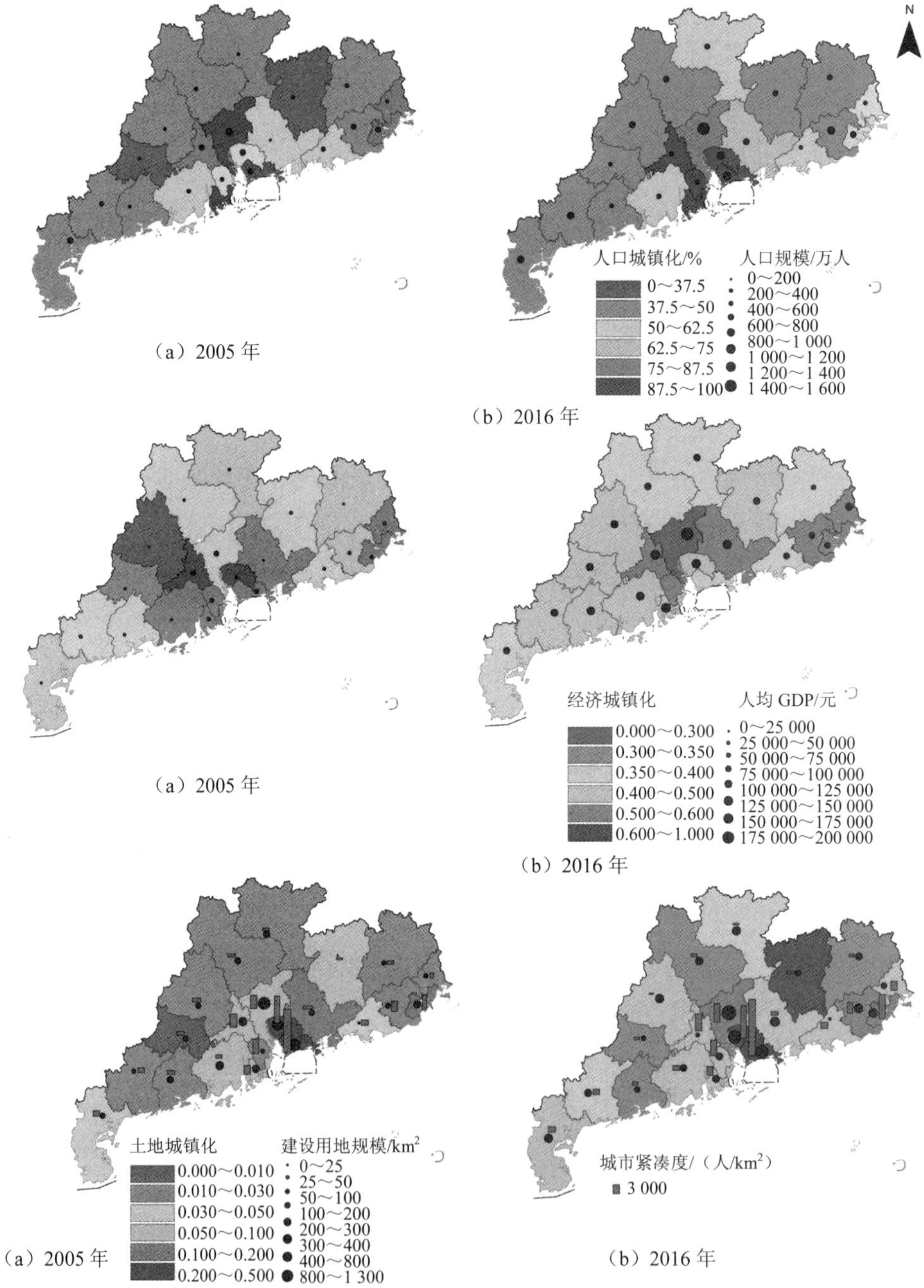

图 6-13　广东省多维度指标时空分布特征

人口城镇化：2005 年人口城镇化水平最低的城市是河源，其次是云浮。相比之下，深圳的人口城镇化水平最高，其次是广州和珠海。2016 年人口城镇化水平最低的城市是茂名，其次是云浮。深圳的人口城镇化水平最高，其次是佛山。

人口规模：2005 年和 2016 年，珠海城镇常住人口规模最小，广州的人口规模最高，其次是深圳。

经济城镇化：2005 年和 2016 年，中山和佛山呈现出最高的经济城镇化水平，肇庆和广州呈现出最低的经济城镇化水平。

经济水平：2005 年和 2016 年，深圳城镇人均 GDP 最高，揭阳和梅州分别是 2005 年和 2016 年广东省城镇人均 GDP 最低的城市。

土地城镇化：2005 年和 2016 年，深圳土地城镇化水平最高，云浮土地城镇化水平最低。

城镇土地规模：2005 年和 2016 年，城市建成区面积最大的城市是广州，城市建成区面积最小的城市是云浮。

城市紧凑度：2005 年和 2016 年，深圳的城市紧凑度都保持最高水平，其次是东莞，韶关最低。

值得注意的是，深圳、广州的人口城镇化、土地城镇化、经济水平和城市紧凑度水平多年来保持高位水平；同时，深圳和广州也表现出较高的能源环境效率。

如图 6-14 所示，2005—2016 年，大部分城镇化指标呈上升趋势。其中，全省人口城镇化和土地城镇化分别增长了 14%和 67%。广东省土地城镇化增速是人口城镇化增速的 4 倍，而且城市建设用地规模的增速大于人口规模的增速。这意味着广东同时推进了人口城镇化和土地城镇化，但土地城镇化速度过快，会造成广东省的土地增长和人口增长不匹配，这可能导致土地的闲置和其他资源的低效利用，进而影响能源环境效率。广东省各城市城镇化指标的变化表现如下：①在人口城镇化方面，河源市的增长率最高（32.6%），汕头市最低（0.1%）。②在人口规模方面，广州市的增长率最高（48%），韶关市最低（1%）。③在经济城镇化方面，肇庆市的增长率最高（91.1%），广州市最低（74.1%）。④在经济水平方面，增长率最高的是揭阳市（339.7%），最低的是东莞市（151.8%）。⑤在土地城镇化方面，清远市的增长率最高（484.4%），云浮市最低（3.54%）。⑥在城市紧凑度方面，广州市的增长率最高（51.7%），韶关市最低（1.1%）。⑦在城镇土地规模方面，增长率最高的是河源市（562.2%），佛山市最低（2.62%）。

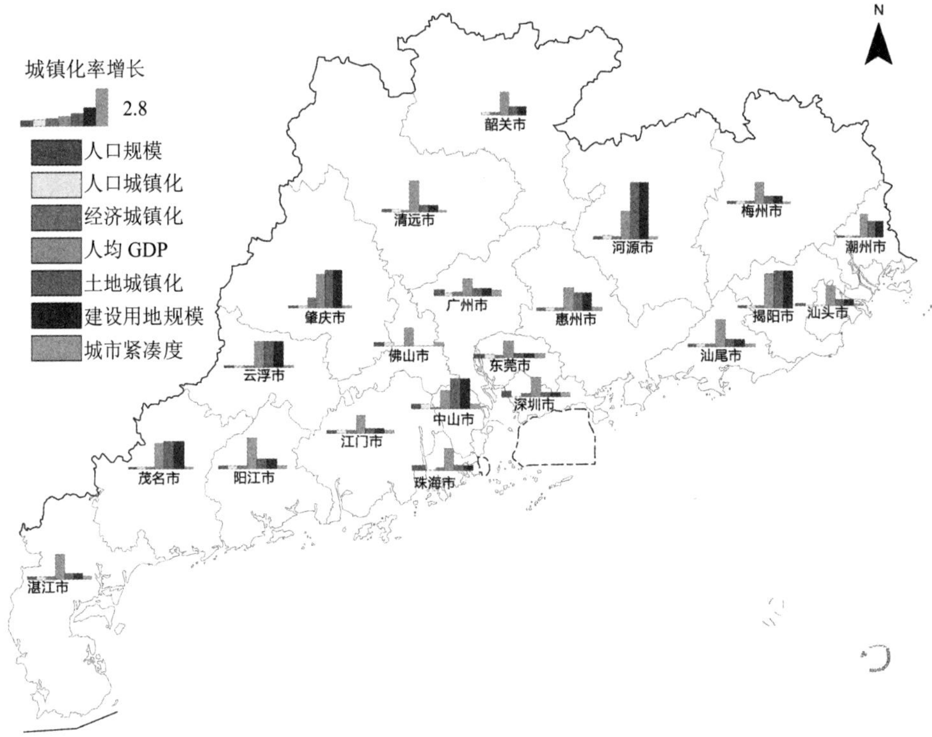

图 6-14　广东省城镇化多维度指标的变化（2005—2016 年）

（3）模型设定与实证分析

在本研究中，STIRPAT 模型被应用于探讨城镇化与能源环境效率之间的关系。该模型来源于 Ehrlich 等（1971）提出的综合人口、财产和技术（IPAT）模型。过去，IPAT 模型在环境、人口、经济和技术等有关因素之间关系的定性和定量研究中得到了广泛的应用。在该模型中，人口、财产和技术被认为是影响生态环境的主要因素，如式（6-22）所示：

$$I=PAT \tag{6-22}$$

式中：I —— 环境负荷、能源消耗或环境影响；

P —— 人口规模；

A —— 人均财富；

T —— 技术。

以该模型为基础，Dietz 等（1994）开发了 STIRPAT 模型。STIRPAT 模型可表达为式（6-23）：

$$I=aP^{b}A^{c}T^{d}e \tag{6-23}$$

式中：I、P、A、T 的定义与 IPAT 模型中的定义相同；

b、c、d—— 需要估计的参数；

e——随机误差。

在 e 等于 1 的情况下，IPAT 模型可以看作是 STIRPAT 模型的变化。式（6-23）中描述的 STIRPAT 模型也可以转换为其对数形式，如式（6-24）所示（Wang et al.，2013）：

$$\ln I = \ln a + b\ln P + c\ln A + d\ln T + \ln e \tag{6-24}$$

为了进一步分析城镇化对能源环境效率的影响因素，首先通过 Super-SBM 模型评估出各城市的能源环境效率值，并以城市的能源环境效率值为 STIRPAT 模型的被解释变量；然后将 STIRPAT 模型扩展，根据城镇化的定义和表现，从人口、经济和空间等多个维度来考虑城镇化。多维度的城镇化指标有助于更深刻理解城镇化进程，并全面分析其对能源环境效率的影响。本研究选取了人口城镇化、人口规模、经济城镇化、经济水平、城镇土地规模、土地城镇化和城市紧凑度 7 个指标为扩展的 STIRPAT 模型被解释变量，并建立回归模型。基于面板数据的扩展 STIRPAT 模型表示如下：

$$\begin{aligned}\ln \mathrm{EEE}_{it} &= \alpha_0 + \alpha_1 \ln \mathrm{PS}_{it} + \alpha_2 \ln \mathrm{PU}_{it} + \alpha_3 \ln \mathrm{EL}_{it} + \alpha_4 \ln \mathrm{EU}_{it} \\ &+ \alpha_5 \ln \mathrm{UC}_{it} + \alpha_6 \ln \mathrm{LS}_{it} + \alpha_7 \ln \mathrm{LU}_{it} + \varepsilon_{it}\end{aligned} \tag{6-25}$$

式中：EEE —— 能源环境效率；

PS_{it} —— i 城市在第 t 年的人口规模；

PU_{it} —— i 城市在第 t 年的人口城镇化；

EL_{it} —— i 城市在第 t 年的经济水平；

EU_{it} —— i 城市在第 t 年的经济城镇化；

UC_{it} —— i 城市在第 t 年的城市紧凑度；

LS_{it} —— i 城市在第 t 年的城镇土地规模；

LU_{it} —— i 城市在第 t 年的土地城镇化；

α_0 —— 常数项估计的系数；

α_1，α_2，α_3，α_4，α_5，α_6，α_7 —— 被估计的系数；

ε —— 误差项。

本研究利用广东省 2005—2016 年 21 个城市的面板数据，评估城镇化对其能源环境效率的影响。由于变量之间的线性关系可能会干扰回归模型计算结果的精准性，因此本研究首先评估变量之间的相关性，以确定模型中变量多重共线性的水平。表 6-24 显示了相关分析的结果，大多数相关系数低于 0.8。接下来，计算方差膨胀因子（VIF），结果显示 VIF 都低于 10，说明多重共线性在接受范围内。

表 6-24　自变量的 VIF 检验和相关系数矩阵

	VIF	$PURB_1$	$PURB_2$	$EURB_1$	$EURB_2$	SRB_1	SRB_2	SRB_3
$PURB_1$	6.67	1.000						
$PURB_2$	3.55	0.294^{***}	1.000					
$EURB_1$	3.59	0.777^{***}	0.349^{***}	1.000				
$EURB_2$	1.41	0.368^{***}	-0.130^{**}	0.144^{**}	1.000			
SRB_1	4.92	0.796^{***}	0.559^{***}	0.586^{***}	0.297^{***}	1.000		
SRB_2	7.89	0.693^{***}	0.709^{***}	0.753^{***}	0.023	0.674^{***}	1.000	
SRB_3	3.83	0.667^{***}	0.565^{***}	0.635^{***}	0.208^{***}	0.727^{***}	0.356^{***}	1.000

注：***表示 $p<0.01$，**表示 $p<0.05$，*表示 $p<0.1$。

基于扩展的 STIRPAT 模型来进行回归分析。面板数据模型通常分为混合估计模型、固定效应模型和随机效应模型。通过 F 检验确定混合效应模型还是固定效应模型具有最佳拟合（Wang and Bao et al.，2016），F 检验假设为：

H_0：个体间的截距相同（混合效应模型）。

H_1：个体间的截距不相同（固定效应模型）。

F 检验结果如表 6-25 所示。

表 6-25　F 检验结果

检验	t 统计量	P
F 检验	35.42	0.000 0

由表 6-25 可知，F 检验结果的 P 值为 0，在 1%的显著性水平下拒绝原假设 H_0（混合效应模型），因此排除混合效应模型。

Hausman 检验是计量经济学中检验固定效应模型和随机效应模型最常用的方法（如表 6-26 所示），其检验假设为：

H_0：随机效应模型和固定效应模型的系数没有差别（随机效应模型）。

H_1：随机效应模型和固定效应模型的系数有差别（固定效应模型）。

Hausman 检验结果如表 6-26 所示。

表 6-26　Hausman 检验结果

检验	t 统计量	P
F 检验	5.33	0.62

通过 Hausman 检验，得出 $P>0.01$。检验结果满足随机效应模型的基本假设（Xu et al., 2019），故用随机效应模型得出的结果更理想。由于本研究使用的是具有短时间序列的面板数据，因此不用进行单位根检验。

6.4.4 实证结果及分析

在回归分析中，能源环境效率是因变量，城镇化的人口维度、经济维度和空间维度的多个指标是自变量。广东省内区域间社会经济发展的明显差异可能会导致城镇化对能源环境效率的影响不同，特别是在珠三角地区，城镇化进程和能源环境效率与其他区域差异较大。因此，对广东省和珠三角地区进行了单独的回归分析，以探讨城镇化的多个维度对能源环境效率的影响，分析结果如表 6-27 所示。

表 6-27 城镇化对能源环境效率面板模型的回归分析结果

变量	广东省	珠三角地区
ln（PU）	0.578*** （3.06）	0.081（0.38）
ln（PS）	0.171（1.37）	0.056** （0.39）
ln（EL）	−0.236*** （−5.73）	−0.235*** （−5.47）
ln（EU）	−0.408*** （−3.91）	−0.588*** （−5.95）
ln（UC）	0.281*** （3.69）	0.429*** （1.01）
ln（LS）	0.123（1.53）	0.158（−2.2）
ln（LU）	−0.221*** （−2.88）	−0.337** （3.85）
样本量	252	132
R^2	0.418	0.995
F 统计量	35.42	5.93

注：**和***分别表示回归系数在 5%和 1%水平下显著。*t* 统计量的系数显示在括号中。

（1）城镇化人口维度对能源环境效率的影响

广东省面板模型的回归结果如表 6-27 所示。结果表明，人口城镇化和能源环境效率的相关系数为 0.578，并在 1%水平上具有统计学意义。人口城镇化每增加 1%，将可使能源环境效率提高 0.578%。在 2016 年，深圳和佛山的人口城镇化水平相对较高，云浮相对较低。同时，深圳和佛山的能源环境效率明显高于云浮，这也从侧面证明了人口城镇化与能源环境效率呈正相关。这一结果与 Liu 和 Ma（2020）的研究结果一致，人口城镇化通过丰富的人力资源和生活方式的转变，提高了能源使用的经济效率并减少了污染物排放，对能源环境效率产生了积极影响。但是珠三角地区人口城镇化与能源环境效率的相关系数为 0.081，而且影响不显著。根据诺瑟姆曲线，当城镇化率达到 70%，人口城镇化发展则进入稳定阶段。可能是因为珠三角地区的城镇化率已经超过 80%，人口城镇化在该地区的提升已经达到一个平缓的阶段，因此人口城镇化对珠三角地区能源环境效率的影响并不显著。

与人口城镇化相比，人口规模对能源环境效率的影响较弱。结果表明，广东省的人口规模与能源环境效率没有显著的相关性，城镇人口的增加不会提高广东省的能源环境效率。但是在珠三角地区，人口规模具有显著的集聚效应，并在提高能源环境效率方面发挥了作用。人口规模每增加 1%，将使珠三角地区能源环境效率提高 0.056%。实际上，已有研究表明，人口规模与能源环境效率之间的关系不是一成不变的。一方面，人口的集聚效应促进了技术创新、产业分工和经济发展，减少了污染物排放，提高了能源环境效率（Ren et al.，2020）；另一方面，Huang 等（2018b）指出，当城市人口规模超过生态环境承载能力时，能源环境效率的提高可能受到限制。可能是因为珠三角城市群合理的产业分工，集群优势明显，因此人口规模产生的积极效果大于负面影响。珠三角目前的人口规模对能源环境效率的提升产生了积极的影响。

（2）城镇化经济维度对能源环境效率的影响

研究结果表明，经济城镇化对广东省和珠三角地区的能源环境效率产生了负面影响。经济城镇化增加 1%，而所有其他变量保持不变时，广东省和珠三角地区的能源环境效率值分别下降了 0.408%和 0.588%。经济城镇化导致能源环境效率降低，这个观点也与 Zhou 等（2018）和 Guan 等（2019）的结论一致。这可能是因为广东省是工业大省，制造业发达，省内大多数城市的产业经济发展主要依靠能源消耗，这些产业比重的增加降低了能源环境效率。例如，在 2005—2016 年，广州第二产业占 GDP 比重在广东省内较低，而广州的能源环境效率相应地高于广东省大多数城市，这也从侧面证明了这一结论。

在广东省和珠三角地区，经济水平和能源环境效率的估计系数在 1%水平上具有统计学意义，广东省和珠三角地区的系数分别为−0.236 和−0.235。这些数值表明，经济水平对能源环境效率有负面影响（Wang et al.，2019b）。人均国内生产总值的提高促进了能源消费，造成了环境污染，从而降低了能源环境效率。相反，Yan 等（2019）指出人均国内生产总值的改善对能源环境效率产生了积极效果，原因是经济发达的城市拥有完善的基础设施、充足的人力资源、领先的科技水平和成熟的管理经验。因此，与经济较不发达的城市相比，经济发达的城市拥有更多的专业知识和机会来有效地分配资源，进而提高其能源环境效率。能源环境效率与经济发展存在相互作用和相互促进的关系，能源环境效率水平高的城市可以收获更多的经济产出，进而提高其经济水平。实际上，经济水平与能源环境效率之间的关系不是一成不变的。一方面，经济发展有利于产业升级和技术发展创新的促进。此外，社会经济发展促使人们制定更严格的环境条例，进而提高能源环境效率。另一方面，经济的发展会带来基础设施建设的增加和生活水平的提高，进而极大地刺激了能源消费的增加。实证结果表明，广东省在研究期间内，经济的快速增长依赖大规模投资和大规模的能源消耗，这可能导致能源环境效率下降。

（3）城镇化的空间维度对能源环境效率影响

本研究采用人口密度作为代表城市紧凑度的指标。结果表明，人口密度对广东省和珠三角地区的能源环境效率相关系数在1%的水平上是积极显著的。人口密度对能源环境效率产生了积极的影响。当人口密度增长率提高1%时，广东省和珠三角地区的能源环境效率分别提高了0.281%和0.429%。结果有力地证明了城市紧凑度增加将提高城市能源环境效率的假设，这个结论也符合紧凑城市理论，即适当程度的城市紧凑度不仅限制了城市扩张，而且缩短了交通距离，减少了相关的能源消耗和污染排放。与广东省相比，珠三角地区人口密度的提升对能源环境效率的提升效果更明显。这可能是因为珠三角地区在能源、交通、产业等诸多领域形成了集聚效应，因此高人口密度对珠三角地区能源环境效率的提升效果更明显。

城镇土地规模与能源环境效率的相关系数为正，但未通过显著性检验。结果表明，无论是广东省还是珠三角地区，城镇土地规模对能源环境效率的影响都不显著。城市土地扩张将导致对能源和非期望产出（污染物）的需求急剧增加。当城市用地的规模超过最优区域时，能源环境效率开始下降。具体而言，城市建成区过大时，资源很难实现有效的配置。Zhang 等（2017）认为，地方政府过度追求土地融资导致城市建设盲目扩张，可能导致城市建设用地闲置，城市内部运营效率低，从而限制了经济效益和环境效益，导致能源环境效率的降低。

广东省和珠三角地区的土地城镇化率分别在5%和1%水平上有统计学意义。土地城镇化对能源环境效率的影响显著为负。土地城镇化增长率提升1%，广东省和珠三角地区的能源环境效率分别下降0.221%和0.337%。这些结果与 Tang 等（2020）的结论一致，表明土地城镇化对城市能源环境效率有负面影响。土地城镇化需要将农业土地或闲置土地转化为各种类型的城市建设用地。不同类型的用地产生的经济价值差异较大，当非建设用地转变为建设用地后，对能源环境效率的影响是复杂的。不合理的土地利用结构和土地开发强度将导致能源环境效率的下降。研究结果表明，广东省和珠三角地区应进一步优化城市土地利用结构，减少城市土地的闲置，进而提高能源环境效率。

6.5 大气污染防治立体化监管体系

6.5.1 卫星遥感监测

基于 MODIS 等遥感数据，利用定量遥感技术和 GIS 技术，采用暗像元模型算法，实现大气污染物监测，提供多种空间尺度和时间尺度的 $PM_{2.5}$ 浓度时空分布图；通过卫星遥感数据，获取 $PM_{2.5}$ 等空气污染物浓度空间分布图，分析城市建成区及周边城市污染输送规律，查找污染源所在区域。

6.5.2 高空瞭望视频监控

根据区域全覆盖、重点区域重点监管的原则，结合实地情况，以 2～3 km 为半径，在建成区内建设 5 个高空瞭望视频监测点位，利用高空瞭望视频监控系统的前端监控设备对建成区内各种污染源进行 24 h 监控，达到污染源智能化监管，形成室内远程指挥、合理调度、精确打击的高效管控体系。

6.5.3 无人机航拍

利用无人机搭载光学传感器或热成像仪，对全辖区或重点区域开展常规和重点时段、重点区域无人机监测工作，进而了解重点区域及周边最新污染源分布，全面掌握辖区污染分布状况，及时高效巡查可疑区域；在重污染天气对重点区域进行快速核查，发现企业违规生产问题，违规情况通报管理部门。

6.5.4 污染源分布“一张图”

利用固定翼无人机搭载高分辨率光学相机，对所选区域根据航线进行巡飞，获取分辨率为 0.1 m 的航拍影像。内业人员对获取的影像进行预处理，并根据最新的结果识别出所有污染源，与地面人员巡查相结合，确认新增污染源信息，并进行标注，形成重点辖区污染源分布“一张图”。

依据空气质量日、周、月分析结果，并结合固定翼无人机最新的巡飞结果图，开展常规和重点时段、重点区域无人机监测工作，满足防治工作需要。可利用多旋翼无人机搭载高分辨率可见光相机或热红外相机对重点污染区域进行白昼和夜间的巡飞核查，并可搭载颗粒物检测设备对巡飞区域进行不同高度颗粒物浓度检测，从而发现违规生产情况，发现不执行管控要求的被管控对象，拍摄记录图片、视频及位置等，迅速通知管理部门或执法部门。

6.5.5 网格化监测系统

结合气象条件分析和国控、省控、市控站点的布点情况，科学合理布设微型空气质量监测站，对区域内主要固定污染源、工业园区、道路交通、农村面源、无组织排放源的监测进行高密度布设、重点监控。通过微型空气站配套的软件分析平台，获取监测点高时间分辨率、高空间分辨率和多参数的实时、动态监测数据，实时精准监测区域内各类污染源的排放情况，准确查找污染源，识别污染传输过程，科学评估区域内主要固定污染源、工业园区、道路交通、无组织排放源等对附近环境空气质量的影响，最终实现精准污染溯源、精细化管理。

6.5.6 激光雷达监测

作为一种大气污染空间立体监测技术，激光雷达是对常规地面监测技术的有力补充，可以展示颗粒物的时空演变特征，监测污染物的水平分布，获取颗粒物的空间浓度分布，给出大气边界层高度的变化，分析局地污染物的垂直扩散条件，能够识别沙尘、气溶胶、云等不同类型，获取颗粒物输送和沉降特征，能够对空气自动站监测点数据异常严重的区域进行快速溯源，快速捕捉引起站点数据异常的污染源排放时间、强度与影响范围。同时，通过移动车载平台，可以快速定位污染源分布和排放强度，应用于重污染过程分析、污染快速溯源、事故应急监测、评估污染扩散趋势及通量。图 6-15 为激光雷达空间立体监测技术，此技术在传统监测方法的基础上，能够为空气污染防治规划方案和环境质量目标的制定提供可靠依据，对控制措施的执行效果、判断标准的实施情况和改善环境的进展进行评价。

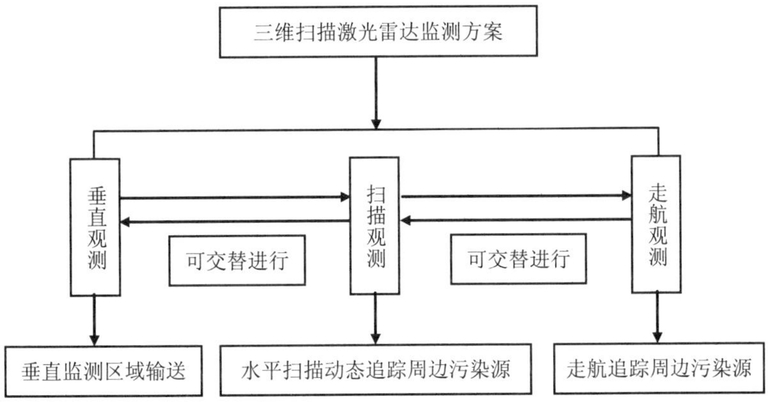

图 6-15 大气污染空间立体监测技术

6.6 城市群大气污染防治平台应用案例

6.6.1 背景

随着城市化和工业化的快速发展，大气污染已成为世界各国面临的巨大挑战之一，大气污染不仅严重危害人体健康，而且给生态环境、气候变化等带来不利影响，因此各国政府对大气污染的防治工作高度重视（王文兴等，2019）。2013 年以来，我国通过执行《大气污染防治行动计划》（简称“大气十条”）、《蓝天保卫战三年行动计划》和京津冀及周边、长三角和汾渭平原秋冬季大气污染综合治理攻坚方案，开展京津冀及周边大气重污染成因和治理等科技支撑项目，弄清了大气重污染的成因和来源，大气污染综合防治的思路和方向已经明确，环境空气质量管理体系和技术体系已经日趋完善，综合防治方向也从国家向地方延伸（柴发合，2020）。近些年来，虽然在国家和地方层面实施了一系列大气污染防治措施，使细颗粒物污染得到了有效控制，$PM_{2.5}$ 污染水平持续降低，大气污染防治成绩显著，但不少区域和城市仍然面临着空气质量达标的压力，尤其是近几年臭氧污染问题凸显，污染天数逐年增加，俨然已成为实现优良天数约束性指标的重要障碍。

我国珠三角地区近几年的空气质量虽然实现了稳定达标、持续改善，部分城市甚至达到了国际水平，珠三角地区成为全国大气污染防治的标杆区域，但大气质量管理已进入“深水区”，面临严峻挑战：区域大气 $PM_{2.5}$ 与臭氧协同防控进入最艰难的阶段，一是 $PM_{2.5}$ 二次成分削减难度大；二是臭氧已成为珠三角的首要污染物（梁碧玲等，2017）。目前珠三角地区臭氧极端污染（峰值）有所削减，但区域臭氧浓度均值仍呈上升态势，污染防控和空气质量改善的难度仍将持续加大。

基于当前我国正遭遇严重的大气污染问题，以 $PM_{2.5}$ 为代表的雾霾污染和以 O_3 为代表的光化学污染在各大城市频发，环境监测、环境监管工作面临着巨大的压力。2015 年 7 月 26 日，国务院办公厅印发《生态环境监测网络建设方案》，明确提出建设生态环境监测新格局。“十三五”期间，国家基于大气、水质、土壤的生态环境监控进一步完善，基于“互联网+”“大数据”的环境监控和管理是重要发展方向之一，为环境网格化监控和管理及未来环境污染治理提供了新的解决思路和手段。尤其是大气污染防治网格化精准监控及管理系统的构建，利用多元空气质量分析模型及大气污染源清单等技术，众多机构已设计研发了一系列相关环境决策管理调控平台，通过大数据综合研判分析大气重污染预警形势等，为大气污染源解析、大气污染成因分析、大气污染防治决策和措施的制定提供大数据支撑和趋势分析，对推进科学治污、精准治污提供了有力支持（付高阳，2017）。

6.6.2 建设目标

城市大气污染防治决策系统是将前端在线监测设备、大数据综合研判分析及协同指挥调度整合为一体的一套污染防治和控制系统。通过对城市环境进行实时的“天空地”全网覆盖监测、科学研判分析、智能调度，实现全面科学设点、系统联网、自动预警、智能化分析的新模式。系统提出以大气立体监测、空气质量预测预报、大气环境质量综合分析、环境管理决策与指挥调度为主线，以综合管理体系为指导，建设包括立体监测网络、大气数据综合管理、空气质量预报预警、大气环境诊断分析、大气污染溯源追因、空气质量达标管理、调度指挥管理、信息综合展示等功能的城市大气污染防治决策支持系统。旨在通过数据分析，提高大气环境质量状况与污染成因的评估能力；通过情景模拟与模型运算，为区域大气污染防治措施的制定与动态调整提供量化数据支持；通过决策分析与实时指挥调度，实现科学化管理。

6.6.3 平台架构及组成

城市群大气污染防治平台遵循 3 个标准体系，由基础层、数据层、模型层、应用层及用户层构成。基础层包括服务器、网络、监测设备等，提供硬件支撑；数据层包含污染源监测数据、气象数据、遥感数据等，提供数据支撑；模型层包括大气扩散、传输通道、遥感反演等模型，提供分析运算服务；应用层提供总体形势分析、综合研判、巡查调度等应用服务；用户层为巡查员、管理者、决策者、执法者提供服务。城市大气污染防治决策系统框架如图 6-16 所示。

6.6.4 平台主要功能及作用

城市大气污染防治决策系统主要包括总体形势子模块、污染源分布“一张图”子模块、综合统计分析子模块、指挥调度子模块以及动态模拟决策支撑子模块。以下为城市大气污染防治决策系统子模块展示。

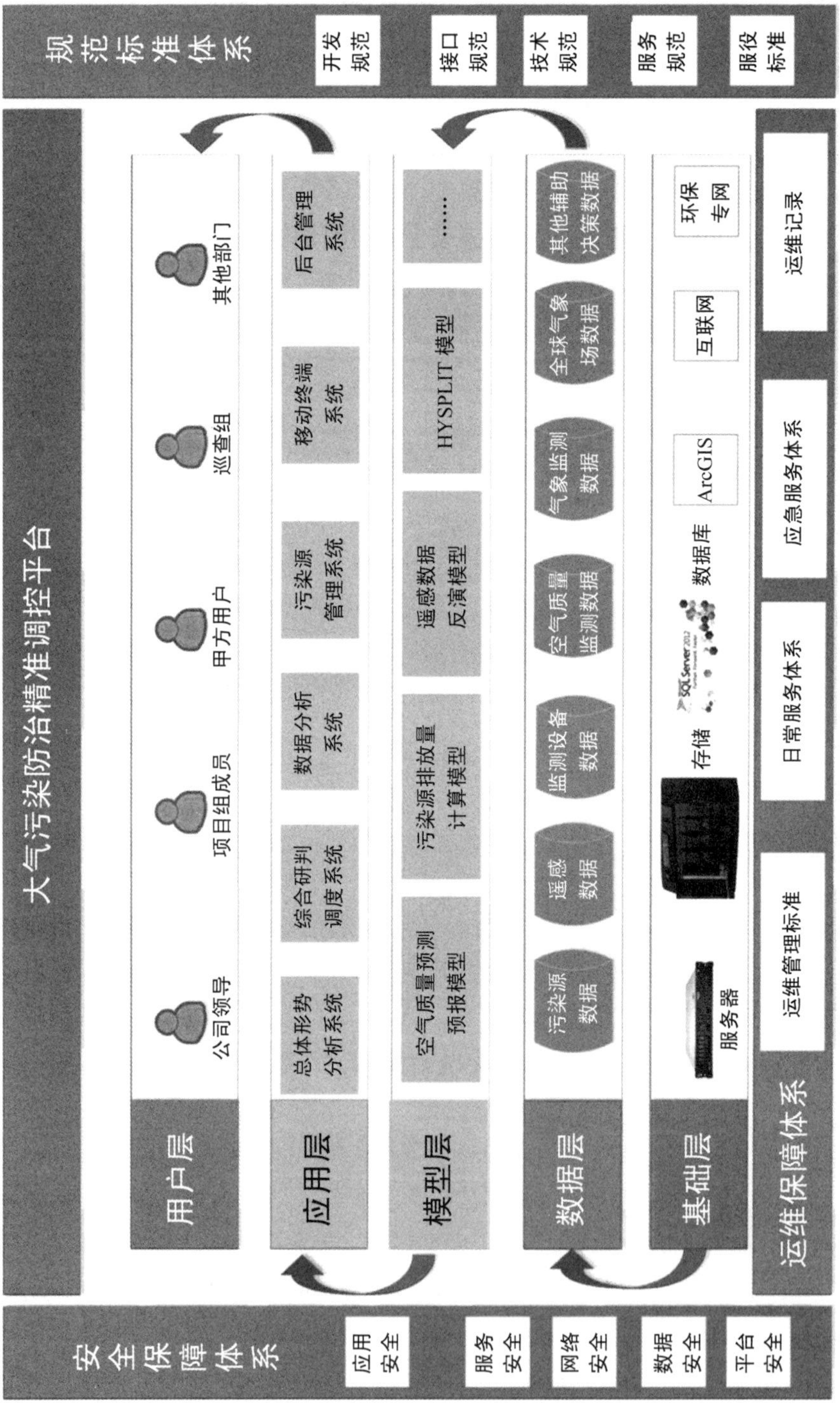

图 6-16 城市大气污染防治决策系统框架

（1）总体形势子模块

总体形势子模块将采集到的数据按照不同区域、不同指标进行统计，与 GIS 结合以进行可视化展示，整合了实时空气质量小时监测、日均监测、历史监测、城市排名、月度考核、气象预报、巡查调度公告等业务，可对造成污染的主要因子、未来气象变化以及污染区域进行识别，为生态环境管理部门应对污染天气、核实污染治理效果以及考核达标情况等提供总体“一张图”实时监控服务支持。图 6-17 为江门市总体形势展示，从图 6-17 中可知江门市实时空气质量情况、首要污染物情况、各项监测因子浓度变化趋势、排名情况、气象因子情况以及调度指令等；可通过分析各因子动态变化特征，并结合指令内容进行实时分析调度，应对污染的发生。

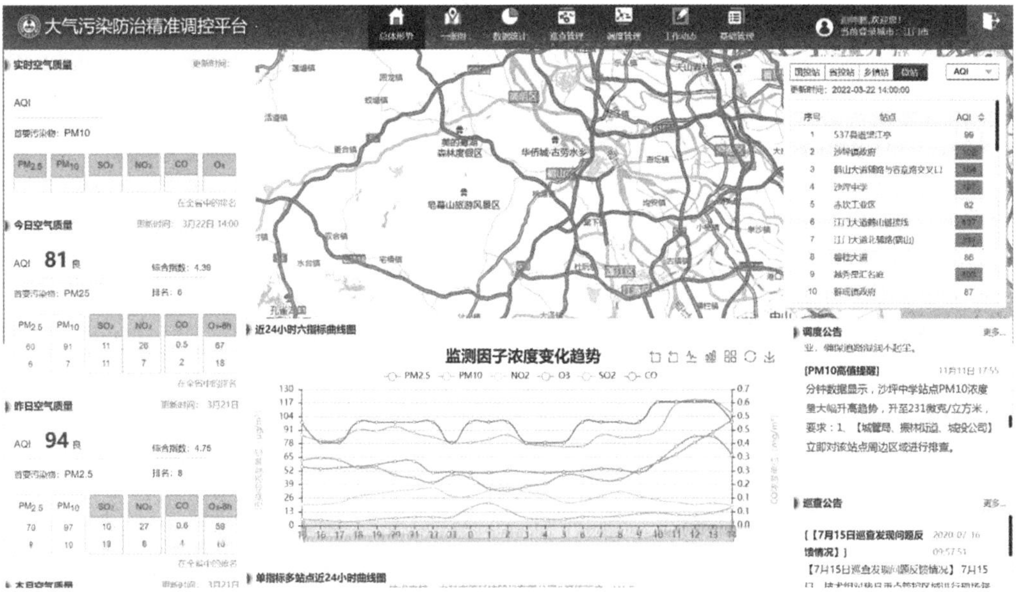

图 6-17　总体形势子模块

（2）污染源分布“一张图”子模块

该模块依托“天空地”立体监测网络，结合地理信息系统，实现大气环境质量监测数据、污染源位置分布及气象场的直观展示，为大气环境形势分析决策会商提供“挂图作战”的可视化平台。图 6-18 为江门市污染源分布“一张图”子模块。通过此模块，可以精准掌握江门市各类污染源位置分布情况，实时获取区域热值分布情况，锁定高值预警点位的排查方向，为监管人员提供精准的防治支撑。

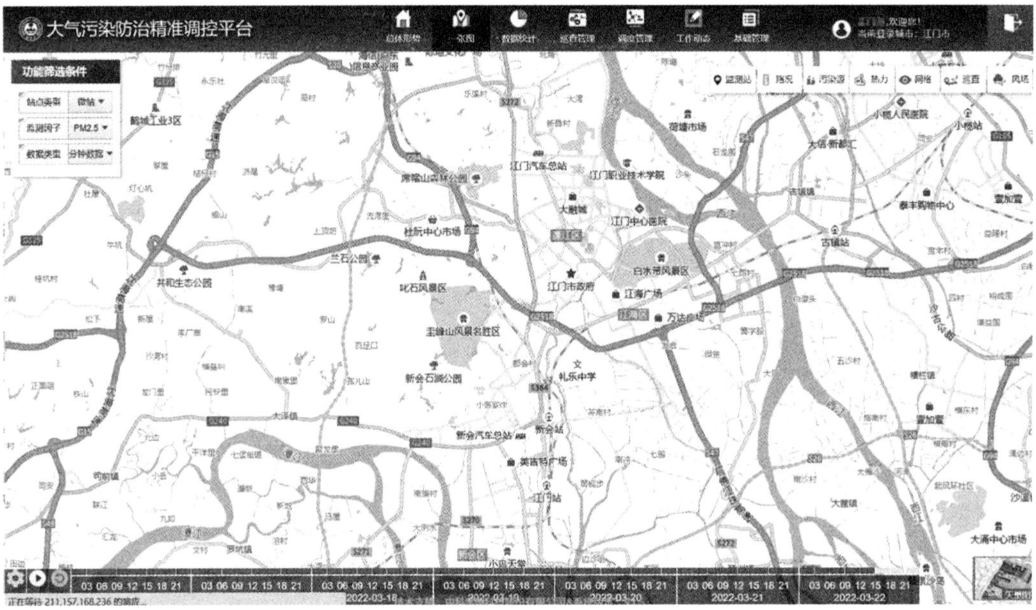

图 6-18　污染源分布“一张图”子模块

（3）综合统计分析子模块

综合统计分析子模块可对监测数据进行再计算和分析，提供城市小时数据播报、城市综合分析、站点综合分析、城市监测数据、站点监测数据、其他监测数据（VOCs、激光雷达等）、考核项计算工具、数据补录等内容，集合了省控考核站点监测数据、重点乡镇监测数据、微型空气质量监测站数据、气象数据等，实现各站点、各指标对比分析、日排名分析、月排名分析、年累计分析、同比环比分析、首要污染物分析、风玫瑰图分析等多种空气质量分析图表，可实现大气环境质量动态分析功能，支持时、日、月等数据报表下载分析，为决策提供实时依据。

图 6-19 和图 6-20 分别为江门市小时播报表及各城市空气质量日累计排名表，可知江门市每时各项污染物变化情况及排名变化情况。

图 6-21 和图 6-22 分别为综合统计分析子模块中的空气质量日历、$PM_{2.5}$、PM_{10}浓度变化趋势，可辅助分析空气质量特征因子变化情况。图 6-23 为综合统计分析子模块中的城市日数据报表，支持下载历史空气质量数据，供分析使用。图 6-24 为综合统计分析子模块中的城市考核目标计算，便于实时计算考核余量。

2021年07月15日城市小时数据播报

时间点	新会区 PM2.5	PM10	NO2	O3	O3-8h	SO2	CO	江海区 PM2.5	PM10	NO2	O3	O3-8h	SO2	CO	江门市 PM2.5	PM10	NO2	O3	O3-8h
01:00	6	16	22	14	--	4	0.4	10	24	8	84	--	4	0.6	6	21	16	20	--
02:00	6	22	18	14	--	4	0.4	9	28	20	20	--	4	0.6	6	22	18	17	--
03:00	8	22	17	12	--	4	0.5	16	24	12	50	--	4	0.5	7	21	18	14	--
04:00	10	26	17	12	--	6	0.6	14	25	19	14	--	5	0.5	8	24	16	15	--
05:00	10	27	16	10	--	6	0.6	10	24	21	14	--	5	0.6	7	20	16	14	--
06:00	9	23	16	12	--	6	0.6	7	22	23	10	--	6	0.6	7	20	19	11	--
07:00	10	23	14	17	--	6	0.5	12	24	18	18	--	6	0.6	8	21	16	16	--
08:00	12	18	14	22	16	8	0.5	11	25	16	22	20	5	0.6	8	18	14	25	15
09:00	8	19	10	36	28	6	0.4	8	21	11	38	30	5	0.6	6	17	10	39	16
10:00	6	18	8	52	70	4	0.4	8	18	10	52	80	6	0.6	6	16	9	50	19
11:00	8	22	8	69	45	4	0.4	10	20	10	66	48	5	0.6					
12:00																			
13:00																			
日均浓度	8	21	15	25	70	5	0.5	10	23	15	35	80	5	0.6	9	19	12	25	62

图 6-19　综合统计分析子模块中的城市小时数据播报

2021-07-15 01:00-2021-07-15 11:00城市空气质量日累计排名表

排名	城市名称	综合指数	城市名称	$PM_{2.5}$	城市名称	PM_{10}	城市名称	SO_2	城市名称	NO_2	城市名称	CO	城市名称	O_3-8h	城市名称	AQI
1	台山市	1.10	蓬江区	5	台山市	13	恩平市	3	台山市	7	**江门市**	**0.5**	**江门市**	**19**	台山市	18
2	**江门市**	**1.20**	**江门市**	**7**	蓬江区	18	新会区	5	开平市	9	新会区	0.5	台山市	36	开平市	19
3	恩平市	1.31	台山市	7	恩平市	18	江海区	5	恩平市	11	蓬江区	0.5	开平市	37	**江门市**	**20**
4	开平市	1.32	新会区	8	开平市	18	蓬江区	5	蓬江区	14	鹤山市	0.5	恩平市	46	恩平市	23
5	蓬江区	1.48	江海区	10	**江门市**	**20**	**江门市**	**6**	**江门市**	**15**	江海区	0.6	新会区	70	新会区	35
6	新会区	1.55	恩平市	10	新会区	21	开平市	7	新会区	15	恩平市	0.6	鹤山市	78	鹤山市	39
7	江海区	1.72	开平市	10	江海区	23	台山市	10	江海区	15	台山市	0.6	江海区	80	江海区	40
8	鹤山市	1.90	鹤山市	12	鹤山市	24	鹤山市	12	鹤山市	16	开平市	0.8	蓬江区	84	蓬江区	42

图 6-20　综合统计分析子模块中的城市空气质量日累计排名

图 6-21　综合统计分析子模块中的空气质量日历

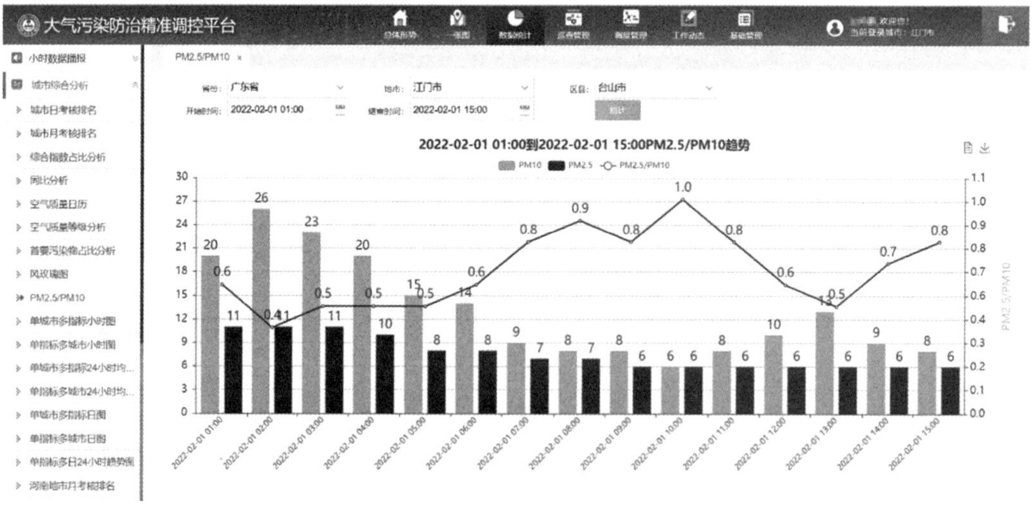

图 6-22　综合统计分析子模块中的 $PM_{2.5}$、PM_{10} 浓度变化趋势

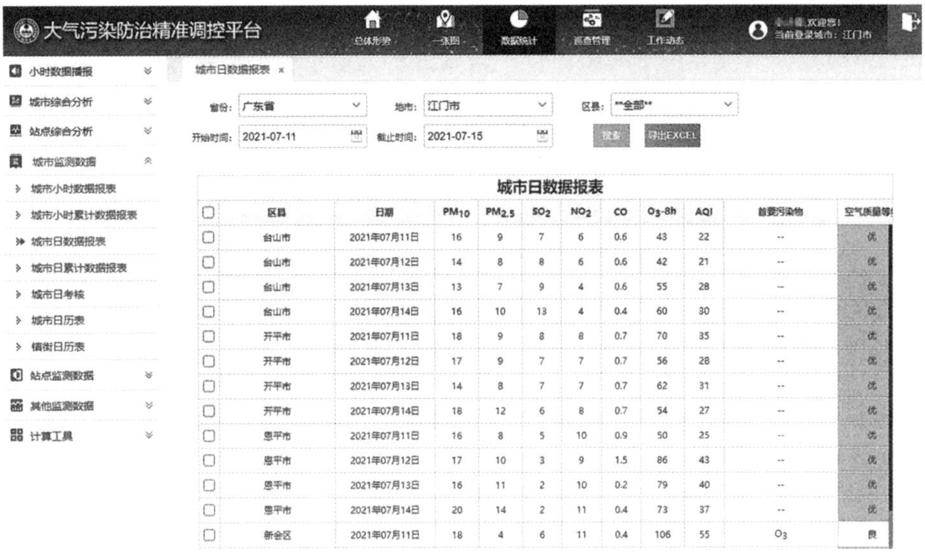

图 6-23 综合统计分析子模块中的城市日数据报表

图 6-24 综合统计分析子模块中的城市考核目标计算

（4）指挥调度子模块

通过构建巡查调度管理平台，并利用移动端（如图 6-25 所示），助力巡查员及时填报现场巡查问题、拍照取证，提交管理人员处理，实现“监测—排查—管控—考核”闭环。通过调度管理，发布调度指令，协同多个部门开展大气环境污染治理工作。图 6-26、图 6-27 为江门市巡查管理及调度管理模块。现场排查人员可利用巡查管理模块，上传现场所排查的问题，并通过预警功能，提醒相关责任单位完成问题的整改，可统计相关责任单位的整改反馈情况并用于考核评价。数据分析人员可根据数据预警高值情况，在调度管理模块发布管控指令，提醒相关责任单位及时进行指令反馈，并可通过计算各单位反馈率进行考核评价。

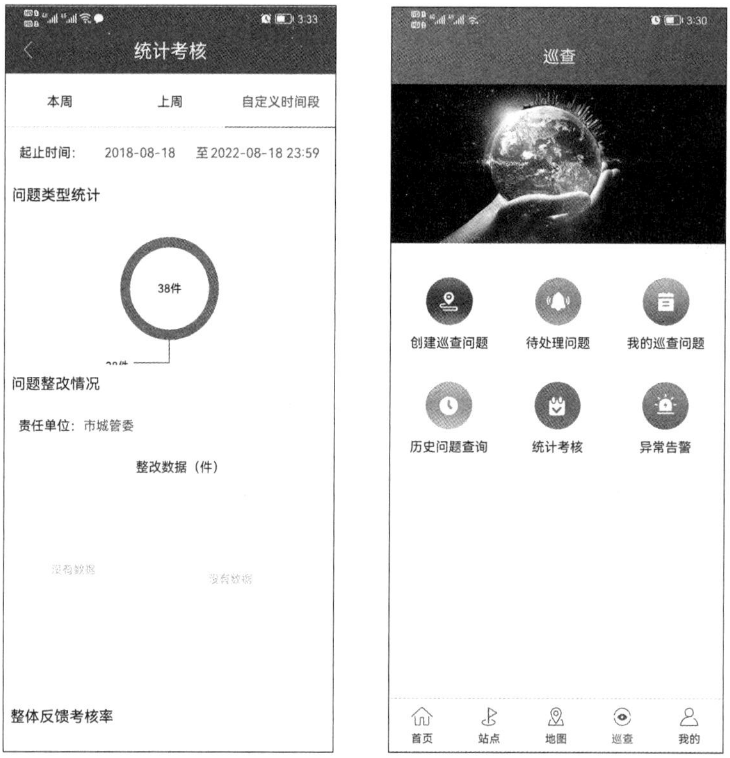

图 6-25　巡查移动端 APP

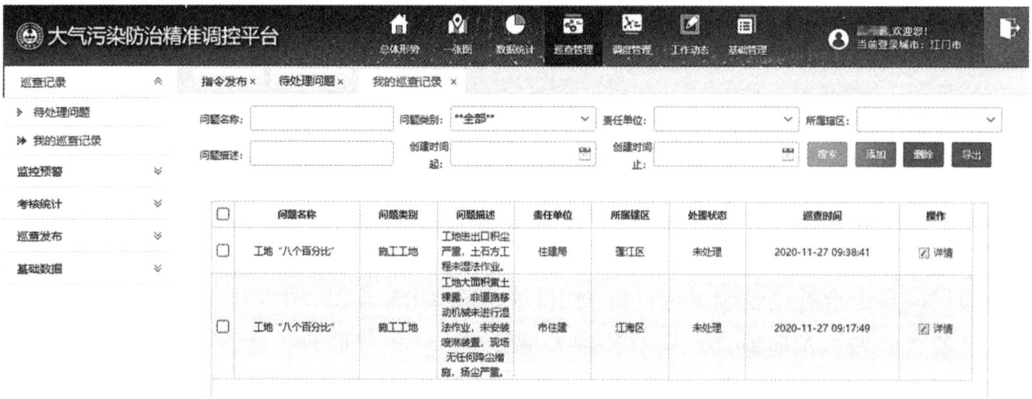

图 6-26　巡查管理

图 6-27　调度管理

（5）动态模拟决策支撑子模块

该子模块由空气质量预测预报模块、大气污染来源通道模块以及大气污染溯源追踪模块构成。其中，空气质量预测预报模块（如图 6-28 所示）基于空气质量模型，以污染源清单驱动，搭建空气质量预测预报系统，可辅助预判未来 3 天内的空气质量状况；根据预判结果，提前部署管控，达到降低污染程度，尤其是重污染期间削峰降频的效果。

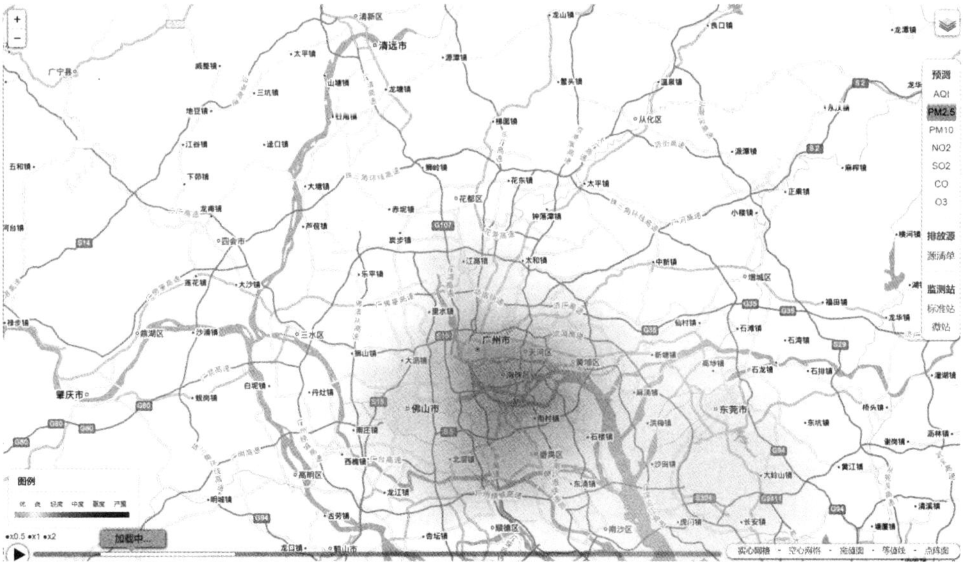

图 6-28　预测预报模型

大气污染来源通道模块（如图 6-29、图 6-30 所示）基于大气污染通道分析模型，针对监测站点超标情况，进行历史 5 天污染来源轨迹演算分析，辅助分析污染物的主要来源通道和主要贡献区域，为污染排放控制、跨区域排放补偿等提供支持。

图 6-29　来源轨迹演算

图 6-30　贡献潜势分析

大气污染精准溯源分析模块（如图 6-31 所示）基于 Calpuff 大气扩散模型，对受影响区域内任意单元网格进行溯源分析；通过反向运算，计算出对受体点产生贡献的污染源，为环境排放规划、治理、评价等提供科学依据。

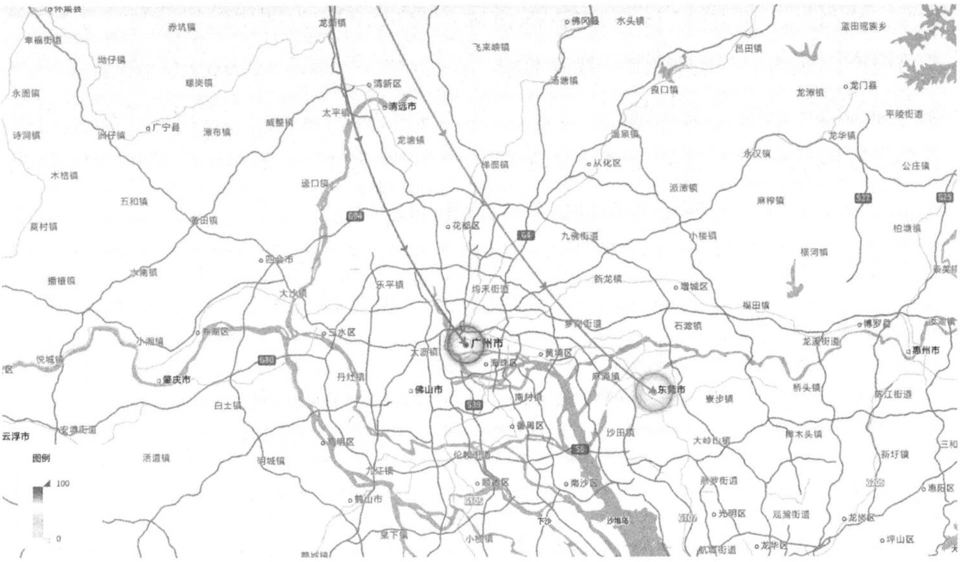

图 6-31　溯源分析

6.7　小结

大气污染问题成为影响城市群环境管理的重要环境问题之一。在梳理城市群大气污染背景、农业和工业大气污染特点的基础上，本章重点以农业、工业、城镇为对象，论述温室气体减排适应性策略和能源环境效率影响的变化特征。具体来说，包括以下研究内容。

①畜禽养殖及生物能源生产过程的氮流分析：选取 3 种作物（玉米、大豆和小麦）作为研究对象，探讨这几类作物在畜牧业和生物能源生产系统中的作用；运用生命周期分析方法评价牛羊肉、猪肉、家禽、牛奶和鸡蛋等 5 类畜禽类食物氮流特征；运用 Copula 函数分析饮食结构与社会经济发展水平之间的关系，进而得到珠三角城市群居民畜禽类食物消费的氮流特征。

②能源强度削减下珠三角城市群工业结构优化：在分析广东省工业能源利用现状和经济发展目标的基础上，重点分析在国家能源强度削减政策背景下的国家工业能源强度削减路径，建立了一套方法体系用于表征参数不确定性和相关性及其叠加作用后对工业

能源强度削减目标实现的影响（即违约风险），并将上述违约风险纳入优化管理模型之中，最终得到适宜的工业结构优化方案。

③考虑能源环境效率的城市群能源资源管理：首先，基于投入产出DEA模型，选取资本投入、能源投入和劳动力投入为投入指标，人均GDP为期望产出指标，多种污染排放为非期望产出指标，构建能源环境指标体系，分析了2005—2016年广东省21个城市能源环境静态效率的时空变化情况；其次，将Super-SBM模型和STIRPAT模型相结合，评估了多维度城镇化对能源环境效率的影响，并针对2005—2016年广东省21个城市的面板数据，验证了多维度城镇化对能源环境效率的影响。

④城市群大气污染防治立体化监管体系集卫星遥感、高空视频、无人机、网格化监测微站、激光雷达、污染源在线监测设备等先进立体监测技术于一体，实现了空气质量和污染源数据的全面采集。通过对城市环境进行实时的“天空地”全网覆盖监测、科学研判分析、智能调度，建立全面科学设点、系统联网、自动预警、智能化分析的新模式。系统提出以大气立体监测、空气质量预测预报、大气环境质量综合分析、环境管理决策与指挥调度为主线，以综合管理体系为指导，建设包括立体监测网络、大气数据综合管理、空气质量预报预警、大气环境诊断分析、大气污染溯源追因、空气质量达标管理、调度指挥管理、信息综合展示等功能的城市大气污染防治决策支持系统。通过数据分析，提高大气环境质量状况与污染成因的评估能力；通过情景模拟与模型运算，为区域大气污染防治措施的制定与动态调整提供量化数据支持；通过决策分析与实时指挥调度，实现科学化管理。

第 7 章　城市群能-水耦合管理

7.1　研究背景与意义

7.1.1　能源、水资源短缺

全球正同时面临着能源危机、水资源短缺等环境问题；随着 20 世纪后人口急速增长与经济快速发展，对能源和水资源的需求日益剧增，两大挑战日益严峻（Kondash et al.，2018）。据世界银行 2019 年报道，全球仍有 8.4 亿无电人口，数亿人用电不能保障，22 亿人缺乏安全的饮用水，42 亿人面临生活缺水。随着人口增长及经济发展，对能源和水资源的需求仍在大幅增长，所面临的环境问题日益突出。我国因能耗和水消耗总量大、人均低、时空分布不均匀等问题，所面临的能源危机、水资源短缺等问题更为严峻。

7.1.2　能源、水资源相互关联

能源和水资源不仅是推动社会经济发展的必要资源，二者还有着不可切割的深入联系（Zhang and Qi et al.，2016）。一方面，在各种能源开采利用的整个产品生命周期过程中都会消耗大量的水资源（Hamiche et al.，2016）；另一方面，水资源的提取到利用等过程也需要消耗能源，将能源作为动力（Eftelioglu et al.，2017）。而现有的能源和水资源管理多采用资源割裂、部门分工、切块管理模式，忽视二者之间的紧密联系，无法从根本上达到能源和水资源的可持续发展（Weitz et al.，2017）。只有尽可能逼近现实情况，将能源和水资源回置于其交互网络中，将能源和水资源各自的局部环节回归于其完整的生命周期过程中，才能实现对资源的科学模拟、全面认识和协同管理。为了综合分析及管理能源与水资源，国内外广泛开展了针对不同尺度的能-水耦合（energy-water nexus）的相关研究（Schnoor，2011）。但大多限于单一行业或单一区域，缺乏行之有效的方法以反映能-水耦合在区域间的作用关系，无法明晰城市间、部门间的互动关系及影响机制。

7.1.3 城市群能-水耦合问题

城市是人类活动的聚集地，是推动环境变化的热点（Grimm et al.，2008）。据联合国2018年报道，城市已聚集了全球55%的人口，城市人口达到4.2亿人，预计到2050年会增至68%（United Nations，2018）。随着城市化及工业化的发展，城市作为自然和社会经济系统间的重要联系点，同时也是能源、水等资源的消耗大户（Zhang and Yang et al.，2015）。城市消费了全球67%～76%的能源（Seto et al.，2014），城市工业及居民生活消费了全球26%的淡水资源（Meng et al.，2019）。城市对各种资源的需求日益剧增，使得城市面临的能源危机、水资源短缺等问题更为严峻（Fan et al.，2019）。城市群是城市发展的必然趋势及承载发展要素的主要空间形式；由于邻近城市间的社会、经济、物质及资源流动，城市间的相互依赖和影响愈发强烈，使得城市间能-水协同管理需求更为突出，因此亟需建立相应的研究方法（Wang and Chen，2016）。但现有研究由于数据限制，鲜有关注能、水在城市间的关联，使得城市群的广泛探索及深入研究陷入瓶颈（Li et al.，2019）。

因此，本研究将构建适用于城市群的模拟与分析技术，依据能、水流动路径和相互作用机制，以反映能-水耦合在城市间的作用关系，有望打破能-水耦合研究在城市群领域的瓶颈。本研究将立足于珠三角城市群，针对典型城市群的研究不仅将为保障该区域的协同发展提供有力科学支撑，还将补充城市群生态环境管理数据库，为广大城市群的资源管理提供数据支持和实操借鉴。

7.2 城市群能-水耦合分析方法

7.2.1 城市群能-水耦合关系解析

7.2.1.1 能源核算

对各城市各部门分能源类型的消费数据，主要参考中国碳排放数据库（CEADs，http：//www.ceads.net/）城市尺度核算方法，结合能获取的广东省和各市能源平衡表及统计年鉴数据，处理后所得（Shan et al.，2017）。所需数据包含广东省的能源实物量能源平衡表，其中包括农业、工业、建筑业、交通运输业、批零住餐业、其他服务业以及居民生活消费等部门终端能源消费量；工业的详细部门能源消费数据来源于广东省和珠三角城市群各市统计年鉴（仅规模以上工业部分），也包括能源加工转化部门（电热气生产供应业）的能源消费。将 47 个能源消耗部门合并为本研究的 10 个部门（包含居民生活消费，详细的能源核算清单部门划分如表 7-1 所示）。为了计算统一并能与其他研究进行对比（Wang and Cao et al.，2017；Wang and Chen，2016），根据能源转化系数，将煤炭、焦炭、汽油、煤油、柴油、天然气和电力等能源品种转化为电力单位，合并得到 r 市 i 部门的能源消耗量 $f_{r,i}^{e}$［见式（7-1）］。

$$f_{r,i}^{e} = \sum_{m=1} e_{r,i}^{m} \tag{7-1}$$

式中：$e_{r,i}^{m}$ ——r 市 i 部门 m 能源品种的消费量。

表 7-1　能源核算清单的 10 个部门

编号	合并部门（9+1）	47 个能源部门
1	农业	农林牧渔业
2	矿业	煤炭开采和洗选业，石油和天然气开采业，黑色金属矿采选业，有色金属矿采选业，非金属矿和其他矿采矿业，伐木和运输
3	制造业	农副食品加工业，食品制造加工业，饮料制造业，烟草制品业，纺织业，纺织服装、鞋帽制造业，皮革、毛皮、羽绒及其制品业，木材加工品及木、竹、藤、棕、草制品业，家具制造业，造纸和纸制品业，印刷和记录媒介的复制业，文教体育用品制造业，石油加工、炼焦及核燃料加工业，化学原料及核燃料加工业，医药制造业，化学纤维制造业，橡胶制品业，塑料制品业，非金属矿物制品业，黑色金属冶炼和压延加工业，有色金属冶炼和压延加工业，金属制品业，通用设备制造业，专用设备制造业，交通运输设备制造业，电气机械和器材制造业，通信设备、计算机和其他电子设备制造业，仪器仪表及文化、办公用品机械制造业，工艺品及其他制造业，废弃资源和废旧材料回收加工业
4	电热气生产供应业	电力、热力的生产和供应业，燃气生产和供应业
5	水的生产供应业	水的生产和供应业
6	建筑业	建筑业
7	交通业	交通运输、仓储和邮政业
8	批零住餐业	批发、零售业，住宿、餐饮业
9	其他服务业	其他
10	居民生活	城市（本地消费）、农村（本地消费）

7.2.1.2　水资源核算

水资源核算时采用广东省《水资源公报》中的耗水量概念，即在输水、用水过程中，通过蒸发蒸腾、土壤吸收、产品吸附、居民和牲畜饮用等多种途径消耗掉，而不能回归到地表水体或地下含水层的水量。可从广东省及各市水资源公报中直接获取的各市耗水数据包括农业、工业、建筑业、服务业、居民生活五个大类，即工业和服务业分行业数据需进一步推算，以得到 r 市 i 部门的耗水量 $f_{r,i}^{w}$。

核算各市工业分行业耗水量时，主要采用广东省工业分行业的耗水结构对工业耗水量进行拆分。参考 Meng 等（2019）的推算方法，根据《中国经济普查年鉴 2008（能源卷）》和各行业的 GDP 增长率，推算出 2015 年广东省各工业行业的取水量数据。根据中国各工业行业的耗水系数（耗水量/取水量），获取各行业耗水量，进一步推出广东省各工业行业的耗水结构。最后，根据研究需要，把工业分行业的耗水量合并为矿业、制造业、电热气生产供应业及水的生产供应业 4 个部门。

核算服务业的耗水量时，主要采用统计年鉴中各服务行业从业人员数据进行推算，得到交通业、批零住餐业及其他服务行业 3 个部门的耗水量。详细的水核算清单部门划分如表 7-2 所示。

表 7-2　水核算清单的 10 个部门

编号	合并部门（9+1）	《水资源公报》部门	广东省工业取水结构部门	统计年鉴服务业部门
1	农业	农业		
2	矿业	工业	煤炭开采和洗选业，石油和天然气开采业，黑色金属矿采选业，有色金属矿采选业，非金属矿和其他矿采矿业	
3	制造业		农副食品加工业，食品制造业，饮料制造业，烟草制品业，纺织业，纺织服装、鞋帽制造业，皮革、毛皮、羽绒及其制品业，木材加工品及木、竹、藤、棕、草制品业，家具制造业，造纸和纸制品业，印刷和记录媒介的复制业，文教体育用品制造业，石油加工、炼焦及核燃料加工业，化学原料及核燃料加工业，医药制造业，化学纤维制造业，橡胶制品业，塑料制品业，非金属矿物制品业，黑色金属冶炼和压延加工业，有色金属冶炼和压延加工业，金属制品业，通用设备制造业，专用设备制造业，交通运输设备制造业，电气机械及器材制造业，通信设备、计算机及其他电子设备制造业，仪器仪表及文化、办公用品机械制造业，工艺品及其他制造业，废弃资源和废旧材料回收加工业	
4	电热气生产供应业		电力、热力的生产和供应业，燃气生产和供应业	

编号	合并部门（9+1）	《水资源公报》部门	广东省工业取水结构部门	统计年鉴服务业部门
5	水的生产供应业		水的生产和供应业	
6	建筑业	建筑		
7	交通业	服务		交通运输、仓储和邮政业
8	批零住餐业			批发和零售业，住宿和餐饮业
9	其他服务业			信息传输软件和信息技术服务，金融，房地产，租赁和商务服务，科学研究和技术服务，水利环境和公共设施管理，居民服务，修理和其他服务，教育，卫生和社会工作，文化体育和娱乐，公共管理社会保障和社会组织
10	居民生活	生活用水		

7.2.1.3 能-水耦合关系解析

除了直接的能、水消耗，将进一步基于水、能的连续生命周期过程及其对应的耗能系数和耗水系数，核算与水有关的能源消耗和与能有关的水资源消耗，以解析能-水耦合关系（Schlör et al.，2018）。

（1）与水有关的能

根据学者对水系统的研究和珠三角城市群水的生命周期循环特点，本研究主要核算四大水循环过程的耗能量（Kenway et al.，2015；姜珊，2017）。其中，r 市 i 部门的与水有关的能 $f_{r,i}^{\text{wx-e}}$ 采用式（7-2）计算，各过程（wx）包括取水耗能（ww）、水的供应及分配耗能（ws）、用水耗能（wu）及废水处理耗能（wt）。

$$f_{r,i}^{\text{wx-e}}=\sum_{n-1}\left(w_{r,i}^{n}\times\overline{e}^{n,\text{wx}}\right) \tag{7-2}$$

式中：$\overline{e}^{n,\text{wx}}$ ——n 类水（地下水、地表水）对应 wx 水循环过程的耗能系数，如表 7-3 所示。

表 7-3 不同水环节的耗能系数和不同能源品种的耗水系数

符号	系数	类别	数值
$\overline{e}^{n,\text{ww}}$	取水耗能系数	农业地表水	0.01 kW·h/m³（姜珊，2017）
		地表水	0.01 kW·h/m³（姜珊，2017）
		农业地下水	0.03 kW·h/m³（姜珊，2017）
		地下水	0.07 kW·h/m³（姜珊，2017）
$\overline{e}^{n,\text{ws}}$	水的供应和分配耗能系数		0.57 kW·h/m³（姜珊，2017）
$\overline{e}^{n,\text{wu}}$	用水耗能系数	农业	0.00 kW·h/m³（姜珊，2017）
		工业	20.89 kW·h/m³（Zhou et al.，2013）
		建筑和服务业	13.41 kW·h/m³（沈恬，2014）
$\overline{e}^{n,\text{wt}}$	废水处理耗能系数		0.55 kW·h/m³（Gu et al.，2016）
$\overline{w}^{\text{ec}}$	煤生产耗水系数	煤	0.018 m³/（MW·h）（洪思扬等，2017）
$\overline{w}^{\text{eo}}$	石油生产耗水系数	石油	0.180 m³/（MW·h）（洪思扬等，2017）
$\overline{w}^{\text{ee}}$	电力生产耗水系数	电力	0.961 m³/（MW·h）（洪思扬等，2017）

注：农业用水过程无化石能源消耗，不产生能耗；废水处理耗能系数选自 Gu 等（2016）在广东污水处理厂研究中得到的平均值。

（2）与能有关的水

根据学者对水系统的研究和珠三角城市群能源生产消费特点，本研究主要核算三大能源品种的耗水量。其中，r 市 i 部门与能有关的水 $f_{r,i}^{\text{ex-w}}$ 采用式（7-3）计算，包括各能源品种（ex）：煤（ec）、石油（eo）和电力（ee）消费的耗水量。

$$f_{r,i}^{\text{ex-w}} = e_{r,i}^{\text{ec}} \times \overline{w}^{\text{ex}} \tag{7-3}$$

式中：$\overline{w}^{\text{ex}}$ —— 对应 ex 能源品种的耗水系数，如表 7-1 所示。

（3）混合能、混合水

根据上述核算，本研究采用“混合能”“混合水”的概念来表示能-水耦合系统综合的能源消耗和水资源消耗，混合能表示能源消耗与水系统耗能之和，r 市 i 部门混合能 $f_{r,i}^{\text{h-e}}$ 计算见式（7-4）；混合水表示水资源消耗与能源系统耗水之和，r 市 i 部门混合水 $f_{r,i}^{\text{h-w}}$ 计算见式（7-5）。

$$f_{r,i}^{\text{h-e}} = f_{r,i}^{\text{e}} + f_{r,i}^{\text{ww-e}} + f_{r,i}^{\text{ws-e}} + f_{r,i}^{\text{wu-e}} + f_{r,i}^{\text{wt-e}} \tag{7-4}$$

$$f_{r,i}^{\text{h-w}} = f_{r,i}^{\text{w}} + f_{r,i}^{\text{ec-w}} + f_{r,i}^{\text{eo-w}} + f_{r,i}^{\text{ee-w}} \tag{7-5}$$

7.2.2 城市间的能-水投入产出分析

对每个城市每个部门的能源和水资源进行核算后，利用珠三角城市群的城市间投入产出表（刘宇菲，2020），分别核算最终使用和出口引起的隐含消耗。首先，根据式（7-6）计算 r 市 i 部门对 s 市 j 部门的直接消耗系数 a_{ij}^{rs}，并根据式（7-7）计算直接能源与水资源的消耗系数 $d_{s,j}^{x}$ ［x 包括能源（e）和水资源（w）］，以获得直接消耗系数矩阵 $\boldsymbol{A}$、能源消耗矩阵 $\boldsymbol{D}^{\mathrm{e}}$ 和水资源消耗矩阵 $\boldsymbol{D}^{\mathrm{w}}$（Liu and Hu et al.，2020）。

$$a_{ij}^{rs} = z_{ij}^{rs} / x_j^s \tag{7-6}$$

$$d_{s,j}^{x} = f_{s,j}^{x} / x_j^s \tag{7-7}$$

式中：z_{ij}^{rs} —— r 市 i 部门到 s 市 j 部门的中间流量；

x_j^s —— s 市 j 部门的总产出。

然后，根据城市间投入产出表中各市各部门对应的最终使用（$\boldsymbol{F}_i^{rs}$）和出口（$\mathbf{EX}_i^r$），分别计算二者引起的隐含能源和水资源消耗，具体计算公式如下：

$$\boldsymbol{E}^F = \boldsymbol{D}^{\mathrm{e}} \times \left(\boldsymbol{I} - \boldsymbol{A}\right)^{-1} \times \mathrm{diag}\left(\sum_s \boldsymbol{F}_i^{rs}\right) \tag{7-8}$$

$$\boldsymbol{E}^{\mathrm{EX}} = \boldsymbol{D}^{\mathrm{e}} \times \left(\boldsymbol{I} - \boldsymbol{A}\right)^{-1} \times \mathrm{diag}\left(\mathbf{EX}_i^r\right) \tag{7-9}$$

$$\boldsymbol{W}^F = \boldsymbol{D}^{\mathrm{w}} \times \left(\boldsymbol{I} - \boldsymbol{A}\right)^{-1} \times \mathrm{diag}\left(\sum_s \boldsymbol{F}_i^{rs}\right) \tag{7-10}$$

$$\boldsymbol{W}^{\mathrm{EX}} = \boldsymbol{D}^{\mathrm{w}} \times \left(\boldsymbol{I} - \boldsymbol{A}\right)^{-1} \times \mathrm{diag}\left(\mathbf{EX}_i^r\right) \tag{7-11}$$

式中：$\boldsymbol{E}^F$ 和 $\boldsymbol{E}^{\mathrm{EX}}$ —— 最终使用和出口引起的隐含能消耗量；

$\boldsymbol{W}^F$ 和 $\boldsymbol{W}^{\mathrm{EX}}$ —— 隐含水消耗量；

$\boldsymbol{I}$ —— 单位矩阵；

diag —— diagonalization 的缩写，即向量的对角化。

最后，城市群 r 市 i 部门到 s 市 j 部门的能、水、混合能及混合水流动 $\boldsymbol{\varphi}_{ij}^{x,rs}$ ［x 包括能源（e）、水资源（w）、混合能（h-e）和混合水（h-w）］可通过式（7-12）计算获得，为下一步生态网络的构建和分析提供基础。

$$\boldsymbol{\varphi}_{ij}^{x,rs} = \mathrm{diag}\left(\boldsymbol{f}_{r,i}^{x}\right) \times \left(\boldsymbol{I} - \boldsymbol{A}\right)^{-1} \times \mathrm{diag}\left(\sum_s \boldsymbol{F}_i^{rs}\right) \tag{7-12}$$

7.2.3 能-水耦合系统生态网络模拟

7.2.3.1 能-水耦合系统生态网络构建

生态网络分析法利用系统建模，模拟分析系统内部流动和结构。基于城市群各城市各部门间的能、水、混合能、混合水流动矩阵，分别构建生态网络，形成能-水耦合系统生态网络分析模型。其示意图如图 7-1 所示，每个网络含有 9 个城市的 9 个部门，即共 81 个节点（Wang and Chen，2016）。对生态网络进行模拟分析，定量分析珠三角城市群的能-水耦合系统生态网络特征和结构性质，如系统循环率、系统可持续性、生态结构和部门间动力学关系分析等，可梳理出城市群各城市各部门之间的能源和水资源的交互关联关系，以识别关键城市、关键部门，剖析城市间、部门间能-水耦合作用关系。

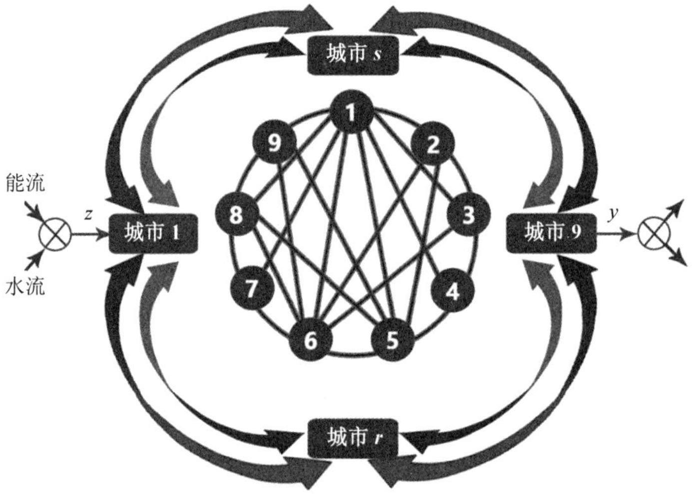

图 7-1 能-水耦合系统生态网络示意图

7.2.3.2 能-水耦合系统生态网络特征分析

（1）网络循环率分析

芬恩循环指数（Finn’s cycling index，FCI）表示循环产生的流量比例，可以用于模拟整个系统的能源或水流动的循环率（Chen et al.，2016a）。其计算方法基于整体的网络流量与直接网络流量之间的对角元素增量，具体计算公式如下：

$$\boldsymbol{N}=\left[\eta_{ij}\right]=\sum_{n=0}^{\infty}\boldsymbol{G}_n=\left(\boldsymbol{I}-\boldsymbol{G}\right)^{-1} \tag{7-13}$$

$$\mathrm{FCI}=\sum_{i=1}^{n}\left(\frac{\eta_{ij}-1}{\eta_{ij}}T_i\right)/\mathrm{TST} \tag{7-14}$$

式中：$\boldsymbol{N}=\left[\eta_{ij}\right]$ —— 能流或水流的积分无量纲矩阵；

$\boldsymbol{G}=\left[g_{ij}^{rs}\right]$ —— 能流或水流的直接无量纲矩阵；

$\sum_{n=0}^{\infty}\boldsymbol{G}_n$ —— 能流或水流的间接无量纲矩阵；

$g_{ij}^{rs}=\varphi_{ij}^{x,rs}/T_j^{x,s}$；

$T_j^{x,s}$ —— 部门的总输入或输出；

TST —— 系统的总输入或总输出，即 $\mathrm{TST}=\sum_{i=1}^{n}T_i$ 。

（2）网络冗余度分析

效率和冗余之间的平衡对实现生态网络的平衡具有重要意义。系统鲁棒性（system robustness，SR）通过考虑流动效率和冗余之间的平衡，从系统角度表征网络的可持续性（Fang et al.，2015）。其计算模型是基于生态网络的发展能力和上升性，其中上升性（ascendency，A）为系统发展的正向反馈效应，发展能力（capability，C）为系统发展容量，计算所需的具体公式如下：

$$\mathrm{SR}=-\alpha\ln\alpha \tag{7-15}$$

$$\alpha=\frac{A}{C} \tag{7-16}$$

$$A=\mathrm{TST}^2\sum_{i,j}\frac{f_{ij}}{\mathrm{TST}}\ln\frac{f_{ij}\mathrm{TST}}{T_iT_j} \tag{7-17}$$

$$C=-\mathrm{TST}^2\sum_{i,j}^{n}\frac{f_{ij}}{\mathrm{TST}}\ln\frac{f_{ij}}{\mathrm{TST}} \tag{7-18}$$

7.2.3.3 能-水耦合系统生态网络结构分析

对网络系统的结构分析基于每个部门的权重，主要为利用积分无量纲矩阵和总流量的对角矩阵 $\boldsymbol{T}$ 构建权重矩阵 $\boldsymbol{Y}$，以分析各部门拉力和驱动力结构，识别各部门对系统整体结构的影响（Zhang，Zheng and Fath et al.，2014）。拉力（W_i）表示部门 i 通过向前联系或需求联系从上游部门接受资源的能力，可表征该部门对系统的需求程度和依赖性，具体计算公式如下（Zhai et al.，2019）：

$$\boldsymbol{N}'=\left[\eta'_{ij}\right]=\sum_{m=0}^{\infty}\boldsymbol{G}^m=\left(\boldsymbol{I}-\boldsymbol{G}'\right)^{-1} \tag{7-19}$$

$$\boldsymbol{Y}=\mathrm{diag}\left(\boldsymbol{T}\right)\boldsymbol{N}' \tag{7-20}$$

$$W_i = \sum_{j=1}^{n} y_{ji} / \sum_{i=1}^{n}\sum_{j=1}^{n} y_{ij} \tag{7-21}$$

式中：与直接无量纲矩阵 $\boldsymbol{G}$ 相似，$\boldsymbol{G}' = \left[g_{ij}'^{rs} \right]$；$g_{ij}'^{rs} = \varphi_{ij}^{x,rs} / T_i^{x,r}$ 。

类似地，驱动力（W_j）表示部门 j 通过向后联系或供应联系向下游部门传递资源的能力，可表征该部门对系统的支撑程度（He et al.，2020）。

$$W_j = \sum_{i=1}^{n} y_{ji} / \sum_{i=1}^{n}\sum_{j=1}^{n} y_{ij} \tag{7-22}$$

7.2.3.4 能-水耦合系统部门间动力学关系分析

网络的部门间动力学关系分析主要基于网络的控制和依赖关系。其中，控制分配系数（control allocation coefficient，CA）和依赖分配系数（dependence allocation coefficient，DA）用于量化各城市的部门间控制和依赖关系，具体计算公式（Chen et al.，2016b）如下：

$$\mathrm{CR} = \eta_{ij} - \eta_{ji}' \tag{7-23}$$

$$\mathbf{CA} = \left[\mathrm{ca}_{ij} \right]，\ \mathrm{ca}_{ij} = \begin{cases} \dfrac{\eta_{ij} - \eta_{ji}'}{\sum_{j=1}^{n} (\eta_{ij} - \eta_{ji}')}，& \mathrm{CR} > 0 \\ 0，\ \mathrm{CR} \leqslant 0 \end{cases} \tag{7-24}$$

$$\mathbf{DA} = \left[\mathrm{da}_{ij} \right]，\ \mathrm{da}_{ij} = \begin{cases} \dfrac{\eta_{ij} - \eta_{ji}'}{\sum_{i=1}^{n} (\eta_{ij} - \eta_{ji}')}，& \mathrm{CR} > 0 \\ 0，\ \mathrm{CR} \leqslant 0 \end{cases} \tag{7-25}$$

为了表征能-水耦合对城市群各城市的部门间控制、依赖关系的影响，能-水耦合系统部门间动力学关系分析基于直接能源或水网络的 CA（$\mathrm{ca}_{ij}^{\mathrm{d}}$）和 DA（$\mathrm{da}_{ij}^{\mathrm{d}}$），以及与能有关的水或与水有关的能网络的 CA（$\mathrm{ca}_{ij}^{\mathrm{related}}$）和 DA（$\mathrm{da}_{ij}^{\mathrm{related}}$），分别定义控制强度变化率（$\mathrm{ca}_{ij}^{\mathrm{nexus}}$）和依赖强度变化率（$\mathrm{da}_{ij}^{\mathrm{nexus}}$），具体公式（Wang and Fath et al.，2019）如下：

$$\mathrm{ca}_{ij}^{\mathrm{nexus}} = \frac{\mathrm{ca}_{ij}^{\mathrm{related}} \times f_{ij}^{\mathrm{related}} + \mathrm{ca}_{ij}^{\mathrm{d}} \times f_{ij}^{\mathrm{d}}}{f_{ij}^{\mathrm{related}} + f_{ij}^{\mathrm{d}}} \tag{7-26}$$

$$\mathrm{da}_{ij}^{\mathrm{nexus}} = \frac{\mathrm{da}_{ij}^{\mathrm{related}} \times f_{ij}^{\mathrm{related}} + \mathrm{da}_{ij}^{\mathrm{d}} \times f_{ij}^{\mathrm{d}}}{f_{ij}^{\mathrm{related}} + f_{ij}^{\mathrm{d}}} \tag{7-27}$$

7.3 珠三角城市群能-水耦合管理

7.3.1 珠三角城市群能-水耦合特征

7.3.1.1 城市群能源消耗及其产生的耗水

珠三角城市群直接的和隐含的能源消耗如图 7-2 所示，二者有着明显不同的消耗特点。一方面，容易被忽略的隐含能源消耗均超过直接能源消耗的一半，其中深圳隐含能耗甚至高于直接能耗。另一方面，在广州、深圳等人口密集的特大城市，交通业，电力、热力的生产和供应业、燃气生产和供应业消耗了大量能源，其他服务业消耗了大量的最终使用引起的能源，批发、零售、住宿、餐饮业（以下简称“批零住餐业”）消耗了大量的出口引起的能源。而在佛山、惠州及东莞等制造业为主的城市，制造业除了消耗最多的直接能源，同样也消耗了最多的隐含能源，其中东莞制造业所消耗的隐含能源超过了其消耗的直接能源。

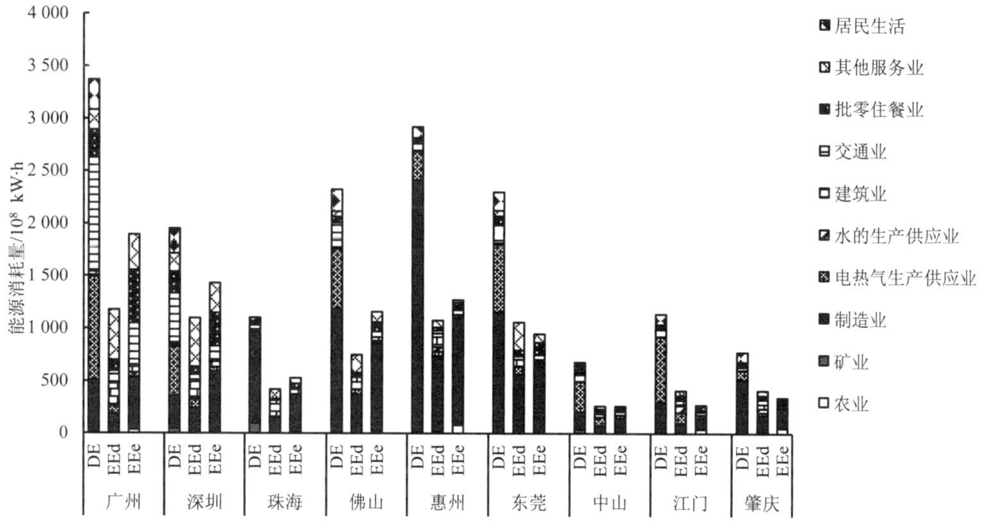

DE——直接能源消耗；EEd——最终使用引起的隐含能源消耗；EEe——出口引起的隐含能源消耗

图 7-2 珠三角城市群能源消耗

具体来说，从珠三角城市群所消耗的直接能源来看，耗能高于 2×10^{11} kW·h 的城市有 4 个，从高到低分别为广州（3.37×10^{11} kW·h）、惠州（2.92×10^{11} kW·h）、佛山（2.32×10^{11} kW·h）

及东莞（2.30×10^{11} kW·h）。且耗能最多的广州是耗能最少的中山（6.79×10^{10} kW·h）的近5倍，可见珠三角城市群耗能的区域不均衡性。从部门角度看，制造业在整个城市群中消耗的能源是最多的，占总直接能源消耗的44%，其中在珠海、佛山、惠州、东莞及肇庆等城市均达到50%以上，在惠州更是高至82%。珠三角城市群的制造业主要包括一系列轻工业及重工业，如食品、纺织品、化学产品、机械及电子设备等的制造业。其次，耗能较多的为电热气生产供应业，其耗能占总直接能源消耗的24%；其中，中山和江门的电热气生产供应业耗能超过了本市总直接能源的40%。而在广州和深圳，消耗最多能源的交通业主要包括交通、仓储及邮政服务。

从珠三角城市群所消耗的隐含能源来看，除了中山和江门，其他城市所产生的隐含能源消耗均超过了直接消耗的80%，其中在广州、深圳及肇庆均超过90%，在深圳更是达到129%，且城市群9个经济部门的总隐含能耗可达对应直接能耗的97%（不含居民生活），可见分析隐含消耗的重要性。和直接消耗相似的是，隐含能源消耗的分布也是极不均匀的，最高的广州高达3.07×10^{11} kW·h，最低的中山仅为5.19×10^{10} kW·h，相差接近5倍。除此之外，由最终使用和出口引起的能源消耗也是不一致的，除了东莞、江门及肇庆为前者大于后者，其余城市则相反，即以出口为主，广州、深圳及佛山等出口量大的城市更为明显。从部门角度看，制造业同样是消耗隐含能源最多的部门（占最终使用引起的隐含能耗的38%、出口引起的隐含能耗的54%）；其中，在佛山、惠州及东莞，出口引起的隐含能耗占比均超过了70%。广州和深圳最终使用引起的隐含能耗中消耗最多的均为其他服务业，包括金融、房地产、商业、科研和技术服务、教育、卫生和社会工作等第三产业。但出口引起的隐含能耗中，在广州为批零住餐业耗能最多，而在深圳则是制造业耗能最多。除此之外，珠海、中山及江门等市通过最终使用引起的隐含能耗与其他城市差异较大，其中珠海的建筑业为最终使用引起的隐含能源消耗最多的部门，而中山和江门的电热气生产供应业为最终使用引起的隐含能源消耗最多的部门。

此外，能源系统的耗水即与能有关的水如图7-3所示，可见其结构与能源消耗同中有异。这主要是由于各城市能源消耗结构的差异，因电力的生产供应是几大能源生产中耗水最多的，特别是火力发电，使得能源系统的耗水主要产生在电力系统，即与能有关的水与电力消耗密切相关。如在直接能源消耗较少的深圳，因其能源消耗中电力消耗比例在珠三角城市群中最大（高于30%），其与能有关的水消耗高达0.79亿m^3，仅次于耗能最多的广州的1.08亿m^3，超过了惠州、佛山及东莞三大耗能城市（均为0.61亿m^3）。中山为直接能源消耗最少的城市，但因其电力达到能源中的25%，其与能有关的水消耗反超了珠海和肇庆，达到0.28亿m^3。

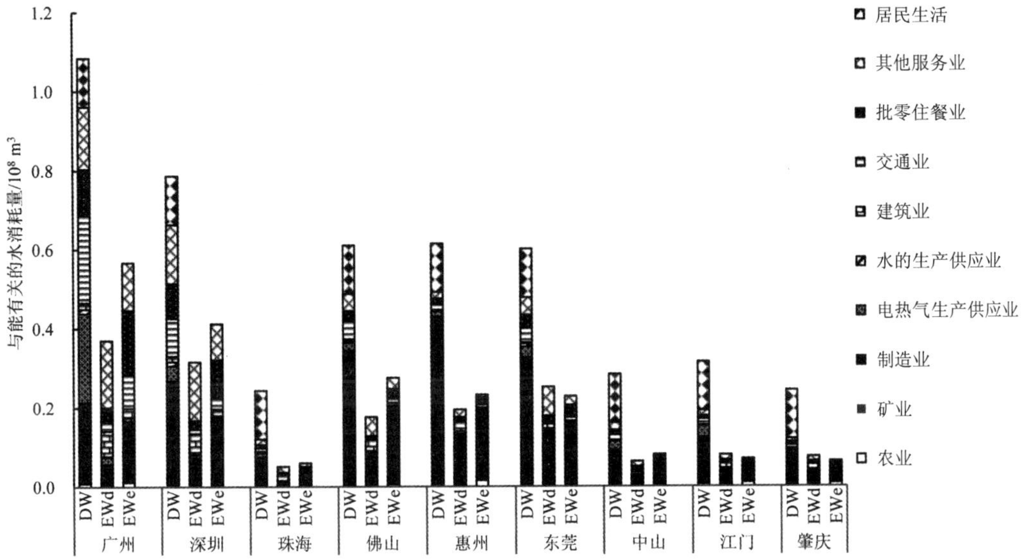

DW——直接水消耗；EWd——最终使用引起的隐含水；EWe——出口引起的隐含水

图 7-3　珠三角城市群与能有关的水消耗量

7.3.1.2　城市群水消耗及其产生的耗能

珠三角城市群各市各部门的耗水量如图 7-4 所示，其差异更为明显。其中，直接耗水最高的城市和最低的城市相差了接近 9 倍，总直接耗水量从高到低分别是广州（13.9 亿 m^3）、江门（12.0 亿 m^3）、肇庆（9.5 亿 m^3）、佛山（8.1 亿 m^3）、惠州（7.4 亿 m^3）、中山（5.2 亿 m^3）、东莞（5.1 亿 m^3）、深圳（4.4 亿 m^3）及珠海（1.7 亿 m^3）。由于珠三角城市群的农业以水田为主，需要消耗大量的水资源，因此农业成为耗水最多的部门，占城市群总直接耗水量的 57%。其中，东莞因其制造业主导的产业结构，制造业耗水达到全市总耗水量的 32%。深圳由于全面转向第二产业、第三产业且用水效率高，同时有着较为密集的人口，使得其农业耗水较少，但居民生活耗水达到直接耗水量的 31%。

在隐含耗水方面，经济系统的总隐含耗水量已接近直接耗水量（不含居民生活，达 99%），其中在广州、深圳、珠海及东莞均已超过直接耗水量。除了农业、矿业及制造业，珠三角城市群其余经济部门的总隐含耗水量均超过了直接耗水量。耗水量最多的为广州，除了农业、制造业及水的生产供应业，其余部门均是城市群各部门总隐含耗水量最多的。此外，农业也是隐含耗水量较多的部门，其隐含耗水量占最终使用引起的耗水量的 32%、出口引起的耗水量的 65%、总隐含耗水量的 55%，其中农业占江门和肇庆出口引起的隐含耗水量高达 93%。广州和深圳最终使用引起的隐含耗水中消耗最多的均为其他服务业，这可能主要与其均为人口密集城市且服务业较为发达相关。广州的出口引起的隐含耗水集中在农业，而深圳的出口引起的隐含耗水集中在制造业。总体来看，珠三角地区水资源较为充沛，可为缺水地区提供水资源，出口引起的隐含耗水量高达 39.5 亿 m^3，且除东莞外，其他城市出口引起的隐含耗水量均超过最终使用引起的隐含耗水量（Feng et al., 2014）。由于农业和制造业的特点，二者的隐含耗水量之和占出口引起的总隐含耗水量的 83%，其中江门和肇庆的这一比例高达 96%。

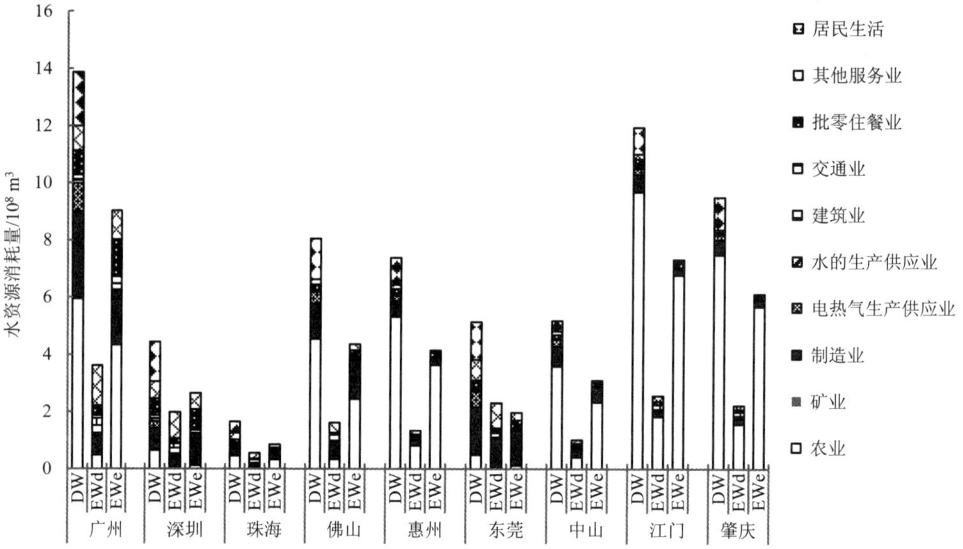

DW——直接水消耗；EWd——最终使用引起的隐含水；EWe——出口引起的隐含水

图 7-4 珠三角城市群水资源消耗量

水系统的耗能即与水有关的能如图 7-5 所示，可见其结构与水资源消耗结构差异较大。各城市与水有关的能源消耗结构均和直接耗水不一致，均集中在制造业而不是农业。主要由于农业系统虽然需要消耗大量的水资源，但根据我国农业系统耗水特点，农业取水均为地表水直接引用，用水均直接通过土壤水转换及再分配，用水过程中由于生物、毛细管及重力等势能和太阳能驱动而无需消耗化石能源，排水过程仅为将多余水量自然排出，整个水循环过程都无需消耗大量能源（姜珊，2017）。特别是农业用水过程可实现无能源消耗，而其他部门的终端利用通常伴随着大量的能源消耗（Du and Lin et al., 2019）。

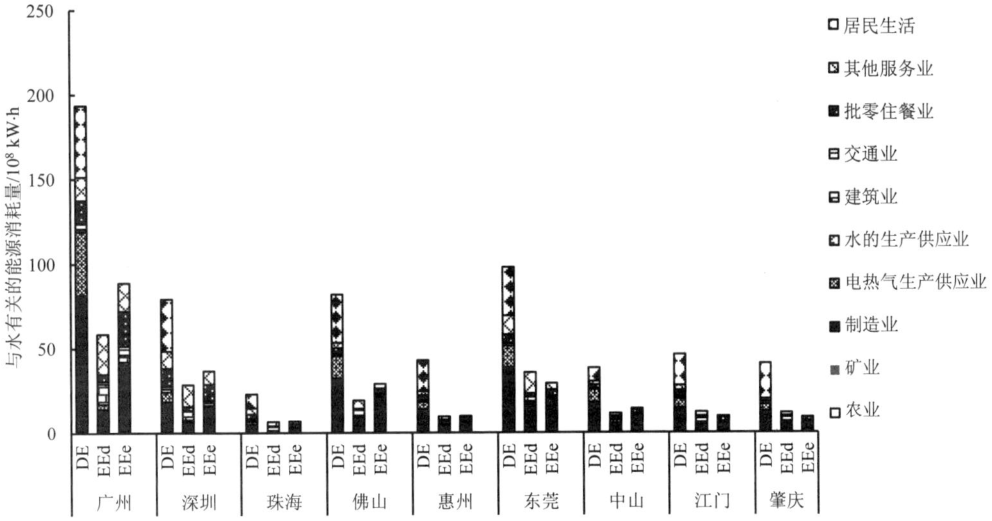

DE——直接能源消耗；EEd——最终使用引起的隐含能源消耗；EEe——出口引起的隐含能源消耗

图 7-5 珠三角城市群与水有关的能源消耗量

7.3.1.3 城市群能-水耦合关系特征

基于混合能、混合水及二者在城市群中的流动，结合单位 GDP 耗能和耗水等社会经济发展程度综合分析，以分析能-水耦合关系在珠三角城市群的特征。

从图 7-6 可看出，珠三角城市群中，混合能消耗集中在中北部和东北部的城市，其中广州（3.56×10^{11} kW·h）、惠州（2.96×10^{11} kW·h）、佛山（2.41×10^{11} kW·h）及东莞（2.40×10^{11} kW·h）是消耗最多的 4 个城市，其混合能之和占城市群混合能消耗的 66%。大部分城市中，制造业是消耗混合能最多的部门。其次为在中山和江门消耗混合能较多的电热气生产供应业。而在广州和深圳，消耗混合能最多的为交通业。这可能是由于广州和深圳人口密集且经济发达，交通运输需求和私人交通需求发展迅猛，但交通运输能源利用效率提升缓慢（Du and Lin et al.，2019）。而且从城市间混合能流动可看出，混合能流动不仅集中在相邻城市间，不相邻的跨城市间输送量也不容忽视。其中，由于能源需求量远远大于生产量，深圳是城市群中对其他城市混合能利用最多且输出最少的城市，尤其是对北部东莞的依赖，从城市群其他城市流入深圳的混合能达到 3.86×10^{10} kW·h，其中东莞输出至深圳的混合能达到 1.55×10^{10} kW·h。此外，资源充沛的惠州是对其他城市依赖最小的城市（总输入 3.48×10^{8} kW·h），尤其是对深圳的输出，惠州输出的混合能达到 8.20×10^{9} kW·h。

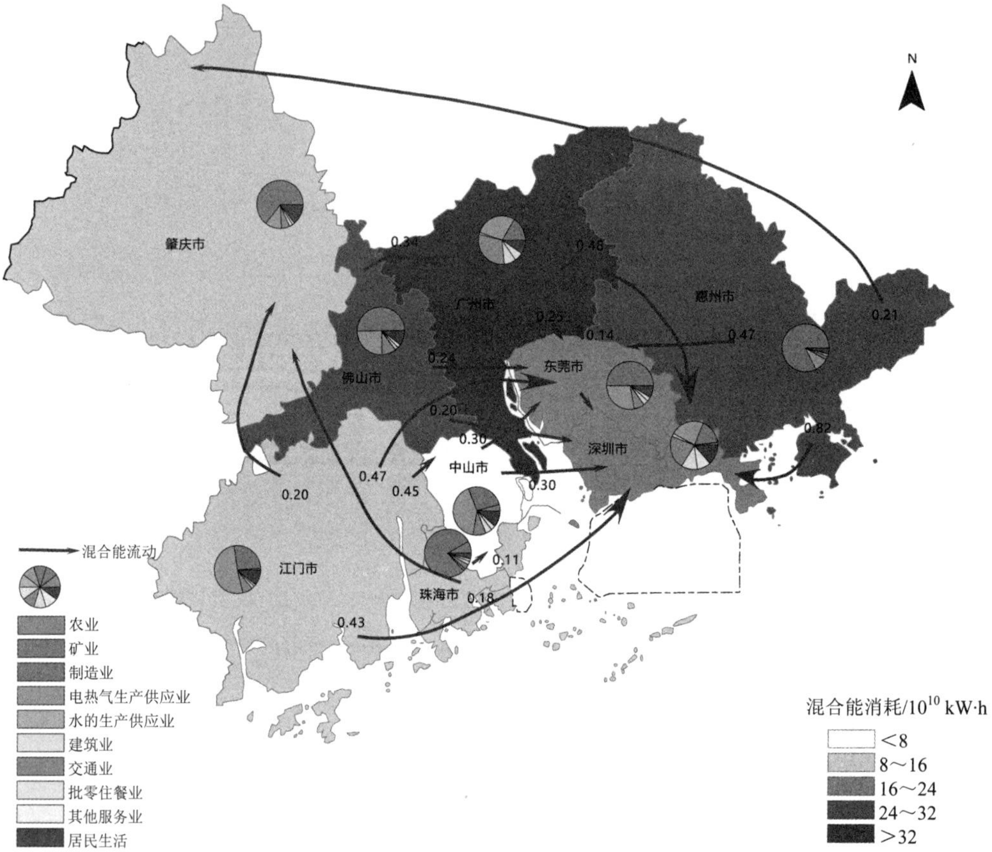

图 7-6 珠三角城市群混合能流动

注：图中混合能流动都是大于 0.1×10^{10} kW·h 的混合能流动。

然而，混合能消耗效率（即单位 GDP 耗能结构）却与混合能的消耗结构有所不同（如图 7-7 所示）。GDP 和人口最多的广州虽然消耗着城市群最多的混合能，但是其单位 GDP 耗能却不大。人口和 GDP 位列第二的深圳之所以不是消耗混合能最多的城市之一，主要是由于其能源消耗效率较高，有着最小的单位 GDP 耗能。此外，自然资源较为充沛的惠州的人口和 GDP 都较低，但惠州却是城市群消耗混合能最多的城市之一，主要是由于其能源消耗效率较低，即单位 GDP 耗能较高。且其制造业消耗了 85%的能源，特别是制造业中的石油加工和炼焦业能耗较多，但其制造业产值仍然处于较低水平。

从图 7-8 可看出，珠三角城市群中，混合水消耗集中在中北部和西部的城市，其中广州（1.49×10^9 m^3）、江门（1.23×10^9 m^3）、肇庆（9.74×10^8 m^3）及佛山（8.67×10^8 m^3）是消耗最多的 4 个城市，其混合水之和占城市群混合水消耗的 63%。除深圳、珠海及东莞外，农业是其他城市消耗混合水最多的部门，而深圳、珠海为居民生活消耗最多，东莞为制造业消耗最多。同时，由城市之间的混合水流动可看出，混合水的流动和混合能的流动有所不同，混合水的流动主要集中在相邻城市间。其中，深圳水资源需求量也远远大于其拥有量，是对外利用及依赖性最强的城市，尤其是对邻近的惠州的依赖；从城市群其他城市流入深圳的混合水达到 0.95×10^8 m^3，其中惠州输出至深圳的混合水达到 0.29×10^8 m^3。除了惠州，水资源充沛的江门也基本不依赖其他城市的水供给。而且，珠海不仅是混合水消耗最少的城市，还是混合水输出最少的城市。此外，佛山为混合水输出最多的城市，尤其是输出至广州，这可能与佛山的产品或服务流出较多有关，其输出的混合水达到 0.56×10^8 m^3，输出至广州的混合水达到 0.31×10^8 m^3。

从图 7-9 可以看出，耗水效率（即单位 GDP 耗水）在珠三角城市群也有着明显的区域性。西部的肇庆和江门的耗水效率明显低于其他城市，其单位 GDP 耗水量均在中心较发达城市（广州、深圳、佛山和东莞）的 4 倍之上，特别是其农业的单位 GDP 耗水量。深圳是珠三角城市群中人口最密集及经济最发达的城市之一，但由于其相对较小的面积、较高的城市化率和近海的地理位置，其能、水消耗效率都较高。珠海的混合水消耗远低于其他城市，主要是由于其混合水需求较少且消耗效率较高。

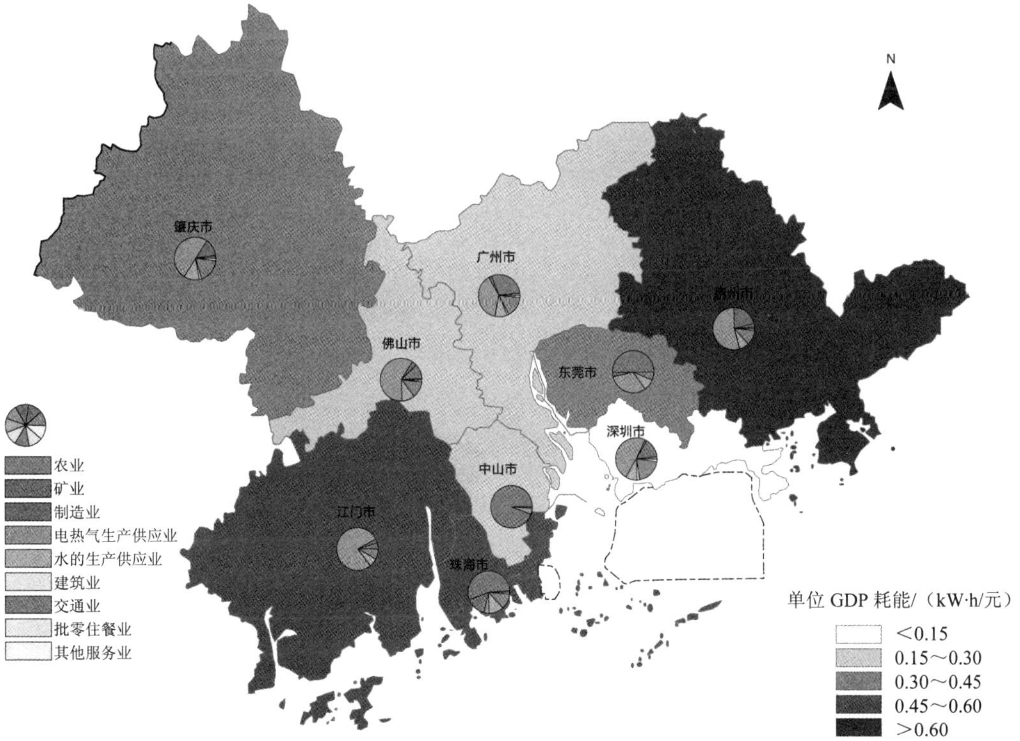

图 7-7 珠三角城市群单位 GDP 耗能

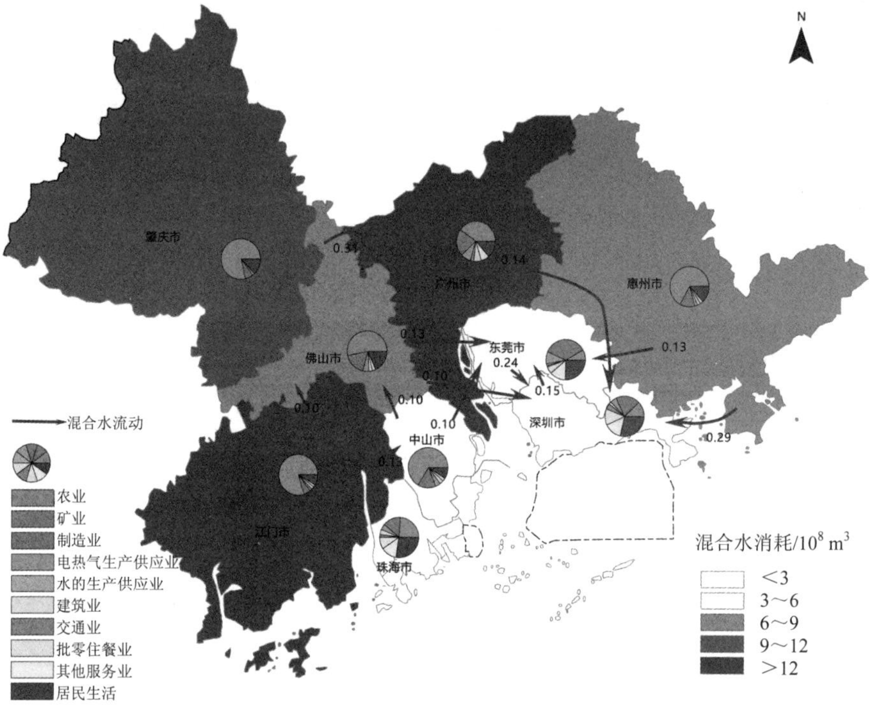

图 7-8 珠三角城市群混合水流动

注：图中混合水流动都是大于 0.1×10^8 m^3 的混合水流动。

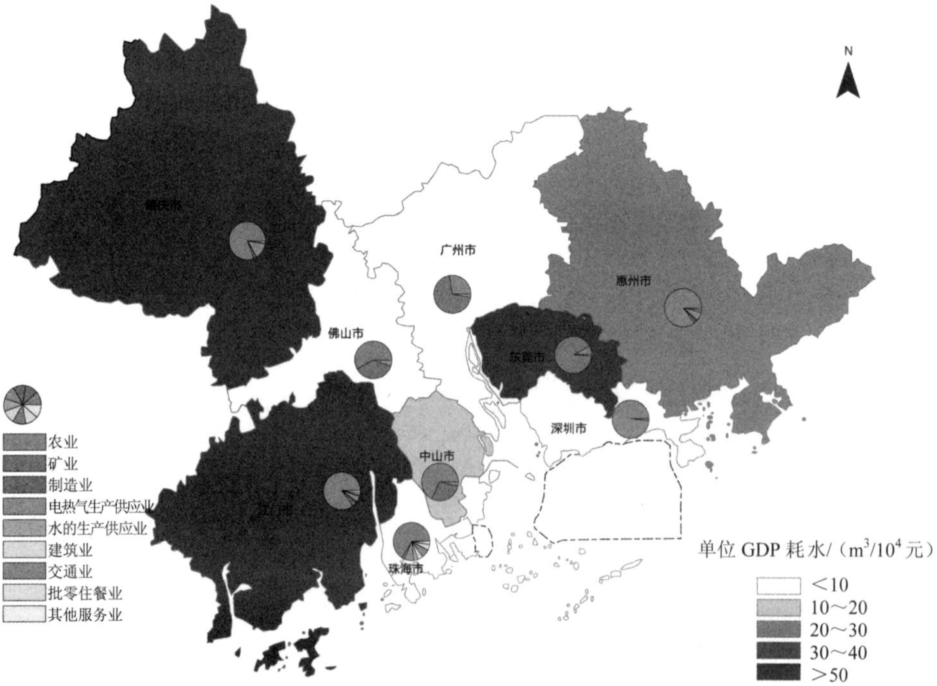

图 7-9 珠三角城市群单位 GDP 耗水

综上，能源与水资源的消耗不仅与经济发展水平有关，还与资源利用模式有关。如广州、深圳及佛山等较发达城市有着较高的耗能效率和耗水效率，但由于其人口密集和生产消费压力大，这些城市仍是能、水消耗的聚集地，使得能、水流动也主要集中在城市群中部的较发达城市。

从城市群整体来看，混合能消耗从东北向西南逐渐降低，而混合水消耗从西北向东南逐渐减少。此外，资源消耗效率较高（较低的单位 GDP 混合能耗、单位 GDP 混合水耗）的地区均集中在城市群经济发达的中心，如广州、深圳及佛山。根据混合能和混合水的消耗总量，珠三角城市群大致可分为 3 个梯队：第一梯队为珠海、中山、肇庆、深圳及江门，有着较低的混合能、混合水消耗；第二梯队为东莞、佛山及惠州，有着较高的混合能、混合水消耗；第三梯队则为广州，有着最高且远远高于第一梯队的混合能、混合水消耗。但是，从混合能、混合水的消耗效率来看，城市群又可分为 3 个层级：第一层为深圳，有着最低的单位 GDP 混合能耗、单位 GDP 混合水耗，即最高的效率；第二层为广州、佛山、珠海及东莞，有着中等的消耗效率；第三层为江门、肇庆和惠州，有着较高的单位 GDP 混合能耗、单位 GDP 混合水耗。

从珠三角地区规划的三大经济圈来看，“珠中江”的所有城市均处于第一梯队，有着较低的混合能、混合水消耗；“深莞惠”的所有城市则均处于第二梯队。而规模最大的“广佛肇”3 座城市分别位于 3 个不同的梯队，其中混合能、混合水消耗最多的广州位于第三梯队，佛山位于第二梯队，肇庆位于第一梯队，说明该经济圈的资源消耗差异最为明显。此外，三大经济圈中均有 1 个城市位于混合能、混合水效率最低的第三层，即有着最高的单位 GDP 混合能耗、单位 GDP 混合水耗，说明了以区域互补实现区域协调的迫切性。

7.3.2 珠三角城市群能-水耦合作用机制

7.3.2.1 城市群能-水耦合系统属性

基于网络循环率和系统冗余度的分析，可以根据能、水循环率和系统可持续性探索城市群能-水耦合系统属性。

（1）系统循环率

使用芬恩循环指数（FCI）所分析的循环率结果如图 7-10 所示。通过混合能-水循环率和直接能-水循环率的对比，可分析耦合关系所带来的影响。

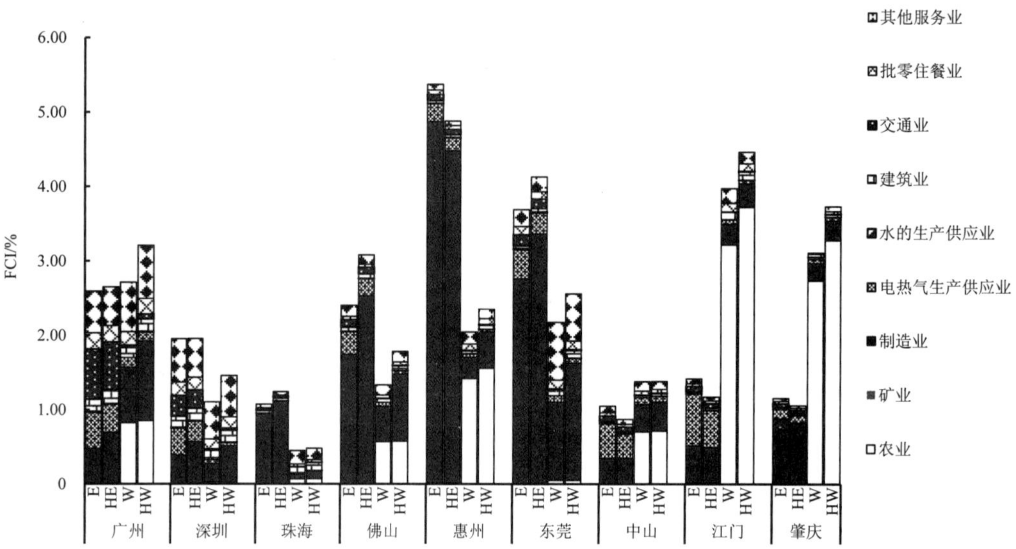

图 7-10 珠三角城市群能-水耦合系统 FCI

在能网络方面，能网络的 FCI 为 20.71%，混合能网络的 FCI 略高于能网络，为 21.04%。而惠州、中山、江门和肇庆所呈现的趋势与城市群总体趋势不一致，即混合能网络的 FCI 略低于各市对应的直接能网络的 FCI。其中，差异最大的为惠州，其混合能网络 FCI 比直接能网络 FCI 低 0.49 个百分点。从城市群整体的部门情况来看，制造业受能-水耦合关系的影响最为显著，尽管其 FCI 在直接能网络以及混合能网络均为最高（对 FCI 的贡献率均高于 60%），分别为 12.87%和 14.36%。此外，电力、热力、燃气的生产供应受能-水耦合关系引入的反向影响最为显著，其直接能网络 FCI 为 3.1%（对 FCI 的贡献率接近 15%），但混合能网络 FCI 却下降至 2.29%（对 FCI 的贡献率略接近 10%）。

另外，混合能网络 FCI 的空间结构如图 7-11 所示。混合能消耗集中在城市群的中北部和东北部城市，而混合能的循环主要集中在城市群的东北部。这表明惠州和东莞的城市内部部门间联系较强，能源资源循环率较高，而广州内部各部门尽管消耗着大量的能源，但其循环率仍不匹配，需加强各部门之间的联系，以提升系统循环率。

在水资源网络方面（如图 7-12 所示），直接水网络的 FCI 较低，在整个城市群仅为 18.29%。但城市群中的每个城市的混合水网络 FCI 都因耦合关系的引入而上升，城市群总体上升显著，高达 3.13 个百分点。其中广州和肇庆增加的 FCI 均超过了 0.5%，尽管珠三角城市群中 FCI 最高的为江门。从城市群整体的部门情况来看，制造业受能-水耦合关系的影响仍最为显著，其 FCI 增加了 1.85 个百分点，尽管其对水网络和混合水网络的贡献率均未超过 30%，即其增幅接近 50%。对 FCI 贡献率最大的农业受耦合关系的影响也较大（对 FCI 的贡献率均高于 50%），其 FCI 增加了 1.23 个百分点。此外，服务业受能-水耦合关系引入的反向影响最为显著，其直接水网络 FCI 为 2.76%（对 FCI 的贡献率高于 4%），在混合水网络下降了 0.11 个百分点（对 FCI 的贡献率低于 4%）。

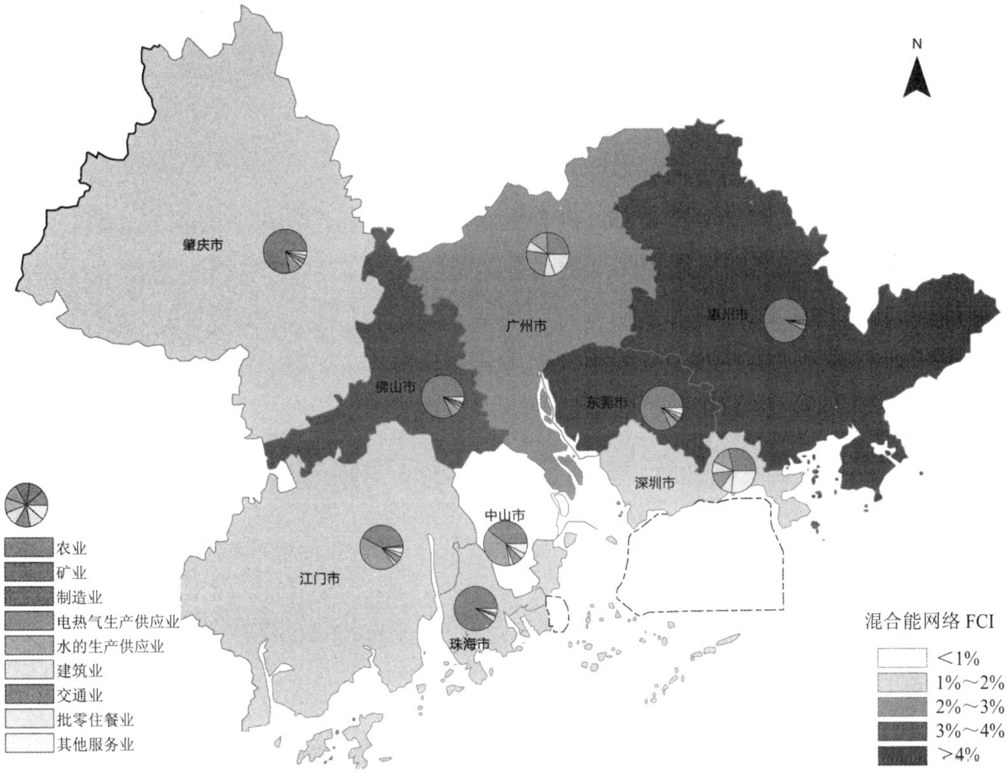

图 7-11 珠三角城市群混合能网络 FCI

另外，混合水网络 FCI 的空间结构如图 7-12 所示。混合水消耗集中在城市群的中北部和西部，和混合能循环相似，资源消耗集中的中北部城市的循环率却相对较低，混合水的循环集中在城市群的西部。部门间混合水联系最强的为江门，表明其水资源循环率较高，而广州和佛山的混合水循环率仍有待提升。此外，和混合水消耗差异更大的为部门结构，混合水的消耗大户为农业，而广州、佛山、东莞、深圳及珠海等的混合水循环率最高的部门为制造业或其他服务业，表明制造业和其他服务业在混合水循环利用中起重要的流通作用。

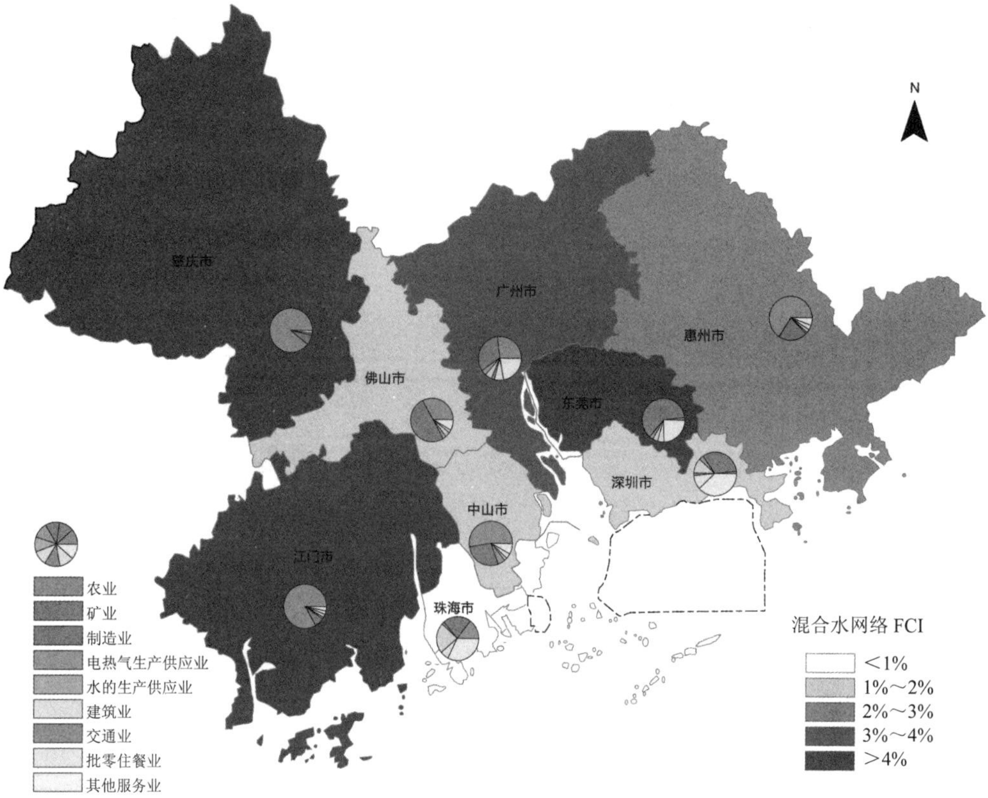

图 7-12 珠三角城市群混合水网络 FCI

（2）系统可持续性

不同网络的效率和冗余度之间的平衡如图 7-13 所示。如果 SR 值位于曲线的左侧，表明该网络系统具有较高的冗余度和较低的效率。相反，SR 值位于曲线的右侧则意味着较高的效率和较低的冗余度，但过高的效率会使系统变得脆弱。通过直接能、水网络与混合能、混合水网络系统之间可持续发展性的比较，可以剖析能-水耦合关系的引入对能-水生态网络可持续性的影响。

从能源方面来看，珠三角城市群的直接能网络平均 SR 为 0.346，但部分城市的 SR 值落在了曲线的右侧，特别是中山、江门和肇庆。各城市的 SR 在混合能网络中普遍向左移，使得城市群混合能网络的平均 SR（0.356）略高于直接能网络。但也使得原本在直接能网络 SR 曲线中就靠左的城市左移至更高冗余度、较低效率的位置，如广州和深圳。

从水方面来看，珠三角城市群的直接水网络平均 SR（0.351）略高于直接能网络。和能源相似，城市群各城市的 SR 在混合水网络中普遍向左移，使得城市群整体的混合水网络平均 SR（0.358）高于直接水网络。但也有个别城市在混合水网络中 SR 更低，如深圳和广州。其中，无论在直接水网络系统还是混合水网络系统中，广州均是珠三角城市群中 SR 最低的城市，分别为 0.329 和 0.324。

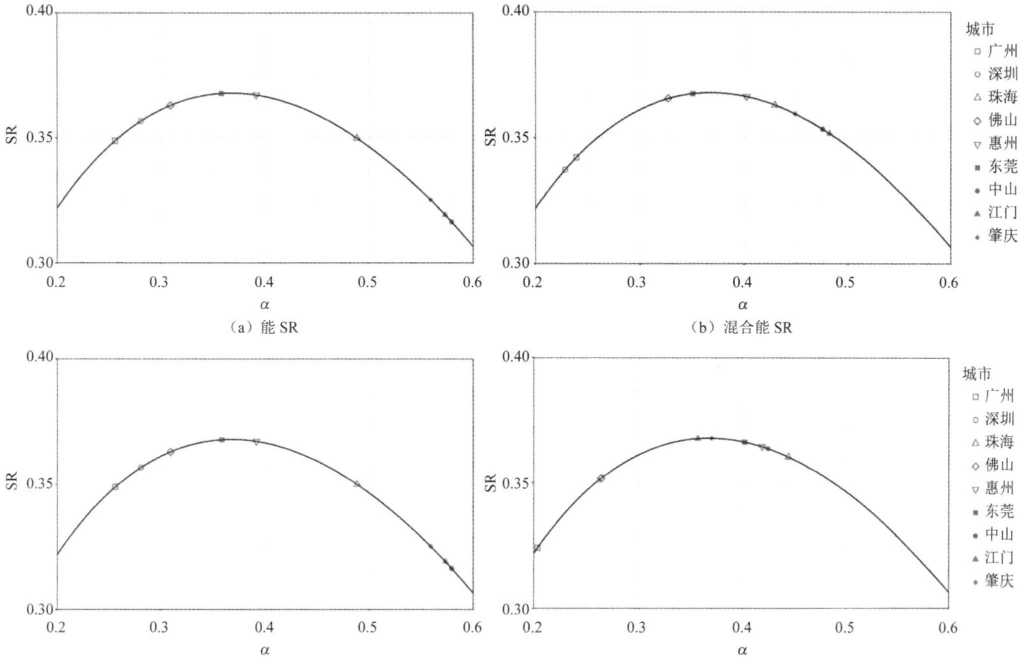

（a）能 SR　（b）混合能 SR　（c）水 SR　（d）混合水 SR

图 7-13　珠三角城市群能-水耦合系统 SR

7.3.2.2　城市群能-水耦合生态结构

珠三角城市群整体的能-水耦合系统部门等级结构如图 7-14 所示，城市群中每个城市的能源系统和水系统的详图分别如图 7-15 和图 7-16 所示。假设整个新陈代谢系统是健康的，那么层次结构将呈逐级上升或下降的阶梯结构（或半金字塔结构），因此可通过对不规则的层级进行分类来识别重要部门，从而改善耦合网络的结构。

珠三角城市群整体的能网络和混合能网络部门等级结构分别如图 7-14（a）和图 7-14（b）所示，城市群能源系统驱动力和拉力的部门等级均为不规则结构。总体而言，引入能-水耦合关系后，拉力和驱动力均略有下降。在直接能源和混合能源系统方面，惠州均是珠三角城市群中拉力和驱动力最大的城市，且其驱动力高于拉力，表明惠州向其他城市的能源输送能力强于其接收能力，特别是其制造业。

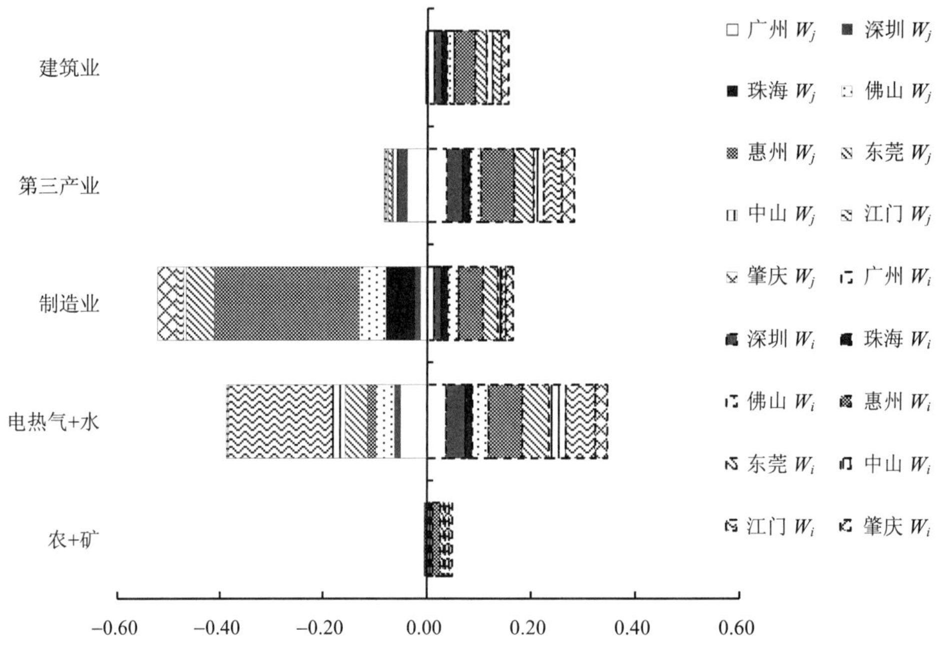
建筑业
第三产业
制造业
电热气+水
农+矿
-0.60
-0.40
-0.20
0.00
0.20
0.40
0.60
广州 W_j
深圳 W_j
珠海 W_j
佛山 W_j
惠州 W_j
东莞 W_j
中山 W_j
江门 W_j
肇庆 W_j
广州 W_i
深圳 W_i
珠海 W_i
佛山 W_i
惠州 W_i
东莞 W_i
中山 W_i
江门 W_i
肇庆 W_i

（a）能网络

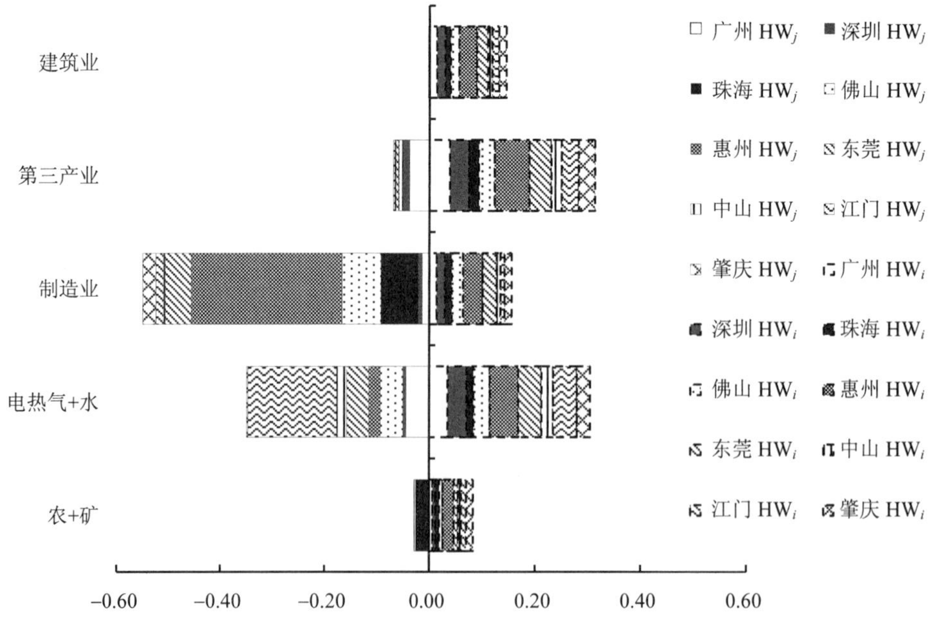
建筑业
第三产业
制造业
电热气+水
农+矿
-0.60
-0.40
-0.20
0.00
0.20
0.40
0.60
广州 HW_j
深圳 HW_j
珠海 HW_j
佛山 HW_j
惠州 HW_j
东莞 HW_j
中山 HW_j
江门 HW_j
肇庆 HW_j
广州 HW_i
深圳 HW_i
珠海 HW_i
佛山 HW_i
惠州 HW_i
东莞 HW_i
中山 HW_i
江门 HW_i
肇庆 HW_i

（b）混合能网络

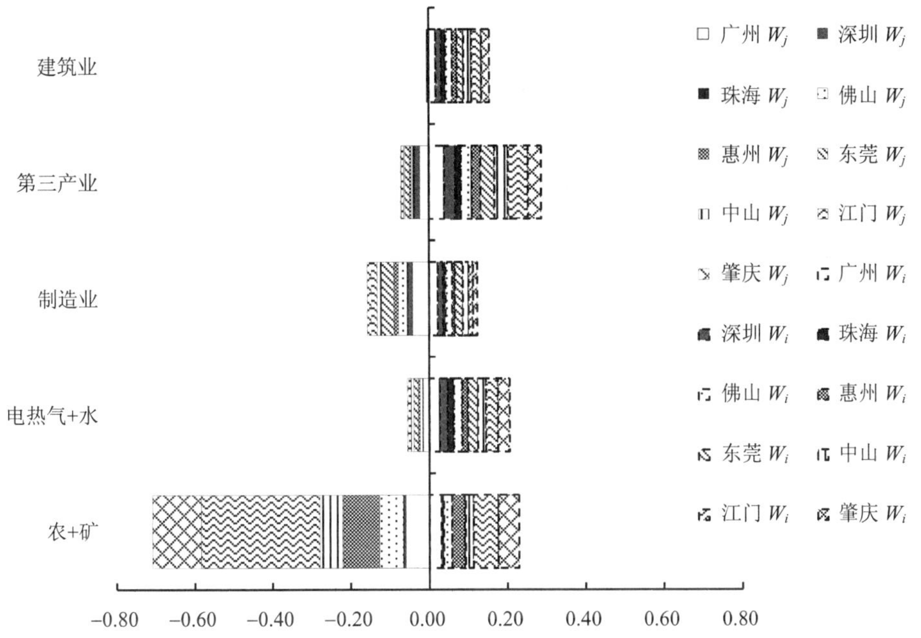

（c）水网络

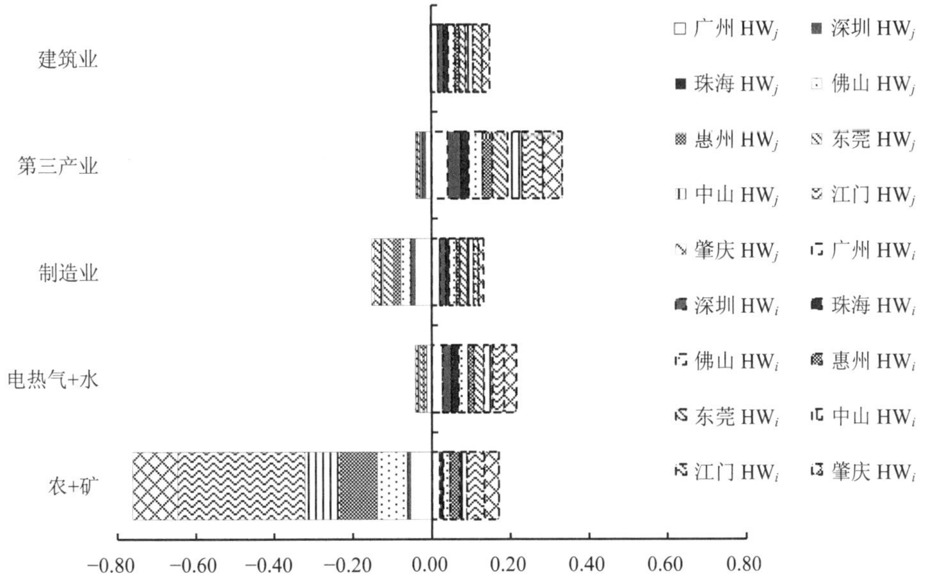

（d）混合水网络

图7-14　珠三角城市群能-水耦合系统部门等级结构

注：左侧 W_j 为驱动力，右侧 W_i 为拉力，H代表混合系统，第三产业包括批零住餐业、交通业及其他服务业。

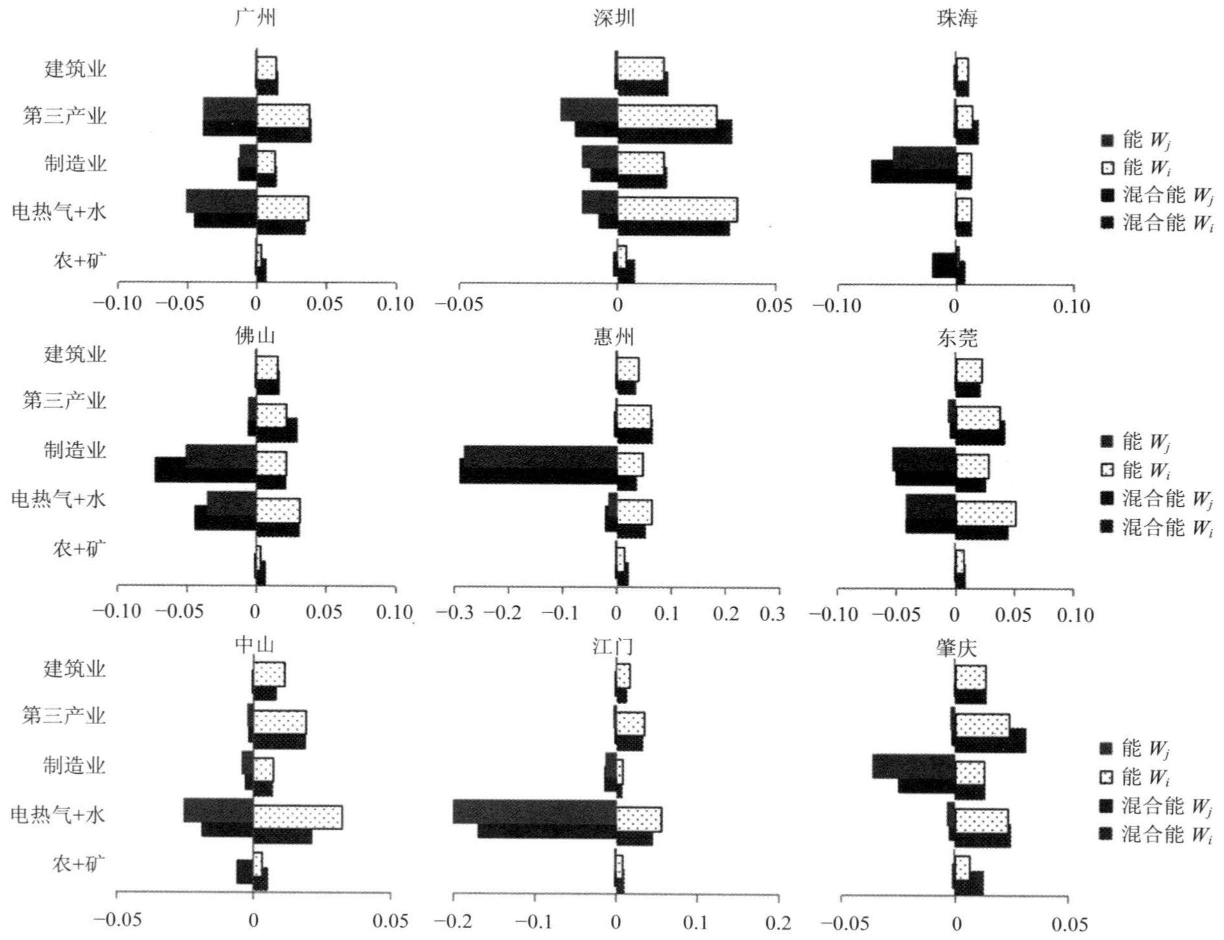

图 7-15 珠三角城市群能等级结构

注：左侧 W_j 为驱动力，右侧 W_i 为拉力，第三产业包括批零住餐业、交通业及其他服务业。

具体地，城市群里每个城市的能等级结构如图 7-15 所示。电热气生产供应业和水的生产供应业在各城市的驱动结构差异较大，驱动力在最高的江门可达 17%，而在深圳和珠海低于 1%。导致能网络系统驱动力结构不规则的主要原因还有制造业的能源输送量太大或太小。拉力结构不规则的主要原因是建筑业作为层级结构的顶端部门，对各城市的拉力均小于 5%，其向下的拉力明显不足，特别是在中山。尽管耦合关系的引入使得混合能网络结构中批零住餐业、交通业及其他服务业等第三产业的拉力有所提升，这些产业成为城市群中整体拉力最大的层级，但在珠海和中山等城市中，第三产业的拉力仍低于 2%。此外，制造业、电热气生产供应业及水的生产供应业的结构也均不够合理。制造业在许多城市均具有较强的驱动力和较低的拉力，这表明制造业在珠三角城市群能源系统中为基本支撑角色，尤其是在惠州。同时，城市群农业和采矿业有所改善，其在每个城市的拉力均超过 5%，但在许多城市中驱动力仍不足 12%。以上反映出珠三角城市群中大多数城市的供给远远落后于需求，需要从其他地区进口资源，除了珠海和中山。

另外，珠三角城市群整体的水网络和混合水网络部门等级结构分别如图 7-14（c）和图 7-14（d）所示，可见驱动力和拉力的部门等级在水系统中也均为不规则结构。江门的拉力和驱动力均远远大于其他城市，特别是对其在引入能-水耦合关系后的农业和矿业而言，这意味着其拥有较强的将水资源传递到其他城市的能力。相反，珠海的拉力和驱动力均小于其他城市，尽管能-水耦合关系的引入使其拉力得以提升，但其驱动力仍然较低。

基于珠三角城市群里每个城市的水等级结构分析结果（如图 7-16 所示），在大部分城市中，农业和矿业的驱动力和拉力均超过了总驱动力和总拉力的 12%，且驱动力高于拉力，其中江门的农业驱动力达到 32%，意味着农业在珠三角城市群的水系统中十分重要。水的生产供应的驱动力不足是导致城市群驱动力结构不合理的主要原因。除广州外，电热气生产供应业和水的生产供应业层级在各城市的驱动力均小于 1%。而除了建筑业向下游部门的拉力不足外，不同城市造成拉力结构不规则的原因不一。与能源系统类似，尽管耦合关系的引入使得混合水网络结构中批零住餐业、交通业及其他服务业等第三产业层级的拉力有所提升，这些产业成为城市群中整体拉力最大的层级，整体达到 33%，但在个别城市仍然较低，如在珠海仅为 1.9%。

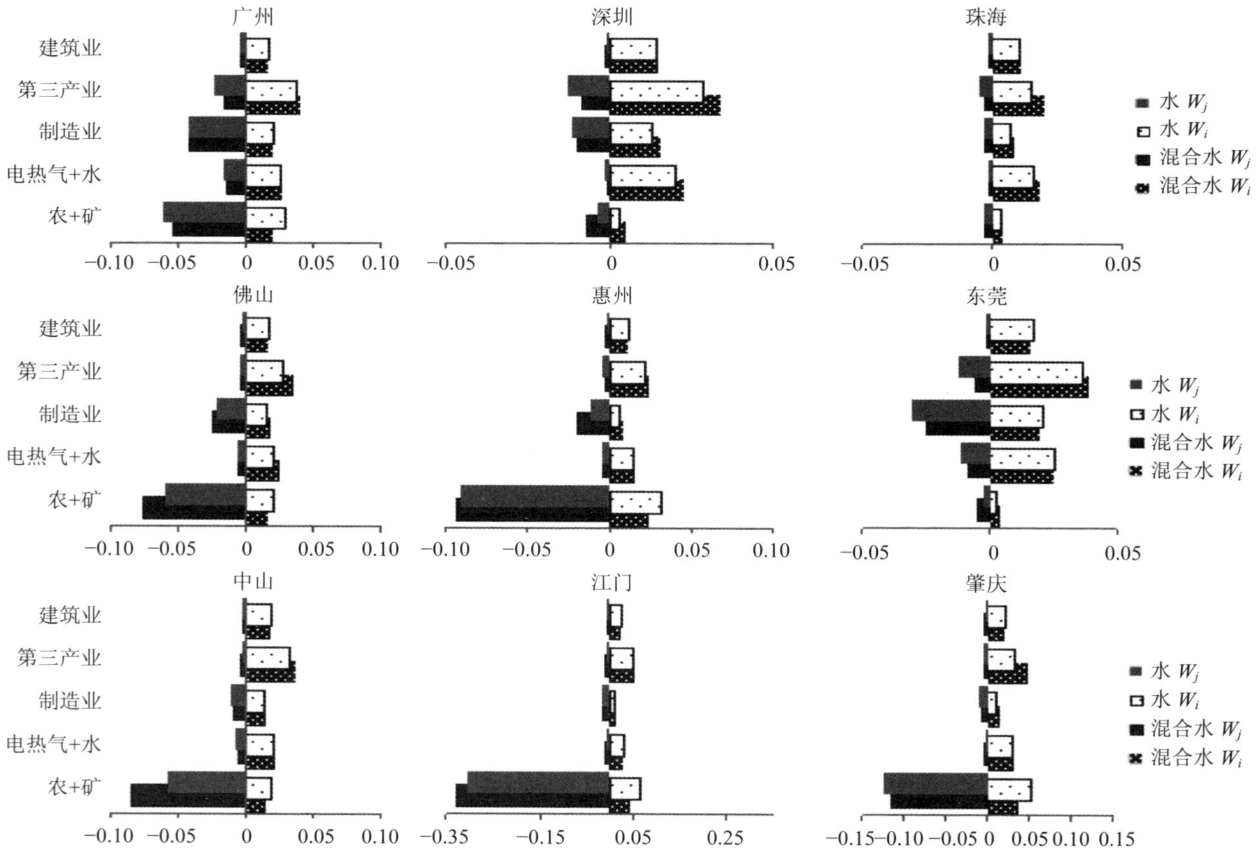

图 7-16　珠三角城市群水等级结构

注：左侧 W_j 为驱动力，右侧 W_i 为拉力，第三产业包括批零住餐业、交通业及其他服务业。

7.3.2.3 城市群能-水耦合系统部门动力学关系

城市群能-水耦合系统部门动力学关系主要由各城市各部门的控制关系、依赖关系变化表示。珠三角城市群中9个城市的9个部门间（即城市群的81个部门间）的控制关系和依赖关系变化如图7-17所示。在引入能-水耦合关系后，混合能网络和混合水网络的控制关系变化明显集中在城市内部；相反，城市群各城市各部门间依赖关系的变化却较为复杂，这可能是由于珠三角城市群中城市之间的相互作用越来越强烈。

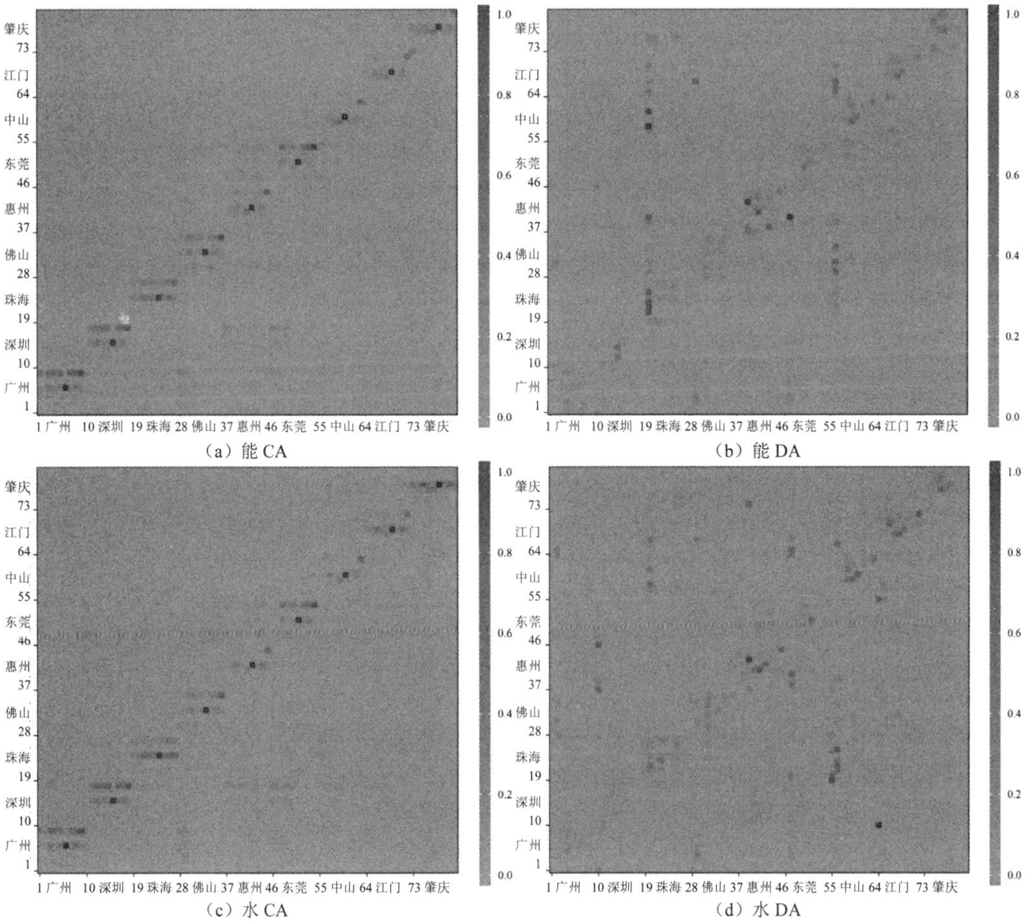

图7-17 珠三角城市群能-水耦合系统部门间控制和依赖关系变化

（1）控制关系变化

图7-17中，（a）和（c）分别为能源系统和水系统在耦合关系引入后的控制关系变化。图7-17（a）的能源系统中，城市内部各部门的控制关系平均变化在5.6%～10.0%，平均

值为 7.8%，最低的为中山，最高的为肇庆。虽然各城市对其他城市的部门平均控制关系变化在 0.2%～0.7%，但对其他城市的整体控制关系变化在 13.7%～57.1%，整体均值为 35.2%（每个城市 9 个部门，对其他城市部门整体即 72 个部门之和）。可见耦合关系的引入对城市群整体的城市间控制关系和城市内部控制关系都有一定影响，虽然主要为对城市内部的影响，但对城市间的影响也不容忽视。

各城市的建筑业（部门 6）对自身的控制变化都超过了 99%，且除东莞外，其他城市的制造业（部门 3）对建筑业的控制变化都超过了 30%，其中珠海高达 54.1%。除珠海外，其他城市的其他服务业（部门 9）对自身控制的变化均超过了 60%，且广州和深圳的制造业（部门 3）、水的生产供应业（部门 5）、交通业（部门 7）及零批住餐业（部门 8）等 4 个部门对其他服务业（部门 9）的控制变化均超过 50%，其中东莞的农业（部门 1）、矿业（部门 2）及电热气生产供应业（部门 4）等 3 个部门对深圳的其他服务业的控制变化也超过了 20%。

类似地，图 7-17（c）的水系统中，城市内部各部门的控制关系平均变化在 4.7%～9.8%，平均值为 7.5%，最低的为中山，最高的为深圳。虽然各城市对其他城市的部门平均控制关系变化在 0.2%～0.8%，但对其他城市的整体控制关系变化在 14.2%～68.4%，整体均值为 39.7%（每城市 9 个部门，对其他城市部门整体即 72 个部门之和），比能源系统变化更大。可见耦合关系引入后，城市群整体的水系统控制关系变化强于能源系统，且主要在于对城市群内各城市间的控制关系变化强于能源系统。

各城市的建筑业（部门 6）对自身的控制变化都超过了 99%。除珠海、江门及肇庆外，其他城市的其他服务业（部门 9）对自身控制的变化均超过 60%，而珠海、江门及肇庆的零批住餐业（部门 8）对建筑业（部门 6）的控制变化均超过了 50%。

（2）依赖关系变化

图 7-17（b）和图 7-17（d）分别为能源系统和水系统在耦合关系引入后的依赖关系变化，可见其复杂程度远超过控制关系变化。首先，在能源方面［如图 7-17（b）所示］，城市内部各部门的依赖关系平均变化在 3.2%～9.0%，低于控制关系变化，平均值也仅为 5.9%，其中最低的为东莞，最高的为珠海。但各城市对其他城市的部门平均控制关系变化在 0.2%～1.8%，即对其他城市的整体平均控制关系变化达到 12.3%～143.5%，其中最低的为肇庆，最高的为中山，珠海也达到 110.8%，且整体均值达到 60.7%（每城市 9 个部门，对其他城市部门整体即 72 个部门之和）。其中，中山对佛山整体的依赖关系变化高达 295.3%，珠海对中山和江门、佛山对广州、中山对佛山和江门的城市间整体依赖关系变化也均高于 200%。可见耦合关系的引入对城市群整体的城市间依赖关系的影响大于控制关系，使得各城市间变得更为依赖。

依赖关系变化超过 90%的有 3 个节点，分别是珠海的矿业（部门 2）对江门的电热气生产供应业（部门 4）的依赖关系变化（高达 99.3%），东莞的矿业（部门 2）对惠州的电热气生产供应业（部门 4）的依赖关系变化（达 98.1%），以及惠州的制造业（部门 3）对其交通业（部门 7）的依赖关系变化（为 95.6%）。依赖关系变化最大的是珠海的矿业（部门 2），其不仅对中山和江门的电热气生产供应业（部门 4）的依赖变化均超过了 85%，对本市制造业（部门 3）、电热气生产供应业（部门 4）、水的生产供应业（部门 5）及交通业（部门 7）的依赖变化也均超过了 75%。此外，中山的矿业（部门 2）对佛山的矿业（部门 2）、电热气生产供应业（部门 4）的依赖关系变化也均超过了 70%。而深圳和江门的水的生产供应业（部门 5）对自身的依赖变化超过了 60%。

此外，水的依赖关系变化如图 7-17（d）所示，城市内部各部门的依赖关系平均变化在 2.7%～7.9%，同样低于能源系统，平均值也仅为 5.5%，其中最低的同样为东莞，最高的为惠州。但各城市对其他城市的平均控制关系变化在 0.2%～1.9%，使得整体平均依赖关系变化达到 12.6%～156.2%，其中最低的为肇庆，最高的为中山，江门也高达 118.3%，且整体均值高达 77.7%（每城市 9 个部门，对其他城市部门整体即 72 个部门之和）。其中，中山对珠海整体的依赖关系变化高达 482.5%，珠海对中山和肇庆、佛山对广州、东莞对深圳、江门对中山等各城市间整体依赖关系变化也超过了 200%。可见耦合关系引入后对城市群整体的城市间依赖关系影响方面，也是水系统大于能源系统，证明能源系统的耗水即与能有关的水在耦合关系中对城市间产生的影响更大。

依赖关系变化超过 90%的有两个节点，分别是江门的农业（部门 1）对深圳的农业（部门 1）的依赖关系变化（高达 99.9%），以及惠州的制造业（部门 3）对其交通业（部门 7）的依赖关系变化（达 94.2%）。其次，中山的农业（部门 1）对珠海的农业（部门 1）、中山的矿业（部门 2）对珠海的交通业（部门 7）的依赖关系变化均超过了 80%。此外，中山的矿业（部门 2）对珠海的电热气生产供应业（部门 4）的依赖关系变化也超过了 70%，同样超过 70%的还有深圳的农业（部门 1）对东莞的农业（部门 1）、江门的农业（部门 1）对中山的农业（部门 1）、中山的建筑业（部门 6）及惠州的水的生产供应业（部门 5）对本部门的依赖关系变化。

7.4 小结

城市化的快速发展使得城市群成为能、水生产和消费的密集区，面临严峻的资源危机。识别能-水系统作用机制，进行适应性转型升级，成为城市群协同管理的核心。本研究突破了城市群数据瓶颈，提出了一种结合引力模型和区位商模型的城市间投入产出表编制方法，作为城市群能-水耦合系统模拟分析的基础。通过城市群各城市各部门的能-水耦合关系解析，利用投入产出分析，辨识城市群能-水耦合特征，模拟城市群的能-水耦合生态网络，从各城市的系统属性、生态结构、部门动力学关系等方面剖析耦合作用机制，为区域能-水协同节约提供决策依据。本研究选取珠三角城市群作为研究对象，对其2015年的能-水耦合关系进行研究，得出以下结论。

（1）城市群能-水关联中的城市关系

城市群内部在能源和水的消费方面存在空间差异，这与城市之间的资源差异和社会经济状况存在一定的关系。从城市群的混合资源角度来看，混合能的消费量从西南向东北递增，而混合水的消费量从东南向西北递增。在珠三角城市群中心，经济较发达城市消耗大量的能源和水，或造成大量能源和水的流动。在城市群外围，由于城市之间的紧密互动，经济较不发达的城市在能源系统和水系统中也发挥着重要作用。如中心城市广州是城市群能、水消耗大户，深圳是典型的能、水利用型城市；外围城市惠州不仅是典型的能、水自给型城市，还是能源输出型城市。

这表明在城市群中，相邻城市通过社会经济和物质流动互相依赖，要明确各城市间的能、水供给关系，经济的龙头城市不代表拥有最多的能、水资源，反而会利用或依赖其他城市的资源，需要与其他城市协调，以实现资源优化配置，推动城市群能、水协同发展。

（2）城市群能-水关联中的部门关系

制造业是典型的能、水密集型产业，特别是在以制造业为主要产业的城市，如东莞。同时，制造业还是消耗与水有关的能最多的部门，是水系统节能的关键部门。交通业是人口密集城市的能源消耗大户，如广州、深圳。农业是水资源密集型产业，特别是在以农业为主导产业的城市，如江门、肇庆。电力是所有能源品种中水资源消耗强度最大的，是能源系统节水的主要关注点。

因此，对制造业结构进行优化，可有效节约城市群整体的能、水消耗，推动能、水协同节约。可根据不同城市的产业特点，加强技术型行业发展，控制耗水、耗能密集型行业（如广州的电热气生产供应业、东莞的造纸和纸制品业、惠州的石油加工和炼焦业、珠海的黑色金属冶炼和加工业）并对其耗能效率和耗水效率进行优化升级。在能耗方面，需优化交通运输结构，提高交通运输能源利用效率。可在提高燃料效率、加强节能汽车产业发展、提高政府及公共机构节能汽车率等方面进行强化。在水耗方面，需优化农业种植结构和灌溉方法，以降低农业耗水率。可减少水资源密集型作物种植，控制作物用水量和灌溉面积，推广优质和节水的经济作物和饲料等。提高能源系统耗水效率，特别是电力系统的节水，可有效控制与能有关的水。可通过淘汰落后产能、调整供能结构和升级技术等，减少系统耗水，以实现能水协同节约。

（3）城市群能-水耦合系统属性

混合能网络 FCI、混合水网络 FCI 均高于直接能、直接水，但仍均低于 22%，远低于自然系统和其他类似城市群（如京津冀城市群）。综合来看，制造业都是耦合关系引入后受影响最大的部门。电热气生产供应业是能源系统中耦合关系引入后反向影响最大的部门，水系统中则是服务业。城市群混合能网络平均 SR 为 0.356，混合水网络平均 SR 为 0.358，尽管高于京津冀等地区的研究结果，但整体仍未达到可持续发展状态，且发展极度不均衡。其中，广州的能源系统、水系统，及深圳的水系统均有着较高冗余度、较低的可持续性。

城市间、部门间的能、水互动急需加强，其中制造业、电热气生产供应业和服务业是能-水协同控制的关键部门，需加强其与其他部门间的资源流通。还可通过建立生态工业园等，提高区域间的能、水回收和再利用。城市群协同管理不能只关注能、水消耗量，还需加强对能、水循环率及效率与冗余度之间的平衡调控。如深圳耗水效率较高，但是冗余度仍较高，不利于可持续发展。需加强城市间协同管理，减少不必要的浪费，减少系统冗余度以提高效率，增强发展的可持续性。

（4）城市群能-水耦合生态结构

城市群能源系统、水系统的整体部门等级结构差异较大。其中，能源系统的主要支撑城市为惠州，而水系统的主要支撑城市为江门。且各城市能源系统、水系统的驱动力和拉力的部门等级均为不规则结构。主要为建筑业向下游部门的拉力均不足，电热气生产供应业和水的生产供应业的驱动力也均有待提高。此外，能源系统中制造业驱动力较强，水系统中起主要驱动作用的部门则是农业。

从城市群整体来看，惠州和江门为城市群外围经济较不发达的二线、三线城市，但却分别是城市群中能、水的主要支撑城市，可见加强资源合理调控分配的重要性。应强化城市产业升级，以更有效地将能、水传递给高消耗城市。同时，改善建筑业，电力、热力、燃气的生产供应业及水的生产供应业等在城市中的产业结构，以更高效地传递或接受各部门的能、水，强化产业协同管理。制造业和农业则需保持并强化其驱动能力，以更好地支撑系统的发展。

（5）城市群能-水耦合部门动力学关系

整体来看，能源系统和水系统城市内部各部门的控制关系变化较为相似，但依赖关系变化差异较大。控制关系中，总控制变化最小的均为中山，能源系统控制关系变化最大的为肇庆，水系统控制关系变化最大的则为深圳。耦合关系引入后，控制关系变化最明显的为建筑业和其他服务业。各城市的建筑业对自身的控制变化都超过了 99%，大部分城市的其他服务业对自身控制的变化均超过 60%。依赖关系中，各城市各部门间的依赖关系变化较为复杂，城市间依赖关系变化较大，特别是中山对珠海和佛山的依赖关系变化较大。在能源系统中，江门的电热气生产供应业、东莞的矿业和惠州的制造业对其他城市的依赖变化较大。在水系统中，江门的农业和惠州的制造业对其他城市的依赖变化较大。此外，能源系统的耗水即与能有关的水在耦合关系中对城市间产生的影响更大。

这表明除系统属性和生态结构外，城市间、部门间的控制依赖关系变化也很大，因此需加强部门间的联系评估，以更好地规划能源系统和水系统。且若能强化能-水耦合联系，则能缓解上述部门的控制和依赖效应，以提高系统的可持续性。

第 8 章　城市群典型城市综合管理

8.1　研究背景与意义

自改革开放以来，珠江三角洲发挥地理位置的优势，成为改革开放的先行者。随着经济的迅速增长，珠三角地区城市化进程不断加快，出现了大量城镇密集区域，空间结构格局发生了一定程度的变化，演变成如今的珠三角城市群。至 2015 年，珠三角地区城市化率达 84.6%，远超我国平均水平，成为东亚地区最大的城市连绵体。《中华人民共和国国民经济和社会发展第十三个五年规划纲要》提出加快城市群建设发展，建设珠三角世界级城市群。2017 年，国家发展改革委和粤港澳三地政府在香港签署了《深化粤港澳合作推进大湾区建设框架协议》，该协议推动粤港澳大湾区城市群发展，带动珠三角区域合作发展，为推进“一带一路”建设提供良好基础。

珠江三角洲具有世界级先进制造业和现代化服务业，其中广州、深圳和东莞 3 个典型城市最具有国际核心竞争力。在经济发展方面，2019 年，深圳、广州和东莞 3 个城市的 GDP 之和占珠三角地区 9 个城市 GDP 总量的 69.1%，并占广东省 GDP 总量的 55.8%（广东省统计局，2020）。此外，深圳、东莞和广州分别以每平方公里创造 13.48 亿元、3.85 亿元和 3.18 亿元，位居珠三角城市群的前三和全国地均 GDP 的第一名、第三名和第五名。这充分反映出城市经济发达程度惊人的深圳、广州和东莞是珠三角城市群不可忽略的典型经济体。在地理位置上，广州、深圳、东莞处于珠三角城市群的中心位置，对其他城市的发展具有辐射作用；因背靠香港国际航运中心和航空枢纽，吞吐量位居世界前列的广州、深圳两个重要港口和广州、深圳等具有国际影响力的航空枢纽正在形成便捷高效的现代综合交通运输体系，加速人才、物资、资金、信息在珠三角城市群的快速流动。在现代产业体系方面，深圳、广州和东莞是珠三角城市群重要的先进技术竞争力核心，如以深圳、东莞为核心在珠江东岸打造了具有全球影响力和竞争力的电子信息世界级先进制造业产业集群等。珠三角地区的区域实力随着发展显著增强，具备成为世界级城市群的基础条件。但目前珠三角地区出现了一定的瓶颈制约，资源约束和生态环境压力影响其可持续发展，其中广州、深圳、东莞这 3 个典型城市首当其冲。广州、深圳、东莞的可持续发展正在受到限制，社会经济快速发展的同时带来了不可忽略的生态环境问题，导致经济发展与环境保护之间的矛盾突出。因此，促进广州、深圳、东莞的可持续发展对促进珠三角城市群的可持续发展具有重要作用。

衡量区域的可持续发展时，需要考虑环境与经济的协调作用，于是越来越多的学者开始研究区域自然经济系统的物质代谢。物质代谢方法具有在特定的时空范围内，对与自然生态系统密切相关的物质流量与流向进行系统分析的特点（黄和平等，2007；Brunner et al.，2004；戴铁军等，2017），成为可持续发展评估的一种有效工具。物质流分析方法是研究物质代谢的重要方法之一（王军等，2006；张玲等，2009），该方法可以用来评价经济系统是否有效利用自然资源以及对环境的破坏程度，从而判断是否能实现可持续发展。此外，碳代谢作为一种关键要素研究，也是进行物质代谢分析的重要渠道（Zhang and Li et al.，2015；Xia et al.，2017；Wang and Zhang et al.，2019）。碳代谢分析是通过分析特定关键要素在自然环境中的作用来剖析城市碳代谢的机理，从而为城市提供可持续管理的政策支撑、促进区域可持续发展。目前，城市碳代谢正成为物质代谢研究的新焦点。

由于城市是人口、经济活动和碳排放的集中地，其温室气体的排放量已经达到了全球的 78%且保持上升趋势。随着全球碳排放量居高不下，碳作为城市代谢过程的重要组成要素（Sovacool et al.，2010），越来越受到人们的关注。碳排放造成了日益严重的温室效应，其中气温的增加可能直接影响农业部门，还可能给人们的健康生活带来一定的负面影响。因此，如何保障城市化进程中碳代谢过程顺畅，已成为当今各城市在探讨经济快速发展时不得不重视的议题之一。2009 年，我国曾郑重宣布到 2020 年全国单位 GDP 二氧化碳排放量要比 2005 年下降 40%～45%的行动目标，并将其作为约束性指标纳入国民经济和社会发展中长期规划，同时将减排任务分配到各省份。鉴于城市在落实二氧化碳减排政策和行动中发挥着越来越重要的作用，深入研究广州、深圳、东莞的碳代谢过程就具有重要的理论意义和实践意义，从而为实现城市群典型城市的综合管理提供一定的参考价值。

本研究结合珠三角城市群及各城市的相关规划，基于物质流分析模型和投入产出分析法，分别对城市物质代谢和碳代谢进行核算分析，提出提高资源利用效率、减少污染排放的建议，促进城市的可持续发展，旨在发挥广州、东莞、深圳在珠三角城市群中的重要角色，并为其他城市物质代谢分析和控制提供可行性借鉴。利用投入产出模型构建统一分析体系，通过广东省投入产出表核算典型城市（如广州、深圳、东莞）的碳代谢情况和相关部门的碳排放量，可有效测算碳要素在行业间的流动特征并探究高碳行业的具体属性特征，进而间接地分析整个城市生态系统的物质代谢和碳代谢，以掌握有用的碳排放规律，为城市碳流核算研究提供科学参考。此外，本研究还选取2012年东莞市整个经济部门的碳代谢为研究对象，结合投入产出分析法和生态网络分析法，核算2012年东莞7个部门的能源消耗，以间接地分析整个城市生态系统的新陈代谢情况，并针对相关部门的碳排放贡献大小，提出科学有效的管理措施，更好地服务于珠三角城市群。

8.2 城市系统分析

8.2.1 物质流分析法

8.2.1.1 物质流分析原理

物质流分析是指在特定时空范围内，分析自然经济系统的物质流量和流向（黄和平等，2007；赵卉卉等，2012）。以质量守恒为依据，计算输入与输出系统的物质总量，最终使自然经济系统处于物质平衡状态（周振峰，2006）。物质流分析法是研究社会经济系统物质代谢问题的重要方法之一，其通过定量描述经济系统与自然环境之间的物质交换，度量输入与输出及经济系统内的物质存量，从而客观反映经济系统的代谢规模（李兆前，2006；Brunner et al.，2004；Dai，2015）。

物质流系统通过边界与外界环境进行物质交换，根据欧盟统计局出版的《全经济物质流账户：编制指南》（EW-MFA）与现有的研究成果（Eurostat，2001；European Commission，2007；OECD，2008），本研究的区域物质流主要涉及两个边界：第一个是区域经济系统和自然环境之间的边界，经济系统从自然环境中获取物质资源和能源，并且将污染废弃物等排放到自然环境中；第二个是区域城市与其他地区的行政边界，各种原材料、成品、半成品通过该边界流入或流出经济系统（徐一剑等，2004；张颖等，2009；肖序等，2017）。

根据物质流系统所界定的研究边界，构建区域物质流分析框架，在区域物质流系统中，物质的输入等于物质输出与物质积累的和，具体如图8-1所示（王德辉等，2010；周凤禄，2014）。

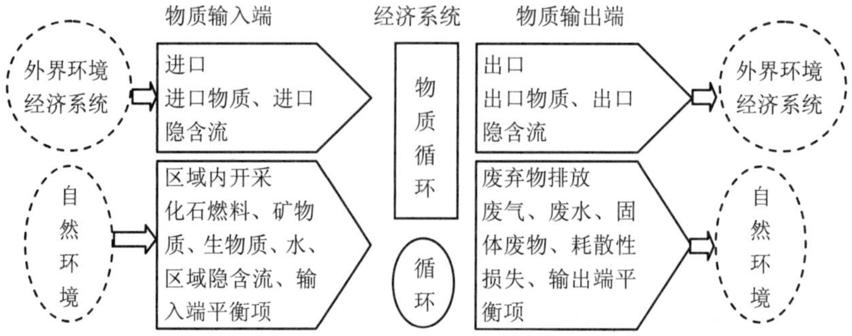

图 8-1 物质流分析框架

8.2.1.2 物质类型划分

根据欧盟统计局于 2001 年编撰的《全经济物质流账户：编制指南》和相关学者的研究成果，结合广州、深圳、东莞的实际情况，区域物质输入类型划分如表 8-1 所示、物质输出类型划分如表 8-2 所示。

表 8-1 区域物质输入主要类型划分

主类型	次类型	分类组成
输入	区域开采	化石燃料（原煤、原油、天然气）
		矿物质［金属矿物（如铁矿石）、非金属矿物（如盐矿等工业矿物和水泥等建筑材料）］
		生物质（农业、林业、渔业和畜牧业的生物产量）
		水
		区域隐含流（化石燃料和矿物质开采的隐含流、生物质收获的隐含流、建筑土石挖方等）
		输入端平衡项（化石燃料燃烧消耗 O_2、人畜呼吸消耗 O_2、植物光合作用所需 CO_2）
	进口物质	生物质、矿物质和化石燃料的原材料、半成品、成品及其进口隐含流

表 8-2 区域物质输出主要类型划分

主类型	次类型	分类组成
输出	废弃物排放	大气污染物（SO_2、CO_2、烟尘、工业粉尘）
		固体废物（工业固体废物、城市生活垃圾等）
		耗散性物质（农业中所使用的化肥、农药和农用塑料薄膜）
		输出端平衡项（化石燃料燃烧排放 CO_2 和水蒸气、呼吸排放 CO_2 和水蒸气、光合作用释放 O_2）
	出口物质	生物质、矿物质和化石燃料的原材料、半成品、成品及其隐含流

8.2.1.3 指标体系建立

建立物质流分析指标体系是物质流分析法的核心内容。物质流分析指标体系可以用来评价经济系统是否有效利用自然资源以及对环境的破坏程度，从而判断是否能实现区域可持续发展。本研究以广州、东莞、深圳 3 个城市为研究对象，从物质代谢规模、强度和效率 3 个方面构建指标体系。

从物质输入与输出两个方面研究物质代谢规模：输入端用直接物质输入量（DMI）和物质需求总量（TMR）表示；输出端用直接物质输出量（DMO）和物质输出总量（TMO）表示。具体如表 8-3 所示。

表 8-3 物质代谢规模指标

指标	意义	组成
DMI	区域生产活动所直接输入的物质量	区域开采、水输入、进口物质
TMR	区域内生产活动所需的物质总量	DMI、输入端隐含流
DMO	区域内生产过程中直接输出的物质量	废弃物排放总量、出口物质
TMO	包括出口物质在内的物质总排放量	DMO、输出端隐含流

其中，DMI 和 DMO 是表征区域系统输入规模、输出规模的核心指标，DMI 可以反映经济系统的资源需求压力，DMO 可以反映经济活动对自然环境的影响和压力，这两个指标可以从整体上评价区域经济对自然环境系统的扰动与破坏。

输入端、输出端的代谢强度分别用人均 DMI 和人均 DMO 表示，以反映人均资源的输入量和废弃物的输出量。根据前人的研究成果，根据人均 DMI 的变化趋势可将城市发展大致分为 3 个阶段：在第一个阶段，经济初步发展，人口聚集，人均 DMI 逐步降低；在第二个阶段，经济稳步增长，人口规模得到控制，人均 DMI 逐步增加；在第三个阶段，城市稳定发展，人均 DMI 逐步回落。通过人均 DMI 可判断经济生产活动过程中自然生态系统的人均压力，从而判断区域系统能否实现可持续发展。

在物质代谢效率方面，分别结合 3 个城市的 GDP，得到物质生产力和环境效率两个指标，判断在经济增长的同时对自然环境的破坏程度。物质生产力由 GDP/TMR 得到，表明单位物质资源消耗所创造的经济价值，物质生产力越大，越有利于可持续发展。环境效率由 GDP/TMO 得到，表明单位物质排放所创造的经济价值，环境效率越大，越有利于可持续发展。

8.2.2 投入产出分析法

8.2.2.1 投入产出分析法的基本原理

投入产出分析是通过投入产出表全面地反映国民经济中各部门间的联系（Leontief，1936；Leontief et al.，1972）。我国每 5 年就会进行全面调查、编制一次投入产出表，其间可通过局部修订编制“延长表”，同时北京、上海等城市也会每 5 年进行编制（陈锡康等，2011）。其突出优势在于通过直接消耗系数矩阵反映行业或功能部门间的相互投入和产出的数量关系，也能通过数量变化计算其产生的直接影响和间接影响。

投入产出表是投入产出分析法最基本的模型。通过投入产出表，能直观地反映国民经济中各种投入产品的来源和各部门产品的去向。投入产出表一般分为实物型投入产出表和价值型投入产出表两种。由于本研究参考的是广东省 42 个部门的价值型投入产出表，故本研究用到的也是价值型投入产出表。

8.2.2.2 投入产出表的基本模型

投入产出表的行和列存在着一定的供需平衡关系，故投入产出表也称部门联系平衡表。根据供需平衡关系，假设各部门的总产出为 X_i，总投入为 X_j，中间部门需求量为 Y_i，则 x_{ij} 和 X_j 之间存在着齐次线性关系，并将 x_{ij} 和 X_j 的比值定义为直接消耗系数，如式(8-1)所示：

$$a_{ij}=\frac{x_{ij}}{X_j}，\ i，j=1，2，\cdots，n \tag{8-1}$$

式中：a_{ij} —— 第 j 部门生产单位总产出对第 i 部门的直接消耗量，反映了第 j 部门与第 i 部门之间的技术经济联系，因此又称技术系数。

分配平衡方程如下：

$$\sum_{j=1}^{n}a_{ij}X_j+Y_i=X_i，\ i，j=1，2，\cdots，n \tag{8-2}$$

写成矩阵形式为：

$$\boldsymbol{AX}+\boldsymbol{Y}=\boldsymbol{X} \tag{8-3}$$

式中：$\boldsymbol{A}$ —— 直接消耗系数矩阵；

$\boldsymbol{Y}$ —— 最终需求矩阵；

$\boldsymbol{X}$ —— 总产出矩阵。

按行建立经济数学模型，表征总产出和最终需求之间的数量关系，可得：

$$X=(I-A)^{-1}Y \tag{8-4}$$

$(I-A)^{-1}$ 称为列昂惕夫逆矩阵，表示在假定生产技术不发生变化的时期内，根据给出的与基期不同的最终需求，可得到各部门的均衡产出量 X。

设 R 为各区域单位总产出的碳排放强度系数矩阵，则

$$R_i=\frac{C_i}{X_i} \tag{8-5}$$

式中：C_i —— i 部门二氧化碳排放量；

X_i —— i 部门总产出。

各区域碳排放量矩阵公式为：

$$T=RX=R(I-A)^{-1}Y \tag{8-6}$$

其中
$$T=\begin{bmatrix} t_{11} & t_{12} & \cdots & t_{1n} \\ t_{21} & t_{22} & \cdots & t_{2n} \\ \vdots & \vdots & & \vdots \\ t_{n1} & t_{n2} & \cdots & t_{nn} \end{bmatrix}$$

式中：T —— 由各元素组成的 $n\times n$ 碳流矩阵；

i 和 j —— 产品生产或服务提供和使用部门，其中 $i,j=1,2,\cdots,n$；

R —— 单位总产出的碳排放强度的对角矩阵；

Y —— 最终需求列的对角矩阵。

8.2.3 生态网络分析法

8.2.3.1 生态网络分析法的基本原理

生态网络是对生态系统中物质流动和能量流动进行模拟的结构模型，建立分室是模拟的前提，早期强调的是生态系统功能中的生产力（韩博平，1993；张妍等，2009）。随着生态网络的广泛应用，分室可以理解为城市或行业，本研究中用到的是几个相似行业整合的部门。生态网络分析法可以定量分析网络系统内生态流的方向和它们之间的相互作用，并揭示系统的完整性和复杂性行为（李中才等，2011；Chen et al.，2012；夏楚瑜等，2018）。如果说投入产出分析法能够发现基于部门中间交易的间接能源流动，那么生态网络分析法则是从投入产出分析演化而来的系统导向的方法，目前已被应用于评估城市的能源流动或碳代谢，并能清晰地确定城市代谢过程中部门间的关系（Zhang et al.，2010；Zhang et al.，2011；Zhang，Zheng and Fath，2014；Zhang and Lu et al.，2016；Zhang and Zhang et al.，2018；Wang and Zhang et al.，2019）。

8.2.3.2 生态网络分析法的基本步骤

生态网络分析法的基本步骤可简单概括为三步，分别是构建生态网络模型、确定生态网络分析指标与分析生态网络的结构性质和功能性质。

①构建生态网络模型：构建生态网络模型包括系统边界、网络节点和流动路径的确定。系统边界指研究要素的内部结构和流动范围，如选取东莞市的碳代谢为研究对象，在此碳代谢包括东莞市内各经济部门的含碳物质流动和出口及国内的省外流动。节点指研究生态系统中的成员要素，路径代表两两成员要素间具有能量或者物质交换关系。节点的数量视划分的研究部门而定，路径的数量和长度则由投入产出表中各部门的碳流量情况而定。

②确定生态网络分析指标：网络的分析指标包括流量分析指标、存量分析指标、效用分析指标、结构分析指标、信息分析指标等。本研究主要运用的分析指标为流量分析指标和效用分析指标，通过流量分析指标建立生态网络基本流量矩阵，通过效用分析指标定量解析系统组分之间的生态关系。

③分析生态网络的结构性质和功能性质：生态网络分析法最基本的分析指标有 3 种，分别为流量分析指标、存量分析指标和效用分析指标。通过流量分析指标能定量解析碳代谢网络的结构性质，通过效用分析指标能定量解析碳代谢网络的功能。

8.2.3.3 生态网络的分析指标

（1）流量分析指标

每个节点相当于一个研究部门，每个部门有一个输入环境和一个输出环境，即流入总流量（$T_{i,\text{in}}$）和流出总流量（$T_{i,\text{out}}$）。

$$T_{i,\text{in}} = \sum_{j=1}^{n} f_{ij} + z_i \tag{8-7}$$

$$T_{i,\text{out}} = \sum_{j=1}^{n} f_{ji} + y_i \tag{8-8}$$

式中：f_{ij} —— 从节点 j 到节点 i 的流量；

f_{ji} —— 从节点 i 到节点 j 的流量；

z_i —— 从环境到节点 i 的流量；

y_i —— 从节点 i 到环境的流量。

当系统稳定时，$T_{i,\text{in}}=T_{i,\text{out}}=T_i$，$T_i$ 为进入节点 i 的所有流量，则系统的总流动量

$$\mathrm{TST}=\sum_{i=1}^{n}T_i \tag{8-9}$$

流量分析能明确生态网络的流量分布及主导作用类型，辨别间接作用相对于直接作用的优劣关系。若设无量纲的从节点 j 到节点 i 的直接流量为 g_{ij}，则可构建无量纲直接流量强度矩阵 $\boldsymbol{G}$，即

$$g_{ij}=\frac{f_{ij}}{T_i} \tag{8-10}$$

所以无量纲直接流量强度矩阵

$$\boldsymbol{G}=\left[g_{ij}\right] \tag{8-11}$$

无量纲总流量矩阵为 $\boldsymbol{N}=\left[\eta_{ij}\right]$，其中

$$\boldsymbol{N}=\left[\eta_{ij}\right]=\boldsymbol{G}^0+\boldsymbol{G}^1+\boldsymbol{G}^2+\cdots+\boldsymbol{G}^k+\cdots=(\boldsymbol{I}-\boldsymbol{G})^{-1} \tag{8-12}$$

式中：$\boldsymbol{I}$ —— 单位矩阵；

η_{ij} —— 总流量矩阵中的元素；

$\boldsymbol{G}^0$ —— 每个节点的自反馈情况；

$\boldsymbol{G}^1$ —— 两节点间的直接流强度矩阵；

$\boldsymbol{G}^k$ —— 两节点间经过 k 步的非直接流，表示节点路径长度为 k 的间接流量长度。

（2）效用分析指标

生态网络的效用分析是定量解析系统组分之间的生态关系。该分析方法计算得到的效用矩阵能够系统地分析系统中每个节点之间利用和被利用的效用关系，进而明确每个节点在系统中所扮演的角色和作用（郑诗赏等，2016）。

直接效用矩阵定义为 $\boldsymbol{D}=\left[d_{ij}\right]$，公式为

$$d_{ij}=\frac{f_{ij}-f_{ji}}{T_i} \tag{8-13}$$

例如，当 i，j=1，2 时，则

$$\boldsymbol{D}=\begin{bmatrix}\dfrac{f_{11}-f_{11}}{T_1} & \dfrac{f_{12}-f_{21}}{T_1}\\ \dfrac{f_{21}-f_{12}}{T_2} & \dfrac{f_{22}-f_{22}}{T_2}\end{bmatrix}=\begin{bmatrix}0 & -g_{21}\\ g_{12} & 0\end{bmatrix}$$

基于直接效用矩阵，定义和计算无量纲总效用矩阵$\boldsymbol{U}=\left[u_{ij}\right]$，即

$$\boldsymbol{U}=\left[u_{ij}\right]=\boldsymbol{D}^0+\boldsymbol{D}^1+\boldsymbol{D}^2+\cdots+\boldsymbol{D}^k+\cdots=(\boldsymbol{I}-\boldsymbol{D})^{-1} \tag{8-14}$$

式中：$\boldsymbol{U}$—— 网络任意两个节点之间的整体关系；

u_{ij}—— 效用矩阵$\boldsymbol{U}$中的元素；

$\boldsymbol{D}^0$—— 网络系统中每个节点流量的自反馈；

$\boldsymbol{D}^1$—— 两节点间的直接流量效用；

$\boldsymbol{D}^k$—— 两节点间经过k步的非直接流量效用。

生态网络中节点i和节点j之间的效用符号用su_{ij}和su_{ji}来表示。sgn（$\boldsymbol{U}$）表示网络中两节点之间的整体关系，其中两节点之间的关系存在如下 9 种情况。①（su_{ij}，su_{ji}）=（+，–），表示节点j利用节点i，这种关系类似于自然界的捕食关系；符号相反则表示节点j被节点i所控制，抑或是被利用。②（su_{ij}，su_{ji}）=（–，–），表示节点j和节点i之间存在竞争关系，导致对双方都有负面效应；符号均为正说明两个节点是共生关系，获得正面效应。③（su_{ij}，su_{ji}）=（0，0），则表示这两个节点间是中性关系，相互不产生影响。

9 种生态网络效用分析节点的具体关系如表 8-4 所示。

表 8-4 网络效用分析节点符号与其对应关系

sgn（$\boldsymbol{U}$）	对应关系	sgn（$\boldsymbol{U}$）	对应关系	sgn（$\boldsymbol{U}$）	对应关系
（+，+）	互利共生	（+，–）	利用	（+，0）	偏利共生
（–，–）	竞争	（–，+）	控制	（–，0）	偏害寄生
（0，0）	中立	（0，+）	无利共生	（0，–）	无害共生

根据效用矩阵$\boldsymbol{U}$中的数据，发现正对角的符号都为正，表明对应的网络节点都是自我共生的；同时，任意两个节点的关系是相互的，分析时只需要针对效用矩阵中的一半开展分析。

此外，总效用分析矩阵$\boldsymbol{U}$中还用共生指数（MI）这一指标表示城市生态系统的积极关系和消极关系，即

$$\mathrm{MI}=J(\boldsymbol{U})=\frac{S_+(\boldsymbol{U})}{S_-(\boldsymbol{U})} \tag{8-15}$$

式中：S_+（$\boldsymbol{U}$）—— 效用矩阵$\boldsymbol{U}$中正效用的数量；

S_-（$\boldsymbol{U}$）—— 效用矩阵$\boldsymbol{U}$中负效用的数量。

当 MI＞1 时，说明整个城市生态系统的积极共生性大于其消极竞争性，该城市生态系统为共生系统；当 MI＜1 时，说明整个城市生态系统的消极竞争性大于积极共生性，即说明该城市生态系统可能存在着许多必须解决或减轻的问题。

8.2.3.4 城市碳代谢网络模型的构建

为了确定城市碳排放的关键贡献者以及作用路径，有必要从城市系统的角度分析碳流。基于 2012 年广东省投入产出表，初步编制了东莞市的投入产出表，并结合投入产出分析（IOA）和生态网络分析（ENA）两种方法，进行了碳代谢特征分析，以更好地揭示碳排放的贡献者和影响因素。

构建碳代谢网络模型，需确定碳代谢系统的边界、节点和路径。系统边界为东莞内部各经济部门，不包括城市以外的环境。节点即根据一定的功能和规律对东莞的 42 个经济行业划分的 7 个部门，分别为农业，采矿业，制造业，电力、燃气和水的生产和供应业（以下简称“电气水”），建筑业，交通运输业和服务业。这 7 个部门由传统投入产出表的 42 个经济行业转换而来，最终将货币形式的多区域投入产出表转换为物理性质的碳代谢投入产出表。具体部门划分如表 8-5 所示。

表 8-5　部门划分情况

部门	经济行业
农业（Agr）	农业、林业、畜牧业和渔业
采矿业（Min）	采煤和选矿业；石油和天然气开采业；金属矿石开采业；非金属矿物开采业
制造业（Man）	所有初级制造业和先进制造业
电气水（Egw）	电力、热力的生产和供应业，燃气生产和供应业，水的生产和供应业
建筑业（Con）	建筑业
交通运输业（Tra）	交通运输、仓储和邮政业
服务业（Ser）	其他

构建碳代谢网络模型是基于网络的视角，把部门的碳流矩阵转化为网络的形式，能清晰、直观地反映两两部门间的物质和能量相互交换的路径和作用的关系。东莞的碳代谢网络模型系统图如图 8-2 所示。

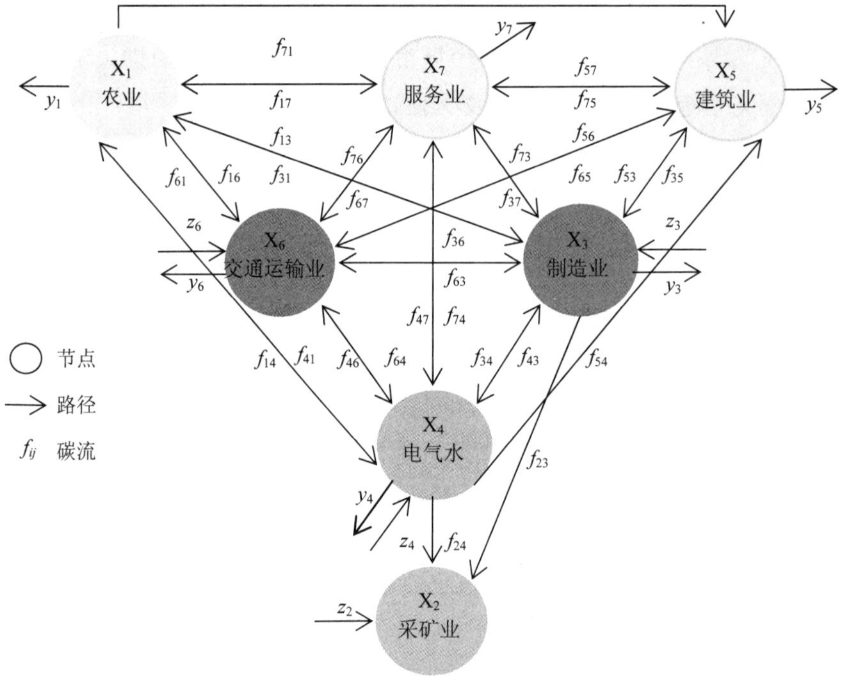

图 8-2　东莞市城市碳代谢网络模型

8.3　珠三角城市群典型城市综合管理

8.3.1　珠三角城市群区域规划可持续发展分析

8.3.1.1　珠三角城市群区域规划结构回顾

自 1989 年的《珠三角城镇体系规划》到 2014 年的《珠三角全域空间规划》，珠江三角洲先后经历了 5 次区域规划。1989 年，对珠三角地区第一次展开了区域规划并构想打造 10 个城镇群，利用大城市带动小城市（广东省建设委员会等，1990）；1994 年，第一次提出了“城市群”和“珠江三角洲经济区”的概念（广东省建设委员会等，1996）；2004 年，增加了生态环境和资源循环利用，强调了人文发展建设（广东省人民政府，2005）；2008 年，对珠三角地区进行产业转型升级、重新规划城市建设（广东省人民政府，2008）；2014 年《珠三角全域空间规划》强调“全空间、全要素”，更加重视城市群空间的整体性和开放性（广东省城乡规划设计研究院，2016）。

（1）《珠三角城镇体系规划》（1989年）

1989年，为了适应经济从农业主导转型为工业主导以及大量的中小城镇崛起，珠三角地区第一次展开了区域规划，并从区域层面上考虑未来的发展方向。这次规划的内容主要是进行整体的布局安排，同时也为未来的珠三角城镇体系的完善建立良好的基础。规划提出，根据目前中小城镇密集区域增多，侧重培育区域增长极点。规划还构想了打造10个城镇群，利用大城市带动小城市，逐渐培育各点成为中心城市。同时要求建设区域性重大设施，建立交通运输网，珠三角地区规模结构上为点状培育结构。同时也提出了等级结构和职能结构的要求，这种建立等级体系的思想对未来规划有重大的参考作用。

（2）《珠三角经济区域城市群规划》（1994年）

经过不断的快速发展，珠三角地区的经济发展已经初具规模，同时也出现了一些重复过度开发的问题。于是，在1994年编制的新规划中，第一次提出了“城市群”和“珠江三角洲经济区”的概念，为珠三角地区更好的发展构建了完整的空间结构。

这次构建的空间结构相对之前更为大胆和创新，根据地理位置和城市发展水平，提出了分为中、东、西三大都市区。三大都市区分别以广州、深圳、珠海为中心，其中广州为核心，广深、广珠成为主轴。中部都市区主要以广州为中心，建立一批密集城镇；东部都市区则加强深港联系，建立港口群；西部都市区更强调均衡布局，形成多元体系。同时根据土地情况和建设要求，分为4种用地模式，区分开发指标和强度。此外，该规划更加侧重等级结构和职能结构的梯度差别，利用之前高速发展的大城市带动周边小城市，形成城市群，进行产业互补并共同发展。而规模结构上是“点轴发展体系”和“三大都市区”的空间结构，形成了“两主轴、七拓展轴”的总体发展格局。该规划为未来多次规划空间结构奠定了基础。

（3）《珠三角城镇群协调发展规划》（2004年）

2004年，基于可持续发展理念，规划内容增加了生态环境、资源循环利用和转变经济增长方式的相关内容，强调了人文发展建设。该规划分为九类政策区、四级管治，并且制定了有效的管理措施。空间布局结构转变为“网络轴带型空间结构”，分为“一脊五带三轴”。

（4）《珠三角地区改革发展规划纲要》（2008年）

2008年，国际金融危机冲击珠三角城市群，影响珠三角城市群发展。因此，珠三角城市群需要寻求改变，开始进行产业转型升级，重新规划城市建设。该规划构建了创新区域，构建了现代产业体系，并提高了珠三角地区的创新能力。同时，规划更强调环境问题和人民生活，改善生态环境，建设优质生活圈，建立宜居城市。同时本次规划侧重于推进城乡一体化和区域一体化，以优化珠三角城市群空间规划布局，并提高基础设施共享和产业合作程度，实现珠三角城市群整体实力提升。

（5）《珠三角全域空间规划》（2014 年）

规划开展时期正处于“一带一路”倡议和深化改革战略实施阶段。但之前的多项规划之间联系不足，难以精准地把控空间资源。因此，加强空间统筹发展、落实战略意图是这次规划的主要目标。

该规划强调“全空间、全要素”，将整个珠三角地区各方面、各规划梳理整合，将各领域的管制衔接，使珠三角地区提升为更具开放性和整体性的有效空间载体。空间布局提升到了全空间领域覆盖的程度。具体空间结构如图 8-3 所示。同时，这次规划也提出了完善生态网络、建立生态屏障、稳固区域生态本底的高要求。

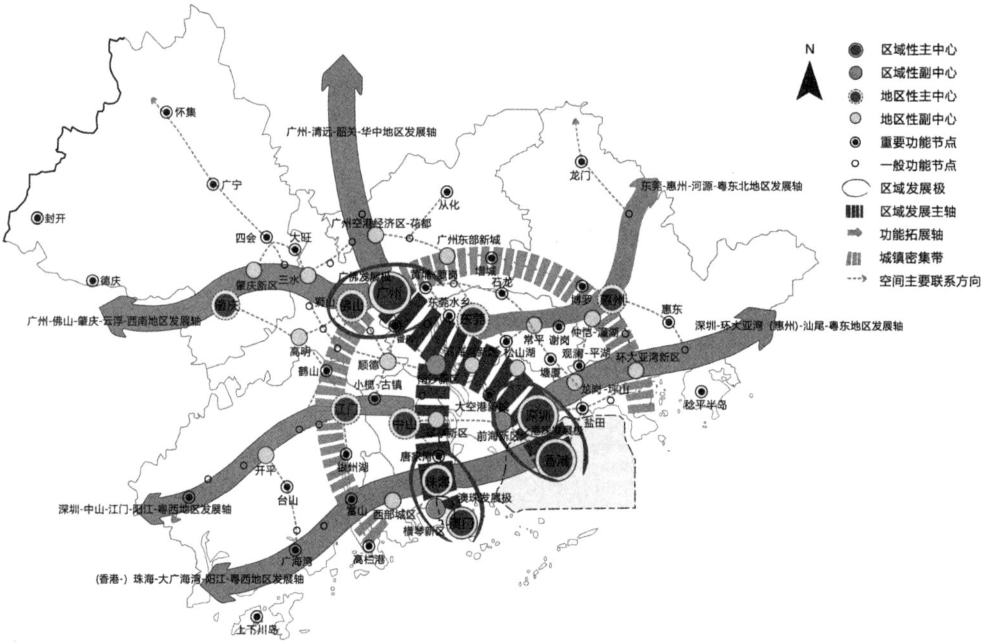

图 8-3 《珠三角全域空间规划》空间布局图

回顾珠三角城市群的 5 次区域规划，在空间结构方面，城市间衔接逐渐紧密，区域联系增加。具体变化为单点发展→点轴发展结构→网络轴带结构→城乡一体化→全空间覆盖。表 8-6 为具体空间结构演进过程。

从空间结构发展过程可知，在珠三角城市群发展过程中，九大城市空间结构衔接逐渐紧密，交通设施和基础建设逐渐共享，地区合作逐渐增多，城市连绵化程度加深。不仅地区间的联系合作增加了，而且规划广度也逐渐扩大，从最开始的只关注密集城镇群到全域规划中全领域、全空间覆盖。

表 8-6 空间结构演进过程

年份	规划名称	空间结构	具体结构
1989	《珠三角城镇体系规划》	单点发展	城市镇 10 个点结构：广佛、深圳、珠海、中山、江门、顺德、东莞、惠州-大亚湾、肇庆、清远等 10 个城镇群
1994	《珠三角经济区域城市群规划》	点轴发展结构	一核心、两主轴、七拓展轴结构：广深、广珠两条发展主轴；广州-肇庆-西江拓展轴、广州-清远-韶关拓展轴、广州-佛山-湛江拓展轴、广州-惠州-汕头拓展轴、珠海-湛江拓展轴、深圳-惠州-河源拓展轴
2004	《珠三角城镇群协调发展规划》	网络轴带结构	一脊三带五轴结构：一脊为核心区域发展脊梁；三带为北部城市功能拓展带、南部滨海功能拓展带、中部产业功能拓展带；五轴为莞深高速沿线城镇产业轴、京九铁路沿线城镇产业轴、惠澳大道沿线城镇产业轴、105 国道沿线城镇产业轴、江肇江珠高速公路沿线城镇产业轴
2008	《珠三角地区改革发展规划纲要》	城乡一体化	按照城乡规划一体化、产业布局一体化、基础设施一体化、基本公共服务一体化、环境保护一体化要求，形成城乡一体化发展格局
2014	《珠三角全域空间规划》	全空间覆盖	将 9 个市的城镇和乡村都纳入规划范围，不仅涉及城镇建成区，还包含广大乡村以及大量非建设用地，构建全域空间管控的政策体系

8.3.1.2 城市群区域规划实施情况

（1）珠三角实际结构与规划结构对比分析

珠三角城市群空间结构规划分为两个阶段，第一个阶段是最早期（1989 年）规划中提及的 10 个城镇群的点状结构。而在后续多次区域规划中，空间结构上都离不开“三大都市区”的基础构造，所以第二个阶段为三大都市区结构。

第一个阶段的点状培育结构按照规划基本完成。10 个城镇群积极发展工业，10 个点均有了不同程度的进展。珠三角城市群第一产业的比重也在逐年下降，在规划期间下降了约 17 个百分点，从 1989 年第一产业占比为 20%到规划结束时（2010 年）占比为 2.25%。相比之下，第二个阶段的三大都市区结构与现实空间格局并不完全吻合。从城市间联系度和城市发展度等级梯度来看，珠三角城市群实际结构更倾向于一个圈层结构，分为内部圈和外部圈。内部圈城市包括广州、深圳、佛山、东莞、中山，外部圈城市包括珠海、惠州、肇庆、江门。

内部圈区域合作紧密，城市间联系程度高，相互吸引力强，如广佛、深莞、广深之间为主副中心联系。但非紧密合作关系的东莞与广州之间的联系很强，甚至超越规划的深莞圈内合作。实际结构的外部圈层城市之间联系弱，与其距离较近的内部圈城市有相对稍强的联系，整体属于珠三角城市群边缘城市。其中特例为珠海，凭借先前长期发展累积的经济基础和完整的产业结构、优秀的创新能力，其与广州有着较强联系。但规划设定的是广深珠为一主两副中心。珠海依靠广州来发展，没有起到较为独立、能辐射其他梯度城市的副中心作用。同时在规划的珠中江中心圈内，中山基本上依靠广佛发展，江门与其的联系很弱，没有实现圈内合作。

（2）规划与实际出现差异的原因剖析

①区域规划实施机制不足。

在对珠三角城市群制定区域规划时，更注重不同层面的规划内容描述，反而忽略了确保规划实施的机制制定。缺乏实施机制和实践考核，使珠三角区域规划的实践增加了难度，同时也削弱了规划的引导力和权威程度。直到 2004 年《珠三角城镇群协调发展规划》中，才第一次设立了规划实施机制。

然而，此前 15 年珠三角城市群在发展中已经形成了异于规划结构的实际空间结构基础，且规划只设立了实施机制，没有强制性的有效手段来保障规划实施，所以实际上难以按照规划发展。

②规划内容与市场利益导向不匹配。

在珠三角城市群多项规划中，有一小部分规划是与市场实际利益不相匹配的，或者存在一定的风险，所以实际不如规划所构想的发展。

例如，西岸联系较弱的珠中江都市区，城市之间存在利益最大化的博弈。所以即使在 3 个都市区中，珠中江区域会议最为频繁召开，甚至高达 5 年 9 次，同时还签订了合作计划，但实际上联动却少于规划所构想的发展。

即便是城市之间相互合作，如广佛一体化规划发展佛山第三产业，在基础设施完成和优惠政策颁布的情况下，佛山也难以完成产业转型。因为企业放弃近距离的发达城市广州，反而选择发展度较低的佛山，存在一定的风险，所以大部分企业只是观望，没有做出实际行动。

③区域交通基础建设不完善。

导致目前圈层结构实际空间布局结构的原因很大一部分是区域交通的建设不够完善，区域交通主要集中在内部圈层，以广深为中心往外扩延。而边缘城市与内部城市的交通基础设施较少。在交通不便利的情况下，与其他城市进行联系合作是一件较为困难的事情。三大都市区各自内部的交通远不如一级、二级中心城市之间的方便，城市群发展结构自然而然会有所侧重地变化，区别于规划内容。

8.3.2 珠三角城市群典型城市物质代谢特征分析

8.3.2.1 城市物质代谢规模分析

（1）城市物质输入与输出指标分析

2006—2016 年，广州、深圳、东莞的物质代谢规模分别如图 8-4、图 8-5 和图 8-6 所示，可以看出 3 个城市的代谢规模和结构发生了很大的变化。在研究期间内，广州的输入量、输出量整体呈上升趋势；2016 年输入量达 238 611 万 t，是 2006 年的 1.3 倍；2016 年的输出量达 174 427 万 t，是 2006 年的 1.3 倍。深圳的输入量、输出量呈波动递增趋势；2016 年输入量达 326 703 万 t，是 2006 年的 1.5 倍；2016 年的输出量达 197 439 万 t，是 2006 年的 2.2 倍。这表明随着经济的发展，经济系统对自然环境的依赖和扰动也在不断增强。东莞的输出量呈上升趋势，但输入量有所下降，原因是东莞市于 2008 年成为全国第三批节水型社会建设试点之一后开始全面推进节水型社会建设，并取得了较好的效果。如果不考虑水资源的输入量，东莞 2016 年的直接物质输入总量是 2006 年的 2.04 倍。

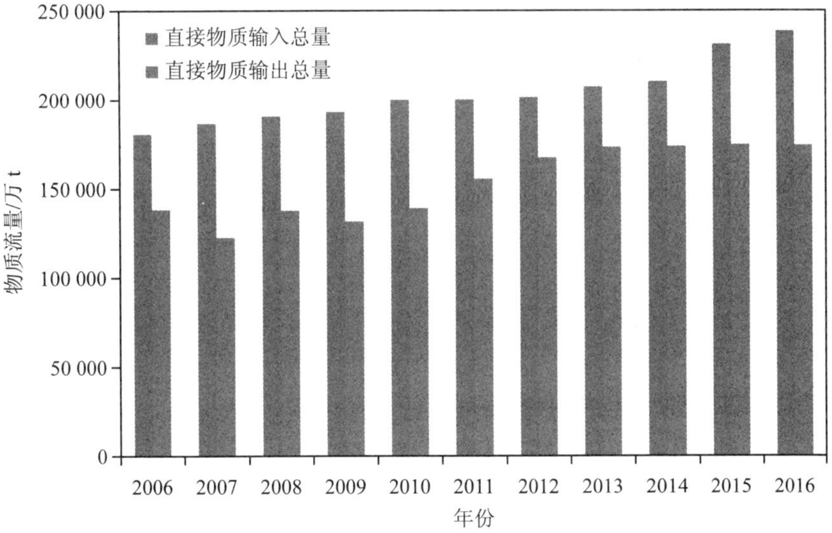

图 8-4　广州物质输入与输出

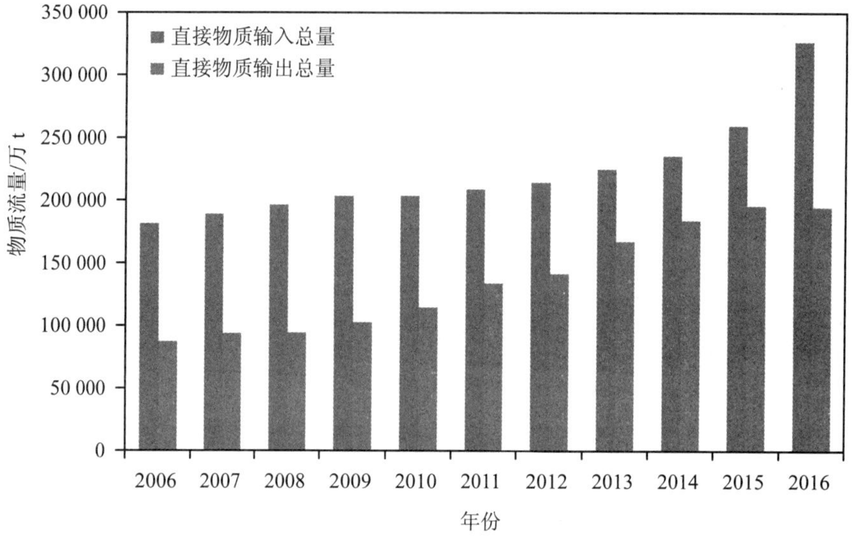

图 8-5　深圳物质输入与输出

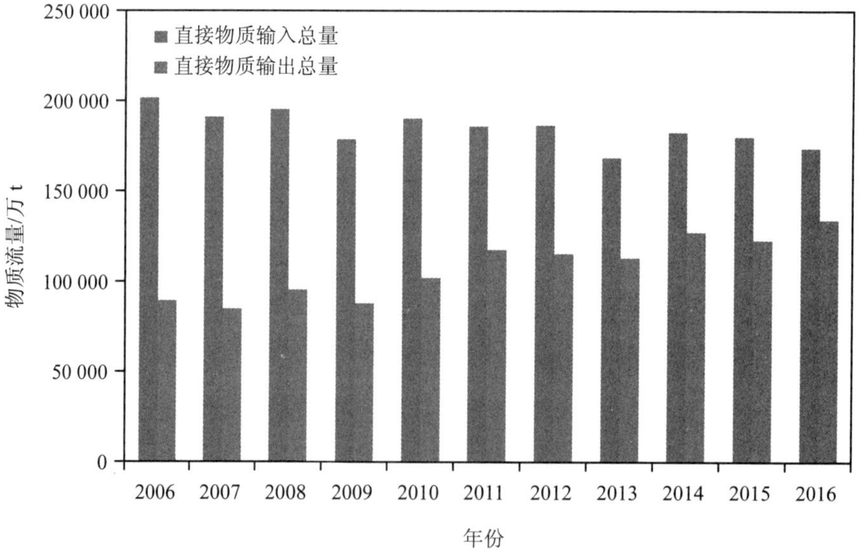

图 8-6　东莞物质输入与输出

（2）城市物质代谢强度分析

对物质流代谢强度进行分析，发现物质流强度变化的一般规律，是评价生态可持续性水平的重要途径。本研究分别结合 3 个城市的人口情况，以人均 DMI 和人均 DMO 分别对广州、深圳、东莞 3 个城市进行强度分析。

①人均 DMI 分析。

在研究期间内，东莞的人均 DMI 在 2006—2013 年逐步降低，这一阶段人口增长速度快于物质投入的增长速度，人口不断聚集，经济初步发展，存在城市基础配套设施不足的问题。如图 8-7 所示，2014—2016 年，人均 DMI 逐步增加，经济稳步增长。这可能与东莞各领域的改革有关，其改革推进经济转型升级，发展先进制造业和高技术制造业。广州人均 DMI 逐步增加，物质输入增长速度快于人口增长速度，城市的人口规模得以控制，经济稳步增长。从 2015 年开始，人均 DMI 开始回落。表明城市稳定发展、对物质的依赖性下降，资源利用效率提高。这可能与产业结构优化有关。深圳的人均 DMI 整体呈上升趋势，城市基础设施逐步完善，人民福利逐步提高。

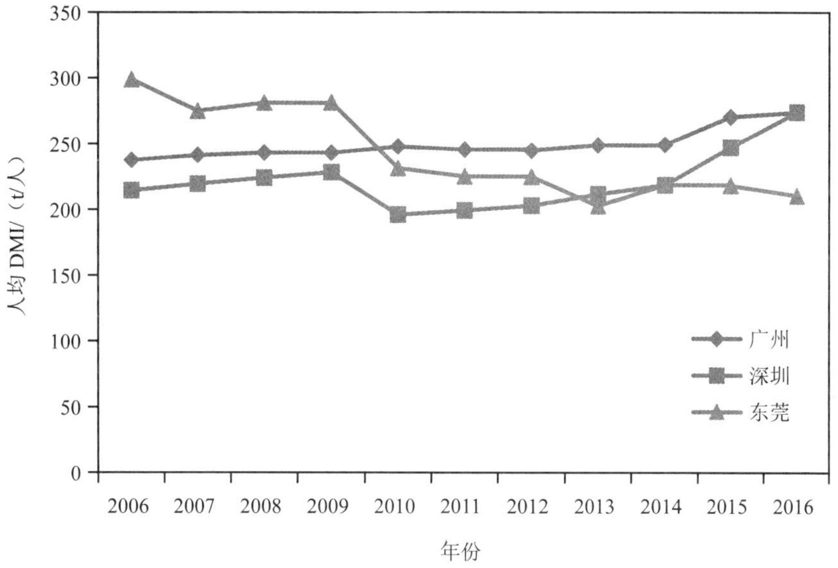

图 8-7　2006—2016 年广州、深圳和东莞的人均 DMI

②人均 DMO 分析。

从图 8-8 中可以看出，在研究期间内，广州、深圳、东莞的人均 DMO 均呈缓慢上升趋势。人均 DMO 增大表明区域经济系统在生产过程中的物质输出速度快于人口的增长速度，给区域生态环境系统带来压力，不利于生态系统的可持续发展。在 2006—2010 年，广州、东莞的人均 DMO 呈现波动下降的趋势。这可能是由于金融危机的影响，经济发展减缓，物质排放量减少。2010 年后，广州、深圳、东莞从金融危机中恢复过来，从而导致人均 DMO 的增加；2014 年开始，广州、深圳的人均 DMO 开始小幅度减少，这可能是由于当地政府开始对生态环境建设和治理高度重视，加大了环境监管与治理力度，人们的环保意识不断提高，有效地控制了污染物排放量的增加幅度。通过对比发现，广州的人均 DMO 要大于深圳、东莞同期的人均 DMO，这可能是由于广州经济高速发展的同时也带来了一系列的环境污染，区域生态环境系统的压力比较大。2006—2010 年，东莞的人均 DMO 超过深圳同期的人均 DMO，这可能是由于东莞的环境污染比较严重，区域生态环境的压力较大。2010 年之后，深圳经济快速发展，以致深圳的人均 DMO 高于东莞同期的人均 DMO。

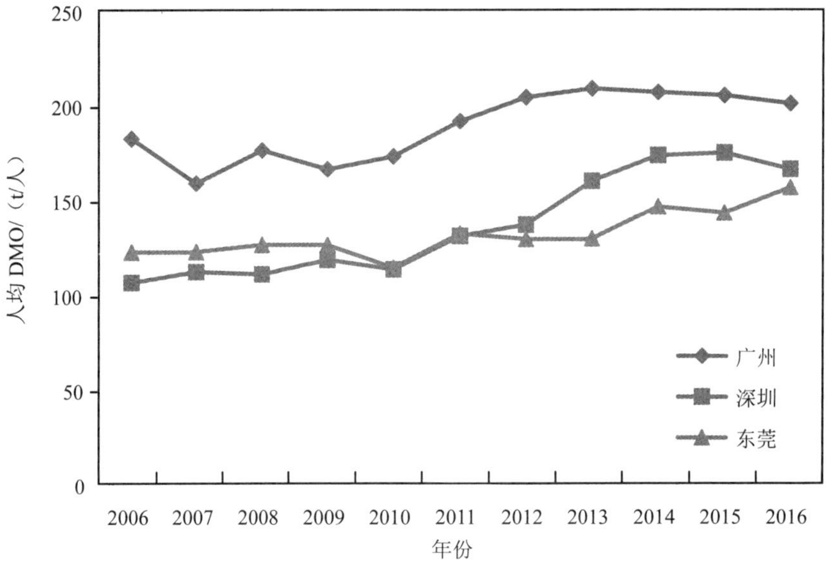

图 8-8　2006—2016 年广州、深圳和东莞的人均 DMO

（3）城市物质代谢效率分析

物质生产力可以反映创造单位经济价值所需消耗资源的量，分析城市对资源的有效利用率，进而判断能否实现可持续发展。环境效率可以反映创造单位经济价值所需输出的量，可以用来评价经济系统的物质输出效率。

①城市物质生产力。

如图 8-9 所示，广州、深圳、东莞 3 个城市的物质生产力整体呈上升趋势，表明 3 个城市的经济发展速度快于物质资源的消耗速度，经济增长所消耗的自然资源成本越来越小，越来越有利于区域经济生态系统的可持续发展。广州的资源生产率高于深圳、东莞同期的资源生产率，经济结构和发展模式比较好，从 2006 年到 2016 年增长了 2.46 倍，年均增长率为 13.25%。可见虽然广州的物质需求总量在不断增加，但经济发展的速度更快，物质生产力也在不断提高。东莞的物质生产力在 2006—2016 年呈较平稳的上升趋势，由 2006 年的 127.91 元/t 提高到了 2016 年的 255.02 元/t，增长了 0.99 倍。值得注意的是，物质生产力指标在 2014 年达到顶峰之后迅速下降，反映出东莞在经济增长规模不断扩张的同时，增长质量没有提升；在 2015 年之后，东莞的物质生产力开始提高，说明东莞的产业结构转型取得一定成效。

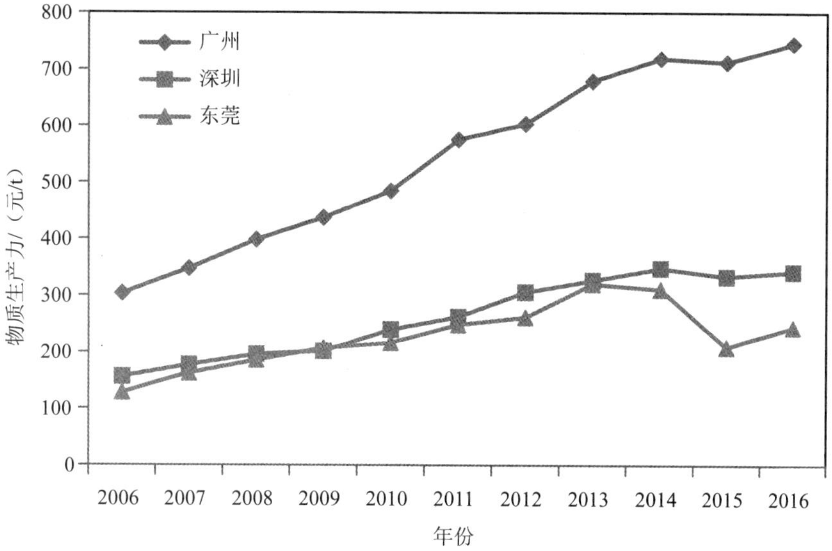

图 8-9　2006—2016 年广州、深圳和东莞的物质生产力

②城市环境效率。

从图 8-10 中可以看出，广州、深圳、东莞 3 个城市的环境效率整体呈上升趋势，这

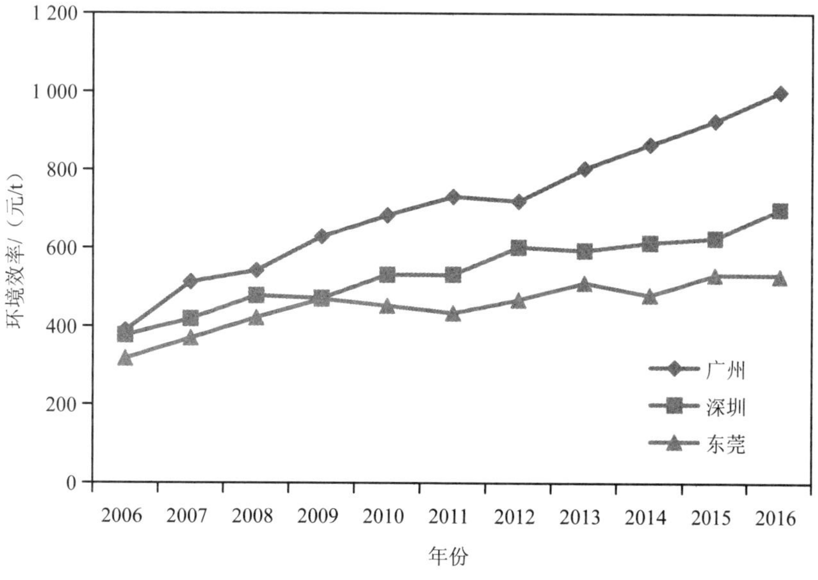

图 8-10　2006—2016 年广州、深圳和东莞的环境效率

可能是由于经济发展水平及人们的环保意识不断提高和污染治理技术不断发展。在研究期间内，广州的环境效率最高，其次是深圳，东莞的环境效率最低。而且广州、深圳的增幅较大，广州的环境效率从 2006 年的 389.08 元/t 提高到了 2016 年的 999.12 元/t，增长了 1.57 倍；深圳的环境效率从 2006 年的 376.86 元/t 提高到了 2016 年的 699.15 元/t，增长了 0.86 倍；东莞的环境效率从 2006 年的 317.839 7 元/t 提高到了 2016 年的 528.32 元/t，增长了 0.66 倍。

8.3.2.2 城市物质代谢总体结果

从表 8-7 可以看出，在研究期间内，广州、深圳的 DMI 和 DMO 呈上升趋势，反映出 3 个城市的资源消耗和环境恶化程度增加。深圳的 DMI 和 DMO 年均增长率大于广州，表明深圳的资源消耗和环境恶化速度更快。而东莞的 DMI 呈负增长，这可能是由于东莞在建设节水型社会，水资源输入减少。3 个城市的人均 DMI 和人均 DMO 整体呈上升趋势，物质输入与输出速度快于人口增长速度，环境的压力增加。从物质代谢强度方面来看，广州的环境压力最大，这可能是由于广州的经济发展较快，进而带来较大的资源消耗和环境污染。深圳的人均 DMI 和人均 DMO 增长速度较快；假如按照这种速度发展，深圳的人均 DMI 和人均 DMO 很快将高于广州。3 个城市的物质生产力和环境效率整体呈上升趋势，反映出经济增长所消耗的自然资源成本下降。广州的代谢效率高于同期深圳的代谢效率，东莞最低，而且广州的物质代谢效率增长速度较快。从经济发展角度来看，广州的环境状况较好，东莞的物质代谢效率较低且年均增长率也较低，说明东莞在经济发展的同时更加注意提高资源的利用率及减少污染物的排放。

表 8-7 广州、深圳、东莞物质流指标

指标	城市	年份		年均增长率/%
		2006	2016	
DMI/万 t	广州	180 680	238 611	2.85
	深圳	1 814 400	326 703	6.27
	东莞	201 657	173 974	−1.30
DMO/万 t	广州	138 420	174 427	2.58
	深圳	87 325	194 609	8.50
	东莞	89 377	134 111	4.52
人均 DMI/（t/人）	广州	238	274	1.50
	深圳	214	274	2.73
	东莞	299	211	−3.00

指标	城市	年份		年均增长率/%
		2006	2016	
人均DMO/（t/人）	广州	182	200	1.21
	深圳	106	166	4.81
	东莞	122	156	2.75
物质生产力/（元/t）	广州	303	746	9.55
	深圳	156	342	8.40
	东莞	128	243	8.07
环境效率/（元/t）	广州	389	999	10.19
	深圳	377	699	8.10
	东莞	318	528	5.51

广州、东莞、深圳是珠三角城市群的重要城市，对这 3 个城市的可持续发展进行研究是极为必要的。本研究运用物质流分析方法，对广州、深圳、东莞 3 个城市进行物质代谢研究，一方面有利于当地可持续发展，另一方面有利于推动整个珠三角城市群的发展。本研究选取 3 个城市 2006—2016 年的物质代谢数据进行全面分析，具体结果如下：

①3 个城市的代谢规模整体呈上升趋势，反映出随着经济的发展，物质输入和物质输出均呈增长趋势；DMI、DMO 与地区生产总值之间有较好的线性关系，反映出经济增长对物质输出、输入有较大的影响，而且 3 个城市经济的发展速度低于物质输出的速度，碳排放量大。

②3 个城市的物质代谢强度整体呈上升趋势，但物质输入与输出的增幅远大于人口增幅，对自然环境的依赖和干扰较大。

③3 个城市的物质代谢效率总体在不断提高，表明随着经济技术的发展，资源利用率在不断提高。相比之下，深圳、东莞的环境效率较低。

基于上述研究结果，提出以下建议：

①在经济发展的同时，一方面要提高资源的利用率，减少对生态环境的依赖，另一方面要减少废弃物排放，降低经济发展对生态环境的影响。此外，应大力发展创新型产业，激活企业活力，促进产业优化升级，调整产业结构，以实现城市区域的可持续发展。

②提高科研经费比例，把知识变为产出，巩固产业的发展。

③提高居民环保意识，把环境保护放在首位，建立生态良好型和环境友好型城市群。

8.3.3 珠三角城市群典型城市碳代谢特征分析

8.3.3.1 基于需求视角的部门隐含温室气体排放

基于生产视角和需求视角进行碳代谢分析，能更好地认识部门与碳排放输入和输出的关系，以碳代谢为例进一步深入识别城市物质代谢特征。以下着重分析基于需求视角的城市部门隐含温室气体排放情况。

由图 8-11、图 8-12 和图 8-13 可知，2012 年，广州服务业隐含碳流排放量最大，为 4 814.85 万 t，占各部门总排放量的 27.29%；其次为其他制造业和电子设备业，分别占 25.69%和 11.02%。服务业隐含碳流排放量主要来源于自身生产排放的直接碳排放，占总排放量的 20.4%；其次源于电力与热力、采矿业和造纸业等部门的间接碳流排放，分别占 19.5%、16.4%和 15.1%。2015 年，广州市建筑业隐含碳流排放量最大，为 4 494.04 万 t，占各部门总排放量的 27.2%；其次为其他制造业、服务业、交通运输业，分别占 23.5%、14.2%和 12.6%。建筑业隐含碳流排放量主要来源于采矿业、非金属矿业和交通运输业的最终需求，分别占 50.3%、21.5%和 8.4%。2015 年广州市总隐含碳流排放量较 2012 年有所下降，除建筑业隐含碳流排放量明显上升外，其余部门均有不同程度的下降或基本持平。因此基于需求视角，需控制建筑业原材料的使用效率，同时对制造业、服务业和交通运输业进行技术升级以实现碳减排。

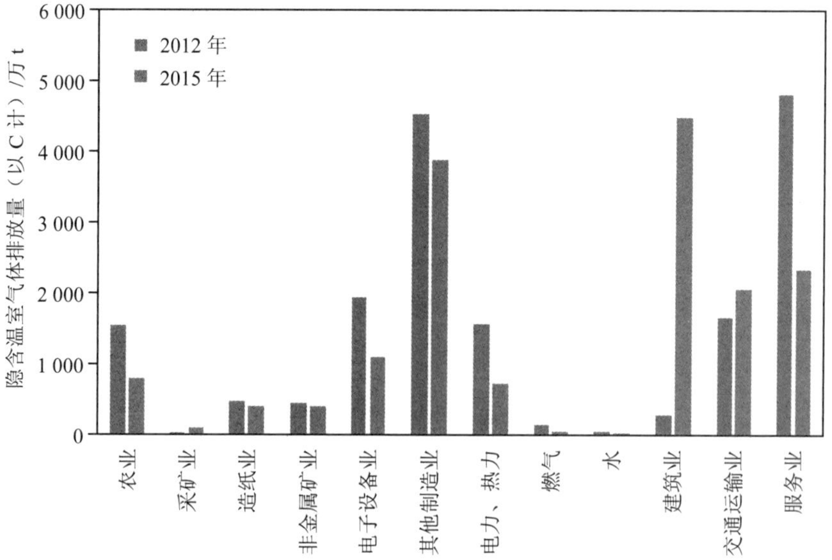

图 8-11 2012 年和 2015 年广州各部门的隐含碳流排放量

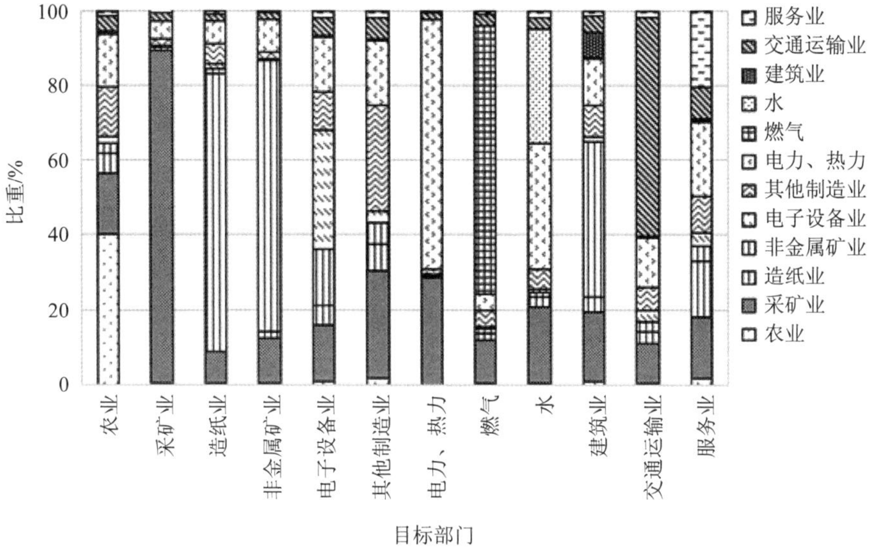

图 8-12　2012 年广州各部门的隐含碳流排放量比重

注：不同图示栏的高度表示目标部门的直接碳流的比重和其他部门对目标部门贡献的间接碳流的比重，其中各部门的隐含温室气体排放量等于直接碳流和间接碳流之和（下同）。

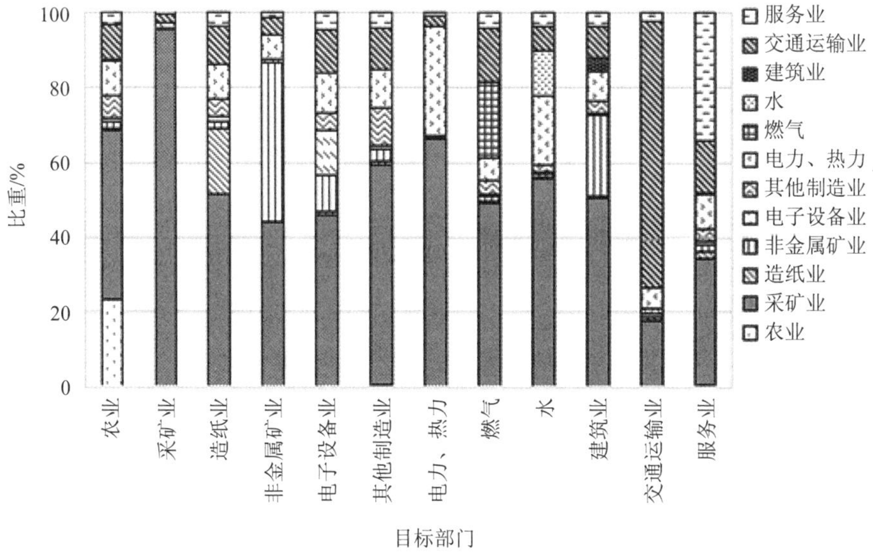

图 8-13　2015 年广州各部门的隐含碳流排放量比重

由图 8-14～图 8-16 可知，2012 年，深圳市建筑业隐含碳流排放量最大，为 531.56 万 t，占各部门总排放量的 26.45%；其次为其他制造业和服务业，分别占 23.1%和 22.3%。建筑业隐含碳流排放量主要来源于电力与热力、交通运输业、非金属矿业和其他制造业的最终需求，分别占 39.8%、13.5%、10.99%和 10.99%。2015 年，深圳市其他制造业隐含碳流排放量最大，为 1 102.97 万 t，占各部门总排放量的 32.2%；其次为服务业和建筑业，分别占 19.3%和 17.04%。其他制造业隐含碳流排放量主要来源于电力与热力、农业和交通运输业的最终需求，分别占 30.3%、21.3%和 15%，以及源于自身生产排放的直接碳排放，占 18.8%。2015 年深圳隐含碳流排放量较 2012 年整体呈上升趋势。因此基于需求视角，需控制各部门原材料的使用效率并进行技术升级以控制隐含碳流排放量。

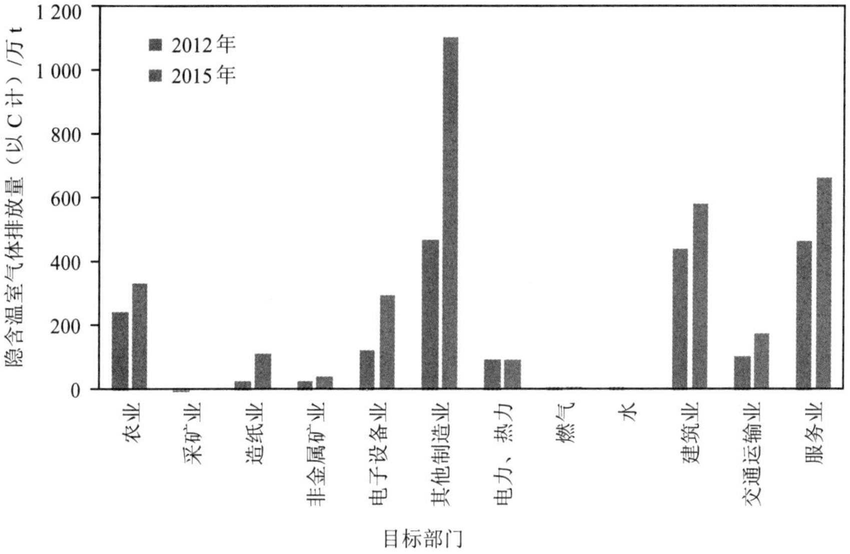

图 8-14　2012 年和 2015 年深圳各部门的隐含碳流排放量

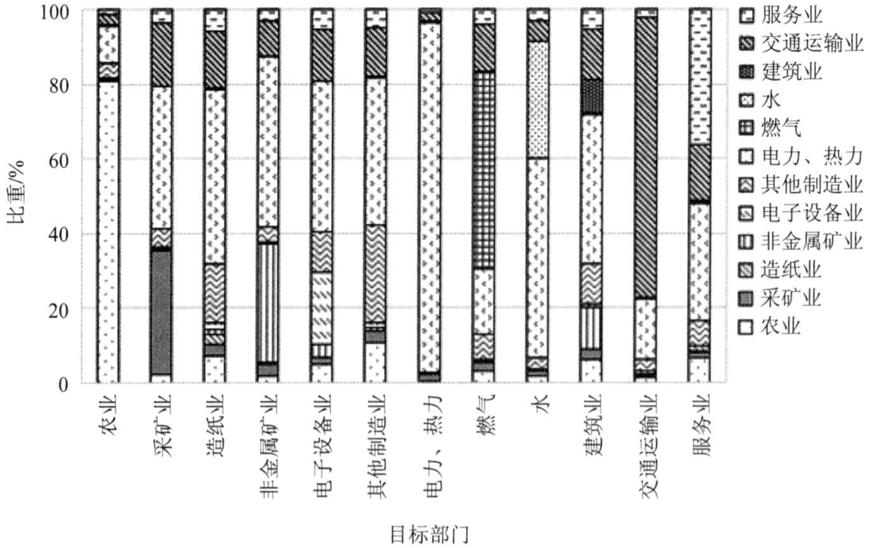

图 8-15　2012 年深圳各部门的隐含碳流排放量比重

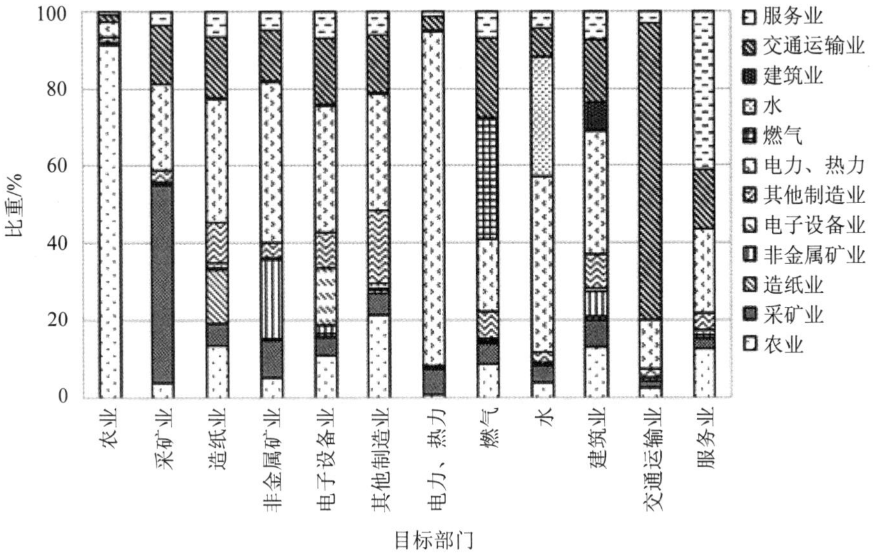

图 8-16　2015 年深圳各部门的隐含碳流排放量比重

由图 8-17～图 8-19 可知，2012 年，东莞其他制造业隐含碳流排放量最大，为 2 380.3 万 t，占各部门总排放量的 28.57%；其次为服务业、电子设备业和交通运输业，分别占 17.9%、15.8%和 11.6%。其他制造业隐含碳流排放量主要来源于自身生产排放的直接碳排放，占 37.35%，其次来源于电力与热力部门的最终需求，占 33.86%。2015 年，东莞其他制造业隐含碳流排放量最大，为 9 480.2 万 t，占各部门总排放量的 41.6%；其次为电子设备业和造纸业，分别占 19.6%和 15.1%。其他制造业隐含碳流排放量主要来源于自身生产排放

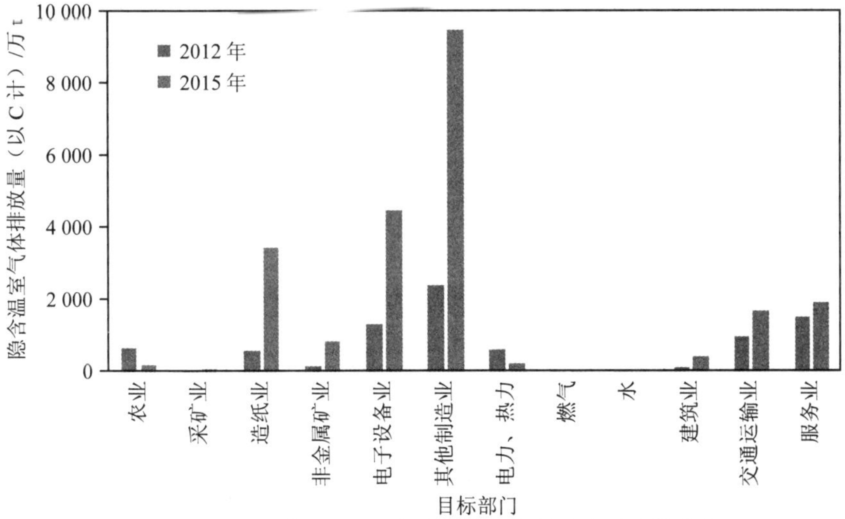

图 8-17　2012 年和 2015 年东莞各部门的隐含碳流排放量

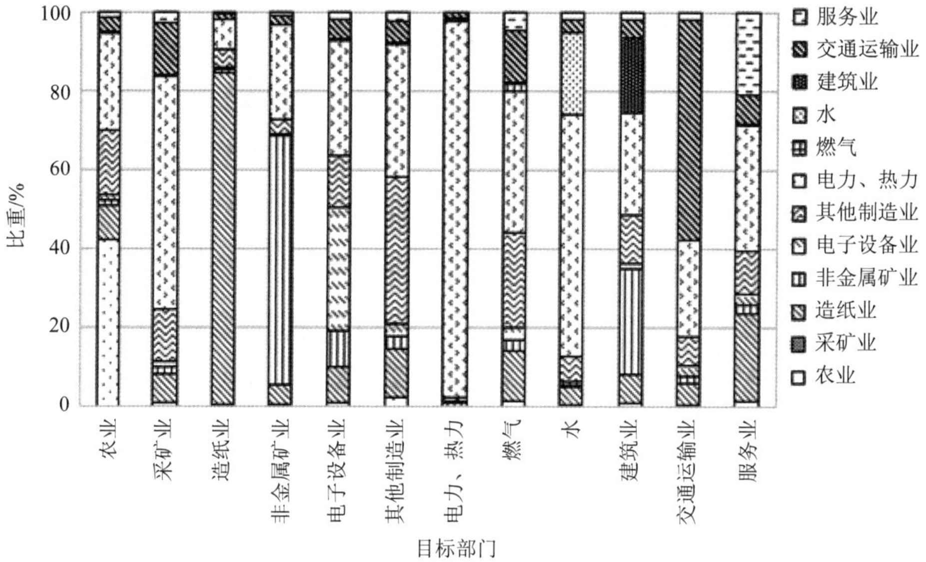

图 8-18　2012 年东莞各部门的隐含碳流排放量比重

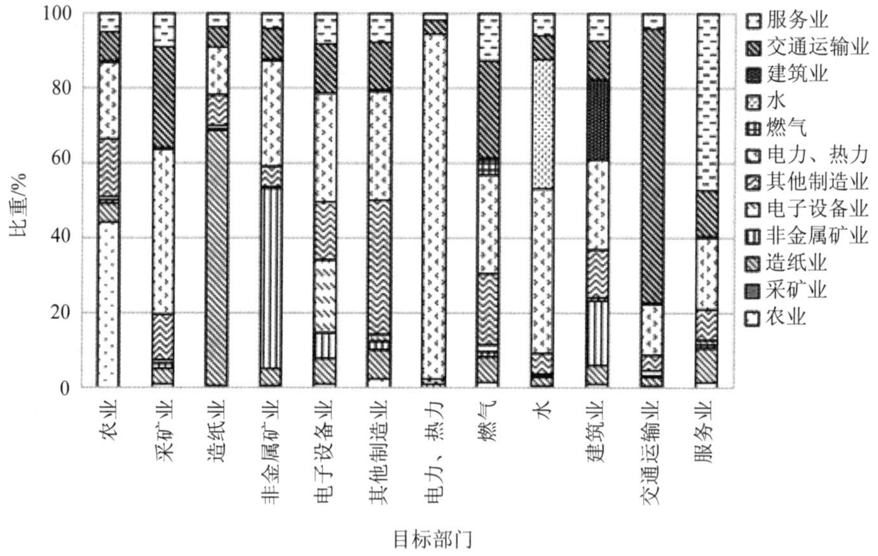

图 8-19　2015 年东莞各部门的隐含碳流排放量比重

的直接碳排放，占总排放量的 35.8%。2015 年东莞市总隐含碳流排放量较 2012 年有所增加，其中造纸业、非金属矿业、电子设备业、其他制造业、交通运输业和服务业明显上升，其余 6 个部门则基本持平或略有下降。因此，东莞需要重点控制制造业的原材料使用效率，以推动高能耗产业转型并减少东莞市隐含碳流排放量。

8.3.3.2 基于生产视角和消费视角的东莞碳代谢特征分析

投入产出分析方法是通过投入产出表，全面地反映国民经济中各部门间的联系的一种有效方法。基于生产视角和消费视角进行碳代谢分析，不仅能更好地认识部门与碳流输入和输出的关系，更能清楚地捕捉其他部门对重点目标部门的贡献。东莞七大部门之间的直接碳流总量和隐含碳流的联系用和弦图表示，和弦图实现了碳流结构和关键部门之间连接的可视化，如图 8-20 所示。

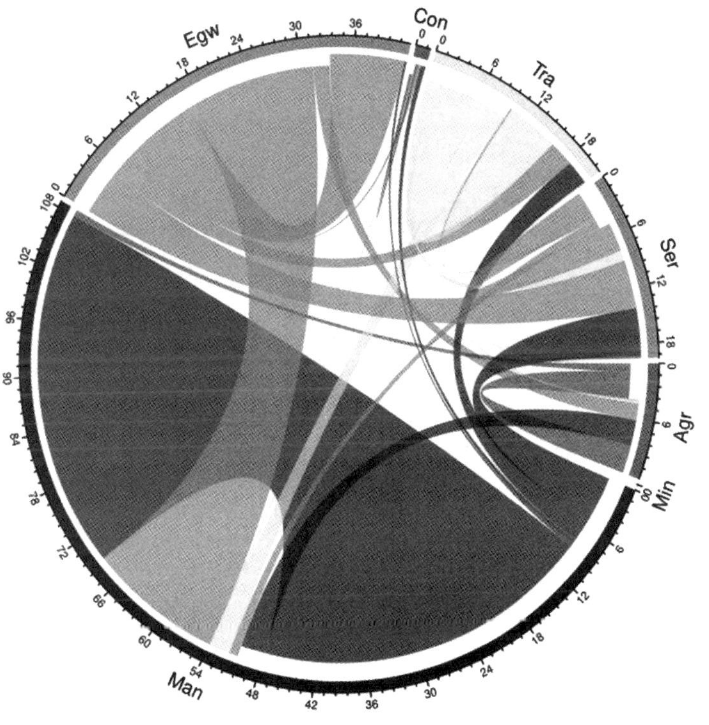

图 8-20 东莞七大部门的直接碳流总量与隐含碳流

注：图示中的缩写英文表示东莞的各目标部门，分别为：Agr——农业；Min——采矿业；Man——制造业；Egw——电气水；Con——建筑业；Tra——交通运输业；Ser——服务业。

图 8-20 表明，基于生产视角的碳流为 102.44 Mt，其中 80%以上集中在制造业和电气水（分别为 49.40%和 32.42%）。相比之下，建筑业、农业、服务业、交通运输业和采矿业对整体流量的贡献相对较小。特别是采矿业的总直接碳流几乎为零，说明东莞矿产资源较少，当地的采矿业产生的碳排放可忽略不计。总的来说，基于生产视角的直接碳流总量分析表明，电气水和制造业是主要碳流贡献者，且其之间的交互路径应成为减少

碳排放总量政策的重点。

从消费视角来看，制造业是东莞碳代谢网络中各节点间隐含碳流的最大贡献者，约占 56.73%。制造业的隐含碳流量高于其总直接流量，服务业和交通运输业的隐含碳流均占全市隐含碳流的 10%以上；建筑业和采矿业则是最小的碳排贡献者，其与其他部门之间的碳流互动很少。

图 8-21 显示了其他部门的间接碳流对重点目标部门的消费贡献。在采矿业的隐含碳流中，近 60%来自电气水、近 35%来自制造业。相比之下，电气水和制造业的隐含碳流主要来自其部门内部。特别地，电气水 95%以上的碳流是在电气水部门内部转化产生的。制造业对其他 6 个部门的间接碳流最大，说明城市中其他部门对制造业有很强的依赖作用。综上所述，制造业在东莞的碳代谢系统中起着重要的作用。这种分析为城市从部门层面实现碳减排目标提供了一条新的思路。

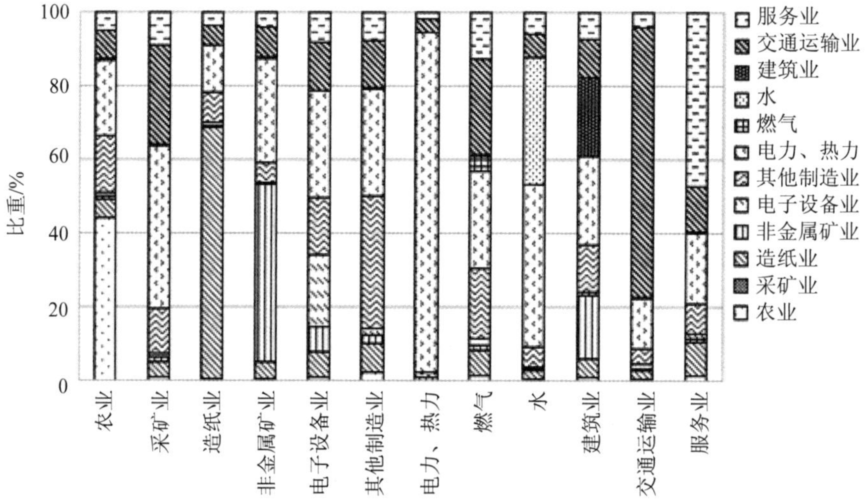

图 8-21　基于消费视角的部门碳流结构

8.3.3.3　基于网络效用分析的东莞各部门间生态关系

从图 8-22 中的部门生态关系及比例来看，东莞碳代谢网络系统中竞争关系的数量占关系总数量的比例最大，之后是共生关系和偏利共生关系，说明东莞的网络共生关系并非是城市代谢系统的主导关系，但同时也占据了一定的地位。最后是利用关系，说明东莞各部门的内部能源竞争大于能源共享，碳代谢系统整体协调性不足。

	农业	采矿业	制造业	电气水	建筑业	交通运输业	服务业
农业	+						
采矿业	0/−	+					
制造业	+/+	+/0	+				
电气水	+/−	+/0	−/+	+			
建筑业	−/−	−/0	−/+	+/+	+		
交通运输业	−/−	+/0	−/+	+/+	−/−	+	
服务业	+/+	−/0	+/−	−/−	+/−	−/−	+

+/+	互利共生
+/−	利用
−/+	控制
+/0	偏利共生
−/−	竞争
−/0	偏利寄生
0/−	无害共生

图 8-22　东莞碳代谢系统中各部门的相互关系

竞争关系、利用关系和控制关系在系统所有关系中占了 52.38%的比例，间接说明了东莞碳代谢生态系统处于竞争关系中，也反映了东莞碳代谢系统是一个部门间以捕食为主导的代谢系统，这种关系正逐渐偏离共生系统，并对城市环境造成一定的影响。特别地，制造业与其余 6 个部门全是相互利用的关系，其中与农业和采矿业是互利共生或偏利共生关系，与服务业是利用关系，而与交通运输业、建筑业及电力、燃气和水生产与供应部门均是控制关系，这间接说明东莞的制造业涉及范围非常广且发展快速，正逐渐渗透到各行各业中。由于东莞没有采矿业，故可能需要进口石油、煤炭等相关能源，这依赖于交通运输业；则需要进口的采矿能源越多，交通运输业需要为其提供的能耗就越多，因此采矿业和交通运输业处于偏利共生关系。

8.4　小结

如果要将珠三角城市群建设成世界级城市群，首先需要建设国际化大都市，而唯二有潜力的是广州和深圳；其次是解决环境压力和阻碍可持续发展的相关问题，东莞和其他城市联系度很高，并且发展良好，有创新倾向，所以广深莞有进一步发展的意义，且为了实现可持续发展，需要进一步升级优化节能减排措施。打破区域壁垒之后，将珠三角作为一个整体，为实现其更进一步的发展，需要进一步加深相邻城市之间的合作关系、推动发展进度，将其提到国际层面。所以，可以认为这 3 个城市的可持续发展对珠三角城市群的总体发展上升一个层面有重大意义。

基于上述研究结果，提出以下建议。

①完善规划实施机制：建立保障规划实施机制、规划推进协调机制和规划实践考核机制。通过保障规划实施机制，以法律法规为基础，颁布相关政策以确保规划实行，给予优惠。通过规划推进协调机制，在规划推进过程中统筹协调，衔接各城市之间的发展合作，协调资源分配。此外，定期对规划实践进行考核，分期汇报规划实施进度并及时解决问题。

②打破区域壁垒：优化区域空间结构，打破区域壁垒，不让区域之间的隔阂桎梏区域间合作发展。在《珠三角全域空间规划》的基础上，对珠三角城市群进行整体规划和建设，放弃三大都市区的组团式发展，更全面、更广阔地看待整个珠三角城市群。

③完善交通基础建设：加强边缘城市与中心城市的交通建设，增强外部城市与内部城市的发展联系，逐步缩小城市间的发展差距，提高珠三角城市群整体的竞争力。同时也要加强边缘城市之间的交通建设，使其利用距离优势，与周边城市之间进行合作。东部与西部之间也需要加强水上交通建设，建立河道，缩短交通距离。在整个珠三角城市群建设完整的交通网络。

除此之外，碳代谢过程分析是以低碳经济为导向的城市发展模式的重要部分，我国现阶段实施的减排政策重点放在行业的碳强度上，并落实在行业层面的减排配额分担，而广州、东莞制造业发达，交通运输便利，能源消耗大，环境污染重，因此应根据各行业的具体情况制订一定的减排策略。本研究采用投入产出模型，分析广州、深圳和东莞 12 个大规模的经济部门，掌握部门间的隐含碳流动。此外，本研究还在投入产出方法的基础上，结合生态网络分析方法，重点分析东莞七大部门间的生态关系，以便能通过部门间的生态效应和部门在城市系统中扮演的角色等方面，更加全面地落实碳减排策略。其中，根据对广州、深圳和东莞碳代谢过程的研究，得出以下结论：

①各城市碳排放关键特征随时间变化而有所改变。2012 年，广州市各部门的隐含碳流排放量最大，其次是东莞和深圳，其中电力与热力直接碳排放量大，服务业和其他制造业隐含碳流排放量大；2015 年东莞和深圳各部门的隐含碳流排放量较 2012 年整体呈上升趋势，而广州则略有下降或基本持平，其中 2015 年广州采矿业、东莞电力与热力和制造业直接碳流排放量突出上升，东莞制造业和造纸业、广州建筑业和制造业隐含碳流排放量大，这些部门对广东省碳排放贡献显著，主导着珠三角城市群总体温室气体减排责任，需重点控制其源头部门的最终需求并发展低碳技术。

②通过构建广州、深圳和东莞碳代谢的投入产出表以及核算数据分析图表，可以直

观、清晰地表示各部门的碳流路径和联系，说明不同部门因为在结构和功能上的不同，所以对城市的碳代谢甚至其他代谢活动的贡献存在着明显的差异。从现实意义上来说，这对广州、深圳和东莞各部门能源的调整以及代谢过程稳定性的保持具有很重要的作用。

③东莞各部门消耗的能源总量有很大的区分度，其中主要集中在制造业，且制造业是东莞直接碳流和隐含碳流总量的最大贡献源，对其他部门产生了较大影响，这是非常值得重视的。对于间接碳流排放量大的部门，如交通运输业和服务业，由于其自身具有较长的产业链和产业关联效应，会引起其他行业的碳流量增加，故应提高中间产品环节的利用率，减少中间消耗。

④通过计算东莞的共生指数，可以初步确定东莞是一个稍微积极的碳代谢生态系统，但是一些部门间仍存在着竞争能源的现象。部门间的竞争关系不一定是坏处，这能提高城市的整体碳代谢效率，而部门间的共生关系体现系统组分间正负效应的平衡，对维持系统代谢稳定有着积极的影响，因此也不能直接断定东莞不是可持续、积极的能源代谢系统。但是各种指标显示，东莞要使部门的生态关系向共生水平转化，需要一定的调整和推动力，使能源竞争态势慢慢弱化，减少部门间的负效应，从而提高城市生态系统的共生水平。

基于上述研究结果，提出以下建议：

①应重点针对广州的采矿业，深圳的农业、电力与热力和交通运输业，以及东莞的制造业和电力与热力制定碳排放约束政策，发展绿色低碳经济。同时优化利用化石能源，促进生产低碳化，以控制广州、深圳和东莞在生产中因能源消费而产生的温室气体排放。同时，提升建筑业原材料使用效率，同时对制造业、服务业和交通运输业进行技术升级，推动高能耗产业转型，从而完成各城市碳减排目标。

②建议从城市部门到部门内的细分行业进行减碳行动。作为一个典型的工业城市，东莞可提出碳减排任务并分配到关键的贡献部门，如提供补贴或减税等以鼓励制造行业参与碳减排，采用先进技术提高电气水部门的能源利用效率，以及通过缩短邮政服务的运输距离来减少服务业中的供应链路径等。同时，重点推行广东省的碳交易政策，从城市部门到其所包含的行业，积极开展落实。

第 9 章　城市群生态系统健康的未来研究方向

城市群是全球城市发展的主流和趋势，是城市发展到成熟阶段的高级空间组织形式，也是我国新型城镇化的“主体形态”（苏晓静等，2016）。我国在城市化高速发展的进程中，干扰了人类社会与生态环境之间的平衡，出现了环境污染、资源匮乏、能源短缺等问题（蒋甜，2016）。城市频繁出现的各种生态危机不但阻碍了城市居民生活水平的提升，更影响到城市生态系统的健康发展。城市群是城市发展的一种必然形态，在当前建设生态文明和美丽中国的背景下，针对城市群生态系统健康问题展开研究，探索可持续发展的方法和途径，选用有效措施来减少各类城市问题的发生，促进城市群生态系统健康发展成为一项紧迫的任务，具有重要战略意义。国内研究热点和国外研究热点分别如图 9-1 和图 9-2 所示。

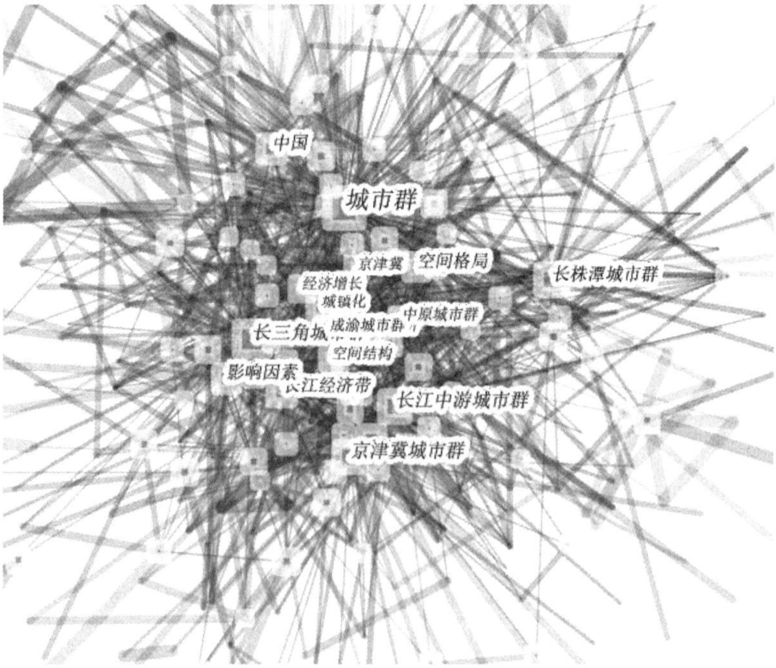

图 9-1　国内研究热点

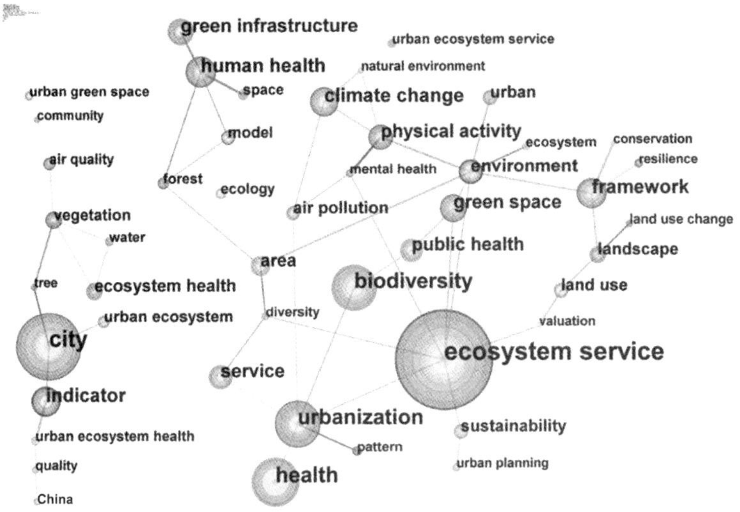

图 9-2 国外研究热点

运用 CiteSpace 文献计量方法，以 SCI、CSSCI 中 1990—2021 年关于城市群生态系统健康研究的文献为对象，通过对文章研究主题与关键词的分析，总结国内外关于城市群生态系统健康的研究热点，从而分析研究趋势（如图 9-3 所示）。研究发现，1990—2021 年，国内城市群的研究重点集中于长三角城市群、京津冀城市群和成渝城市群等，重点关注宏观空间结构影响其发展的因素，较少关注城市群维度下的生态系统健康，未实现从复杂系统的视角来研究城市群内的运行。国外学者对城市群生态系统健康的研究多关注城市生态系统服务，切入点多为土地利用、绿色基础设施、绿地空间等生态要素，通过构建评价模型来分析城市健康水平。

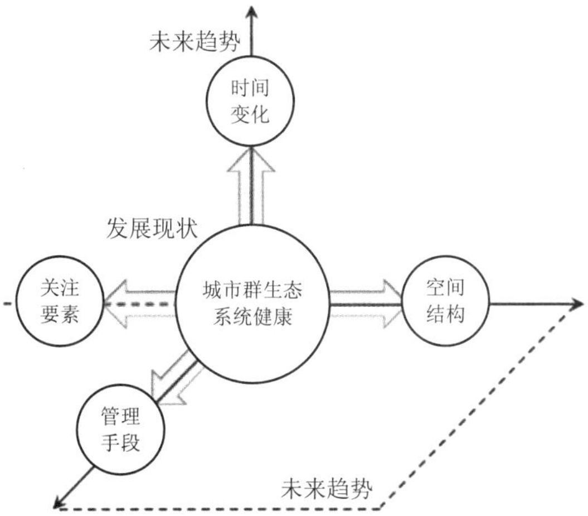

图 9-3 研究趋势

国内外对城市群生态系统健康的研究基本按照“生态系统健康—城市生态系统健康—城市群生态系统健康”的逻辑。从时间变化来看，研究多从城市群生态系统健康的时空变化特征着手，构建相关模型以进行演变规律分析，从而提出相关建议；从空间结构而言，大部分研究针对城市尺度，对城市群关注不够，缺乏对城市群多维度、全方位的研究；从关注要素来看，现有研究多偏重区域整体生态健康水平，缺乏对通过产业优化、资源环境调控来提升生态系统健康水平，以及关键生态要素对生态系统功能的重要影响的研究；从管理手段而言，如何实现智慧治理、协调城市间各项发展诉求，共治共享城市生态系统健康，是需要重点研究的方向之一。

因此，未来的研究方向应重点关注城市群尺度下的城市生态系统健康，研究其在空间上的复杂性与层级差异，从关注城市生态问题诊治过渡到城市生态系统健康预测预警，分析如何从产业优化的角度提升城市健康水平，以关键生态要素为切入点研究城市群生态系统健康，以及如何实现城市群智慧治理。

9.1 空间结构

城市群生态系统健康是应用“生态系统健康”来研究城市群这个空间区域的生态健康问题，把生态系统健康作为城市发展目标之一，其实质是融合健康概念对城市群生态系统的进一步解释（周游等，2009）。目前，我国对指导城市群发展的规划研究不足，在城市群角度下对生态系统健康的关注更是少之又少（樊杰等，2014）。现有城市群规划策略大多从宏观层面指导区域产业发展与基础设施布局，缺少对城市群不同尺度的政策引导以及对生态系统健康的研究，多层级、多领域的规划缺乏有效衔接（郭锐等，2015）。因此，立足城市群这一空间尺度，以多维度、多层次的切入点研究城市生态系统健康是未来的研究重点之一。

9.1.1 基于多维角度考虑城市群复杂性

城市群的形成和发展是复杂的经济、社会、自然以及各种内在规律相互作用的结果（刘玉亭等，2013）。城市群是复杂的巨系统，在研究其生态系统健康时，需要以多维度、综合性的眼光去考虑；城市群内部城市之间具有经济体量和发展历史上的差别，联系紧密度与辐射力等都有明显差异（秦趣等，2014）。目前，国家大力推行国土空间规划，强调以底线约束引导空间开发和优化空间格局，加大力度推进山水林田湖草生命共同体的全方位系统综合治理（方创琳，2021）。这无疑是对城市生态系统健康提出了更高的要求。城市群作为国土空间规划的重要战略推进点，保持其生态系统健康的重要性不言而喻。

城市群系统各部分是紧密联系的，其与外部环境高度相关，系统内部联结与外部联系又十分复杂（张倩等，2015）。由此可见，评价城市群生态系统健康时，在着力关注区域生态环境问题的基础上，也要关注城市群内部生产生活与周围环境之间的能量流动和物质循环是否被破坏；在指标的选取上，也要重点考虑人类健康、社会经济方面，如人口增长率、人类健康水平、收入指数等。

9.1.2 注重城市群健康评估的层级差异

城市群是不同等级的城市的集合，城市群内部各专项规划的协同程度对形成城市群一体化格局有着重要意义（郭锐等，2015）。关注城市群生态系统健康，就要充分考虑其内部的差异化。以珠三角城市群为例，按照经济发展可以划分为三个梯队，广州、深圳为第一梯队；佛山、东莞为第二梯队；剩余五市为第三梯队（武文霞，2019）。三个梯队层次的差异较大，经济发展实力的悬殊导致城市服务功能上的差异，各梯队对维持生态健康的需求也不同。例如，广州、深圳更多考虑构建生态安全格局，提高应对生态风险的能力，加大对生态环境保护科学技术的研发投入等；佛山、东莞则关注优化产业结构，降低污染产业比重，加大对生态环境治理的经济支持等；而第三梯队聚焦于解决高污染工业集聚带来的生态环境问题。因此，为维持城市群生态系统健康，就要综合考虑不同城市的差异，协同内部差异化需求，综合考虑城市群内部非核心城市的发展诉求，不以牺牲非核心城市的发展来推动首位度高的城市，为其发展谋留余地。

此外，要从不同层级的空间主体研究其生态系统建设与维护的差异性。在城市群尺度下，更应该关注城市之间的协同化发展，平衡各系统之间的物质流、信息流交换，实现绿色生态、共治共享（熊健等，2019）；在城市视角下，更多关注经济、社会、生态各部分之间的均衡发展，不以牺牲生态环境为代价来发展经济，实现可持续发展；在具体区域尺度上，往往以行政单元来表征评价单一生态系统，一般评价的对象是该空间下最主要的生态系统类型，研究其健康状况（刘焱序等，2015）。

9.2 时间变化

1990—2021 年，国内外关于城市生态系统健康评价的研究主要集中在两个方面：第一，城市群生态系统健康的概念是基于生态系统健康的研究之上的，学者们对城市生态系统健康的标准进行进一步的划分，对其内涵进行进一步的深化。第二，对城市生态系统健康评价体系的构建和评价方法进行改进和创新，并佐以实证研究；城市生态系统健康评价的应用从时空演变特征分析到发展趋势的预测，并从对一个或几个城市逐渐拓展到对城市群进行城市生态系统健康的评价。

9.2.1 深化城市生态系统健康内涵

20世纪末，Rapport等（1999）对“生态系统健康”的概念进行了总结：符合健康的目标为标准的生态系统状态，即生态系统应该符合满足其健康标准的状态，才能被称为生态系统健康。有学者将这一概念引入城市生态研究中，指出健康的城市生态系统不仅意味着自然环境和人工环境的健康与完整，也包括城市居住者的健康和社会健康。世界卫生组织将健康的城市定义为一个持续发掘自然环境与社会环境并拓宽社会资源，使人类能够在相互帮助中享受生命、充分发挥自身潜能的城市（王雪，2016）。在城市生态系统健康的研究中，关注侧重点从自然环境与人工化环境的完整转向城市社会、经济、生态的协调与均衡上（Hancock，2000；刘淼序等，2015）。秦趣等（2014）通过总结前人研究，认为城市生态系统健康是一个由社会、经济、自然组成的复合生态系统自身生产生活与周边环境间的能量流动、物质循环没有被破坏，核心生态组分及有机组织无疾病并且保存完好，对各种干扰能够保持稳定性和恢复性，其理想的发展状态为生态整合性。对于城市生态系统健康的概念，虽然还没有形成统一界定，但是学界普遍认为城市生态健康是社会、经济、自然系统均衡发展，具有稳定性的状态。

另外，近年对城市生态系统健康的研究关注点逐渐拓展至城市群。总体而言，相较于城市尺度的生态系统健康研究，城市群维度下系统的研究较少。伴随生产力的提升与交通基础设施的发展，城市间生态系统健康联系日益紧密。因此，以城市群角度分析城市生态系统健康有着较大的研究意义。

9.2.2 从时空演变特征到发展趋势预测

国内学者对城市生态系统健康理论和评价方法进行了深入的、多样的理论体系研究和实证研究，以模糊数学法、灰色关联法、集对分析法等多种评价手段，对城市生态系统健康进行评价，并研究区域城市健康水平的演变特征。

城市生态系统健康的评价模型大致有以下几种：第一，基于可持续发展理论的健康评价，将促进和制约城市可持续发展的因子作为评价因素进行分析（周文华等，2005）；第二，基于城市复合生态系统理论，从城市生态系统的构成出发，将其划分为社会子系统、经济子系统、生态环境子系统3个子系统，进行城市生态系统健康评价指标体系的构建（郭秀锐，2003；高占国等，2010）；第三，以自然生态系统作为例证，从结构、功能、系统水平上对城市生态系统进行深入分析（徐琳瑜，2003；官冬杰等，2007）；第四，同样借鉴城市复合生态系统理论，主要根据Rapport提出的活力-组织力-恢复力理论，建立城市生态系统健康评价指标体系，也有学者从活力、组织机构、恢复力、服务功能等方面建立指标体系（桑燕鸿等，2006；苏美蓉等，2006）；第五，以压力-状态-响应（PSR）模型为基础，进行城市生态系统健康指标的筛选，或者根据衍生模型进行指标的筛选和体系构建（张晓琴等，2010）；第六，以自然生态系统健康评价体系为蓝本，依据城市生态系统自身的特殊性和复合性以及独特的功能关系，从承载力、永续性、发展力、支撑力和吸引力等 5 个亚层次建立城市生态系统健康评价体系（邹君等，2011；蒋涤非等，2012）。

在城市生态系统健康水平研究的基础上，许多学者开始关注对城市健康的发展趋势预测及分析。魏婷等（2008）采用突变级数法，对厦门市生态系统健康的动态趋势进行预测；景彩娥等（2013）使用灰色预测模型，对太原市城市生态系统健康水平进行了预测分析。在城市生态灾害加剧的背景下，建立有效的生态健康预测预警体系，对城市健康发展有着重大意义。

9.3 关注要素

城市群作为我国新型城镇化的主体形态，群内城市若层级分明、分工明确、协同进化，形成良性的竞合关系，则能使其在产业与资源环境承载能力等方面比单个城市具有更大的优势，区域产业结构不断优化、资源环境条件不断改善，形成良性循环，实现协调发展，是当前推动城市群可持续发展的重要途径（高相铎等，2014）。作为复杂的城市联合体，如何实现城市之间产业的良性竞争与资源环境的有效调控是未来研究的重点之一。

9.3.1 宏观上资源环境调控与产业优化

伴随区域经济合作分工的深化，产业的集聚与扩散突破了区域的界限，使得区域与城市空间联系不断加强（方创琳，2021）。城市群正是通过这些产业及产业集群的发展来影响和控制周边地区的发展。有竞争优势的产业或产业群是城市群经济持续、稳定、健康发展的内在要求，在不断增强城市群的竞争力。在此背景下，城市群的发展更要求区域实现产业的优化升级，实现资源的有效调控与配置，进而实现城市群经济持续、稳定、健康发展的内在要求，只有这样才能不断增强城市群的竞争力。

保持城市群生态系统的健康发展，就要实现对资源环境的有效整合，在不牺牲任何城市生态本底的条件下达到可持续发展，实现产业结构与资源环境的耦合。从政府角度看，现阶段要注重把城市群发展与资源环境承载能力检测预警、自然资源资产负债表等工作有机结合，使城市群的孕育、发展在较早阶段就建立在科学布局、科学规划的基础上，避免发现城镇空间分布和规模结构不合理、与资源环境承载能力不匹配等问题（苏晓静等，2016）。

以珠三角城市群为例，广州、深圳、东莞等核心城市与中小城市的产业结构有着明显差别，中小城市应该发挥各自优势，充分考虑如何与核心城市对接，有效吸收核心城市的辐射，利用核心城市的科技优势来解决城市环境污染与生态问题，进而缩小区域内部城市之间的发展差异。如深圳、东莞和惠州之间如何实现产业结构的转移，深圳如何借助高新技术或产品减少惠州产业优化升级过程中对资源环境的破坏，东莞、惠州如何凭借地缘优势解决深圳城市建成区面积稀缺的窘境。珠三角城市群如何在产业优化与资源环境的调控中实现区域“碳中和”，具有重大战略意义。

9.3.2 微观上侧重关键生态要素

城市生态系统是一个由社会、经济、自然组成的复合生态系统，生态系统本身又是一个综合多种生态要素的复杂集合，因此城市生态系统具有多样性和复杂性的特征（郁亚娟等，2008）。城市群生态系统健康的研究便有了更多微观的角度，例如城市大气质量、水环境、土壤污染与土地利用等；在城市生产生活中，这些都是决定发展水平的关键要素，因此许多学者从生态要素着手研究城市群生态系统健康。

黄海（2015）基于生态文明建设视角，构建城市土地利用生态系统健康状况评价指标体系，针对土地利用系统健康程度的不确定性，基于集对分析理论，建立了城市土地健康评价的指标体系和模型，评估重庆及周边城市群的土地利用系统健康状况。有的学者以珠三角城市群为例，编制了适用于城市群的水资源投入产出表，提出“活力-组织结构-恢复力-协作能力”思维框架，以全面诊断城市群水代谢系统健康状况（Cao et al.，2021）。还有学者以广东省城市群为例，基于能源环境效率的角度，构建了城市能源环境效率指标体系，基于拓展的 STIRPAT 模型，评估城镇化对城市能源环境健康的影响（Yue et al.，2021）。高占国等（2010）以多尺度划分出城市、森林、河流、农田、湖库及海岸带六类生态系统，选定与之相应的指标，使用生态系统健康指数法，对城市生态系统健康进行多尺度的综合评价。

9.4 管理手段

城市群战略是新时代供给侧改革背景下区域高质量发展的重大战略之一，城市群治理是新时代地方政府跨区域协同治理的创新模式。伴随数字产业与信息化的发展，城市群如何实现高效的管理运行是大数据背景下的新命题。数字政府之间的区域合作较少，这无疑增加了区域之间的“数字壁垒”，难以实现数据区域合作治理（李磊等，2020）。智慧城市管理对城市群生态系统健康有着重要意义。利用多源大数据来分析城市生态系统健康水平，相较于传统城市问题诊治更加具有说服力，提高了分析数据的精度，更准确地反映城市健康水平的动态变化。以往在城市行政边界常存在一些“灰色区域”，往往会形成严重的生态问题和管理争议（林先扬等，2003）。在智慧城市理念下，城市间形成共治共享的理念，有利于更高效地解决城市群内部的生态环境问题。因此，如何提升城市群综合治理水平，利用数据挖掘更好地评估城市生态系统健康水平，将成为今后的研究热点之一。

9.4.1 实现城市群智慧管理、协同发展

当前，我国城市发展理念已从原先单一追求发展速度转变为更加注重发展质量，并正在走集约、智能、绿色、低碳的发展道路。智慧城市的建设目标就是通过智慧化的管理方式和技术手段，促使城市更加智慧、更具品质地发展（王剑等，2019）。智慧城市群是信息技术在智慧城市发展到成熟阶段的运用，通过加强城市间的联系，强化协同发展，不断提升综合效能；智慧城市群是知识社会创新环境下城市群发展的更高级阶段（汪超等，2017）。智慧城市群的建立为解决更大维度下的城市问题、协调城市间环境治理提供了数字化的理念和手段。这是未来中国城市群发展的一个新的重要方向，是城市群发展进入到高级阶段的产物，是智慧城市发展的全方位变革（毕治方等，2018）。城市群是海量数据信息的集合，按照需求合理地对区域空间内的资源进行切割、调配和整合。实现智慧城市治理是需要进一步研究的方向。

在疫情常态化的背景下，城市生态健康面临着巨大威胁，利用大数据进行智慧治理给予了研究者新的思考。在城市群区域尺度，智慧治理在区域资源调度、信息采集等方面发挥着重要作用，实现了智慧抗疫。智慧治理对于疫情的高效化防控，对城市系统出现故障、引发突发极端情况下如何解决城市应急管理问题提供了思路。如何在城市群生态系统健康突遭巨大风险和威胁情况下，通过城市间协同管理、智慧运营的方式化解，对促进城市群生态系统健康具有重大意义。

9.4.2 城市间共治共享生态系统健康

城市群是城市之间的发展由竞争转向竞合的必然产物，是高度一体化的城市群体（林先扬等，2003）。在发展过程中，城市之间的“灰色地带”容易因为争议产生严重的环境问题，加之地理环境上山水相依的特点，许多处于河流上游的城市没有严格管控污染物

排放，对下游河流生态造成严重污染，都会引起城市之间的负面竞争（蒋欣，2009）。城市群内部的城市之间在地理环境上往往具有紧密的联系，要努力实现由竞争向竞合关系的演变；一味追求竞争效应不利于城市间生态环境问题的协同解决；城市群内部要追求全方位合作，城市之间要共同治理城市环境问题，共同建设城市生态空间，共享经济发展绿色效应，从而提升城市群生态系统健康水平。

生态安全是城市群社会经济可持续发展的根本保障之一。目前，针对城市群的生态环境监测、高分辨率卫星遥感影像、多平台雷达数据、传感网等数据源发挥着重要作用（陈芳淼等，2020）。信息时代，大数据成为了宝贵的资源，当前海量的大数据多集中在国家、省级数据中心、组织及企业中。对于地方政府，受到技术、政策的局限，大数据很难实现共享；对于组织和企业，考虑到数据价值，其不愿意对外共享数据（陈群元等，2011）。在城市群内部，由于经济和科技发展水平的差异，部分城市难以获取生态基底、环境监测等高精度数据，导致城市群维度的大数据共享推进困难，没有真正实现时空大数据下高效的生态环境治理。如何实现生态数据的共享、建设城市群尺度下的生态数据库，是未来需要研究的方向之一。

参考文献

白瑜，彭荔红，2011. 城市生态系统服务功能价值的研究与实践[J]. 海峡科学，（6）：16-18.

包晓斌，2004. 中国流域环境综合管理[J]. 中国农村经济，（1）：50-55.

毕治方，孙斌，王路路，等，2018. 国内外智慧城市群研究与实践述评[J]. 科技和产业，18（5）：24-29.

曹连海，宋刚福，陈南祥，2009. 城市生活污水排放量的影响因子分析及关联性研究[J]. 环境科学与技术，32（1）：102-106.

柴发合，2020. 我国大气污染治理历程回顾与展望[J]. 环境与可持续发展，45（3）：5-15.

陈芳淼，黄慧萍，贾坤，2020. 时空大数据在城市群建设与管理中的应用研究进展[J]. 地球信息科学学报，22（6）：1307-1319.

陈克龙，苏茂新，李双成，等，2010. 西宁市城市生态系统健康评价[J]. 地理研究，29（2）：214-222.

陈龙，2017. 城市规模影响能源效率的统计研究[D]. 杭州：浙江工商大学.

陈群元，2009. 城市群协调发展研究[D]. 长春：东北师范大学.

陈群元，宋玉祥，2011. 城市群生态环境的特征与协调管理模式[J]. 城市问题，（2）：8-11.

陈万旭，刘志玲，李江风，等，2020. 长江中游城市群生态系统服务和城镇化之间的空间关系研究[J]. 生态学报，40（15）：5137-5150.

陈锡康，杨翠红，2011. 投入产出技术[M]. 北京：科学出版社：3-9，237-241.

陈玉和，吴士健，田为厚，2006. 区域经济可持续发展的差异互补与协同——山东半岛城市群合作与发展的一种思路[J]. 青岛科技大学学报（社会科学版），2：1-4.

成亮通，2020. 关于我国流域水环境管理现状分析与对策建议探讨[J]. 环境与发展，32（7）：225-226.

程开明，2011. 城市紧凑度影响能源消耗的理论机制及实证分析[J]. 经济地理，31（7）：1107-1112.

程鹏舞，2015. 畜牧业对环境的污染及治理措施[J]. 当代畜禽养殖业，399（12）：58-59.

程玉鸿，罗金济，2013. 城市群协调发展研究述评[J]. 城市问题，1：26-31.

程云，贾永全，2016. 黑龙江省畜禽粪便排放量估算与温室气体排放现状的分析[J]. 黑龙江八一农垦大学学报，28（6）：126-131，134.

崔保山，杨志峰，2001. 湿地生态系统健康研究进展[J]. 生态学杂志，20（3）：31-36.

戴宾，2004. 城市群及其相关概念辨析[J]. 财经科学，6：101-103.

戴铁军，刘瑞，王婉君，2017. 物质流分析视角下北京市物质代谢研究[J]. 环境科学学报，37（8）：3220-3228.

戴维·佩珀，2012. 生态社会主义：从深生态学到社会正义[M]. 刘颖，译. 济南：山东大学出版社.

戴维丽，潘竟虎，2015. 城市群空间研究述评与展望[J]. 商丘师范学院学报，31（3）：70-77.

邓锦山，向晓宇，丁鹏凯，2020. 基于能值分析的绵阳市城市生态经济系统健康评价[J]. 湖北农业科学，59（3）：158-164，169.

邓晓军，许有鹏，翟禄新，等，2014. 城市河流健康评价指标体系构建及其应用[J]. 生态学报，34（4）：993-1001.

董佳，2015. 人口、资源环境、经济与社会协调发展研究[J].商，16：102.

段国兵，2011. 广东省“珠中江”城市群生态系统健康评价[D]. 广州：广州大学.

樊杰，蒋子龙，陈东，2014. 空间布局协同规划的科学基础与实践策略[J]. 城市规划，38（1）：16-25.

范凤岩，雷涯邻，2013. 能源、经济和环境（3E）系统研究综述[J]. 生态经济，（12）：38-44.

范建双，周琳，虞晓芬，2018. 产业结构演进、城镇化质量与土地集约利用之间的关系及其时空演变特征[J]. 地域研究与开发，4：19-24.

范进，2011. 城市密度对城市能源消耗影响的实证研究[J]. 中国经济问题，（6）：16-22.

范玉瑞，黄国和，梁宇希，等，2009. 城市固体废弃物双重不确定规划模型[J]. 环境工程，27（S1）：371-374，402.

方创琳，2014. 中国城市群研究取得的重要进展与未来发展方向[J]. 地理学报，69（8）：1130-1144.

方创琳，2021. 新发展格局下的中国城市群与都市圈建设[J]. 经济地理，41（4）：1-7.

冯新宇，2018. 基于SBM模型与ML指数的建筑业碳排放效率及其影响因素研究[D]. 西安：长安大学.

付高阳，2017. 大气污染防治网格化精准监控及决策支持系统构建浅析[J]. 中国科技纵横，17：1671-2064.

高吉喜，张惠远，2014. 构建城市生态安全格局 从源头防控区域大气污染[J]. 环境保护，42（6）：20-22.

高松，窦贻俭，2003. 城市生态监测指标体系研究——以江苏省城市为例[J]. 城市环境与城市生态，（6）：81-83.

高相铎，陈天，2014. 我国新型城镇化背景下城市群规划响应[J]. 城市发展研究，21（5）：6-11.

高占国，朱坚，翁燕波，等，2010. 多尺度生态系统健康综合评价——以宁波市为例[J]. 生态学报，30（7）：1706-1717.

辜胜阻，刘江日，2012. 城镇化要从“要素驱动”走向“创新驱动”[J]. 人口研究，36（6）：3-12.

关伟，许淑婷，2015. 中国能源生态效率的空间格局与空间效应[J]. 地理学报，70（6）：980-992.

官冬杰，苏唯词，周继霞，2007. 重庆都市圈生态系统健康评价研究[J]. 地域研究与开发，（4）：102-106，120.

广东省城乡规划设计研究院，2016. 珠江三角洲全域空间规划（2015—2020 年）[Z].

广东省建设委员会，广州地理研究所，1991. 珠江三角洲城镇体系规划（1991—2010 年）[Z].

广东省建设委员会，珠三角经济区城市群规划组，1996. 珠江三角洲经济区城市群规划[M]. 北京：中国建筑工业出版社.

广东省人民政府，2005. 珠三角城镇群协调发展规划（2004—2020 年）[Z].

广东省人民政府，2008. 珠江三角洲地区改革发展规划纲要（2008—2020 年）[Z].

广东省统计局，2020. 广东统计年鉴[M]. 北京：中国统计出版社.

郭斌，任志远，高孟绪，2010. 3S 支持的城市土地利用变化与生态安全评价研究[J]. 测绘科学，35（2）：125-129.

郭嵘，黄梦石，白玉静，2015. 基于综合指数法的哈尔滨生态安全评价研究[J]. 城市环境与城市生态，28（5）：23-28.

郭锐，樊杰，2015. 城市群规划多规协同状态分析与路径研究[J]. 城市规划学刊，（2）：24-30.

郭锐利，郑钦玉，刘娟，等，2012. 基于熵值法和 GM（1，1）模型的重庆城市生态系统健康评价[J]. 中国环境科学，32（6）：1148-1152.

郭晓敏，揣小伟，张梅，等，2019. 扬子江城市群土地利用时空变化及其对陆地生态系统碳储量的影响[J]. 长江流域资源与环境，28（2）：269-280.

郭秀锐，2003. 城市生态系统健康评价——以广州市为例[D]. 北京：北京师范大学.

郭秀锐，杨居荣，毛显强，2002. 城市生态系统健康评价初探[J]. 中国环境科学，22（6）：46-50.

国务院发展研究中心，世界银行，2014. 中国：推进高效、包容、可持续的城镇化[M]. 北京：中国发展出版社.

韩博平，1993. 生态网络与生态网络分析[J]. 自然杂志，（Z1）：46-49.

韩铮，2018. 北方某生活垃圾焚烧厂大气污染防治措施及环境影响分析[D]. 哈尔滨：哈尔滨工业大学.

郝利霞，孙然好，陈利顶，2014. 海河流域河流生态系统健康评价[J]. 环境科学，35（10）：3692-3701.

郝璐，孙阁，2021. 城市化对流域生态水文过程的影响研究综述[J]. 生态学报，41（1）：13-26.

何大伟，陈静生，1998. 我国水环境管理的现状与展望[J]. 环境科学进展，6（5）：20-28.

何大伟，陈静生，2000. 我国实施流域水资源与水环境一体化管理构想[J]. 中国人口·资源与环境，10（2）：31-34.

何金，2019. 城市大气环境治理创新模式及方法探究[J]. 中国资源综合利用，37（9）：128-130.

和丽萍，张兴，陈晟，2012. 珠江流域水污染现状与主要问题成因分析[J]. 环境科学导刊，3（3）：24-28.

贺克斌，2007. 中日促进环境对策协同效应座谈会北京案例研究[R]. 北京：清华大学.

洪丽璇，梁进社，蔡建明，等，2011. 中国地级以上城市工业能源消费的增长——基于 2001—2006 年的数据分解[J]. 地理研究，（1）：83-93.

洪思扬，王红瑞，来文立，等，2017. 我国能源耗水空间特征及其协调发展脱钩分析[J]. 自然资源学报，（5）：800-813.

侯鹏，王桥，申文明，等，2015. 生态系统综合评估研究进展：内涵、框架与挑战[J]. 地理研究，34（10）：1809-1823.

胡廷兰，杨志峰，何孟常，等，2005. 一种城市生态系统健康评价方法及其应用[J]. 环境科学学报，25（2）：269-274.

胡志仁，龚建周，李天翔，等，2018. 珠三角城市群生态安全评价及态势分析[J]. 生态环境学报，27（2）：304-312.

黄国和，安春江，范玉瑞，等，2016. 珠三角城市群生态安全保障技术研究[J].生态学报，36(22)：7119-7124.

黄海，2015. 生态文明建设视角下的城市土地利用系统健康评价[A]//中国土地学会. 2015 年中国土地学会学术年会论文集[C].

黄和平，毕军，张炳，等，2007. 物质流分析研究述评[J]. 生态学报，27（1）：368-379.

黄娜，2018. 城市大气环境污染的影响因素与治理研究[J]. 旅游纵览（下半月），（10）：181.

黄邵洁，张琳，赵馨，2018. 探讨流域水环境保护管理现状及对策[J]. 节能与环保，（8）：40-41.

贾良清，欧阳志云，2004. 区域生态监测的概念、方法与应用[J]. 城市环境与城市生态，（4）：7-9.

贾小乐，周源，延建林，等，2019. 基于能值分析的环太湖城市群生态经济系统可持续发展研究[J]. 生态学报，39（17）：6487-6499.

江曼琦，2013. 对城市群及其相关概念的重新认识[J]. 城市发展研究，20（5）：30-35.

姜珊，2017. 水-能源纽带关系解析与耦合模拟[D]. 北京：中国水利水电科学研究院.

蒋涤非，宋杰，2012. 城市生态可持续性的内涵及其支持系统评价指标体系研究[J]. 生态环境学报，21（2）：273-278.

蒋甜，2016. 珠三角城市生态系统健康评价[D]. 广州：广州大学.

蒋欣，2009. 试论城市化发展进程中的生态环境问题及对策——以长株潭城市群为例[J]. 生态经济，（9）：167-170.

景彩娥，张福平，2013. 太原市城市生态系统健康评价及其趋势预测[J]. 水土保持通报，33（3）：280-286.

冷志明，2005. 中国省区交界地域经济协同发展研究[J]. 开发研究，4：74-77.

李海棠，周冯琦，张文博，等，2020. 我国污染防治绩效评估与管理研究综述[J]. 环境与可持续发展，45（2）：54-59.

李恒，黄民生，姚玲，等，2011. 基于能值分析的合肥城市生态系统健康动态评价[J]. 生态学杂志，30（1）：183-188.

李建国，刘金萍，刘丽丽，等，2010. 基于灰色极大熵原理的三峡库区（重庆段）生态系统健康评价[J]. 环境科学学报， 30（11）：2344-2352.

李婧昕，杨立，杨蕾，等，2018. 基于熵理论的城市生态系统服务流定量评估——以北京市为例[J]. 应用生态学报，29（3）：987-996.

李磊，马韶君，代亚轩，2020. 从数据融合走向智慧协同：城市群公共服务治理困境与回应[J]. 上海行政学院学报，（4）：8.

李丽平，周国梅，季浩宇，2010. 污染减排的协同效应评价研究——以攀枝花市为例[J]. 中国人口•资源与环境，20（S2）：91-95.

李淼，胡蒙蒙，夏北成，2020. 珠三角城市群生态安全空间分异与聚集特征[J]. 中山大学学报（自然科学版），59（1）：96-104.

李启家，姚似锦，2002. 流域管理体制的构建与运行[J]. 环境保护，（10）：8-11.

李庆瑞，2016. 我国区域流域环境管理机构现状及改革思考[J]. 中国机构改革与管理，（11）：33-35.

李源，孔君，徐虹，等，2019. 天津市臭氧污染特征及来源解析研究[J]. 环境污染与防治，41（6）：647-651.

李兆前，2006. 地方政府推进循环经济发展的局限性及对策研究——以山东省日照市为例[J]. 中国人口•资源与环境，16（6）：182-187.

李中才，徐俊艳，吴昌友，等，2011. 生态网络分析方法研究综述[J]. 生态学报，31（18）：5396-5405.

梁碧玲，张丽，赖鑫，等，2017. 深圳市臭氧污染特征及其与气象条件的关系[J]. 气象与环境学报，33（1）：66-71.

廖永彬，2020. “大部制”改革后的流域管理实施机制思考[J]. 区域治理，（3）：37-40.

林伯强，蒋竺均，2009. 中国二氧化碳的环境库兹涅茨曲线预测及影响因素分析[J]. 管理世界，（4）：27-36.

林先扬，陈忠暖，蔡国田，2003. 国内外城市群研究的回顾与展望[J]. 热带地理， 23（1）：44-49.

刘春成，2017. 城市隐秩序：复杂适应系统理论的城市应用[M]. 北京：社会科学文献出版社：21-27.

刘佳琦，2015. 城市生态系统影响因素的作用机理与仿真研究[D]. 哈尔滨：哈尔滨工业大学.

刘菁华，李伟峰，周伟奇，等，2018. 京津冀城市群扩张模式对区域生态安全的影响预测[J]. 生态学报，38（5）：1650-1660.

刘静玉，王发曾，2004. 城市群形成发展的动力机制研究[J]. 开发研究，6：66-69.

刘丽丽，刘金萍，李建国，等，2010. 基于属性层次-识别模型的重庆市南岸区生态系统健康评价[J]. 长江流域资源与环境，19（2）：214-219.

刘天灏，2019. 城市大气污染成因及治理对策研究[J]. 科学技术创新，（8）：158-159.

刘晓宇，2019. 中国城镇居民碳足迹及城市低碳发展研究[D]. 长春：吉林大学.

刘焱序，彭建，汪安，等，2015. 生态系统健康研究进展[J]. 生态学报，35（18）：5920-5930.

刘宇菲，2020. 基于区域间投入产出分析的城市群能源-水耦合模拟研究[D]. 广州：华南理工大学.

刘玉亭，王勇，吴丽娟，2013. 城市群概念、形成机制及其未来研究方向评述[J]. 人文地理，28（1）：62-68.

卢曼，2018. 珠三角自然生态空间规划研究[D]. 广州：广州大学.

卢志文，2018. 省际流域横向生态保护补偿机制研究[J]. 发展研究，(7)：73-78.

陆大道，宋林飞，任平，2007. 中国城镇化发展模式：如何走向科学发展之路[J]. 苏州大学学报（哲学社会科学版），(2)：1-7.

陆燕，2018. 中国及全球能源消费大气污染物排放的历史演变与未来预测[D]. 南京：南京大学.

吕文利，2014. 长三角城市群城市生态安全评价与比较研究[D]. 上海：华东师范大学.

罗泽娇，程胜高，2003. 我国生态监测的研究进展[J]. 环境保护，3：41-44.

马丽梅，张晓，2014. 区域大气污染空间效应及产业结构影响[J]. 中国人口•资源与环境，24(7)：157-164.

马世骏，王如松，1984. 社会-经济-自然复合生态系统[J]. 生态学报，4（1）：1-9.

毛齐正，黄甘霖，邬建国，2015. 城市生态系统服务研究综述[J]. 应用生态学报，26（4）：1023-1033.

梅卓华，张军，2004. 南京市城市生态监测的指标体系[J]. 环境监测管理与技术，(4)：45-46.

牛彤，2019. 中国工业大气污染物和二氧化碳协同减排研究[D]. 太原：太原理工大学.

欧阳晓，贺清云，朱翔，2020. 多情景下模拟城市群土地利用变化对生态系统服务价值的影响——以长株潭城市群为例[J]. 经济地理，40（1）：93-102.

帕特里克 • 格迪斯，2012. 进化中的城市——城市规划与城市研究导论[M]. 李浩等，译. 北京：中国建筑工业出版社.

彭荣胜，2007. 区域协调与先发地区经济持续发展研究——基于两区域的分析[J]. 商业研究，10：18-23.

齐佳音，李怀祖，陆新元，2000. 中国水资源管理问题及对策[J]. 中国人口 •资源与环境，10 (4)：63-66.

钱学森，于景元，戴汝为，1990. 一个科学新领域——开放的复杂巨系统及其方法[J]. 自然杂志，(1)：3-10.

秦趣，代稳，陈志霞，2014. 我国城市生态系统健康评价综述[J]. 安全与环境工程，21（4）：96-100，106.

仇方道，朱传耿，佟连军，等，2009. 淮海经济区县域经济差异变动的空间分析[J]. 地理科学，29（1）：56-63.

曲鹏飞，2019. 城镇化对工业环境技术效率影响研究[D]. 武汉：中南财经政法大学.

任海，邬建国，彭少麟，2000. 生态系统健康的评估[J]. 热带地理，20（4）：310-316.

桑燕鸿，陈新庚，吴仁海，等，2006. 城市生态系统健康综合评价[J]. 应用生态学报，17(7)：1280-1285.

沈恬，2014. 城市家庭用水过程中的能耗及其影响因素分析[D]. 北京：中国科学院大学.

沈永平，王国亚，2013. IPCC 第一工作组第五次评估报告对全球气候变化认知的最新科学要点[J]. 冰川冻土，35（5）：1068-1076.

师博，沈坤荣，2013. 政府干预、经济集聚与能源效率[J]. 管理世界，(10)：6-18.

史慧慧，程久苗，费罗成，等，2019. 1990—2015 年长三角城市群土地利用转型与生态系统服务功能变化[J]. 水土保持研究，1：301-307.

史涛，2020. 城市环境管理强化大气污染治理的路径探究[J]. 绿色环保建材，(5)：44-45.

司马文，2015. 2014 年世界遥感卫星回顾[J]. 数字通信世界，2：44-59.

宋家泰，1980. 城市-区域与城市区域调查研究——城市发展的区域经济基础调查研究[J]. 地理学报，35(4)：277-287.

苏美蓉，2008. 城市生态系统健康指数及其集对分析[D]. 北京：北京师范大学.

苏美蓉，杨志峰，2014. 城市生态系统健康评价——理论、方法与案例[M]. 北京：科学出版社.

苏美蓉，杨志峰，陈彬，2009. 基于能值-生命力指数的城市生态系统健康集对分析[J]. 中国环境科学，29(8)：892-896.

苏美蓉，杨志峰，陈彬，2010. 基于生命力指数与集对分析的城市生态系统健康评价[J]. 中国人口·资源与环境，20(2)：122-128.

苏美蓉，杨志峰，王红瑞，等，2006. 一种城市生态系统健康评价方法及其应用[J]. 环境科学学报，(12)：2072-2079.

苏美蓉，杨志峰，张迪，2007. 城市生态系统服务功能价值评估方法初探[J]. 环境科学与技术，30(7)：52-55.

苏翔，2017. 畜牧生产环境污染问题分析及应对建议[J]. 饲料与畜牧，(20)：69-70.

苏晓静，盛蓉，孔铎，2016. 我国城市群的现状、问题、趋势与对策——《中国城市群发展报告 2016》发布及研讨会综述[J]. 全球化，7：108-117.

孙舒榆，姜红，吴玉浩，2019. 信息生态视域下城市群科技服务生态系统治理机制研究[J]. 科技进步与对策，36(19)：33-40.

谭丹，黄贤金，2008. 我国东、中、西部地区经济发展与碳排放的关联分析及比较[J]. 中国人口·资源与环境，3：54-57.

田成诗，李金，2018. 大型城市紧凑度与能源效率的关系研究[J]. 自然资源学报，33(10)：1781-1795.

汪超，刘涛，2017. 大数据与城市群：智慧引擎、融合实践与整合改革[J]. 电子政务，4(6)：16-22.

王长波，张力小，庞明月，2015. 生命周期评价方法研究综述——兼论混合生命周期评价的发展与应用[J]. 自然资源学报，30(7)：1232-1242.

王大伟，梁献超，王潘绣，2020. 基于能值理论的长三角沿江城市群生态-经济-社会系统可持续发展态势研究[J]. 水土保持通报，40(4)：228-236，243.

王德辉，匡耀求，黄宁生，等，2010. 基于人居环境适宜性的广州市人口承载力研究[C]. 2010 中国可持续发展论坛暨中国可持续发展研究会学术年会.

王恩旭，武春友，2011. 基于超效率 DEA 模型的中国省际生态效率时空差异研究[J]. 管理学报，8(3)：443-450.

王发曾，2006. 我国生态城市建设的时代意义、科学理念和准则[J]. 地理科学进展，（25）2：18-20.
王锋，吴丽华，杨超，2010. 中国经济发展中碳排放增长的驱动因素研究[J]. 经济研究，45（2）：123-136.
王航，秦奋，朱筠，等，2017. 土地利用及景观格局演变对生态系统服务价值的影响[J]. 生态学报，37（4）：1286-1296.
王剑，李锐，2019. 长三角智慧城市群建设探讨——促进长三角地区更高质量一体化发展[J]. 上海城市规划，4（2）：11-17.
王静，袁昕怡，陈晔，等，2020. 面向可持续城市生态系统管理的资源环境承载力评价方法与实践应用——以烟台市为例[J]. 自然资源学报，35（10）：2371-2384.
王军，周燕，刘金华，等，2006. 物质流分析方法的理论及其应用研究[J]. 中国人口•资源与环境，（4）：60-64.
王礼刚，庄贵阳，2013. 基于VAR模型的甘肃省碳排放影响因素的实证研究[J]. 生态经济，1：47-51.
王睿，2018. 城市大气污染的成因及治理对策[J]. 价值工程，37（7）：17-18.
王少剑，高爽，黄永源，等，2020. 基于超效率SBM模型的中国城市碳排放绩效时空演变格局及预测[J]. 地理学报，75（6）：1316-1330.
王书斌，徐盈之，2015. 环境规制与雾霾脱钩效应——基于企业投资偏好的视角[J]. 中国工业经济，（3）：18-30.
王万同，孙汀，王金霞，等，2019. 基于多源遥感数据的区域生态系统服务价值年际动态监测——以中原城市群为例[J]. 地理科学，39（4）：680-687.
王维国，范丹，2012. 中国区域全要素能源效率收敛性及影响因素分析——基于Malmqulist-Luenberger指数法[J]. 资源科学，34（10）：1816-1824.
王文静，韩宝龙，郑华，等，2020. 粤港澳大湾区生态系统格局变化与模拟[J]. 生态学报，40（10）：3364-3374.
王文兴，柴发合，任阵海，等，2019. 新中国成立70年来我国大气污染防治历程、成就与经验[J]. 环境科学研究，32（10）：1621-1635.
王小鸽，2019. 中国不同尺度能源消费二氧化碳排放时空演变分析[D]. 杨凌：西北农林科技大学.
王小亭，高吉喜，2009. 张家港碳排放人类驱动分析[J]. 生态经济，1：55-58.
王晓婵，2008. 基于可持续发展的城市生态管理研究[D]. 大连：大连理工大学.
王效科，欧阳志云，任玉芬，等，2014. 中美城市生态系统长期监测的内容和方法[J]. 地球科学进展，（5）：617-623.
王效科，苏跃波，任玉芬，等，2020. 城市生态系统：人与自然复合[J]. 生态学报，40（15）：5093-5102.
王雪，2016. 基于AHP-熵权法和模糊数学的城市生态系统健康评价研究[D]. 上海：华东师范大学.
王兆群，司皖苏，2005. 淮安市城市生态监测的指标体系探讨[J]. 仪器仪表与分析监测，（2）：44-46.

王喆，2017. 局地大气污染物与温室气体减排政策协同效应研究[D]. 天津：天津大学.

王自发，谢付莹，王喜全，等，2006. 嵌套网格空气质量预报模式系统的发展和应用[J]. 大气科学，30（5）：778-790.

魏楚，沈满洪，2007. 能源效率与能源生产率：基于 DEA 方法的省际数据比较[J]. 数量经济技术经济研究，（9）：110-121.

魏婷，朱晓东，李杨帆，2008. 基于突变级数法的厦门城市生态系统健康评价[J]. 生态学报，28（12）：6312-6320.

闻熠，高峻，黄丽萍，等，2020. 长三角城市群生态足迹时空动态及自然资本利用效率分析[J]. 水土保持研究，27（4）：225-231.

吴桐，2019. 基于 CALPUFF 模型的长春市大气污染特征研究[D]. 长春：吉林大学.

吴遵，2013. 气候变暖背景下的中国碳排放的时间演变轨迹及区域特征[D]. 合肥：中国科学技术大学.

武文霞，2019. 粤港澳大湾区城市群协同发展路径探讨[J]. 江淮论坛，4（4）：29-34.

西蒙·莱文，2006. 脆弱的领地：复杂性与公有域[M]. 吴彤，等，译. 上海：上海科技教育出版社：14.

夏楚瑜，李艳，叶艳妹，等，2018. 基于生态网络效用的城市碳代谢空间分析——以杭州为例[J]. 生态学报，38（1）：73-85.

冼超凡，欧阳志云，2014. 城市生态系统氮代谢研究进展[J]. 生态学杂志，33（9）：2548-2557.

肖风劲，欧阳华，2002. 生态系统健康及其评价指标和方法[J]. 自然资源学报，17（2）：203-209.

肖枫，张俊江，1990. 城市群体经济运行模式——兼论建立“共同市场”问题[J]. 城市问题，4：10-14.

肖序，陈翔，2017. 企业循环经济物质流-价值流原理与优化研究[J]. 山东社会科学，（5）：153-159.

谢杨，戴瀚程，花岡達也，等，2016. $PM_{2.5}$污染对京津冀地区人群健康影响和经济影响[J]. 中国人口·资源与环境，26（11）：19-27.

熊健，孙娟，王世营，等，2019. 长三角区域规划协同的上海实践与思考[J]. 城市规划学刊，（1）：50-59.

徐国泉，2008. 中国能源效率问题研究[D]. 大连：大连理工大学.

徐琳瑜，2003. 城市生态系统复合承载力研究[D]. 北京：北京师范大学.

徐晓霞，2005. 中原城市群城市生态系统分析、评价与城乡一体化调控[D]. 开封：河南大学.

徐一剑，张天柱，石磊，等，2004. 贵阳市物质流分析[J]. 清华大学学报（自然科学版），44（12）：1688-1691，1699.

薛东前，姚士谋，张红，2000. 城市群形成演化的背景条件分析——以关中城市群为例[J]. 地域研究与开发，19（4）：50-53.

薛岩松，俞乐，徐鹏玮，等，2010. 遥感影像小波特征与城市大气污染相关性对比分析[J]. 环境科学学报，30（3）：565-571.

薛阳，胡丽娜，2020. 城市群城镇化质量提升的系统动力机制及演变[J]. 前沿，（1）：40-47，56.

颜文涛，2007. 城市生态系统健康属性综合评价模型及应用研究[J]. 系统工程理论与实践，8：137-145.

杨国梁，刘文斌，郑海军，2013. 数据包络分析方法（DEA）综述[J]. 系统工程学报，(6)：840-860.

杨玉川，罗宏，张征，等，2005. 我国流域水环境管理现状[J]. 北京林业大学学报（社会科学版），(1)：20-24.

姚翠友，陈国娇，张阳，2020. 基于系统动力学的城市生态系统建设路径研究——以天津市为例[J]. 环境科学学报，40（5）：1921-1930.

姚士谋，朱英明，2001. 中国城市群[M]. 合肥：中国科学技术大学出版社.

叶玉瑶，2006. 城市群空间演化动力机制初探——以珠三角城市群为例[J]. 城市规划，30（1）：61-66.

伊·普里戈金，1986. 从存在到演化——自然科学中的时间及复杂性[M]. 曾庆宏，等，译. 上海：上海科学技术出版社.

伊里尔·沙里宁，1986. 城市：它的发展、衰败和未来[M]. 顾启源，译. 北京：中国建筑工业出版社：13-16.

易秀，2000. 遥感技术在城市生态系统分析和研究中的应用[J]. 地球科学与环境学报，(2)：75-78.

于渤海，2019. 浅谈我国畜牧业污染现状及治理对策[J]. 农民致富之友，(1)：154.

于德永，郝蕊芳，2020. 生态系统服务研究进展与展望[J]. 地球科学进展，35（8）：804-815.

于尔根·布罗伊施泰，萨尔蒙·库雷希，薛飞，2014. 城市生态系统——功能、服务、可持续管理[J]. 动感：生态城市与绿色建筑，4：42-52.

于贵瑞，杨萌，付超，等，2021. 大尺度陆地生态系统管理的理论基础及其应用研究的思考[J]. 应用生态学报，32（3）：771-787.

于海飞，2020. 基于多模式预报的空气质量预警系统设计与实现[D]. 北京：中国科学院大学.

余奕杉，卫平，2021. 中国城市绿色全要素生产率测度研究[J]. 生态经济，37（3）：43-52.

郁亚娟，郭怀成，刘永，等，2007. 城市生态系统的动力学演化模型研究进展[J]. 生态学报，27（6）：2603-2614.

郁亚娟，郭怀成，刘永，等，2008. 城市病诊断与城市生态系统健康评价[J]. 生态学报，(4)：1736-1747.

喻光明，1991. 城市生态系统研究中遥感技术的应用[J]. 应用生态学报，(3)：280-285.

袁莉，2014. 城市群协同发展机理、实现途径及对策研究[D]. 长沙：中南大学.

袁晓玲，张宝山，杨万平，2009. 基于环境污染的中国全要素能源效率研究[J]. 中国工业经济，(2)：76-86.

曾德慧，姜凤岐，范志平，等，1999. 生态系统健康与人类可持续发展[J]. 应用生态学报，10（6）：3-5.

曾光明，焦胜，黄国和，等，2006.城市生态规划中的不确定性分析[J]. 湖南大学学报（自然科学版），33（1）：102-105.

曾嵘，魏一鸣，范英，等，2000. 人口、资源、环境与经济协调发展系统分析[J]. 系统工程理论与实践，20（12）：1-6.

曾勇，沈根祥，黄沈发，等，2005. 上海城市生态系统健康评价[J]. 长江流域资源与环境，14（2）：208-212.

张程菲，2013. 广西北部湾城市群生态系统健康评价[D]. 桂林：广西师范大学.

张杰，2019. 城市大气污染成因与治理对策分析[J]. 中国标准化，16：217-218.

张津瑞，施国庆，2020. 长江中游城市群生态承载力差异的比较研究[J]. 长江流域资源与环境，29（8）：1694-1702.

张静，黄国和，刘烨，等，2009. 不确定条件下的多水源联合供水调度模型[J]. 水利学报，40（2）：160-165.

张俊华，杨耀红，陈南祥，2010. 基于模糊聚类方法的城市生态系统健康评价[J]. 河南农业大学学报，44（3）：360-364.

张玲，袁增伟，毕军，2009. 物质流分析方法及其研究进展[J]. 生态学报，（11）：6189-6198.

张倩，邓祥征，周青，2015. 城市生态管理概念、模式与资源利用效率[J]. 中国人口·资源与环境，25（6）：142-151.

张庆民，王海燕，欧阳俊，2011. 基于 DEA 的城市群环境投入产出效率测度研究[J]. 中国人口·资源与环境，21（2）：18-23.

张晓琴，石培基，2010. 基于 PSR 模型的兰州城市生态系统健康评价研究[J]. 干旱区资源与环境，24（3）：77-82.

张妍，杨志峰，2009. 一种分析城市代谢系统互动关系的方法[J]. 环境科学学报，29（1）：217-224.

张妍，杨志峰，何孟常，等，2005. 基于信息熵的城市生态系统演化分析[J]. 环境科学学报，（8）：1127-1134.

张颖，单永娟，韩雪梅，2009. 北京经济系统物质流投入产出表的编制及其分析[J]. 自然资源学报，24（3）：514-522.

赵国华，2019. 畜牧生产中环境污染存在问题及应对措施[J]. 畜牧兽医科学，（15）：88-89.

赵卉卉，王远，谷学明，等，2012. 基于物质流和生态足迹的可持续发展指标体系构建——以安徽省铜陵市为例[J]. 生态学报，32（7）：2025-2032.

赵坤，2008. 我国城市群政府协调机制研究[D]. 广州：暨南大学.

赵林林，2016. 基于数据包络分析（DEA）的能源与环境效率研究[D]. 合肥：中国科学技术大学.

赵娜，2019. 城市大气污染成因及治理对策[J]. 资源节约与环保，11：81，86.

赵强，2012. 城市健康生态社区评价体系整合研究[D]. 天津：天津大学.

赵武，赵四霞，2016. 畜牧生产环境污染问题分析与科学应对方式[J]. 当代畜牧，（8）：25-26.

郑诗赏，2016. 基于生态网络分析的山东省能源代谢网络研究[D]. 北京：清华大学.

郑诗赏，石磊，2016. 基于生态网络的山东省能源代谢网络分析[J]. 环境保护前沿，6（6）：159-170.

智静，高吉喜，2009. 中国城乡居民食品消费碳排放对比分析[J]. 地理科学进展，28（3）：429-434.

中国石油和化学工业联合会（CCIA），2011. 中国化学工业年鉴[R]. 北京：中国化工信息中心.

中国石油和化学工业联合会（CCIA），2013. 中国化学工业年鉴[R]. 北京：中国化工信息中心.

周凤禄，2014. 基于物质流分析的氧化铝工业可持续发展研究[D]. 沈阳：东北大学.

周干峙，1997. 城市及其区域——一个开放的特殊复杂的巨系统[J]. 城市规划，2：4-7.

周文华，王如松，2005. 城市生态安全评价方法研究——以北京市为例[J]. 生态学杂志，(7)：848-852.

周一星，1991. 中国的城市体系和区域倾斜战略探讨[M]. 哈尔滨：黑龙江人民出版社.

周游，2010. 长株潭城市群生态系统健康评价及其调控研究[D]. 长沙：湖南农业大学.

周游，董成森，2009. 城市生态系统健康评价研究进展[J]. 湖南农业科学，(12)：108-111.

周振峰，2006. 基于 MFA 的区域物质代谢研究——以青岛市城阳区为例[D]. 青岛：中国海洋大学.

朱德海，2005. 从“城乡对立”到“城乡一体化”[D]. 苏州：苏州大学.

邹君，吴顺山，2011. 基于 DPSIR 模型的城市生态系统健康评价——以衡阳市为例[J]. 衡阳师范学院学报，32(6)：113-117.

Ang B W，1999. Is the energy intensity a less useful indicator than the carbon factor in the study of climate change? [J]. Energy Policy，27：943-946.

Bai Y P，Deng X Z，Jiang S J，et al.，2018. Exploring the relationship between urbanization and urban eco-efficiency：Evidence from prefecture-level cities in China[J]. Journal of Cleaner Production，195：1487-1496.

Bai Y P，Deng X Z，Zhang Q，et al.，2017. Measuring environmental performance of industrial sub-sectors in China：A stochastic metafrontier approach[J]. Physics and Chemistry of the Earth，101：3-12.

Barrett G W，1976. Stress ecology[J]. BioScience，26(3)：192-194.

Bellarby J，Foerreid B，Hastings A，2008. Cool farming：Climate impacts of agriculture and mitigation potential[R]. Greenpeace.

Bian Y W，Hu M，Wang Y S，et al.，2016. Energy efficiency analysis of the economic system in China during 1986−2012：A parallel slacks-based measure approach[J]. Renewable & Sustainable Energy Reviews，55：990-998.

Bouwman A F，Boumans L J M，Batjes N H，2002. Modeling global annual N_2O and NO emissions from fertilized fields[J]. Global Biogeochemical Cycles，16(4)：1080，doi：10.102912001 GB 001812.

Bouwman L，Goldewijk K K，Van Der Hoek K W，et al.，2013. Exploring global changes in nitrogen and phosphorus cycles in agriculture induced by livestock production over the 1900−2050 period[C]. Proceedings of the National Academy of Sciences of the United States of America，110：20882-20887.

Brugnach M，Dewulf A，Henriksen H J，et al.，2011. More is not always better：Coping with ambiguity in natural resources management[J]. Journal of Environmental Management，92：78-84.

Brunner P H，Rechberger H，2004. Practical handbook of material flow analysis[J]. The International Journal of Life Cycle Assessment，9：337-338.

Cai J L, Yin H, Varis O, 2016. Impacts of industrial transition on water use intensity and energy-related carbon intensity in China: A spatio-temporal analysis during 2003–2012[J]. Applied Energy, 183: 1112-1122.

Cai Y P, Cai J Y, Xu L Y, et al., 2019. Integrated risk analysis of water-energy nexus systems based on systems dynamics, orthogonal design and Copula analysis[J]. Renewable and Sustainable Energy Reviews, 99: 125-137.

Cai Z F, Zhang L X, 2009. Emergy-based analysis of Beijing-Tianjin-Tangshan region in China[J]. Communications in Nonlinear Science and Numerical Simulation, 14: 4319-4331.

Callow P, 1995. Ecosystem health: A critical analysis of concepts[M]//Rapport D J, Gaudet C L, Calow P. Evaluating and Monitoring the Health of Large-scale Ecosystem. New York: Springer-Verlag.

Campbell L, Dixon D G, Hecky R E, 2003. A review of mercury in Lake Victoria, East Africa: Implications for human and ecosystem health[J]. Journal of Toxicology and Environmental Health, Part B, 6 (4): 325-356.

Cao W, Yuan X, 2019. Region-county characteristic of spatial-temporal evolution and influencing factor on land use-related CO_2 emissions in Chongqing of China, 1997–2015[J]. Journal of Cleaner Production, 231: 619-632.

Cao X J, Su M R, Liu Y F, et al., 2021. Is the water system healthy in urban agglomerations? A perspective from the water metabolism network[J]. Environmental Science & Technology, 55 (9): 6430-6439.

Cao Z, Wei J, Chen H B, 2016. CO_2 emissions and urbanization correlation in China based on threshold analysis[J]. Ecological Indicators, 61: 193-201.

Carta A, Steel M F J, 2012. Modelling multi-output stochastic frontiers using copulas[J]. Computational Statistics & Data Analysis, 56: 3757-3773.

Chae Y, 2010. Co-benefit analysis of an air quality management plan and greenhouse gas reduction strategies in the Seoul metropolitan area[J]. Environmental Science and Policy, 13 (3): 205-216.

Challinor A J, Watson J, Lobell D B, et al., 2014. A meta-analysis of crop yield under climate change and adaptation[J]. Nature Climate Change, 4: 287-291.

Chen J D, Xu C, Song M L, et al., 2018. Driving factors of China's energy productivity and its spatial character: Evidence from 248 cities[J]. Ecological Indicators, 90: 18-27.

Chen P R, Xie R H, Lu M X, 2020. "Resource conservation" or "Environmental friendliness": How do urban clusters affect total-factor ecological performance in China? [J]. International Journal of Environmental Research and Public Health, 17 (12): 1-28.

Chen S Q, Chen B, 2012. Network environ perspective for urban metabolism and carbon emissions: a case study of Vienna, Austria[J]. Environmental Science & Technology, 46 (8): 4498-4506.

Chen S Q，Chen B，2016a. Urban energy-water nexus：A network perspective[J]. Applied Energy，184：905-914.

Chen S Q，Chen B，2016b. Tracking inter-regional carbon flows：A hybrid network model[J]. Environmental Science & Technology，50（9）：4731-4741.

Chen S Q，Chen B，Fath B D，2014. Urban ecosystem modeling and global change：Potential for rational urban management and emissions mitigation[J]. Environmental Pollution，190：139-149.

Chen X C，Chen Y Q，Shimizu T，et al.，2017. Water resources management in the urban agglomeration of the Lake Biwa region，Japan：An ecosystem services-based sustainability assessment[J]. Science of the Total Environment，586：174-187.

Cheng X，Long R Y，Chen H，et al.，2018. Green competitiveness evaluation of provinces in China based on correlation analysis and fuzzy rough set[J]. Ecological Indicators，85：841-852.

Choi Y J，Fernando H J S，2007. Simulation of smoke plumes from agricultural burns：application to the San Luis/Rio Colorado airshed along the U. S. /Mexico border[J]. Science of the Total Environment，388（1-3）：270-289.

Chuai X W，Huang X J，Wang W J，et al.，2015. Land use，total carbon emission's change and low carbon land management in Coastal Jiangsu，China[J]. Journal of Cleaner Production，103：77-86.

Colin M，1997. Indicators of urban ecosystems health[R]. Ottawa：International Development Research Centre.

Conway D，Van Garderen E，Deryng D，et al.，2015. Climate and southern Africa's water-energy-food nexus[J]. Nature Climate Change，5：837-846.

Costanza R，1992. Toward an operational definition of ecosystem health[M]//Costanza R，Norton B G，Haskell B D. Ecosystem Health：New Goals for Environmental Management. Washington D C：Island Press：239-256.

Costanza R，1998. Predictors of ecosystem health[M]//Rapport D J，Costanza R，Epstein P R，et al. Ecosystem Health. Malden and Oxford：Blackwell Science：240-250.

Costanza R，D'arge R，De Groot R，et al.，1997. The value of the world's ecosystem services and natural capital[J]. Nature，387：253-260.

Cui N，Feng C C，Han R，et al.，2019. Impact of urbanization on ecosystem health：A case study in Zhuhai，China[J]. International Journal of Environmental Research and Public Health，16（23）：4717.

Dai T J，2015. A study on material metabolism in Hebei iron and steel industry analysis[J]. Resources Conservation & Recycling，95：183-192.

Daily G C，1997. Nature's Services：Societal Dependence on Natural Ecosystems[M]. Washington DC：Island

Press.

Dallimer M，Davies Z G，Diaz-Porras D F，et al.，2015. Historical influences on the current provision of multiple ecosystem services[J]. Global Environmental Change-Human and Policy Dimensions，31：307-317.

de la Barrera F，Henríquez C，2017. Vegetation cover change in growing urban agglomerations in Chile[J]. Ecological Indicators，81：265-273.

Dhakal S，2009. Urban energy use and carbon emissions from cities in China and policy implications[J]. Energy Policy，37（11）：4208-4219.

Di Lascio F M L，Disegna M，2017. A Copula-based clustering algorithm to analyse EU country diets[J]. Knowledge-Based Systems，132：72-84.

Dick N A，Wilson P，2018. Analysis of the inherent energy-food dilemma of the Nigerian biofuels policy using partial equilibrium model：The Nigerian Energy-Food Model（NEFM）[J]. Renewable & Sustainable Energy Reviews，98：500-514.

Dietz T，Rosa E A，1994. Rethinking the environmental impacts of population. Affluence and technology[J]. Human Ecology Review，1：277-300.

Douglas I，Hodgson R，Lawson N，2002. Industry，environment and health through 200 years in Manchester[J]. Ecological Economics，41：235-255.

Du Y Y，Wan Q，Liu H M，et al.，2019. How does urbanization influence $PM_{2.5}$ concentrations？ Perspective of spillover effect of multi-dimensional urbanization impact[J]. Journal of Cleaner Production，220：974-983.

Du Z L，Lin B Q，Guan C X，2019. Development path of electric vehicles in China under environmental and energy security constraints[J]. Resources，Conservation and Recycling，143：17-26.

Edelenbosch O Y，Kermeli K，Crijns-Graus W，et al.，2017. Comparing projections of industrial energy demand and greenhouse gas emissions in long-term energy models[J]. Energy，122：701-710.

Eftelioglu E，Jiang Z，Tang X，et al. ，2017. The nexus of food，energy，and water resources：Visions and challenges in spatial computing[J]. Advances in Geocomputation：5-20.

Ehrlich P R，Holdren J P，1971. Impact of population growth[J]. Science，171（3977）：1212-1217.

Eide M H，2002. Life cycle assessment（LCA） of industrial milk production[J]. The International Journal of Life Cycle Assessment，7（2）：115.

Elbir T，2004. A GIS based decision support system for estimation，visualization and analysis of air pollution for large Turkish cities[J]. Atmospheric Environment，38（27）：4509-4517.

Elliot T，Bertrand A，Almenar J B，et al.，2019. Spatial optimisation of urban ecosystem services through integrated participatory and multi-objective integer linear programming[J]. Ecological Modelling，409：108774.

Emmanouilides C J，Fousekis P，2015. Vertical price dependence structures：copula-based evidence from the beef supply chain in the USA[J]. European Review of Agricultural Economics，42：77-97.

Endlicher W，Hostert P，Kowarik I，et al.，2011. Perspectives in Urban Ecology：Ecosystems and Interactions between Humans and Nature in the Metropolis of Berlin[M]. Berlin Heidelberg：Springer.

Eurostat，2001. Economy-wide material flow accounts and derived indicators：A methodological guide[M]. Luxembourg：Office for Official Publications of the European Communities.

Eurostat，2007. Economy-wide material flow accounting：A compilation guide[M]. Luxembourg：Office for Official Publications of the European Communities.

Fais B，Sabio N，Strachan N，2016. The critical role of the industrial sector in reaching long-term emission reduction，energy efficiency and renewable targets[J]. Applied Energy，162：699-712.

Fan J L，Kong L S，Wang H，et al. ，2019. A water-energy nexus review from the perspective of urban metabolism[J]. Ecological Modelling，392：128-136.

Fang C L，Liu H M，Li G D，2016. International progress and evaluation on interactive coupling effects between urbanization and the eco-environment[J]. Journal of Geographical Sciences，26（8）：1081-1116.

Fang D L，Chen B，2015. Ecological network analysis for a virtual water network[J]. Environmental Science & Technology，49（11）：6722-6730.

Fath B D，2004. Network analysis in perspective：comments on “WAND：an ecological network analysis user-friendly tool” [J]. Environment Modelling Software，19（4）：341-343.

Fath B D，Patten B C，1999. Review of the foundations of network environ analysis[J]. Ecosystems，2（2）：167-179.

Feng C，Wang M，2017. Analysis of energy efficiency and energy savings potential in China’s provincial industrial sectors[J]. Journal of Cleaner Production，164：1531-1541.

Feng D，Li J，Li X T，et al.，2019. The effects of urban sprawl and industrial agglomeration on environmental efficiency：Evidence from the Beijing-Tianjin-Hebei urban agglomeration[J]. Sustainability，11（11）：1-12.

Feng K S，Hubacek K，Pfister S，et al. ，2014. Virtual scarce water in China[J]. Environmental Science & Technology，48（14）：7704-7713.

Feng X Q，Li Q K，Tao Y L，et al.，2020.Impact of Coal Replacing Project on atmospheric fine aerosol nitrate loading and formation pathways in urban Tianjin：Insights from chemical composition and ^{15}N and ^{18}O isotope ratios[J].Science of the Total Environment，708：134797.

Gao J，O'Neill B C，2020. Mapping global urban land for the 21st century with data-driven simulations and shared socioeconomic pathways[J]. Nature Communications，11（1）：2302.

Gao J，Wang L C，2019. Embedding spatiotemporal changes in carbon storage into urban agglomeration ecosystem management—A case study of the Yangtze River Delta，China[J]. Journal of Cleaner Production，237：117764.

Gao T，Fang D L，Chen B，2020. Multi-regional input-output and linkage analysis for water-$PM_{2.5}$ nexus[J]. Applied Energy，268：115018.

Garcia D J，You F Q，2016. The water-energy-food nexus and process systems engineering：A new focus[J]. Computers & Chemical Engineering，91：49-67.

Gómez-Baggethun E，Gren A，Barton D N，et al.，2013. Urbanization，biodiversity and ecosystem services：Challenges and opportunities[M]. Dordrecht：Springer：175-251.

Gottman J，1957. Megalopolis：or the urbanization of the Northeastern Seaboard[J]. Economic Geography，33（7）：189-200.

Grimm N B，Faeth S H，Golubiewski N E，et al. ，2008. Global change and the ecology of cities[J]. Science，319（5864）：756-760.

Gu Y，Dong Y N，Wang H，et al. ，2016. Quantification of the water，energy and carbon footprints of wastewater treatment plants in China considering a water-energy nexus perspective[J]. Ecological Indicators，60：402-409.

Guan D B，Hubacek K，Weber C L，et al.，2008. The drivers of Chinese CO_2 emissions from 1980 to 2030[J]. Global Environmental Change，18（4）：626-634.

Guan R D，Tian L X，Li W C，2019. Analysis of influencing factors on energy efficiency of Yangtze River Delta urban agglomeration based on spatial heterogeneity[J]. Energy Procedia，158：3234-3239.

Guan X B，Shen H F，Li X H，et al.，2019. A long-term and comprehensive assessment of the urbanization-induced impacts on vegetation net primary productivity[J]. Science of the Total Environment，669：342-352.

Güneralp B，Zhou Y Y，Ürge-Vorsatz D，et al.，2017. Global scenarios of urban density and its impacts on building energy use through 2050[J]. Proceedings of the National Academy of Sciences，114：8945-8950.

Guo B，Geng Y，Franke B，et al.，2014. Uncovering China's transport CO_2 emission patterns at the regional level[J]. Energy Policy，74：134-146.

Guo M C，Chen X H，Bai Z H，et al.，2017. How China's nitrogen footprint of food has changed from 1961 to 2010[J]. Environmental Research Letters，12（10）：104006.

Gustavsson J，Cederberg C，Sonesson U，et al.，2011. Global Food Losses and Food Waste-Extent，Causes and Prevention[R]. Rome：Food and Agriculture Organization of the United Nations（FAO）.

Hall P，Pain K，2006. The polycentric metropolis：learning from mega-city regions in Europe[M]. London：Earthscan Publications.

Hamiche A M，Stambouli A B，Flazi S，2016. A review of the water-energy nexus[J]. Renewable and Sustainable Energy Reviews，65：319-331.

Hancock T，2000. Urban ecosystem and human health[C]. Montevideo：the Seminar on CIID-IDRC and Urban Development in Latin America.

Hancock T，2002. Indicators of environmental health in the urban setting[J]. Canadian Journal of Public Health/Revue Canadienne de Sante'e Publique：93：S45-S51.

Hancock T，Dukl L，1988. Promoting health in the urban context[J]. WHO Healthy City Papers，1.

He C Y，Huang G H，Liu L R，et al.，2020. Evolution of virtual water metabolic network in developing regions：A case study of Guangdong Province[J]. Ecological Indicators，108：105750.

Hellström D，Jeppsson U，Kärrman E，2000. A framework for systems analysis of sustainable urban water management[J]. Environmental Impact Assessment Review，20（3），311-321.

Hendriks C，Obernosterer R，Müller D，et al.，2000. Material flow analysis：A tool to support environmental policy decision making. Case-studies on the city of Vienna and the Swiss lowlands[J]. Local Environment，5：311-328.

Herendeen R A，1978. Input-output techniques and energy cost of commodities[J]. Energy Policy，6（2）：162-165.

Hite J C，Laurent E A，1971. Empirical study of economic-ecologic linkages in a coastal area[J]. Water Resources Research，7（5）：1070-1078.

Holst C C，Chan J C L，Tam C Y，2017. Sensitivity of precipitation statistics to urban growth in a subtropical coastal megacity cluster[J]. Journal of Environmental Sciences，59：6-12.

Hu X S，Xu H Q，2019. A new remote sensing index based on the pressure-state-response framework to assess regional ecological change[J]. Environmental Science and Pollution Research，26（6）：5381-5393.

Huang S L，Chen C W，2005. Theory of urban energetics and mechanisms of urban development[J]. Ecological Modelling，189：49-71.

Huang Y，Li L，Yu Y T，2018a. Does urban cluster promote the increase of urban eco-efficiency？ Evidence from Chinese cities[J]. Journal of Cleaner Production，197：957-971.

Huang Y，Li L，Yu Y T，2018b. Do urban agglomerations outperform non-agglomerations？ A new perspective on exploring the eco-efficiency of Yangtze River Economic Belt in China[J]. Journal of Cleaner Production，202：1056-1067.

Hutton J，1788. Member of the Royal Academy of Agriculture[Z]. Part 2：209-304.

Ignatieva K，Truck S，2016. Modeling spot price dependence in Australian electricity markets with applications to risk management[J]. Computers & Operations Research，66：415-433.

IPCC，2006. Guidelines for National Greenhouse Gas Inventories[R]. Kanagawa：Institute for Global Environmental Strategies.

Jørgensen S E，Nielsen S N，Mejer H，1995. Emergy，environ，exergy and ecological modeling[J]. Ecological Modelling，77（2-3）：99-109.

Jenerette G D，Larsen L，2006. A global perspective on changing sustainable urban water supplies[J]. Global and Planetary Change，50：202-211.

Jiang W G，Chen Z，Lei X，et al.，2016. Simulation of urban agglomeration ecosystem spatial distributions under different scenarios：A case study of the Changsha-Zhuzhou-Xiangtan urban agglomeration[J]. Ecological Engineering，88：112-121.

Kander A，Warde P，Henriques S T，et al.，2017. International trade and energy intensity during European industrialization，1870-1935[J]. Ecological Economics，139：33-44.

Karr S R，Dickie L M，1984. Measuring the health of aquatic ecosystem[M]//Levin S A. Ecotoxicology：Problems and Approaches. New York：Springer-Verlag.

Kenway S J，Binks A，Lane J，et al. ，2015. A systemic framework and analysis of urban water energy[J]. Environmental Modelling & Software，73：272-285.

Khan M H，2015. Urban health in megacities of developing countries[J]. Public Health Forum，20（2）：29. e1-29. e3.

Kondash A J，Lauer N E，Vengosh A，2018. The intensification of the water footprint of hydraulic fracturing[J]. Science Advances，4（8）：ea ar5982.

Lal R，2013. Climate-strategic agriculture and the water-soil-waste nexus[J]. Journal of Plant Nutrition and Soil Science，176：479-493.

Lan X，Tang H P，Liang H G，2017. A theoretical framework for researching cultural ecosystem service flows in urban agglomerations[J]. Ecosystem Services，28：95-104.

Leontief W W，1936. Quantitative input and output relations in the economic systems of the United States[J]. Review of Economics Statistics，18（3）：105-125.

Leopold A，1941. Wilderness as a land laboratory[J]. Living Wilderness，6（7）：3.

Li H W，Li Y P，Huang G H，et al.，2020. Identifying optimal land-use patterns using a Copula-based interval stochastic programming model for urban agglomeration under uncertainty[J]. Ecological Engineering，142：105616.

Li H，Fang K N，Yang W，et al.，2013. Regional environmental efficiency evaluation in China：Analysis based on the Super-SBM model with undesirable outputs[J]. Mathematical and Computer Modelling，58（5-6）：1018-1031.

Li H，Shi J F，2014. Energy efficiency analysis on Chinese industrial sectors：an improved Super-SBM model with undesirable outputs[J]. Journal of Cleaner Production，65：97-107.

Li J B，Huang X J，Kwan M P，et al.，2018. The effect of urbanization on carbon dioxide emissions efficiency in the Yangtze River Delta，China[J]. Journal of Cleaner Production，188：38-48.

Li J L，Lin B Q，2016. Inter-factor/inter-fuel substitution，carbon intensity，and energy-related CO_2 reduction：Empirical evidence from China[J]. Energy Economics，56：483-494.

Li K M，Fang L T，He L R，2018. How urbanization affects China's energy efficiency：A spatial econometric analysis[J]. Journal of Cleaner Production，200：1130-1141.

Li K，Lin B Q，2015. Metafroniter energy efficiency with CO_2 emissions and its convergence analysis for China[J]. Energy Economics，48：230-241.

Li X，Yang L L，Zheng H R，et al. ，2019. City-level water-energy nexus in Beijing-Tianjin-Hebei region[J]. Applied Energy，235：827-834.

Liang S，Zhang T Z，2011. Urban metabolism in China achieving dematerialization and decarbonization in Suzhou[J]. Journal of Industrial Ecology，15（3）：420-434.

Lin S F，Wang S Y，Marinova D，et al.，2017. Impacts of urbanization and real economic development on CO_2 emissions in non-high income countries：Empirical research based on the extended STIRPAT model[J]. Journal of Cleaner Production，166：952-966.

Liu B Q，Tian C，Li Y Q，et al.，2018. Research on the effects of urbanization on carbon emissions efficiency of urban agglomerations in China[J]. Journal of Cleaner Production，197：1374-1381.

Liu B Y，Ji Q，Fan Y，2017. Dynamic return-volatility dependence and risk measure of CoVaR in the oil market：A time-varying mixed Copula model[J]. Energy Economics，68：53-65.

Liu D L，Hao S L，2017. Ecosystem health assessment at county-scale using the pressure-state-response framework on the Loess Plateau，China[J]. International Journal of Environmental Research and Public Health，14（1）：2.

Liu D N，Xiao B W，2018. Can China achieve its carbon emission peaking？ A scenario analysis based on STIRPAT and system dynamics model[J]. Ecological Indicators，93：647-657.

Liu H M，Zhang Z X，Zhang T，et al.，2020. Revisiting China's provincial energy efficiency and its influencing factors[J]. Energy，208：118361.

Liu H X，Li Y P，Yu L，2019. Urban agglomeration（Guangzhou-Foshan-Zhaoqing） ecosystem management under uncertainty: A factorial fuzzy chance-constrained programming method[J]. Environmental Research, 173: 97-111.

Liu H, Ma L, 2020. Spatial pattern and effects of urban coordinated development in China's Urbanization[J]. Sustainability, 12 (6): 2389.

Liu N, Ma Z J, Kang J D, 2015. Changes in carbon intensity in China's industrial sector: Decomposition and attribution analysis[J]. Energy Policy, 87: 28-38.

Liu P D, Rong L L, Teng F, 2019. The evaluation of ecosystem health based on hybrid TODIM method for Chinese case[J]. Technological and Economic Development of Economy, 25 (3): 542-570.

Liu S, Costanza R, 2010. Ecosystem services valuation in China[J]. Ecological Economics, 69: 1387-1388.

Liu Y F, Hu Y C, Su M R, et al., 2020. Multiregional input-output analysis for energy-water nexus: A case study of Pearl River Delta urban agglomeration[J]. Journal of Cleaner Production, 262: 121255.

Liu Z, Geng Y, Adams M, et al., 2016. Uncovering driving forces on greenhouse gas emissions in China' aluminum industry from the perspective of life cycle analysis[J]. Applied Energy, 166: 253-263.

Liu Z, Geng Y, Wang H, et al., 2015. Emergy-based comparative analysis of energy intensity in different industrial systems[J]. Environmental Science and Pollution Research, 22: 18687-18698.

Liu Z, Liang S, Geng Y, 2011. Features, trajectories and driving forces for energy-related GHG emissions from Chinese mega cites: The case of Beijing, Tianjin, Shanghai and Chongqing[J]. Energy, 37 (1): 245-254.

Lourme A, Maurer F, 2017. Testing the Gaussian and Student's *t* Copulas in a risk management framework[J]. Economic Modelling, 67: 203-214.

Lu Q L, Yang H, Huang X J, et al., 2015. Multi-sectoral decomposition in decoupling industrial growth from carbon emissions in the developed Jiangsu Province, China[J]. Energy, 82: 414-425.

Luederitz C, Brink E, Gralla F, et al., 2015. A review of urban ecosystem services: six key challenges for future research[J]. Ecosystem Services, 14: 98-112.

Macdiarmid J I, Kyle J, Horgan G W, et al., 2012.Sustainable diets for the future: Can we contribute to reducing greenhouse gas emissions by eating a healthy diet? [J].The American Journal of Clinical Nutrition, 96 (3): 632-639.

Madronich S, 1987. Photodissociation in the atmosphere: 1. Actinic flux and the effects of ground reflections and clouds[J]. Journal of Geophysical Research Atmospheres, 92 (D8): 9740-9752.

Mageau M T, Costanza R, 1995. The development and initial testing a quantitative assessment of ecosystem health[J]. Ecosystem Health, 1 (4): 201-213.

Mao X Q, 2012. Achieving CO_2 emission reduction and the co-benefits of local air pollution abatement in the transportation sector of China[J]. Environmental Science & Policy, 21: 1-13.

McGee T G，1991. The Emergence of Desakota Regions in Asia：Expanding a Hypothesis[M]. Honolulu：University of Hawail Press.

Meng F X，Liu G Y，Chang Y，et al. ，2019. Quantification of urban water-carbon nexus using disaggregated input-output model：A case study in Beijing（China）[J]. Energy，171：403-418.

Mi Z F，Pan S Y，Yu H，et al.，2015. Potential impacts of industrial structure on energy consumption and CO_2 emission：a case study of Beijing[J]. Journal of Cleaner Production，103：455-462.

Miao C Y，Sun Q H，Duan Q Y，et al.，2016. Joint analysis of changes in temperature and precipitation on the Loess Plateau during the period 1961−2011[J]. Climate Dynamics，47：3221-3234.

Miller R E，Blair P D，2009. Input-output analysis：foundations and extensions[M]. Cambridge：Cambridge University Press.

Milner-Gulland E J，Shea K，2017. Embracing uncertainty in applied ecology[J]. Journal of Applied Ecology，54：2063-2068.

Min A，Czado C，2010. Bayesian inference for multivariate copulas using pair-copula constructions[J]. Journal of Financial Econometrics，8：511-546.

Molden D，Oweis T，2008. Pathways for increasing agricultural water productivity，water for food，water for life a comprehensive assessment of water management in agriculture[R]. London：International Water Management Institute：279-230.

Montaseri M，Amirataee B，Rezaie H，2018. New approach in bivariate drought duration and severity analysis[J]. Journal of Hydrology，559：166-181.

Morosini R，Zucaro F，2019. Land use and urban sustainability assessment：a 3D-GIS application to a case study in Gozo[J]. City Territory and Architecture，6（1）：1-20.

Muñoz P，Zwick S，Mirzabaev A，2020. The impact of urbanization on Austria's carbon footprint[J]. Journal of Cleaner Production，263：121326.

Nicola F，Eike L，Lindsay S C，et al.，2017. Valuing ecosystem services in semi-arid rangelands through stochastic simulation[J]. Land Degradation & Development，28：65-73.

Norton B G，1992. A new paradigm for environmental management[M]//Costanza R，Norton B G，Haskell B D. Ecosystem Health：New Goals for Environmental Management. Washington D C：Island Press：23-41.

O'Laughlin J，1996. Forest ecosystem health assessment issues：Definition，measurement，and management implications[J]. Ecosystem Health，2（1）：19-39.

Odum E P，1979. Perturbation theory and the subsidy-stress gradient[J]. Bioscience，29（6）：349-352.

OECD，2008. Measuring Material Flows and Resource Productivity[M]. Paris：OECD.

Ohara T，Akimoto H，Kurokawa J，et al.，2007. An Asian emission inventory of anthropogenic emission sources for the period 1980–2020[J]. Atmospheric Chemistry and Physics，7（3）：6843-6902.

Otero-Pregigueiro D, Fernández-Olmo I, 2018. Use of CALPUFF to predict airborne Mn levels at schools in an urban area impacted by a nearby manganese alloy plant[J]. Environment International，119：455-465.

Pan X F，Liu Q，Peng X X，2015. Spatial club convergence of regional energy efficiency in China[J]. Ecological Indicators，51：25-30.

Park H C，Heo E，2007. The direct and indirect household energy requirements in the Republic of Korea from 1980 to 2000—An input-output analysis[J]. Energy Policy，35（5）：2839-2851.

Park J，Wood I B，Jing E，et al.，2019. Global labor flow network reveals the hierarchical organization and dynamics of geo-industrial clusters[J]. Nature Communications，10：3449.

Paul S S，Li J，Wheate R，et al.，2018. Application of object oriented image classification and markov chain modeling for land use and land cover change analysis[J]. Journal of Environmental Informatics，31：30-40.

Peng B H, Wang Y Y, Elahi E, et al., 2018. Evaluation and prediction of the ecological footprint and ecological carrying capacity for Yangtze River Urban Agglomeration based on the grey model[J]. International Journal of Environmental Research and Public Health，15（11）：2543.

Perez-Rodriguez J V, Ledesma-Rodriguez F, Santana-Gallego M, 2015. Testing dependence between GDP and tourism's growth rates[J]. Tourism Management，48：268-282.

Poumanyvong P，Kaneko S，2010. Does urbanization lead to less energy use and lower CO_2 emissions? A cross-country analysis[J]. Ecological Economics，70（2）：434-444.

Qiu F，Rude J，2016. Extreme dependence in price transmission analysis[J]. Applied Economics，48：4379-4392.

Rapport D J，1989. What constitutes ecosystem health？[J]. Perspective Biology Medicine，33（1）：120-132.

Rapport D J，1998. Dimensions of ecosystem health[M]//Rapport D J，Costanza R，Epstein P R，et al. Ecosystem Health. Malden and Oxford：Blackwell Science：18-33.

Rapport D J，Böhm G，Buckingham D，et al.，1999. Ecosystem health：The concept，the ISEH，and the important tasks ahead[J]. Ecosystem Health，5：82-90.

Rapport D J，Regier H A，Hutchinson T C，1985. Ecosystem behavior under stress[J]. The American. Naturalist，125（5）：617-640.

Rapport D J，Thorpe C，Regier H A，1979. Ecosystem Medicine[J]. Bulletin of the Ecological Society of American，60（4）：180-182.

Rasul G，2016. Managing the food，water，and energy nexus for achieving the Sustainable Development Goals in South Asia[J]. Environmental Development，18：14-25.

Rees W E，1992. Ecological footprints and appropriated carrying capacity：what urban economics leaves out[J].

Environment and Urbanization，4：121-130.

Ren Y F，Fang C L，Li G D，2020. Spatiotemporal characteristics and influential factors of eco-efficiency in Chinese prefecture-level cities：A spatial panel econometric analysis[J]. Journal of Cleaner Production，260：120787.

Rényi，1961. On measures of information and entropy[C]. Proceedings of the Fourth Berkeley Symposium on Mathematics，Statistics and Probability，1：57.

Ribeiro H V，Rybski D，Kropp J P，2019. Effects of changing population or density on urban carbon dioxide emissions[J]. Nature Communications，10：3204.

Rive N，2010. Climate policy in Western Europe and avoided costs of air pollution control[J]. Economic Modelling，27（1）：103-115.

Rosegrant M W，Ringler C，Zhu T J，2009. Water for agriculture：Maintaining food security under growing scarcity[J]. Annual Review of Environment and Resources，34：205-222.

Sadegh M，Ragno E，Aghakouchak A，2017. Multivariate Copula Analysis Toolbox（MvCAT）：Describing dependence and underlying uncertainty using a Bayesian framework[J]. Water Resources Research，53：5166-5183.

Sahana M，Hong H Y，Sajjad H，2018. Analyzing urban spatial patterns and trend of urban growth using urban sprawl matrix：A study on Kolkata urban agglomeration，India[J]. Science of the Total Environment，628-629：1557-1566.

Salvadori G，Durante F，De Michele C，et al.，2016. A multivariate Copula-based framework for dealing with hazard scenarios and failure probabilities[J]. Water Resources Research，52：3701-3721.

Samitas A，Tsakalos I，2013. How can a small country affect the European economy？ The Greek contagion phenomenon[J]. Journal of International Financial Markets Institutions & Money，25：18-32.

Scanlon B R，Ruddell B L，Reed P M，et al.，2017. The food-energy-water nexus：Transforming science for society[J]. Water Resources Research，53：3550-3556.

Schaeffer L R，de Rose E P，Wilton J W，1988. Accounting for pretest environment and selection in estimating breeding values for station-tested beef bulls[J]. Journal of Animal Science， 66：635-639.

Schlör H，Venghaus S，Hake J F，2018. The FEW-Nexus city index—Measuring urban resilience[J]. Applied Energy，210：382-392.

Schnoor J L，2011. Water-energy nexus[J]. Environmental Science & Technology，45（12）：5065.

Schwartz E，Corvalán C，1995. Decision-making in environmental health[J]. World Health Statistics Quarterly，48（2）：164-170.

Segura S，Ferruz L，Gargallo P，et al.，2018. Environmental versus economic performance in the EU ETS from the point of view of policy makers: A statistical analysis based on Copulas[J]. Journal of Cleaner Production, 176: 1111-1132.

Seto K C, Dhakal S, Bigio A, et al., 2014. Human settlements, infrastructure and spatial planning[M]. Climate Change 2014: Mitigation of Climate Change. 12: 923-1000.

Shan Y L, Guan D B, Liu J H, et al. , 2017. Methodology and applications of city level CO_2 emission accounts in China[J]. Journal of Cleaner Production, 161: 1215-1225.

Shi X C, Li X Y, 2018. Research on three-stage dynamic relationship between carbon emission and urbanization rate in different city groups[J]. Ecological Indicators, 91: 195-202.

Shi X Q, Yang J X, 2014. A material flow-based approach for diagnosing urban ecosystem health[J]. Journal of Cleaner Production, 64: 437-446.

Shojaeezadeh S A, Nikoo M R, Mcnamara J P, et al., 2018. Stochastic modeling of suspended sediment load in alluvial rivers[J]. Advances in Water Resources, 119: 188-196.

Shu H, Xiong P P, 2019. Reallocation planning of urban industrial land for structure optimization and emission reduction: A practical analysis of urban agglomeration in China's Yangtze River Delta[J]. Land Use Policy, 81: 604-623.

Slade R, Bauen A, Gross R, 2014. Global bioenergy resources[J]. Nature Climate Change, 4: 99-105.

Song Q J, Zhou N, Liu T L, et al., 2018. Investigation of a "coupling model" of coordination between low-carbon development and urbanization in China[J]. Energy Policy, 121: 346-354.

Song W W, He K B, Lei Y, 2011. Black carbon emissions from on-road vehicles in China, 1990–2030[J]. Atmospheric Environment, 51: 320-328.

Sovacool B K, Brown M A, 2010. Twelve metropolitan carbon footprints: A preliminary comparative global assessment[J]. Energy Policy, 38 (9): 4856-4869.

Sreekanth K J, 2016. Review on integrated strategies for energy policy planning and evaluation of GHG mitigation alternatives[J]. Renewable & Sustainable Energy Reviews, 64: 837-850.

Streets D G, Gupta S, Waldhoff S T, et al., 2001. Black carbon emissions in China[J]. Atmospheric Environment, 35 (25): 4281-4296.

Su M R, Xie H, Yue W C, et al., 2019. Urban ecosystem health evaluation for typical Chinese cities along the Belt and Road[J]. Ecological Indicators, 101: 572-582.

Su M R, Yang Z F, Chen B, et al., 2009. Urban ecosystem health assessment based on emergy and set pair analysis—A comparative study of typical Chinese cities[J]. Ecological Modelling, 220: 2341-2348.

Su M R, Yang Z F, Liu G Y, et al., 2011. Ecosystem health assessment and regulation for urban ecosystems: A case study of the Yangtze River Delta urban cluster[J]. China Journal of Environmental Informatics, 18

(2)：65-74.

Su M R，Zhang Y，Liu G Y，et al.，2013. Urban ecosystem health assessment：Perspectives and Chinese practice[J]. International Journal of Environmental Research and Public Health，10（11）：5874-5885.

Sun J，Li Y P，Gao P P，et al.，2018. A Mamdani fuzzy inference approach for assessing ecological security in the Pearl River Delta urban agglomeration，China[J]. Ecological Indicators，94：386-396.

Takano T，1998. What is a healthy city[Z]. Toyko：World Health Organization Collaborating Center for Healthy Cities and Urban Policy Research：24-26.

Tan R R，Aviso K B，Cayamanda C D，et al.，2016. A fuzzy linear programming enterprise input-output model for optimal crisis operations in industrial complexes[J]. International Journal of Production Economics，181：410-418.

Tang M G，Li Z，Hu F X，et al.，2020. How does land urbanization promote urban eco-efficiency？ The mediating effect of industrial structure advancement[J]. Journal of Cleaner Production，272：122798.

Tian Y H，Zhu Q H，Geng Y，2013. An analysis of energy-related greenhouse gas emissions in the Chinese iron and steel industry[J]. Energy Policy，56：352-361.

Tilman D，Balzer C，Hill J，et al.，2011. Global food demand and the sustainable intensification of agriculture[C]. Proceedings of the National Academy of Sciences of the United States of America，108：20260-20264.

Tone K，2001. A slacks-based measure of efficiency in data envelopment analysis[J]. European Journal of Operational Research，130（3）：498-509.

Tukker A，Huppes G，Guinée J，et al.，2006. Environmental Impact of Products（EIPRO） Analysis of the life cycle environmental impacts related to the final consumption of the EU-25[J]. Technical Report Series，136（1）：146-153.

Ulanowicz R E，2011.Quantitative methods for ecological network analysis and its application to coastal ecosystems[J].Treatise on Estuarine and Coastal Science，9：35-57.

United Nations，2015. Resolution Adopted by the General Assembly on 25 September 2015 General Assembly[Z]. 1-35.

United Nations，2018. Revision of World Urbanization Prospects[R]. New York：United Nations.

Wang H M，Hashimoto S，Yue Q，et al.，2013. Decoupling analysis of four selected countries[J]. Journal of Industrial Ecology，17（4）：618-629.

Wang H T，Yang J，2019. Total-factor industrial eco-efficiency and its influencing factors in China：A spatial panel data approach[J]. Journal of Cleaner Production，227：263-271.

Wang J Y，Wang S J，Li S J，et al.，2019a. Evaluating the energy-environment efficiency and its determinants in Guangdong using a slack-based measure with environmental undesirable outputs and panel data model[J]. Science of the Total Environment，663：878-888.

Wang J Y，Wang S J，Li S J，et al.，2019b. Coupling analysis of urbanization and energy-environment efficiency：Evidence from Guangdong Province[J]. Applied Energy，254：113650.

Wang K，Wei Y M，2014. China's regional industrial energy efficiency and carbon emissions abatement costs[J]. Applied Energy，130：617-631.

Wang P，Wu W S，Zhu B Z，et al.，2013. Examining the impact factors of energy-related CO_2 emissions using the STIRPAT model in Guangdong Province，China[J]. Applied Energy，106：65-71.

Wang Q W，Su B，Sun J S，et al.，2015. Measurement and decomposition of energy-saving and emissions reduction performance in Chinese cities[J]. Applied Energy，151：85-92.

Wang S G，Cao T，Chen B，2017. Urban energy-water nexus based on modified input-output analysis[J]. Applied Energy，196：208-217.

Wang S G，Chen B，2016. Energy-water nexus of urban agglomeration based on multiregional input-output tables and ecological network analysis：A case study of the Beijing-Tianjin-Hebei region[J]. Applied Energy，178：773-783.

Wang S G，Fath B，Chen B，2019. Energy-water nexus under energy mix scenarios using input-output and ecological network analyses[J]. Applied Energy，233-234：827-839.

Wang S J，Li G D，Fang C L，2018. Urbanization，economic growth，energy consumption，and CO_2 emissions：Empirical evidence from countries with different income levels[J]. Renewable and Sustainable Energy Reviews，81：2144-2159.

Wang S J，Zhou C S，Li G D，et al.，2016. CO_2，economic growth，and energy consumption in China's provinces：Investigating the spatiotemporal and econometric characteristics of China's CO_2 emissions[J]. Ecological Indicators，69：184-195.

Wang S W，Streets D G，Zhang Q，et al.，2010. Satellite detection and model verification of NO_x emissions from power plants in Northern China[J]. Environmental Research Letters，5（4）：044007.

Wang X J，Zhang Y，Yu X Y，2019. Characteristics of Tianjin's material metabolism from the perspective of ecological network analysis[J]. Journal of Cleaner Production，239：118115.

Wang Y，Li L，Kubota J，et al.，2016. Does urbanization lead to more carbon emission？ Evidence from a panel of BRICS countries[J]. Applied Energy，168：375-380.

Wang Z H，Bao Y H，Wen Z G，et al.，2016. Analysis of relationship between Beijing's environment and development based on Environmental Kuznets Curve[J]. Ecological Indicators，67：474-483.

Wang Z H，Yang L，2015. Delinking indicators on regional industry development and carbon emissions：

Beijing-Tianjin-Hebei economic band case[J]. Ecological Indicators，48：41-48.

Weitz N，Strambo C，Kemp-Benedict E，et al. ，2017. Closing the governance gaps in the water-energy-food nexus：Insights from integrative governance[J]. Global Environmental Change，45：165-173.

Woodwell G M，1970. Effects of pollution on the structure and physiology of ecosystems[J]. Science，168：429-433.

World Resources Institute，1995. Stresses on ecosystem health：Chemical pollution[R]. Washington D C.

Wright D J，1974. Good and services：an input-output analysis[J]. Energy Policy，2（4）：307-315.

Wright D J，1975. The natural resource requirements of commodities[J]. Applied Economics，7（1）：31-39.

Wu J G，2013. Landscape sustainability science：Ecosystem services and human well-being in changing landscapes[J]. Landscape Ecology，28：999-1023.

Wu J，Zhu Q Y，Liang L，2016. CO_2 emissions and energy intensity reduction allocation over provincial industrial sectors in China[J]. Applied Energy，166：282-291.

Xia L L，Zhang Y，Wu Q，et al.，2017. Analysis of the ecological relationships of urban carbon metabolism based on the eight nodes spatial network model[J]. Journal of Cleaner Production，140：1644-1651.

Xiao B W，Niu D X，Guo X D，2016. Can China achieve its 2020 carbon intensity target？ A scenario analysis based on system dynamics approach[J]. Ecological Indicators，71：99-112.

Xiao R，Liu Y，Fei X F，et al.，2019. Ecosystem health assessment：A comprehensive and detailed analysis of the case study in coastal metropolitan region，eastern China[J]. Ecological Indicators，98：363-376.

Xiao R，Yu X Y，Shi R X，et al.，2019. Ecosystem health monitoring in the Shanghai-Hangzhou Bay Metropolitan Area：A hidden Markov modeling approach[J]. Environment International，133：105170.

Xiong Y，Wen X，Dong L，2009. Ecosystem Health Assessment of Changsha-Zhuzhou-Xiangtan Urban Agglomeration[C]. Dynamics of Urban Agglomeration in China：Preferences of Energy-saving and Environment-friendly Society：214-218.

Xu C，Haase D，Su M R，et al.，2019. The impact of urban compactness on energy-related greenhouse gas emissions across EU member states：Population density vs physical compactness[J]. Applied Energy，254：113671.

Xu J H，Fleiter T，Eichhammer W，et al.，2012. Energy consumption and CO_2 emissions in China's cement industry：A perspective from LMDI decomposition analysis[J]. Energy Policy，50：821-832.

Xu J，Zhang M，Zhou M，et al.，2017. An empirical study on the dynamic effect of regional industrial carbon transfer in China[J]. Ecological Indicators，73：1-10.

Xu M，2010. Development of the physical input monetary output model for understanding material flows within ecological-economic system[J]. Journal of Resources and Ecology，1（1）：123-134.

Xu Q，Yang R，Dong Y X，et al.，2016. The influence of rapid urbanization and land use changes on terrestrial carbon sources/sinks in Guangzhou，China[J]. Ecological Indicators，70：304-316.

Xu X S，Zhao T，Liu N，et al.，2014. Changes of energy-related GHG emissions in China：An empirical analysis from sectoral perspective[J]. Applied Energy，132：298-307.

Xue L，Prass N，Gollnow S，et al.，2019. Efficiency and carbon footprint of the German meat supply chain[J]. Environmental Science & Technology，53：5133-5142.

Yan D，Kong Y，Ye B，et al.，2019. Spatial variation of energy efficiency based on a Super-Slack-Based Measure：Evidence from 104 resource-based cities[J]. Journal of Cleaner Production，240：117669.

Yang Q，Lin A W，Zhao Z Z，et al.，2016. Assessment of urban ecosystem health based on entropy weight extension decision model in urban agglomeration[J]. Sustainability，8（9）：869.

Yang X C，Lou F，Sun M X，et al.，2017. Study of the relationship between greenhouse gas emissions and the economic growth of Russia based on the Environmental Kuznets Curve[J]. Applied Energy，193：162-173.

You L，Li Y P，Huang G H，et al.，2014. Modeling regional ecosystem development under uncertainty—A case study for New Binhai District of Tianjin[J]. Ecological Modelling，288：127-142.

Yu J Q，Zhou K L，Yang S L，2019. Regional heterogeneity of China's energy efficiency in "new normal"：A meta-frontier Super-SBM analysis[J]. Energy Policy，134：110941.

Yu L，Li Y P，Huang G H，et al.，2018. Planning regional-scale electric power systems under uncertainty：A case study of Jing-Jin-Ji region，China[J]. Applied Energy，212：834-849.

Yu L，Xiao Y，Jiang S，et al.，2020. A Copula-based fuzzy interval-random programming approach for planning water-energy nexus system under uncertainty[J]. Energy，196：117063.1-117063.10.

Yue W C，Cai Y P，Su M R，et al.，2018. A hybrid Copula and life cycle analysis approach for evaluating violation risks of GHG emission targets in food production under urbanization[J]. Journal of Cleaner Production，190：655-665.

Yue W C，Liu Z Q，Su M R，et al.，2021. The impacts of multi-dimension urbanization on energy-environmental efficiency：Empirical evidence from Guangdong Province，China[J]. Journal of Cleaner Production，296:126513.

Zhai M Y，Huang G H，Liu L R，et al.，2019. Ecological network analysis of an energy metabolism system based on input-output tables：Model development and case study for Guangdong[J]. Journal of Cleaner Production，227：434-446.

Zhang H W，Lan Z R，2013. Study on the evaluation index system of regional energy use efficiency[J]. Advanced Materials Research，734-737：1757-1765.

Zhang J R，Zeng W H，Shi H，2016. Regional environmental efficiency in China：Analysis based on a regional slack-based measure with environmental undesirable outputs[J]. Ecological Indicators，71：218-228.

Zhang J，Campana P E，Yao T，et al.，2018. The water-food-energy nexus optimization approach to combat agricultural drought：a case study in the United States[J]. Applied Energy，227：449-464.

Zhang Q，Geng G N，Wang S W，et al.，2012. Satellite remote sensing of changes in NO_x emissions over China during 1996–2010[J]. Chinese Science Bulletin，57（22）：2857-2864.

Zhang R，Jing J，Tao J，et al.，2013. Chemical characterization and source apportionment of $PM_{2.5}$ in Beijing：seasonal perspective[J]. Atmospheric Chemistry and Physics，13：7053-7074.

Zhang W J，Xu H Z，2017. Effects of land urbanization and land finance on carbon emissions：A panel data analysis for Chinese provinces[J]. Land Use Policy，63：493-500.

Zhang X H，Qi Y，Wang Y Q，et al. ，2016. Effect of the tap water supply system on China's economy and energy consumption，and its emissions' impact[J]. Renewable and Sustainable Energy Reviews，64：660-671.

Zhang Y J，Da Y B，2015. The decomposition of energy-related carbon emission and its decoupling with economic growth in China[J]. Renewable and Sustainable Energy Reviews，41：1255-1266.

Zhang Y，Lam J S L，2016. A Copula approach in the point estimate method for reliability engineering[J]. Quality and Reliability Engineering International，32（4）：1501-1508.

Zhang Y，Li J，Fath B D，et al.，2015. Analysis of urban carbon metabolic processes and a description of sectoral characteristics：a case study of Beijing[J]. Ecological Modelling，316：144-154.

Zhang Y，Li S S，Fath B D，et al.，2011. Analysis of an urban energy metabolic system：comparison of simple and complex model results[J]. Ecological Modelling，223（1）：14-19.

Zhang Y，Lu H J，Fath B D，et al.，2016. Modelling urban nitrogen metabolic processes based on ecological network analysis：a case of study in Beijing，China[J]. Ecological Modelling，337：29-38.

Zhang Y，Yang Z F，Fath B D，2010. Ecological network analysis of an urban water metabolic system：model development，and a case study for Beijing[J]. Science of the Total Environment，408（20）：4702-4711.

Zhang Y，Yang Z F，Yu X Y，2015. Urban metabolism：A review of current knowledge and directions for future study[J]. Environmental Science & Technology，49（19）：11247-11263.

Zhang Y，Zhang X L，Zhao X Y，2018. Analysis of the ecological relationships and hierarchical structure of Beijing's nitrogen metabolic system[J]. Ecological Indicators，94：39-51.

Zhang Y，Zheng H M，Fath B D，2014. Analysis of the energy metabolism of urban socioeconomic sectors and the associated carbon footprints：Model development and a case study for Beijing[J]. Energy Policy，73：540-551.

Zhang Y，Zheng H M，Fath B D，et al.，2014. Ecological network analysis of an urban metabolic system based on input-output tables：Model development and case study for Beijing[J]. Science of the Total Environment，468-469：642-653.

Zhao S A，Chai L H，2015. A new assessment approach for urban ecosystem health basing on maximum information entropy method[J]. Stochastic Environmental Research and Risk Assessment，29（6）：1601-1613.

Zhao Y B，Wang S J，Zhou C S，2016. Understanding the relation between urbanization and the eco-environment in China's Yangtze River Delta using an improved EKC model and coupling analysis[J]. Science of the Total Environment，571：862-875.

Zhao Y H，Li H，Xiao Y L，et al.，2018. Scenario analysis of the carbon pricing policy in China's power sector through 2050：Based on an improved CGE model[J]. Ecological Indicators，85：352-366.

Zhao Z，Bai Y P，Wang G F，et al.，2018. Land eco-efficiency for new-type urbanization in the Beijing-Tianjin-Hebei Region[J]. Technological Forecasting and Social Change，137：19-26.

Zhou C S，Shi C Y，Wang S J，et al.，2018. Estimation of eco-efficiency and its influencing factors in Guangdong Province based on Super-SBM and panel regression models[J]. Ecological Indicators，86：67-80.

Zhou P，Ang B W，Poh K L，2008. A survey of data envelopment analysis in energy and environmental studies[J]. European Journal of Operational Research，189（1）：1-18.

Zhou X，Huang G H，Zhu H，et al.，2015. Chance-constrained two-stage fractional optimization for planning regional energy systems in British Columbia，Canada[J]. Applied Energy，154：663-677.

Zhou Y C，Zhang B，Wang H K，et al.，2013. Drops of energy：Conserving urban water to reduce greenhouse gas emissions[J]. Environmental Science & Technology，47（19）：10753-10761.

Zhou Y，Kong Y，Sha J，et al.，2019. The role of industrial structure upgrades in eco-efficiency evolution：Spatial correlation and spillover effects[J]. Science of the Total Environment，687：1327-1336.

Zhou Y，Kong Y，Wang H K，et al.，2020. The impact of population urbanization lag on eco-efficiency：A panel quantile approach[J]. Journal of Cleaner Production，244：118664.

Zhu W，Xu L X，Tang L N，et al.，2019. Eco-efficiency of the Western Taiwan Straits Economic Zone：An evaluation based on a novel eco-efficiency model and empirical analysis of influencing factors[J]. Journal of Cleaner Production，234：638-652.

Zou Z H，Yun Y，Sun J N，2006. Entropy method for determination of weight of evaluating indicators in fuzzy synthetic evaluation for water quality assessment[J]. Journal of Environmental Sciences，18（5）：1020-1023.

Sklar A，1959. Fonctions de repartition a n dimensions et leurs marges[M]. Paris：Publications de l'Institut de Statistique de L'Universite de：229-231.

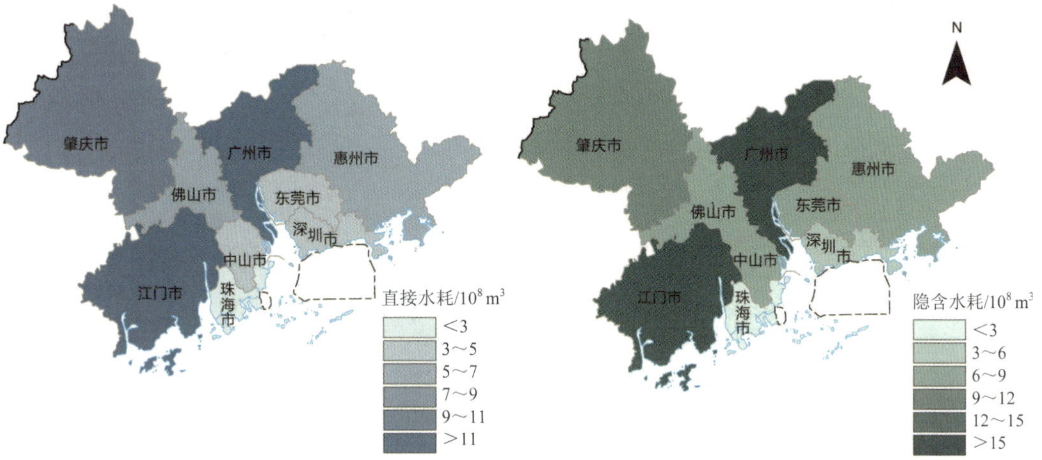

图 3-24　珠三角城市群各城市直接水耗和隐含水耗

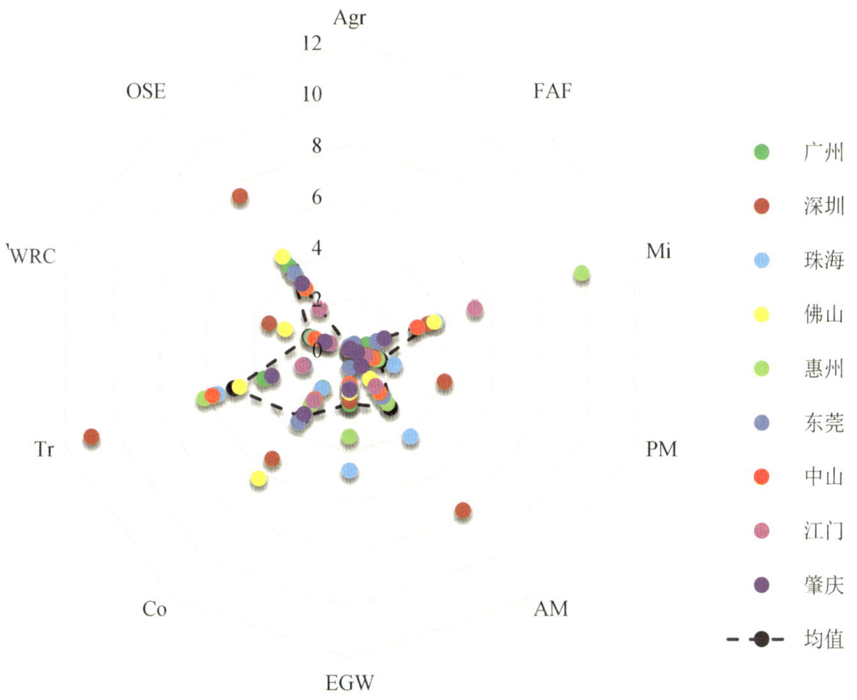

图 3-27　珠三角城市群各部门的体现水生产力

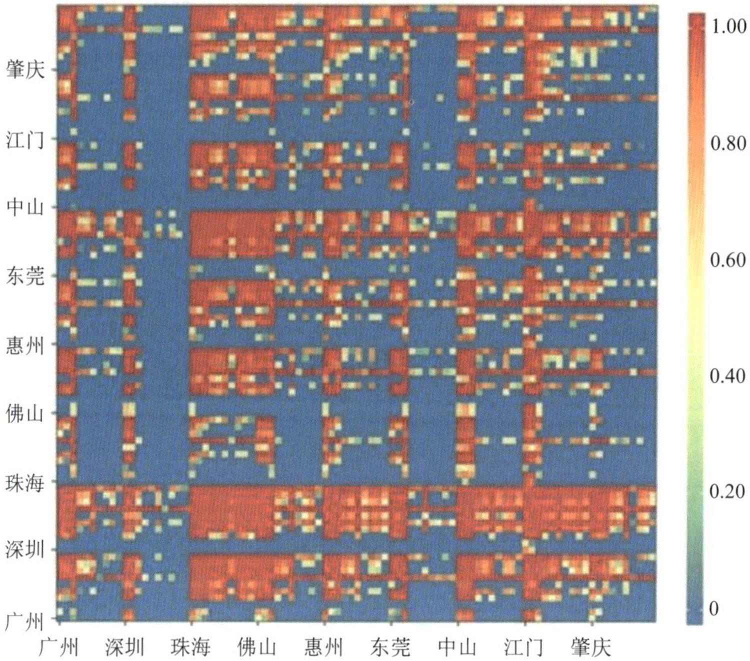

图 3-30 水代谢网络两两部门之间的控制强度

注：部门之间的控制关系从生产端（矩阵列）到消费端（矩阵行）。

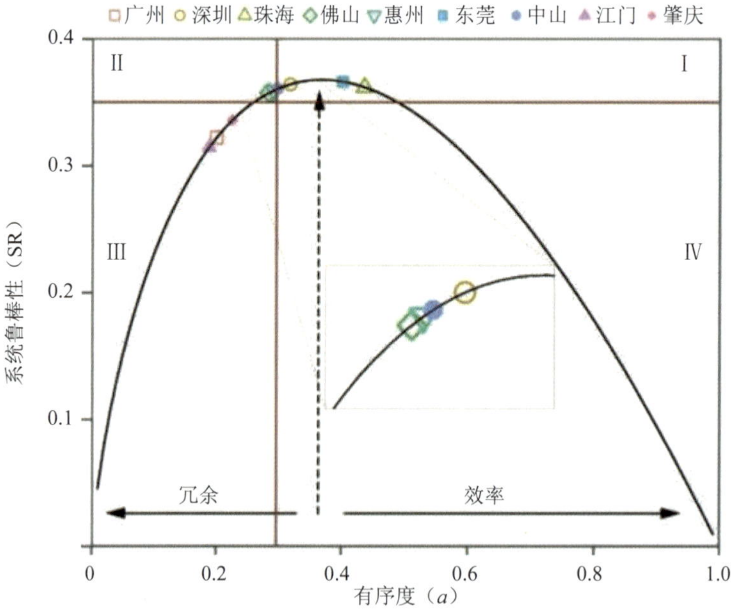

图 3-32 水代谢网络中有序度（a）与系统鲁棒性（SR）之间的关系

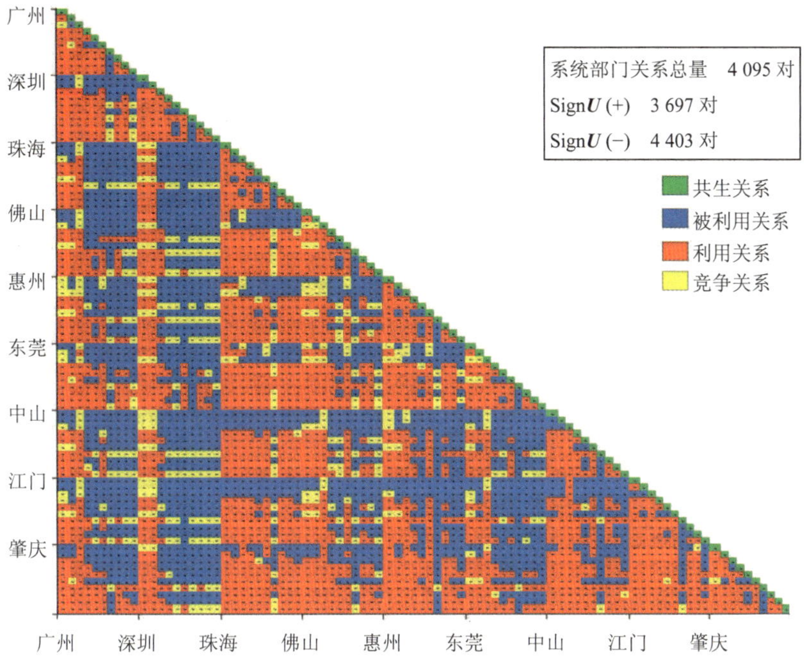

图 3-34 水代谢网络两两部门之间的相互作用关系

注：以红块为例，表示矩阵列向的部门利用相应的矩阵行向的部门。

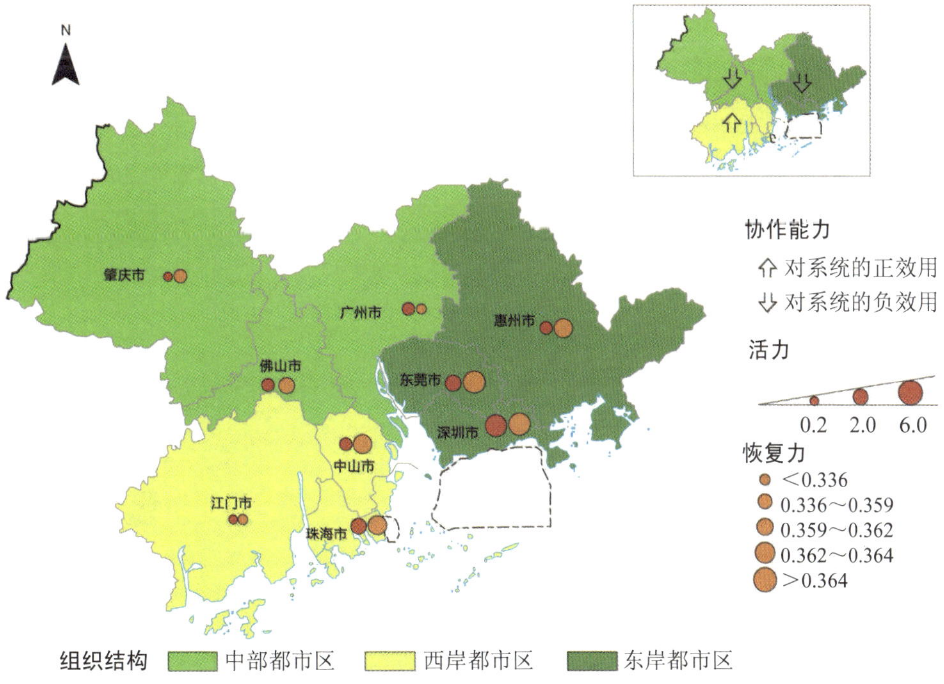

图 3-35 珠三角城市群水代谢系统综合健康表现

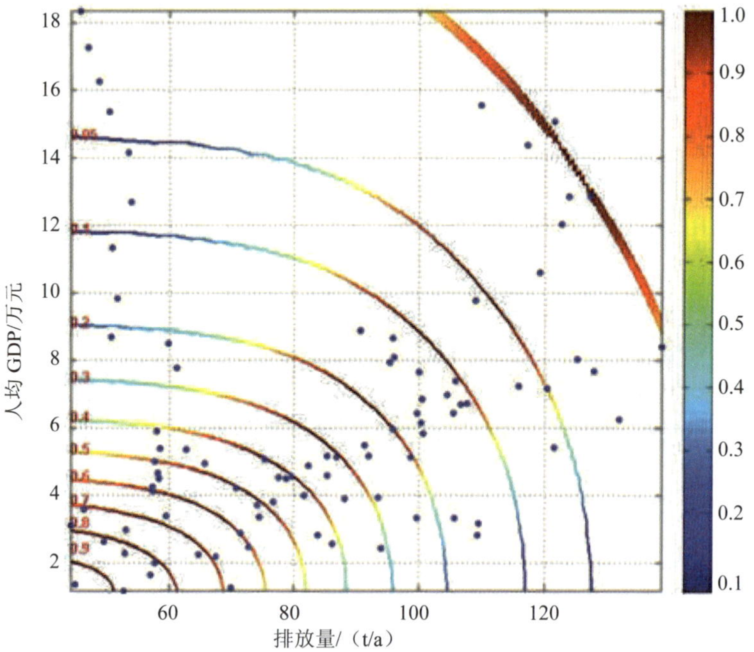

（a）居民生活污水排放

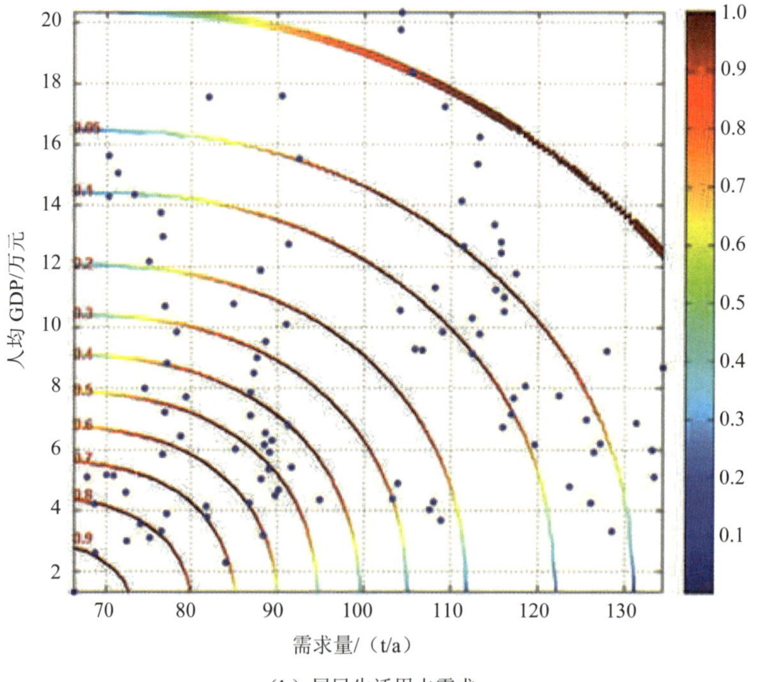

（b）居民生活用水需求

图 4-25　水资源需求和污水排放相关性分析

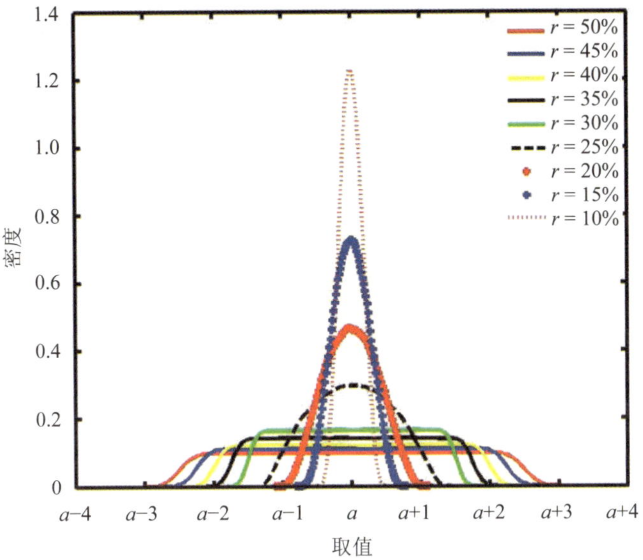

图 4-2　蒙特卡罗模拟数据质量分布

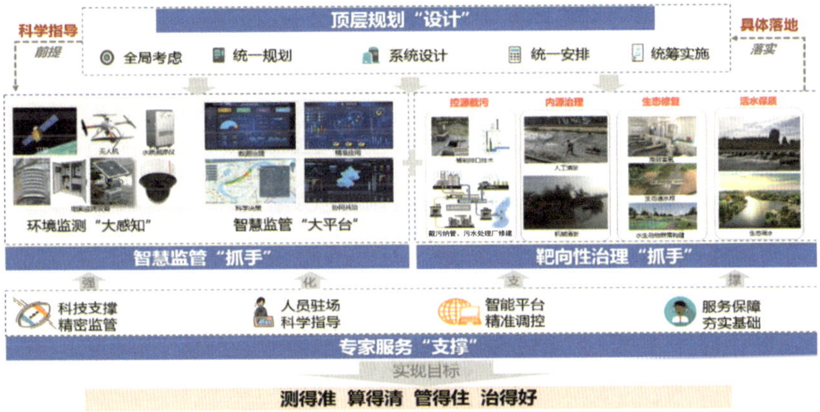

图 5-3　水环境综合管理组成示意

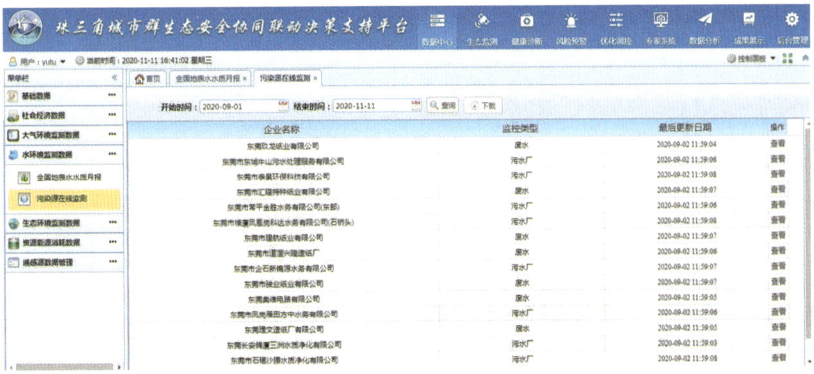

图 5-4　信息展示子模块

图 5-5　排污企业分析模块界面

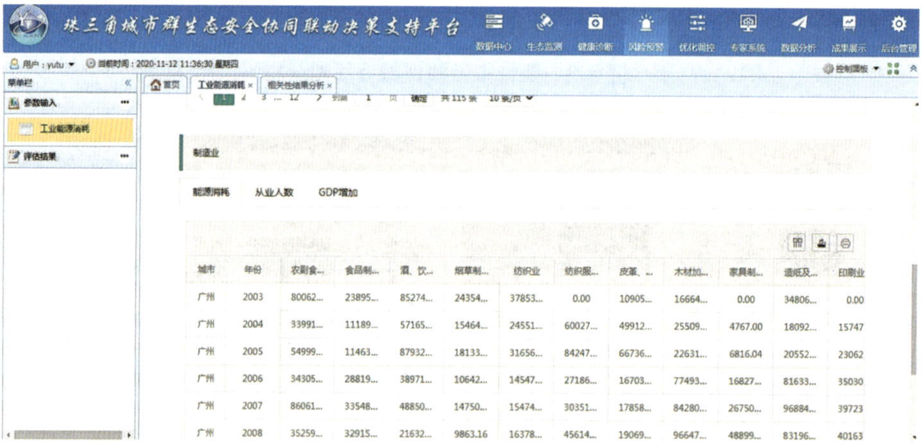

图 5-6　风险预警系统参数输入界面

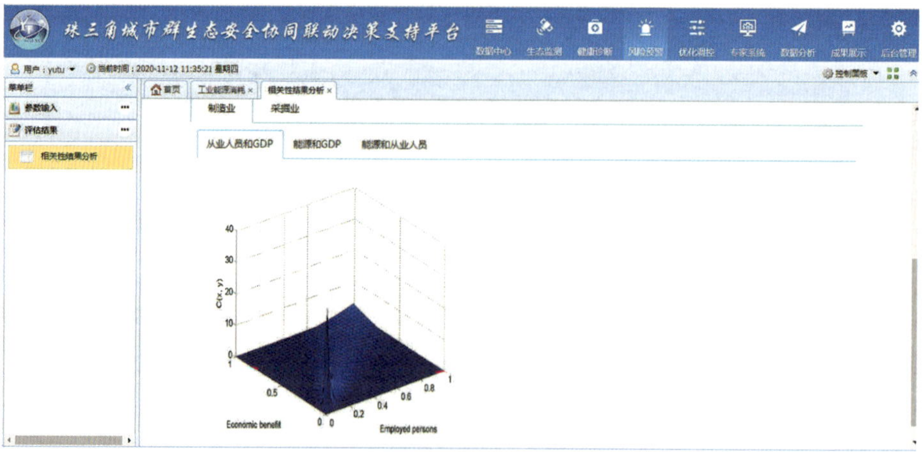

图 5-7　风险预警系统评估结果界面

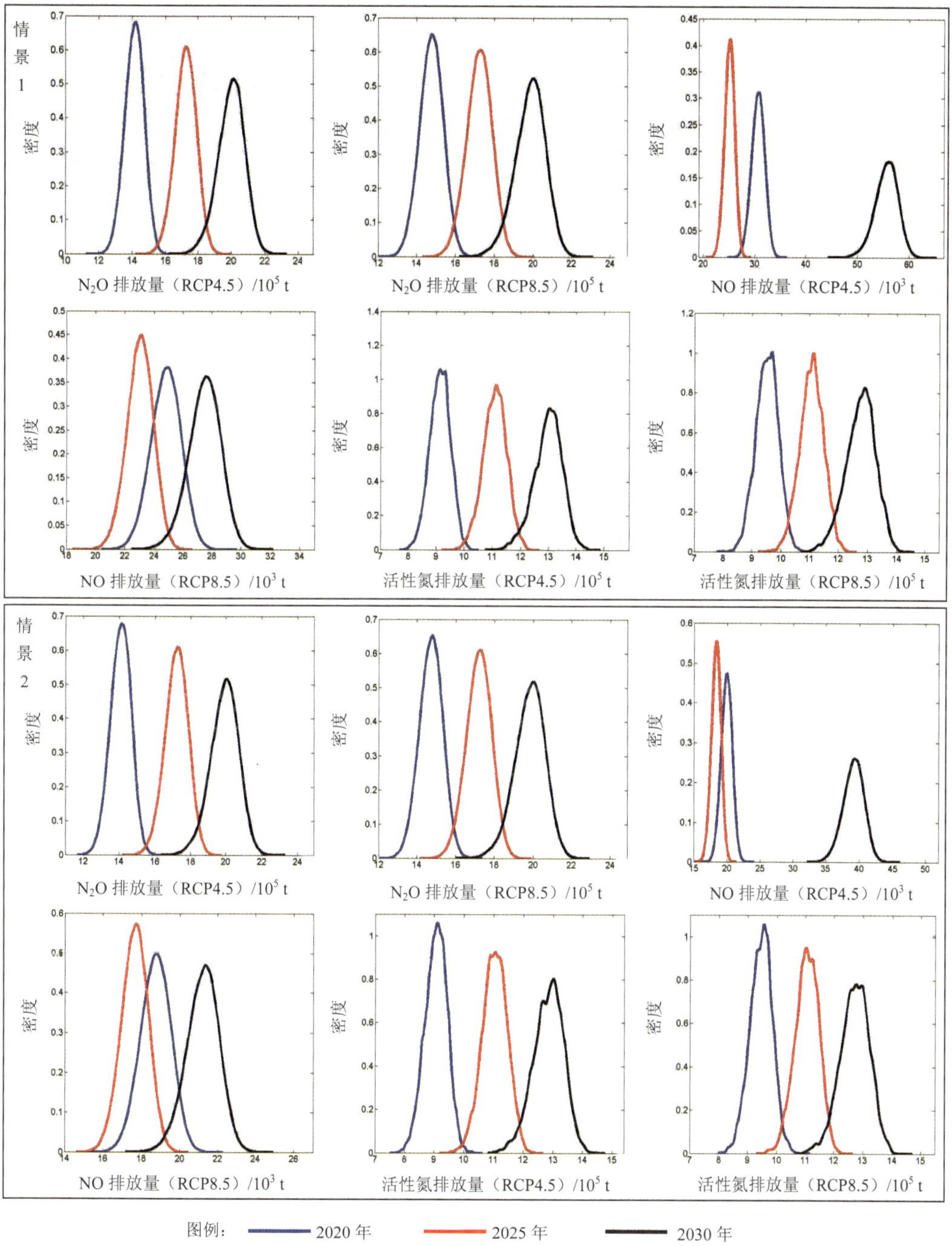

图 6-2　珠三角城市群氮损失分布特征图

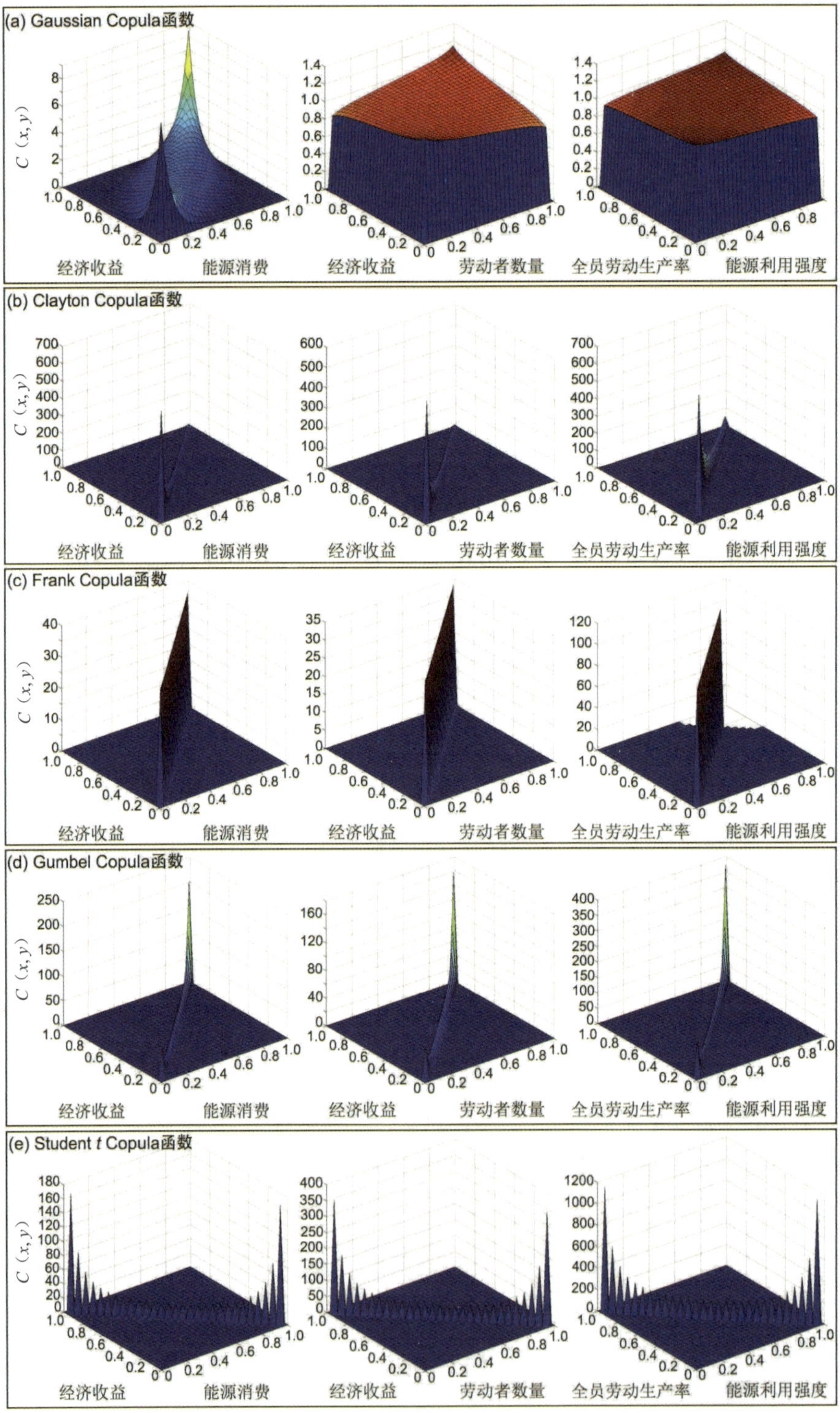

图 6-4　采矿业能源消耗、劳动者数量以及增加值的相关性分布特征

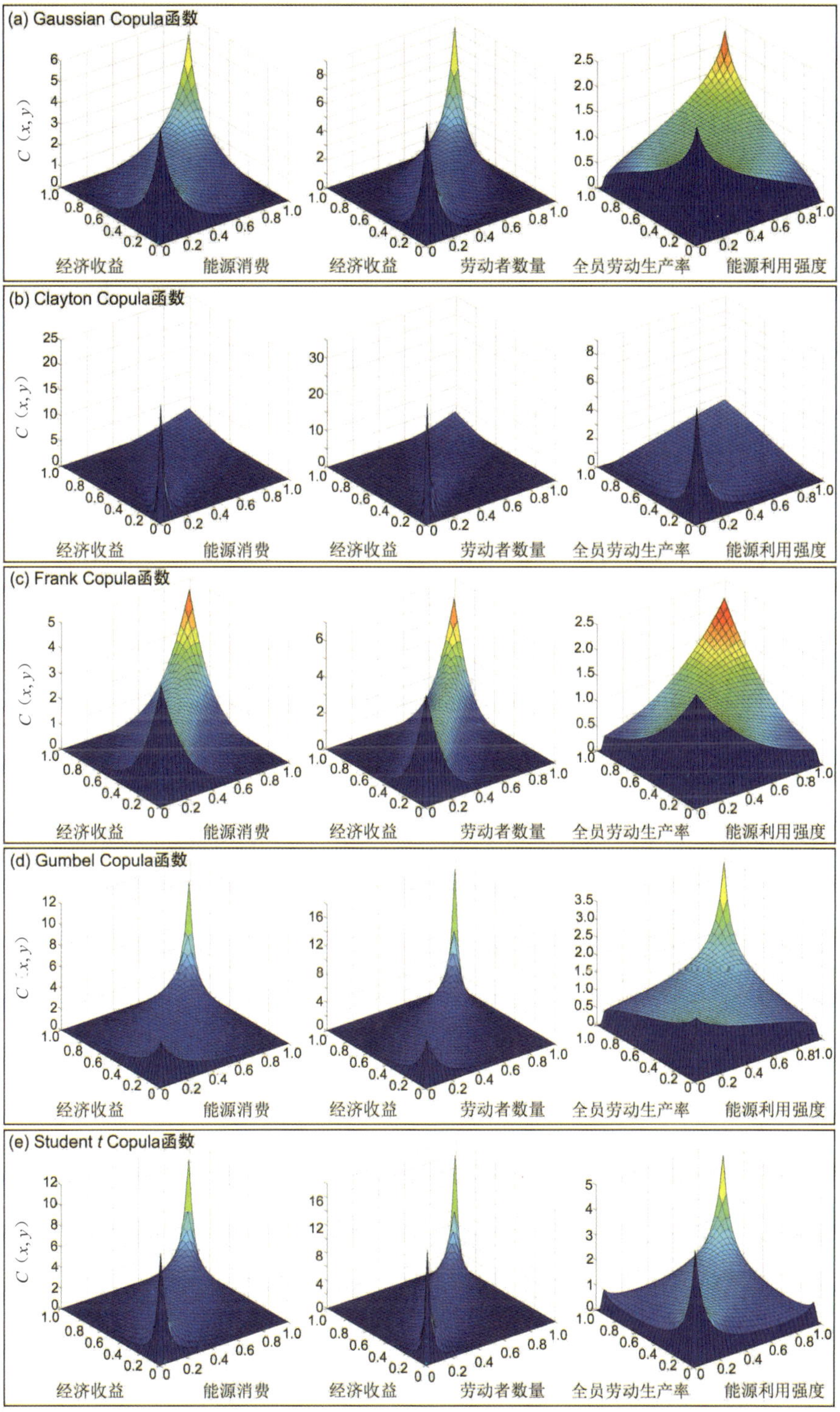

图 6-5 制造业能源消耗、劳动者数量和增加值的相关性分布特征

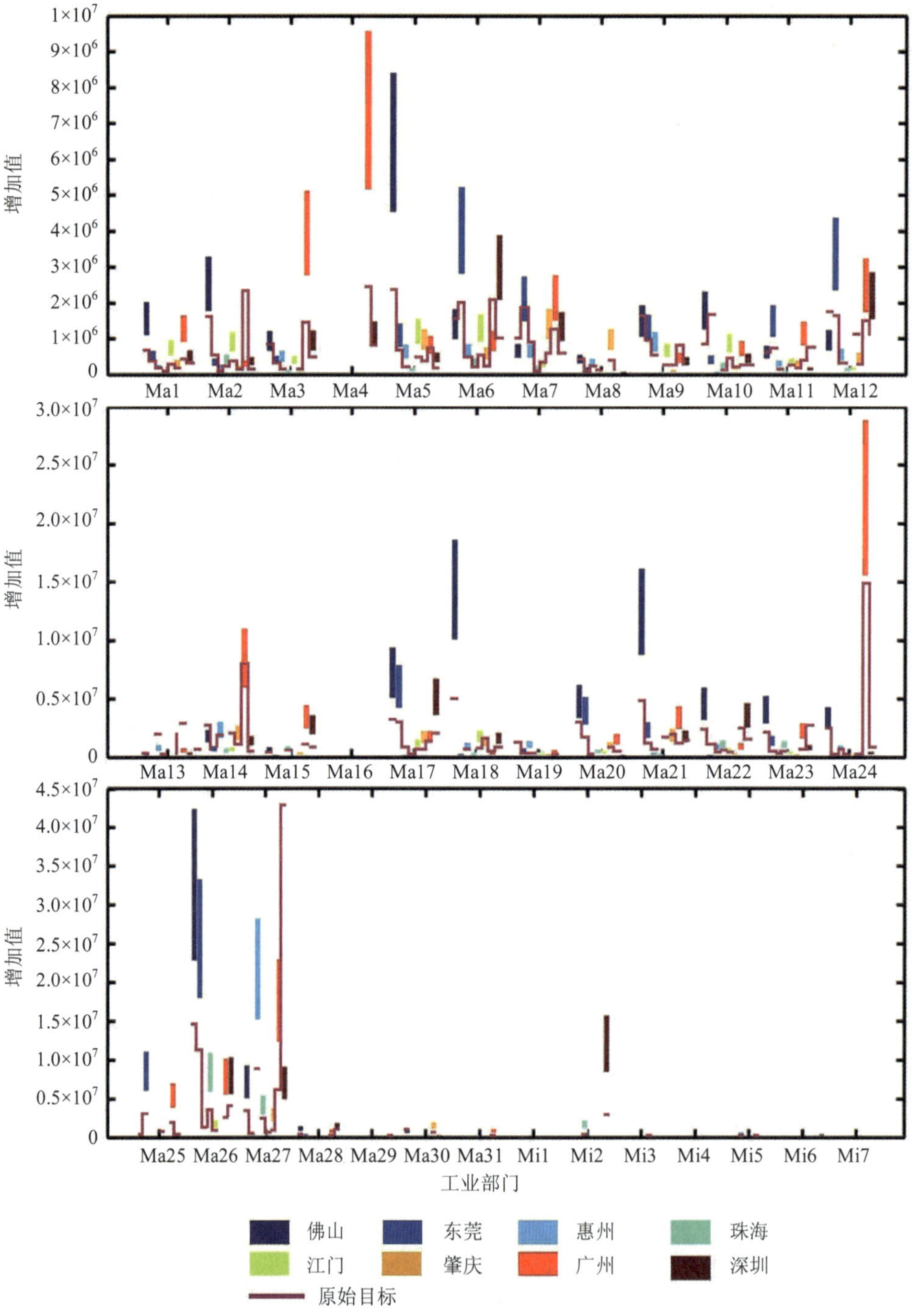

图 6-9　2020 年珠三角城市群工业部门增加值

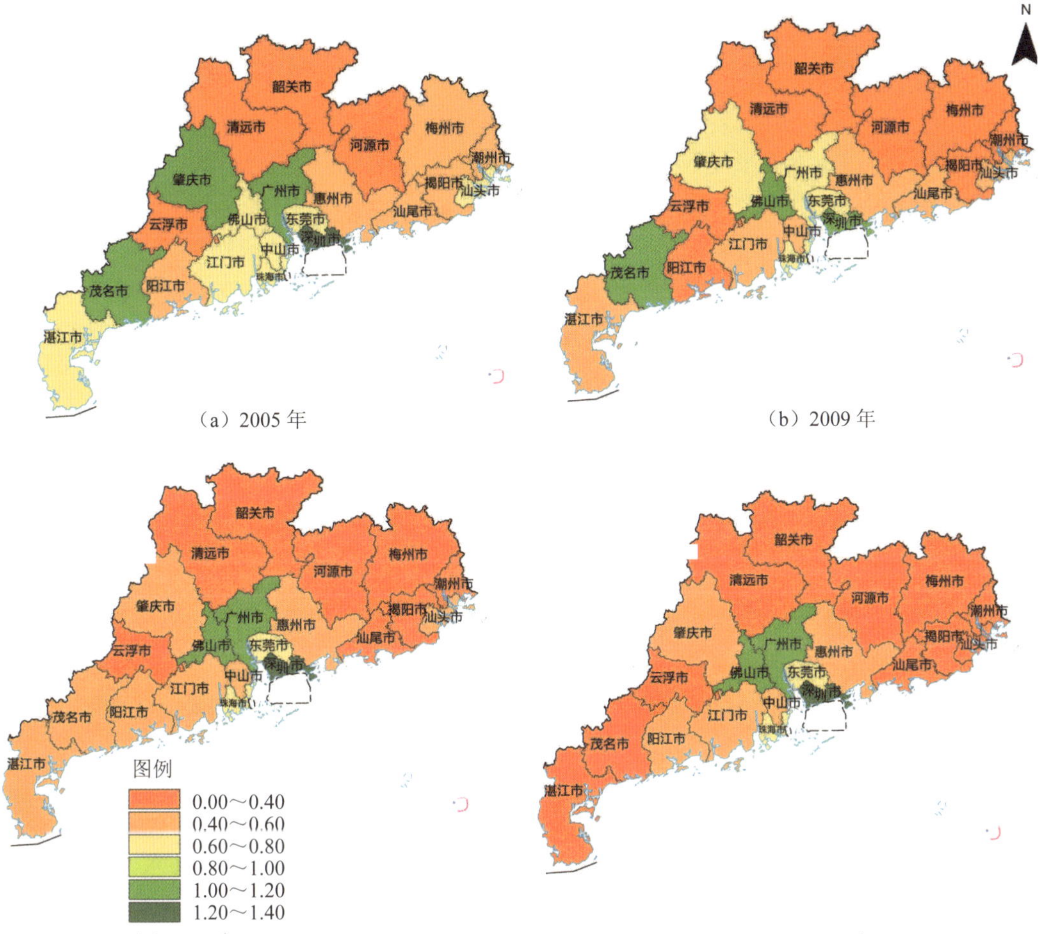

图 6-11　广东省能源环境效率时空分布规律

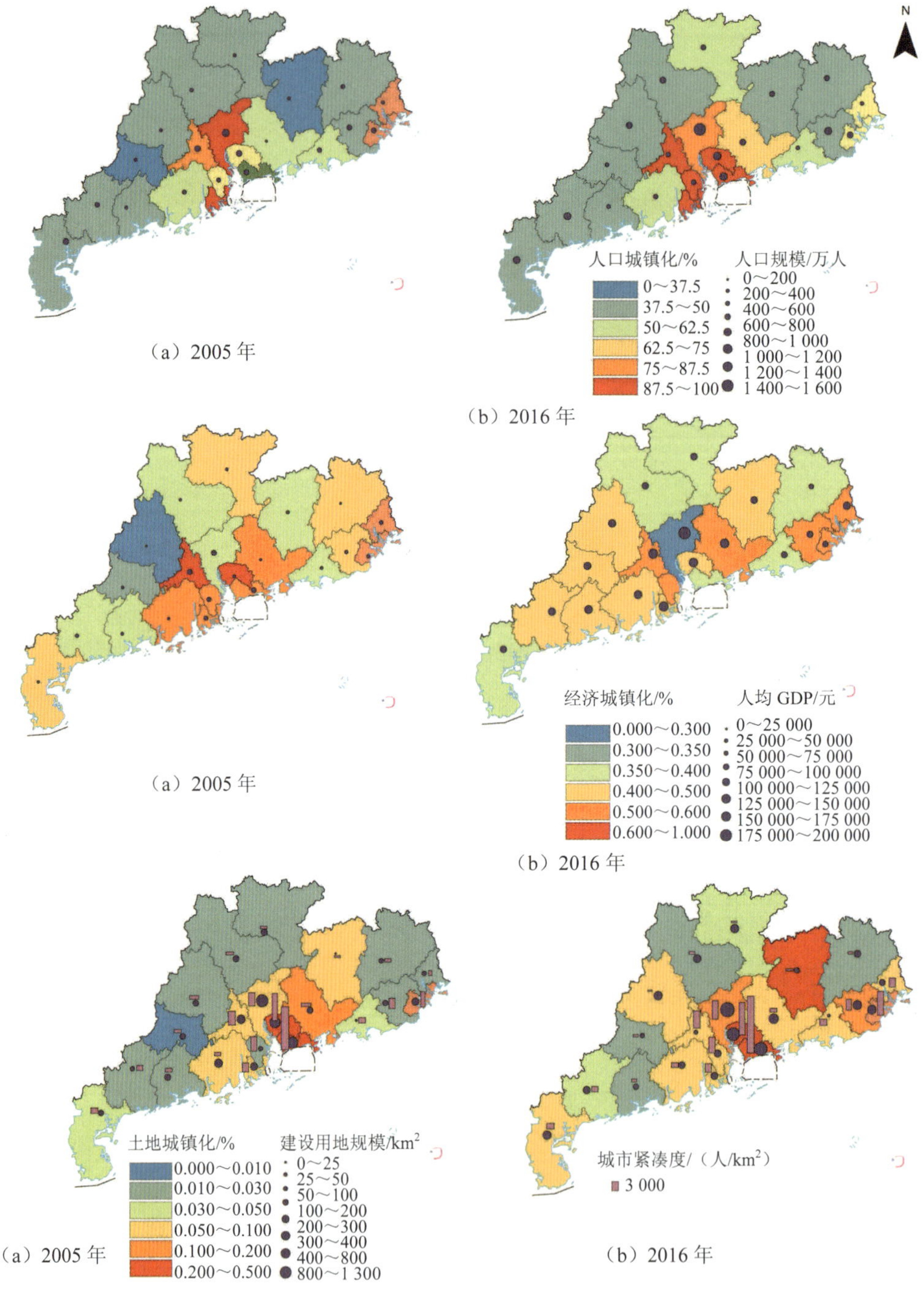

（a）2005 年　（b）2016 年

（a）2005 年　（b）2016 年

（a）2005 年　（b）2016 年

图 6-13　广东省多维度指标时空分布特征

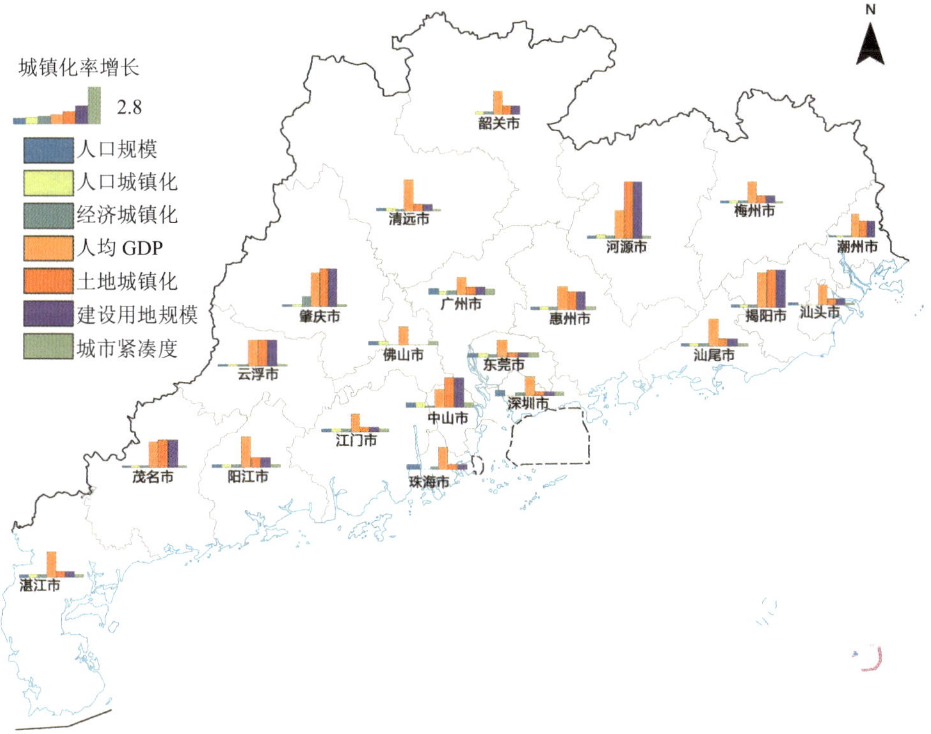

图 6-14　广东省城镇化多维度指标的变化（2005—2016 年）

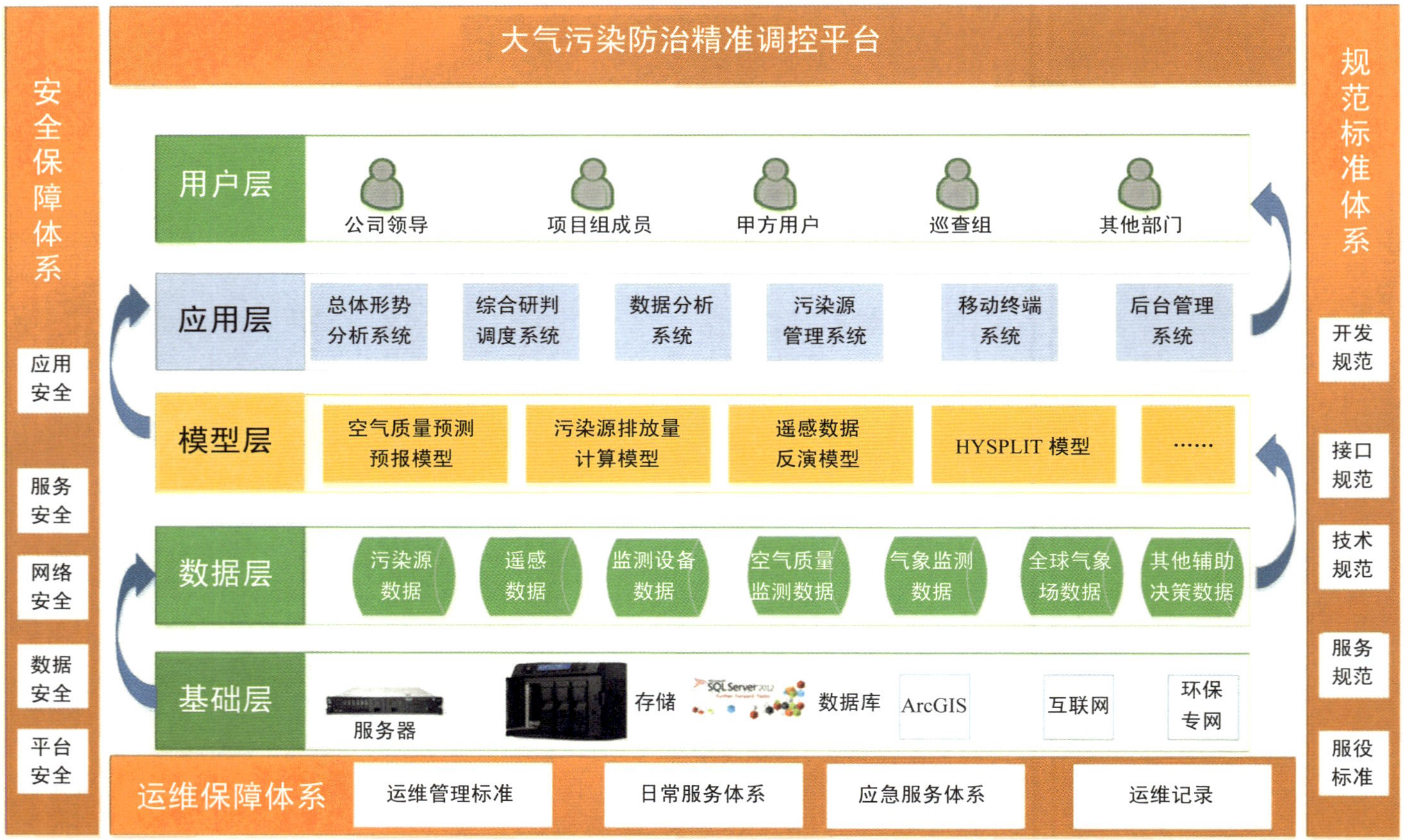

图 6-16　城市大气污染防治决策系统框架

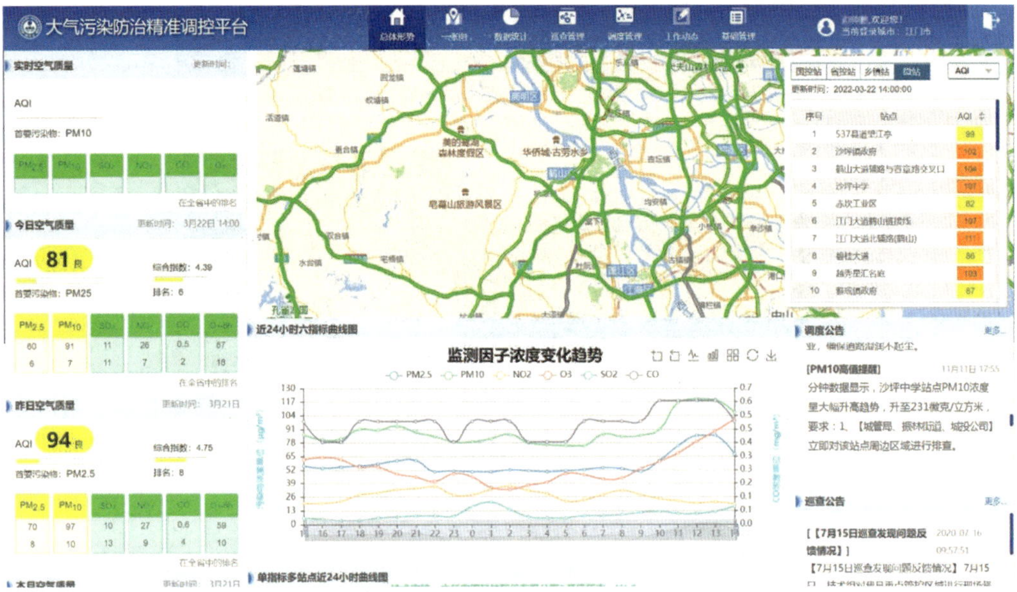

图 6-17　总体形势子模块

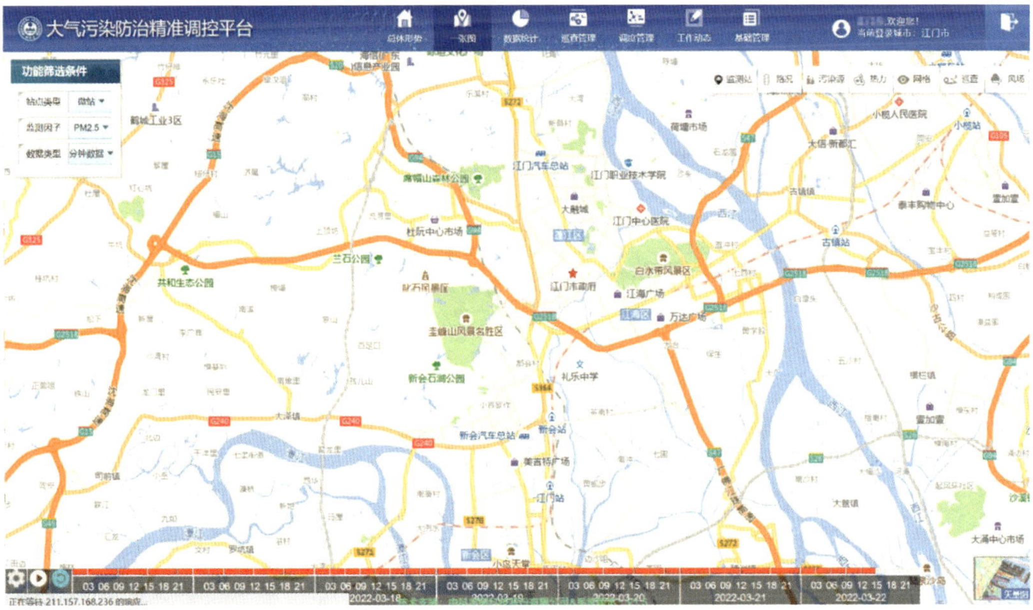

图 6-18　污染源分布“一张图”子模块

图 6-21　综合统计分析子模块中的空气质量日历

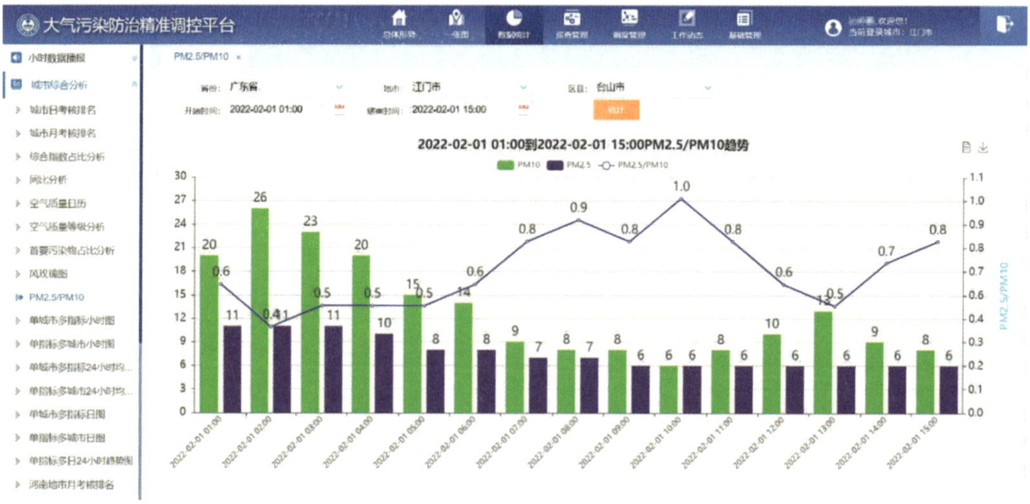

图 6-22　综合统计分析子模块中的 $PM_{2.5}$、PM_{10} 浓度变化趋势

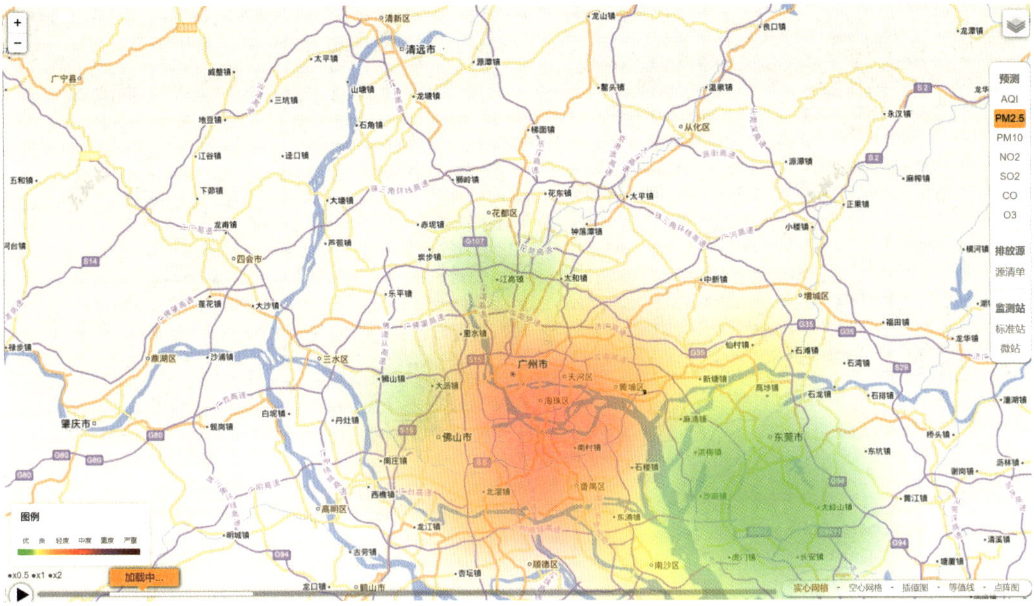

图 6-28　预测预报模型

图 6-29　来源轨迹演算

图 6-30　贡献潜势分析

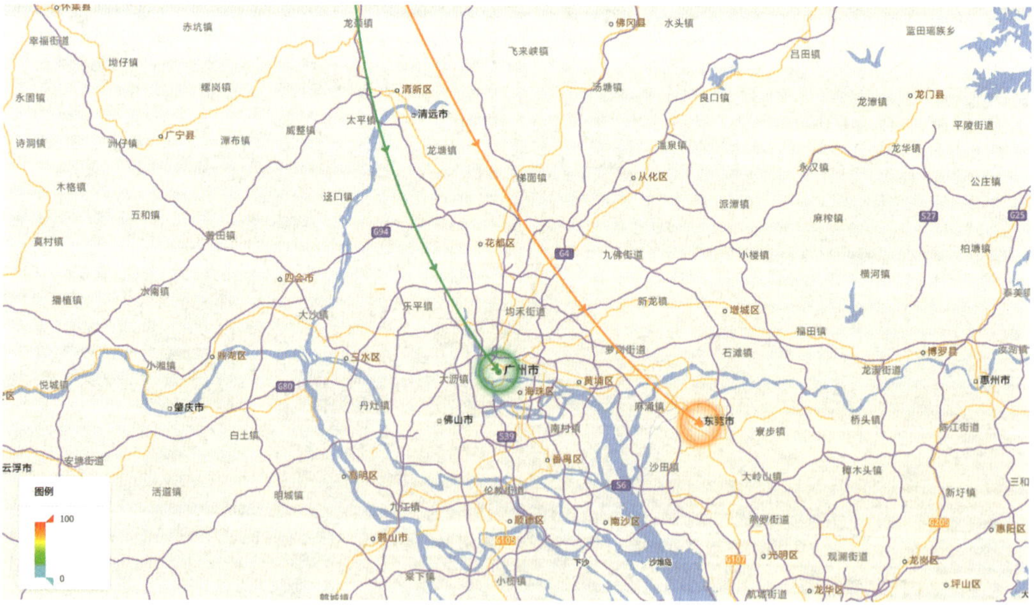

图 6-31　溯源分析

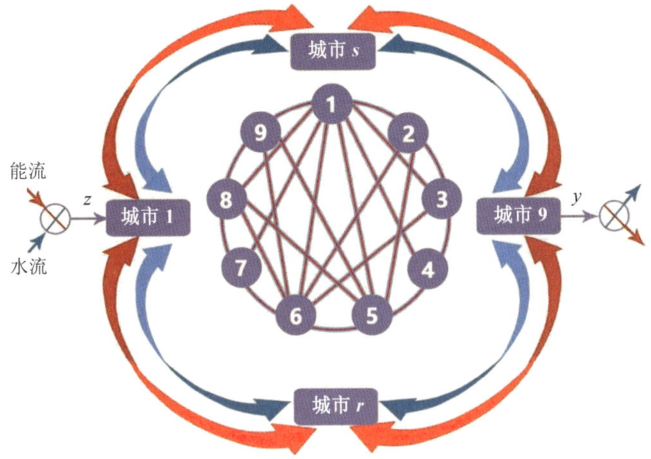

图 7-1　能-水耦合系统生态网络示意图

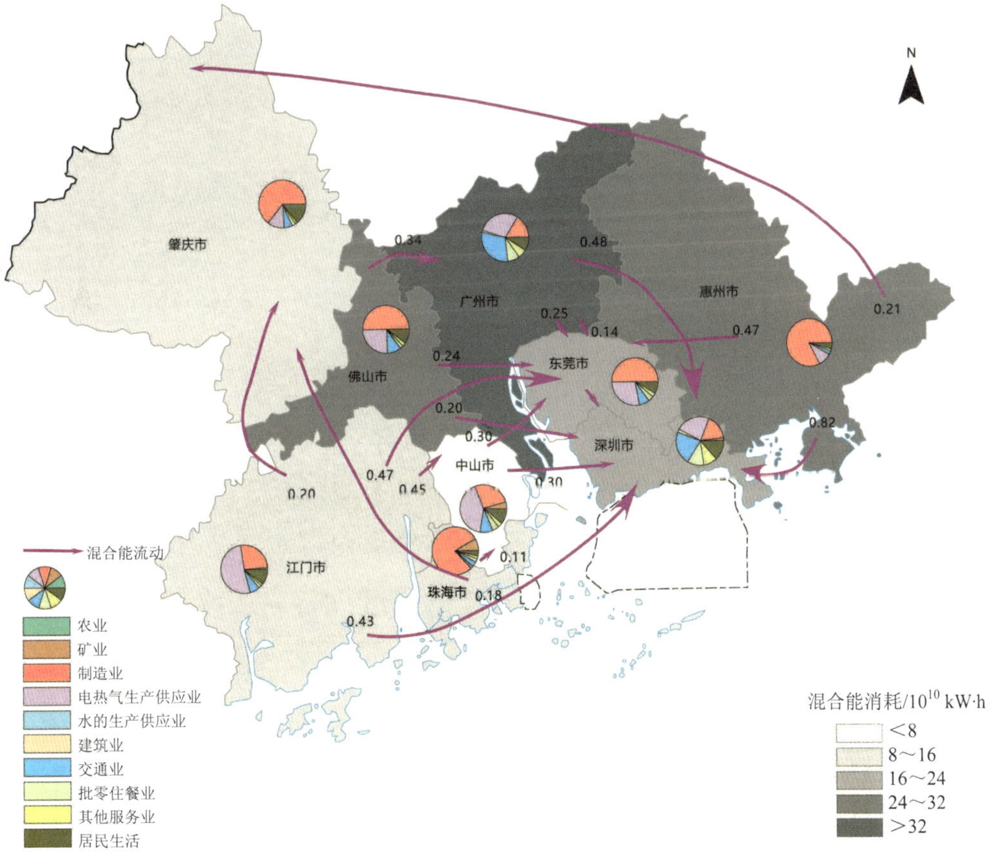

图 7-6　珠三角城市群混合能流动

注：图中混合能流动都是大于 0.1×10^{10} kW·h 的混合能流动。

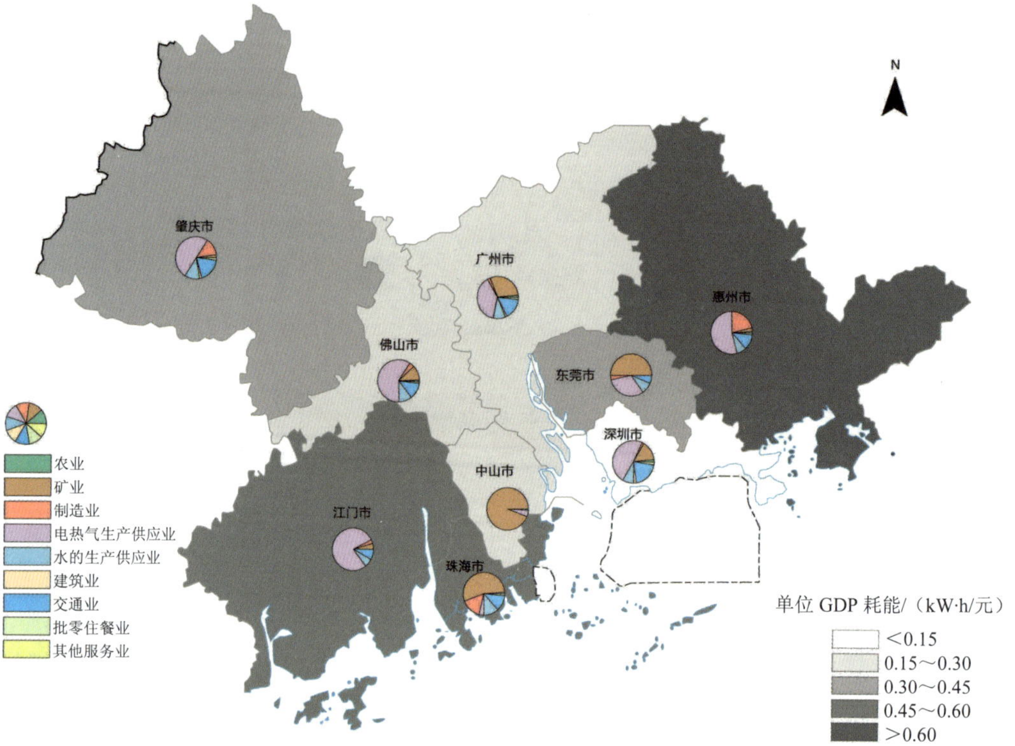

图 7-7　珠三角城市群单位 GDP 耗能

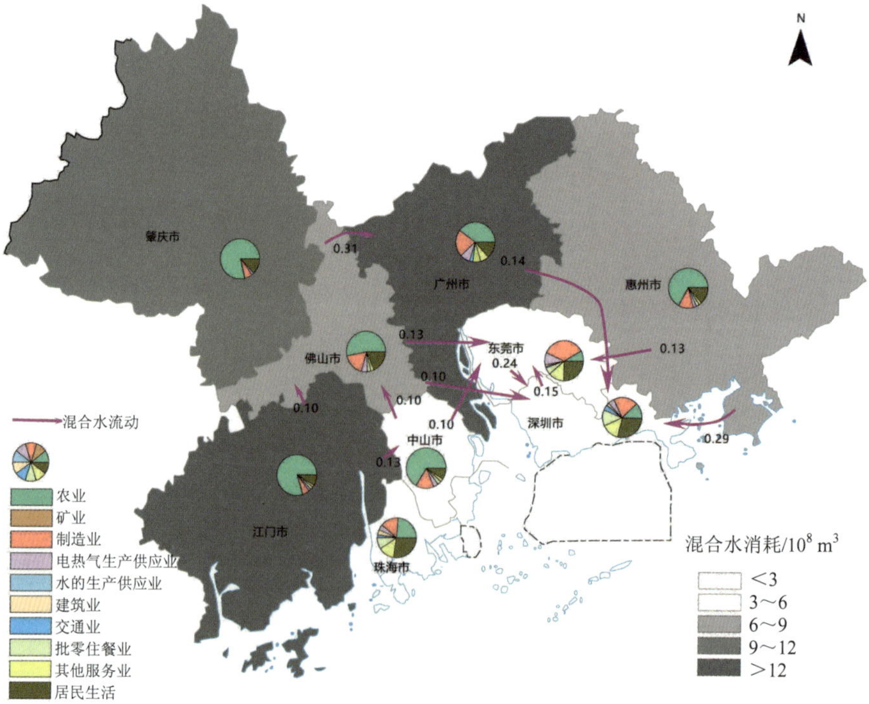

图 7-8　珠三角城市群混合水流动

注：图中混合水流动都是大于 0.1×10^8 m^3 的混合水流动。

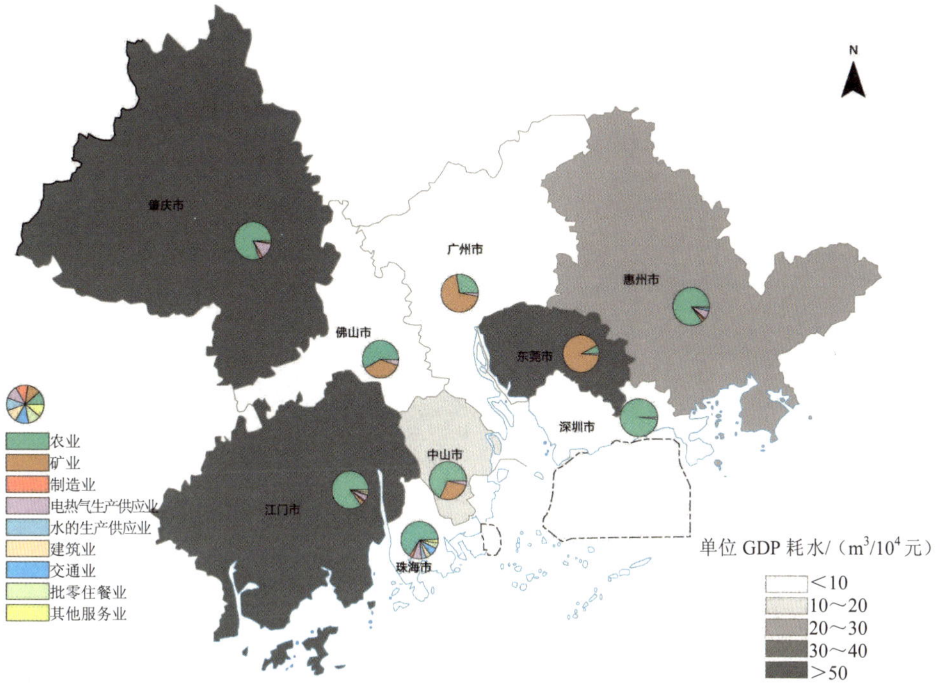

图 7-9　珠三角城市群单位 GDP 耗水

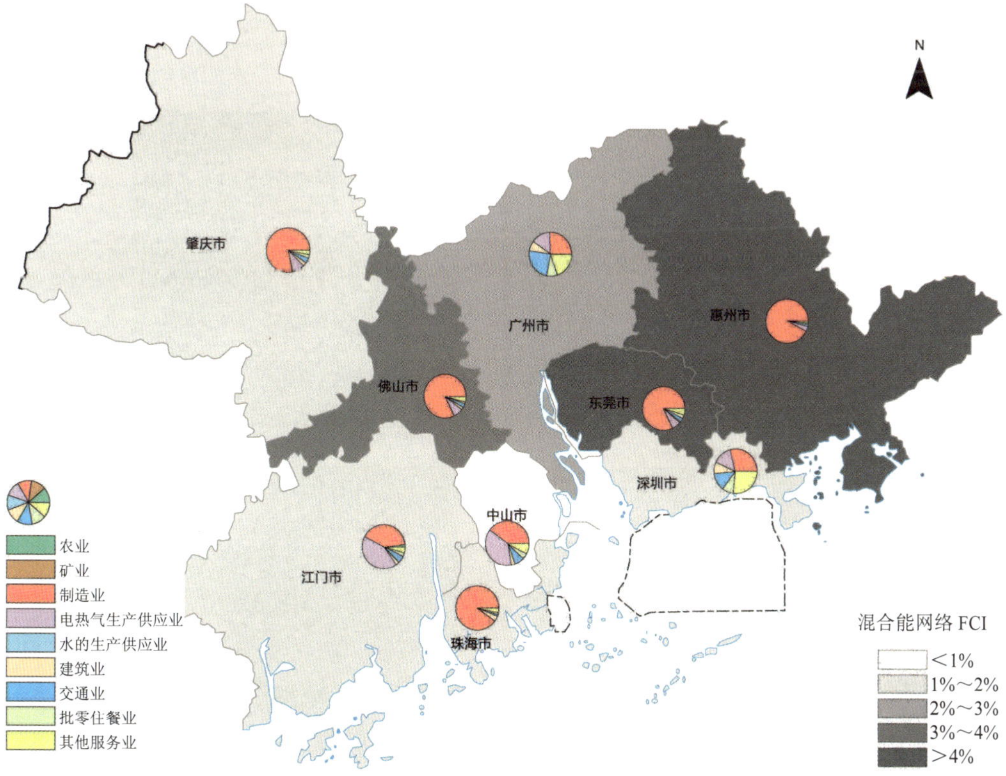

图 7-11　珠三角城市群混合能网络 FCI

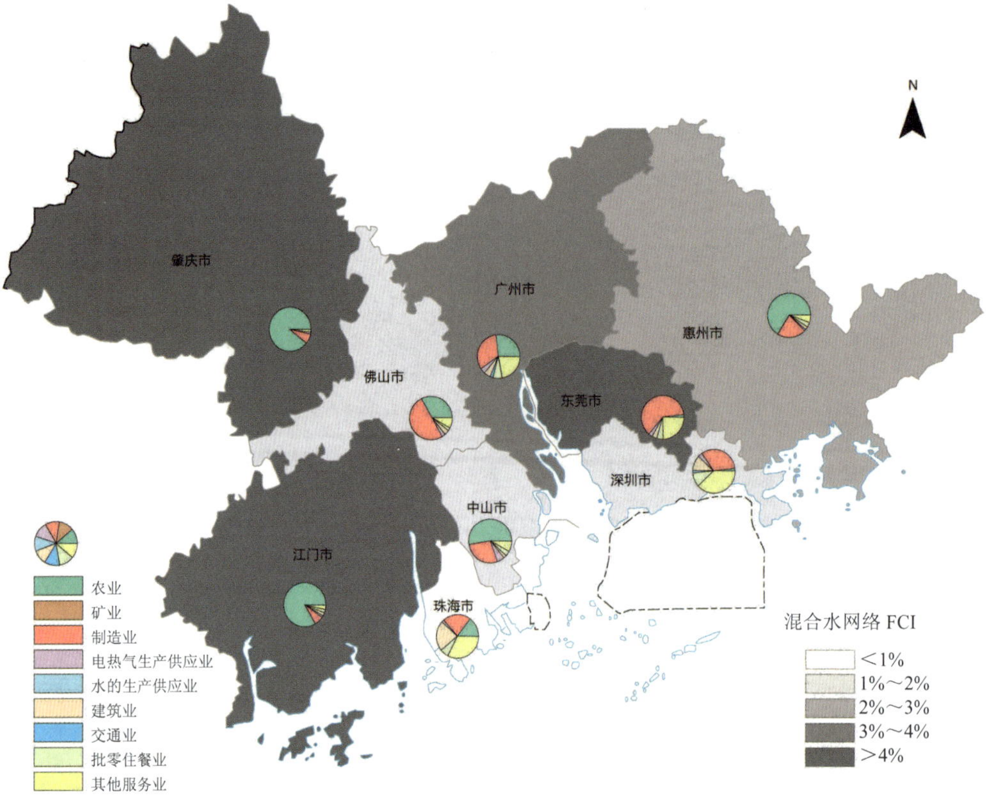

图 7-12　珠三角城市群混合水网络 FCI

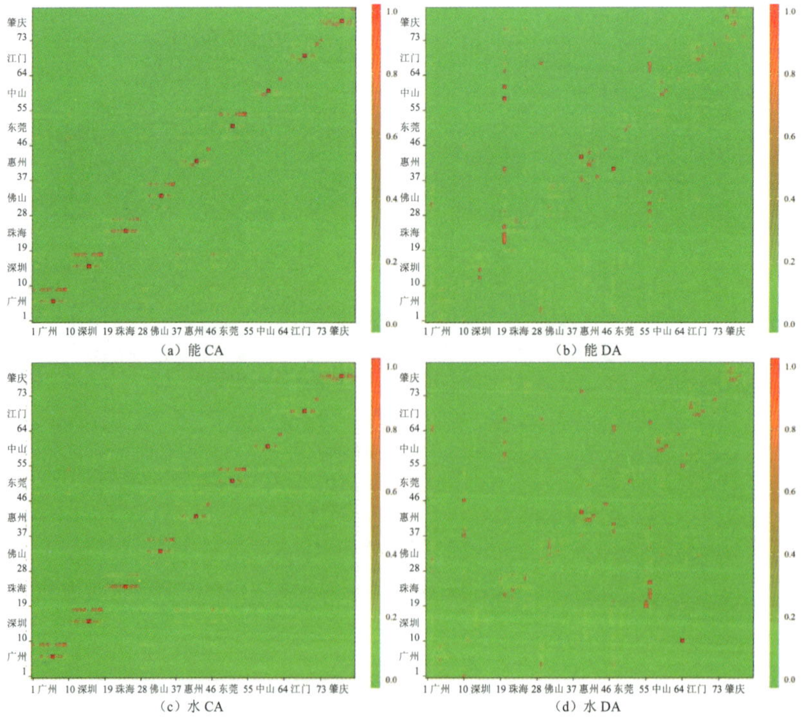

图 7-17　珠三角城市群能-水耦合系统部门间控制和依赖关系变化

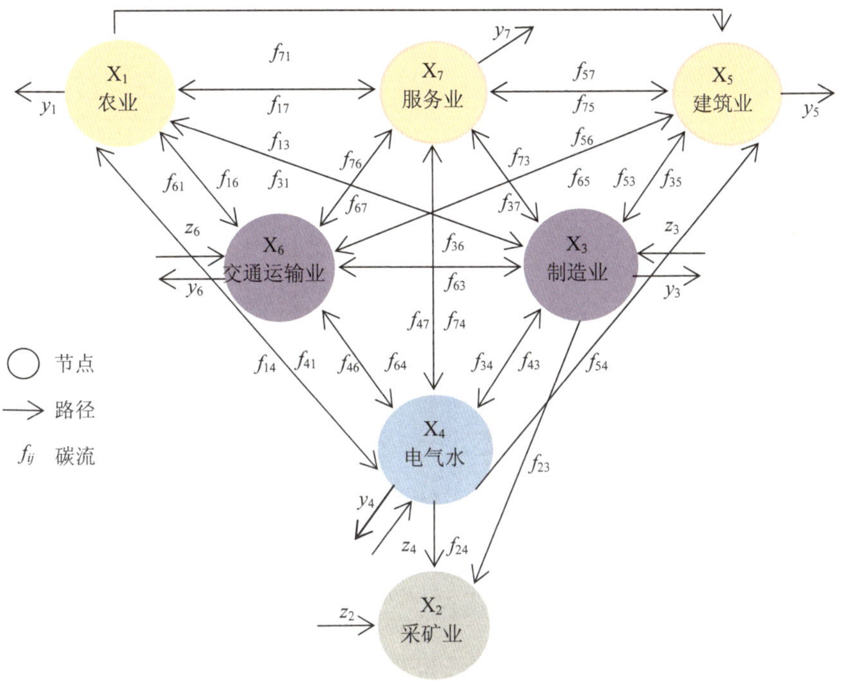

图 8-2　东莞市城市碳代谢网络模型

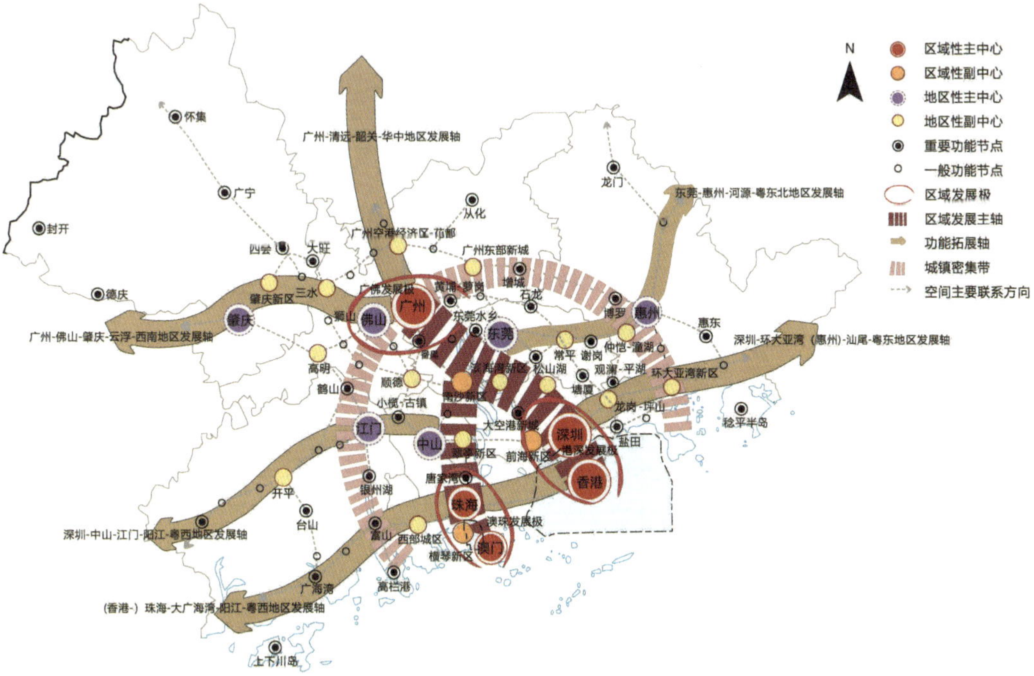

图 8-3　《珠三角全域空间规划》空间布局图

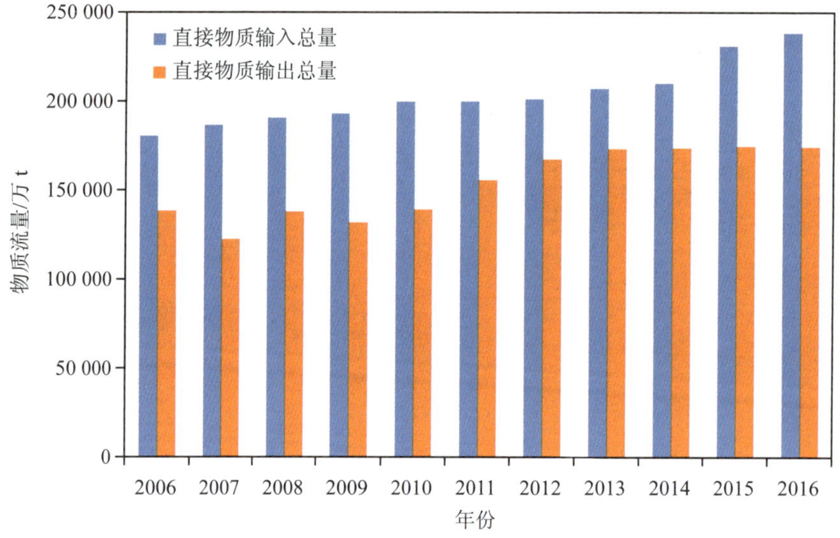

图 8-4　广州物质输入与输出

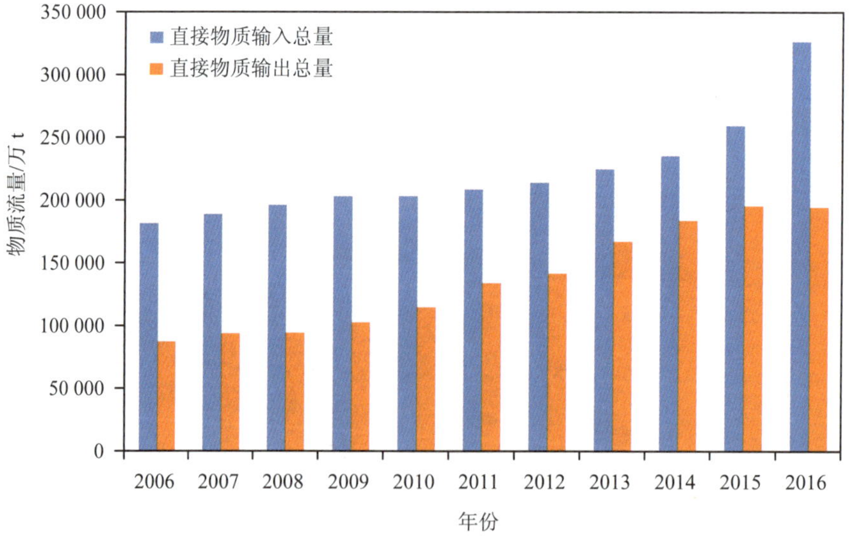

图 8-5　深圳物质输入与输出

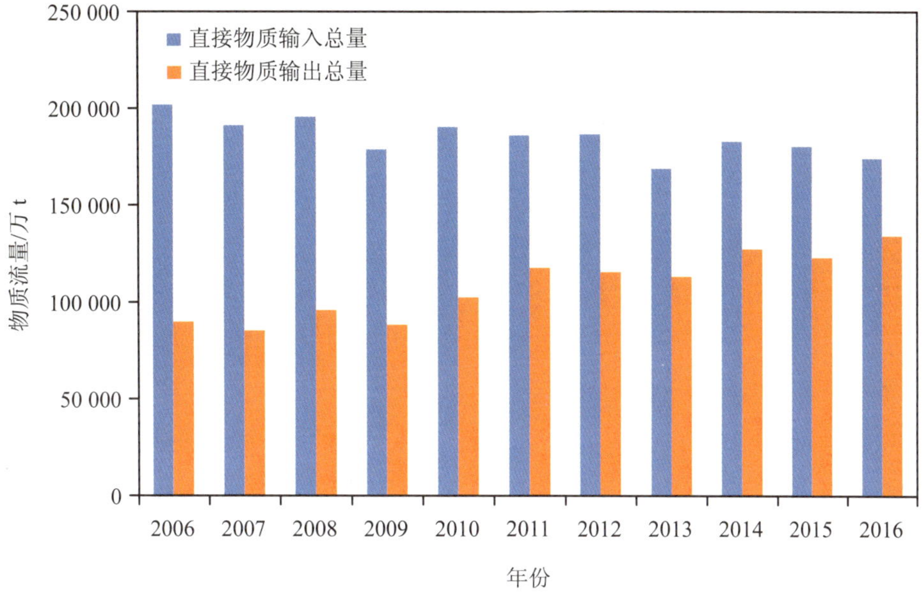

图 8-6　东莞物质输入与输出

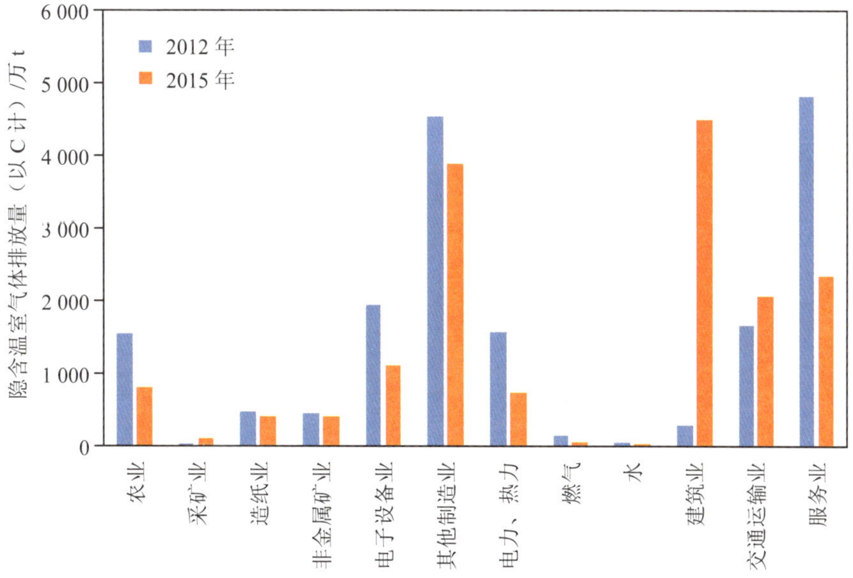

图 8-11　2012 年和 2015 年广州各部门的隐含碳流排放量

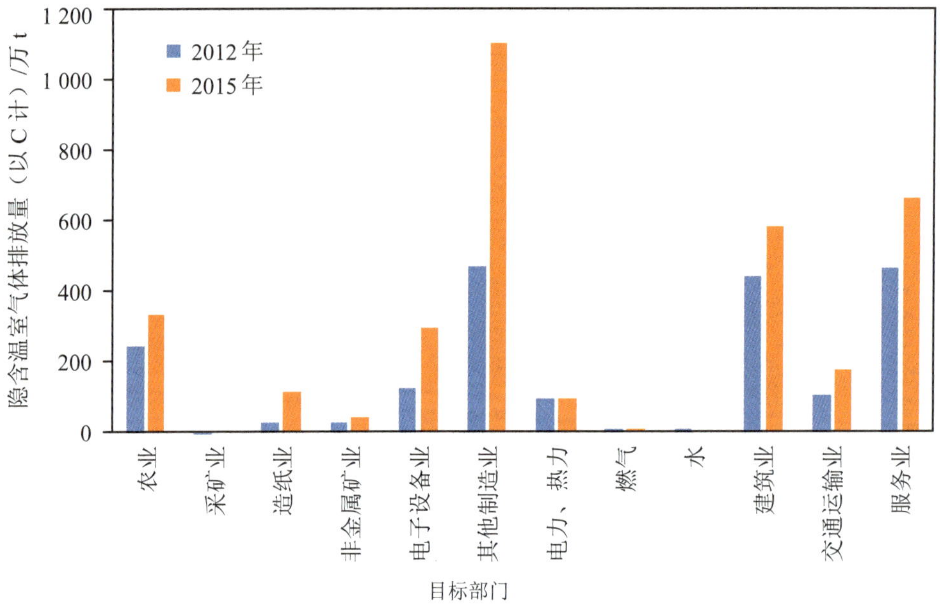

图 8-14　2012 年和 2015 年深圳各部门的隐含碳流排放量

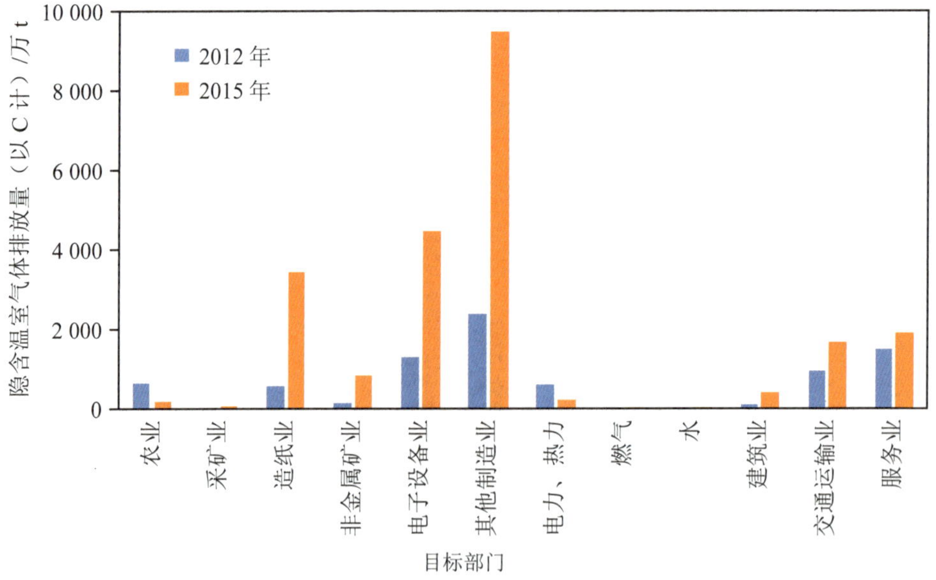

图 8-17　2012 年和 2015 年东莞各部门的隐含碳流排放量

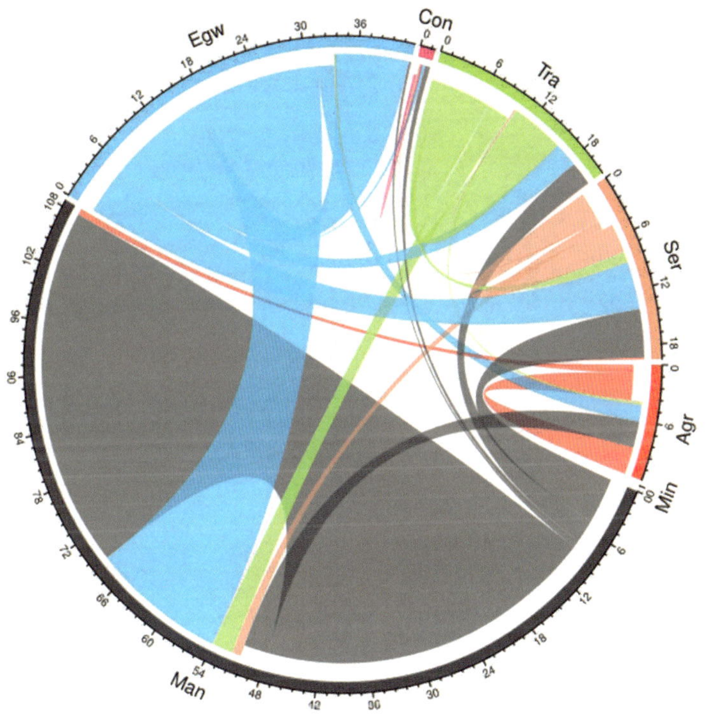

图 8-20 东莞七大部门的直接碳流总量与隐含碳流

注：图示中的缩写英文表示东莞的各目标部门，分别为：Agr——农业；Min——采矿业；Man——制造业；Egw——电气水；Con——建筑业；Tra——交通运输业；Ser——服务业。

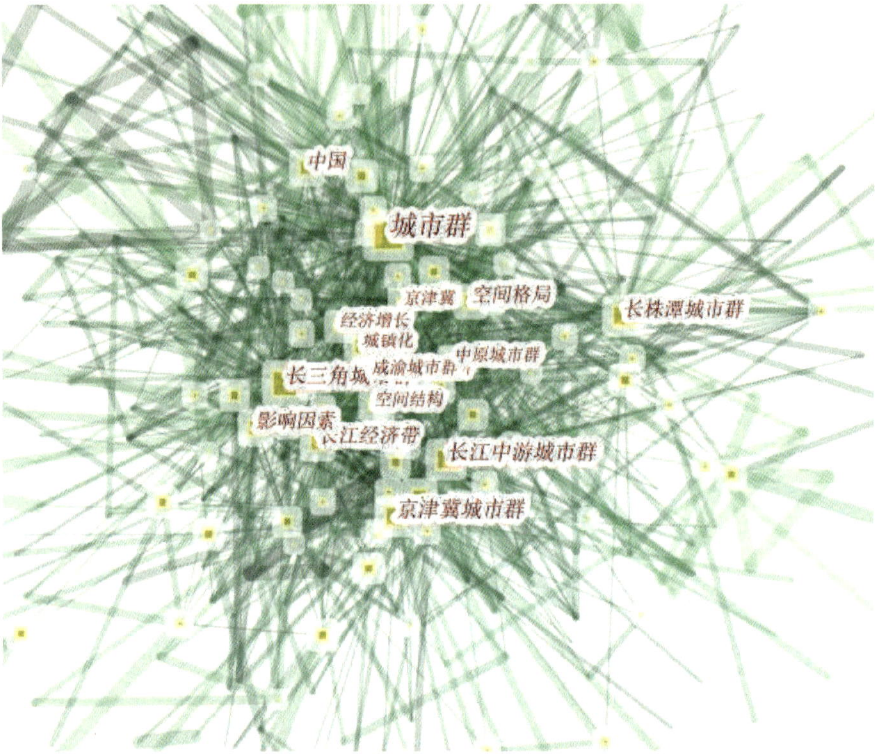

图 9-1　国内研究热点

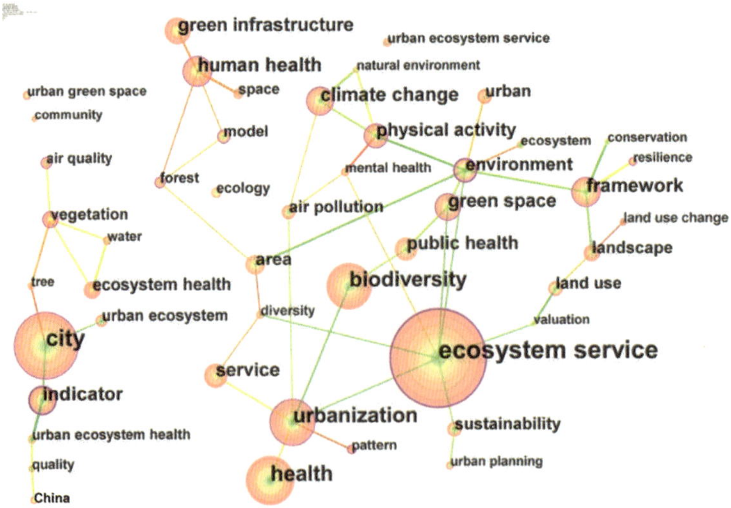

图 9-2　国外研究热点